全国高等职业技术师范教育类专业统编教材
全国高等农业技术师范教育教材指导委员会审定

园 林 史

(第二版)

游 泳 主编

中国农业科学技术出版社

图书在版编目（CIP）数据

园林史/游泳主编.—2版（修订本）.—北京：中国农业科学技术出版社，2006（2021.9重印）
 ISBN 978-7-80233-055-9

Ⅰ.园… Ⅱ.游… Ⅲ.园林建筑-建筑史-世界
Ⅳ.TU-098.41

中国版本图书馆 CIP 数据核字（2006）第 088223 号

责任编辑	徐　毅
责任校对	贾晓红
整体设计	马　钢

出 版 者	中国农业科学技术出版社
	北京市中关村南大街 12 号　邮编：100081
电　　话	（010）62145303（编辑室）　（010）68919704（发行部）
	（010）68919703（读者服务部）
传　　真	（010）68919012　（010）68975144
网　　址	http：//www.castp.cn
发 行 者	中国农业科学技术出版社
	北京市中关村南大街 12 号　邮编：100081
经 销 者	新华书店北京发行所
印 刷 者	北京科信印刷有限公司
开　　本	787mm×1092mm　1/16
印　　张	16.125　彩插　8
字　　数	390 千字
版　　次	2006 年 8 月第 2 版第 1 次印刷　2021 年 9 月第 2 版第 14 次印刷
定　　价	30.00 元

❖ 版权所有·侵权必究 ❖

《园林史》
（第二版）
编委会成员名单

主　编：游　泳

副主编：（按姓氏笔划排序）
　　　　宋　力　宋起图　肖和忠

编　者：（按单位首字笔划排序）
　　　　中南林学院　　　　　　　　颜兵文
　　　　西北农林科技大学　　　　　赵明德
　　　　西南林学院　　　　　　　　许耘红
　　　　沈阳农业大学　　　　　　　宋　力　杨立新
　　　　河北科技师范学院　　　　　游　泳　肖和忠　伍敏华
　　　　（原河北职业技术师范学院）
　　　　河北农业大学　　　　　　　宋起图
　　　　河南科技学院　　　　　　　郑树景
　　　　（原河南职业技术师范学院）
　　　　湖南农业大学　　　　　　　尹建强　宋建军
　　　　湛江海洋大学　　　　　　　吴刘萍

序

国家教育部以教育司《99》11号文件向全国各农技高师颁发了"园艺教育"专业教学方案。为确保其贯彻落实，师范司委托中国职业教育学会农技高师教育工作委员会组织该专业及相近专业骨干课程的教材编写。"园林史"是国家教育部教育司1998年颁布的《普通高等学校本科专业目录》中园林专业规定的主干课程之一。

为满足高等职业师范和普通农林院校园林专业"园林史"课程的教学需要，农技高师教育工作委员会委托河北职业技术师范学院游泳教授编写了《园林史》教材"编写大纲"，并通过他组织、其他有关职技高师及高等农林院校共九所院校的老师们参加了编写。

农技高师教材建设指导委员会对编写的大纲和书稿进行了审定，认为在教材内容、体系构建上有所创新：一是层次清楚，中国古典园林各章均由三部分组成，即历史史略、经典园林和园林特色；二是重点突出，国内外园林精品成千上万，本书重点谈其代表作——经典园林，突出国内古典园林，概述国外古典园林；三是语言精练，面对丰富多彩的国内外园林，全书仅用40余万字写成；四是内容全面，本教材不仅有中国园林史，也含国外园林史概要及近代、现代国内外园林概要和世界园林发展趋势；五是图文并茂，集中配彩图40余幅，黑白图180余幅穿插于文字之间。同时，对疑难字加注拼音，对疑难词加了注解。

本教材富有特色，是一本园林史方面不可多得的专用教材。

本教材不仅适应于职技高师园林教育本科专业使用，也适于普通高等农林院校园林专业、旅游本科专业及其他相关专业使用，同时，对园林设计者与园林爱好者具有一定的参阅价值。

本书由中国农业科学技术出版社出版。

在本书出版之际，中国职业教育学会、农技高师教育工作委员会，在此特表祝贺，并对为本书做出辛勤劳动的编者们表示衷心的感谢！

中国职业教育学会农技高师教育工作委员会理事长

傅兴国　教授

2001年9月10日

前　　言

本教材由中国职业教育学会农技高师教育工作委员会组织编写，并经全国农技高师教育教材建设指导委员会审定，是全国高等职业技术师范教育统编教材，由中国农业科学技术出版社出版。

《园林史》教材的书名，来源于国家（98）颁布的《普通高等学校本科专业目录》中园林专业所规定的主干课之一——园林史。

本教材不仅适用于职技高师园林本科教育专业使用，也适于普通高等农林院校园林专业、旅游本科专业及其他相关专业使用。

在教材的编写中，河北职业技术师范学院游泳教授编写了"教材编写大纲"，进行了组稿、统稿和审稿，选定了代表性的彩图和插图，并编写了绪论和第一章；西北农林科技大学赵明德先生编写了第二章；中南林学院颜兵文先生编写了第三章；河南职业技术师范学院郑树景先生编写了第四章；西南林学院许耘红先生编写了第五章；河北职业技术师范学院肖和忠先生编写了第六章，并负责封面设计和全书插图编辑；河北农业大学宋起图先生编写了第七章中清代经典园林；湖南农业大学尹建强和宋建军两位先生编写了第七章中的第一节和第二节中的明代经典园林及第三节；沈阳农业大学宋力和杨立新两位先生编写了第八章；湛江海洋大学吴刘萍先生编写了第九章；河北科技师范学院伍敏华先生对有关章节进行了补编，并协助主编进行电脑改稿。

在编写中对本书提供部分宝贵参考资料的河北职业技术师范学院李文光教授表示感谢。

由于编著者水平有限，加之时间仓促，本教材定有不妥之处，敬请广大读者予以指正。

《园林史》教材编写委员会

2001 年 9 月 10 日

修订版前言

本教材于2002年出版印刷以来，经过国内不少高校园林专业几年来的使用，普遍认为是一本好教材。它好就好在：(1) 在同一本书中既有国内的内容又有国外的内容，学起来方便；(2) 有文化内涵，使园林史更富于趣味性；(3) 园林景点比较全面，且比较突出，学起来便于记忆；(4) 层次清楚，语言逻辑性较强，且又比较精炼，文字量得当；(5) 图文并茂，结合紧密，学起来直观性强。几年来，国内不少高校把它作为园林专业及相关专业教材，河北省和北京市把此书作为高等教育自学考试指定教材，有的学校还把此书作为园林专业研究生入学考试指定教材。

但限于种种原因，在第一次印刷中仅印刷了3 000册，之后重印2 000册，远远满足不了飞速发展的国内各高校园林专业的教材需求，故急需再版印刷。

社会在发展，科学在进步。为确保教学质量，本着实事求是的精神，本书在再版印刷之际，经几年教学实践对一版中发现的一些"差、误、错、漏"之处，进行了全面的修订。删除一部分，增补了秦代经典园林上林苑和长城、三国时期吴国经典园林黄鹤楼、唐代经典园林庐山草堂和腾王阁、宋代经典园林岳阳楼及明代经典园林天下第一关——山海关。国外部分，重点增补了法国经典园林罗浮宫和俄国园林。

本书在再版修订中，由本书原主编河北科技师范学院（原河北职业技术师范学院）游泳教授依据本人实践体会，并争求原副主编宋力先生、宋起图先生、肖和忠先生及原编委许耘红、赵明德、伍敏华等诸先生之意见，主笔而成。这当中肖和忠先生给予了更大的支持和方便，宋起图先生写了具体的建议。

在再版之际，对本书赋有很大启迪作用的童寯《造园史纲》、周维权《中国古典园林史》、宋守信《中国园林艺术史》（内部教材）、汪菊渊《中国古代园林史纲要》（内部教材）及所有被参用的书、刊、图之作者表示衷心感谢。

限于本人水平，本书再版之后，一定还会有不妥之处，敬请读者继续批评指正。谢谢！

主编　游泳

2006年1月16日于昌黎

目　　录

绪　论 ……………………………………………………………………………… (1)
第一章　我国夏商周时期的园林 ……………………………………………… (10)
　第一节　园林史前的历史变迁 ………………………………………………… (10)
　第二节　商周历史史略 ………………………………………………………… (12)
　第三节　经典园林 ……………………………………………………………… (17)
　　一、商 …………………………………………………………………………… (17)
　　　（一）鹿台 ……………………………………………………………………… (17)
　　　（二）桑林之野 ………………………………………………………………… (17)
　　　（三）桐宫 ……………………………………………………………………… (17)
　　　（四）沙丘 ……………………………………………………………………… (18)
　　　（五）百泉 ……………………………………………………………………… (18)
　　二、周 …………………………………………………………………………… (18)
　　　（一）周文王的灵台、灵沼、灵囿 …………………………………………… (18)
　　　（二）楚灵王的章华台 ………………………………………………………… (19)
　　　（三）吴王夫差的姑苏台 ……………………………………………………… (20)
　第四节　园林特色 ……………………………………………………………… (21)
　　一、园林孕育 …………………………………………………………………… (21)
　　二、园林起始 …………………………………………………………………… (21)
　　三、园林发展 …………………………………………………………………… (22)
　　四、园林创新 …………………………………………………………………… (22)
第二章　我国秦汉时期的园林 ………………………………………………… (23)
　第一节　历史史略 ……………………………………………………………… (23)
　　一、秦 …………………………………………………………………………… (23)
　　二、汉 …………………………………………………………………………… (24)
　　三、时期特点 …………………………………………………………………… (24)
　第二节　经典园林 ……………………………………………………………… (26)
　　一、秦 …………………………………………………………………………… (26)
　　　（一）咸阳皇宫群 ……………………………………………………………… (26)
　　　（二）上林苑 …………………………………………………………………… (26)
　　　（三）阿（ē）房（páng）宫 …………………………………………………… (26)
　　　（四）秦始皇陵 ………………………………………………………………… (27)
　　　（五）长城 ……………………………………………………………………… (28)
　　二、汉 …………………………………………………………………………… (28)
　　　（一）西汉宫城——长安 ……………………………………………………… (28)

（二）西汉上林苑 (30)
　　　（三）东汉广成苑 (33)
　　　（四）私家园林 (34)
　第三节　园林特色 (35)
　　一、园林发展 (35)
　　二、园林创新 (36)
第三章　我国三国两晋南北朝时期的园林 (38)
　第一节　历史史略 (38)
　　一、三国 (38)
　　二、两晋 (39)
　　三、南北朝 (39)
　　四、时期特点 (40)
　第二节　经典园林 (42)
　　一、三国 (42)
　　　（一）魏都城——邺城 (42)
　　　（二）魏都城——洛阳 (43)
　　　（三）华林园（芳林苑） (44)
　　　（四）西游园 (45)
　　　（五）黄鹤楼 (45)
　　二、两晋 (46)
　　　（一）都城——建康 (46)
　　　（二）华林苑 (47)
　　　（三）华林园 (48)
　　　（四）玄武湖 (48)
　　　（五）私家园林（金谷园） (49)
　　三、南北朝 (49)
　　　（一）龙腾苑 (49)
　　　（二）佛寺园林（寒山寺、永宁寺） (50)
　第三节　园林特色 (52)
　　一、园林发展 (52)
　　二、园林创新 (52)
第四章　我国隋唐时期的园林 (53)
　第一节　历史史略 (53)
　　一、隋 (53)
　　二、唐 (54)
　　三、时期特点 (55)
　第二节　经典园林 (57)
　　一、隋 (57)
　　　（一）西苑 (57)
　　　（二）大运河 (59)

二、唐 ………………………………………………………………………… (60)
　　　　（一）都城——长安 …………………………………………………… (60)
　　　　（二）华清宫 ……………………………………………………………… (63)
　　　　（三）九成宫 ……………………………………………………………… (65)
　　　　（四）禁苑 ………………………………………………………………… (67)
　　　　（五）曲江 ………………………………………………………………… (69)
　　　　（六）神都苑 ……………………………………………………………… (71)
　　　　（七）私家园林 …………………………………………………………… (72)
　第三节　园林特色 ………………………………………………………………… (77)
　　一、园林发展 ……………………………………………………………………… (77)
　　二、园林创新 ……………………………………………………………………… (80)
第五章　我国宋代的园林 ……………………………………………………………… (82)
　第一节　历史史略 ………………………………………………………………… (82)
　　一、北宋 …………………………………………………………………………… (82)
　　二、南宋 …………………………………………………………………………… (82)
　　三、时期特点 ……………………………………………………………………… (83)
　第二节　经典园林 ………………………………………………………………… (84)
　　一、北宋 …………………………………………………………………………… (84)
　　　　（一）都城——东京（今开封）………………………………………… (84)
　　　　（二）寿山艮岳 …………………………………………………………… (86)
　　　　（三）金明池 ……………………………………………………………… (89)
　　　　（四）琼林苑 ……………………………………………………………… (90)
　　　　（五）岳阳楼 ……………………………………………………………… (90)
　　　　（六）私家园林 …………………………………………………………… (91)
　　二、南宋 …………………………………………………………………………… (94)
　　　　（一）都城——临安 ……………………………………………………… (94)
　　　　（二）后苑 ………………………………………………………………… (94)
　　　　（三）得寿宫 ……………………………………………………………… (95)
　　　　（四）私家园林 …………………………………………………………… (95)
　第三节　园林特色 ………………………………………………………………… (99)
　　一、园林发展 ……………………………………………………………………… (99)
　　二、园林创新 ……………………………………………………………………… (100)
第六章　我国辽夏金元时期的园林 …………………………………………………… (102)
　第一节　历史史略 ………………………………………………………………… (102)
　　一、辽 ……………………………………………………………………………… (102)
　　二、夏（西夏）…………………………………………………………………… (102)
　　三、金 ……………………………………………………………………………… (103)
　　四、元 ……………………………………………………………………………… (103)
　　五、时期特点 ……………………………………………………………………… (104)
　第二节　经典园林 ………………………………………………………………… (105)

一、辽 ……………………………………………………………… (105)
　　　　（一）上京——临潢府 ………………………………………… (105)
　　　　（二）中京——宁城 …………………………………………… (105)
　　　　（三）南京——北京 …………………………………………… (105)
　　二、夏——西夏王陵 ………………………………………………… (106)
　　　　（一）王陵陵位 ………………………………………………… (106)
　　　　（二）王陵营建始末 …………………………………………… (106)
　　　　（三）王陵特点 ………………………………………………… (107)
　　三、金 ……………………………………………………………… (110)
　　　　（一）上京——会宁府 ………………………………………… (110)
　　　　（二）中都——北京 …………………………………………… (111)
　　　　（三）西苑 ……………………………………………………… (111)
　　　　（四）大宁宫 …………………………………………………… (112)
　　　　（五）玉泉山行宫 ……………………………………………… (112)
　　四、元 ……………………………………………………………… (113)
　　　　（一）上都——开平 …………………………………………… (113)
　　　　（二）大都——燕京（北京）………………………………… (113)
　　　　（三）太液池 …………………………………………………… (116)
　　　　（四）私家园林 ………………………………………………… (117)
　第三节　园林特色 ……………………………………………………… (119)
　　一、园林发展 ……………………………………………………… (119)
　　二、园林创新 ……………………………………………………… (120)
第七章　我国明清时期的园林 ……………………………………………… (121)
　第一节　历史史略 ……………………………………………………… (121)
　　一、明 ……………………………………………………………… (121)
　　二、清 ……………………………………………………………… (122)
　　三、时期特点 ……………………………………………………… (122)
　第二节　经典园林 ……………………………………………………… (124)
　　一、明 ……………………………………………………………… (124)
　　　　（一）都城——应天府（建康、金陵、南京）……………… (124)
　　　　（二）都城——北京 …………………………………………… (124)
　　　　（三）御花园 …………………………………………………… (125)
　　　　（四）东苑 ……………………………………………………… (127)
　　　　（五）西苑（三海御苑）……………………………………… (127)
　　　　（六）万岁山（景山）………………………………………… (133)
　　　　（七）慈宁宫花园 ……………………………………………… (133)
　　　　（八）明十三陵 ………………………………………………… (133)
　　　　（九）潞简王陵墓 ……………………………………………… (137)
　　　　（十）天下第一关——山海关 ………………………………… (137)
　　　　（十一）私家园林 ……………………………………………… (138)

二、清 ……………………………………………………………………（141）
　　　（一）都城——北京 ……………………………………………（141）
　　　（二）静明园 ………………………………………………………（141）
　　　（三）畅春园 ………………………………………………………（143）
　　　（四）静宜园 ………………………………………………………（145）
　　　（五）圆明园 ………………………………………………………（146）
　　　（六）长春园 ………………………………………………………（151）
　　　（七）颐和园 ………………………………………………………（153）
　　　（八）万春园 ………………………………………………………（159）
　　　（九）承德避暑山庄 ………………………………………………（159）
　　　（十）清东陵 ………………………………………………………（169）
　　　（十一）私家园林 …………………………………………………（172）
　第三节　园林特色 ……………………………………………………（183）
　　一、园林发展 …………………………………………………………（183）
　　二、园林创新 …………………………………………………………（185）
第八章　外国古典园林概述 ……………………………………………（187）
　　一、埃及园林 …………………………………………………………（187）
　　　（一）园林史略 ……………………………………………………（187）
　　　（二）经典园林 ……………………………………………………（187）
　　二、西亚地区园林 ……………………………………………………（189）
　　　（一）园林史略 ……………………………………………………（189）
　　　（二）经典园林 ……………………………………………………（189）
　　三、西班牙园林 ………………………………………………………（191）
　　　（一）园林史略 ……………………………………………………（191）
　　　（二）经典园林 ……………………………………………………（191）
　　四、古希腊园林 ………………………………………………………（192）
　　　（一）园林史略 ……………………………………………………（192）
　　　（二）经典园林 ……………………………………………………（192）
　　五、古罗马园林 ………………………………………………………（193）
　　　（一）园林史略 ……………………………………………………（193）
　　　（二）经典园林 ……………………………………………………（194）
　　六、意大利园林 ………………………………………………………（198）
　　　（一）园林史略 ……………………………………………………（198）
　　　（二）经典园林 ……………………………………………………（199）
　　七、法国园林 …………………………………………………………（204）
　　　（一）园林史略 ……………………………………………………（204）
　　　（二）经典园林 ……………………………………………………（204）
　　八、英国园林 …………………………………………………………（211）
　　　（一）园林史略 ……………………………………………………（211）
　　　（二）经典园林 ……………………………………………………（214）

九、俄国园林 ……………………………………………………………（216）
　　　　（一）园林史略 …………………………………………………（216）
　　　　（二）经典园林 …………………………………………………（217）
　　十、日本园林 ……………………………………………………………（219）
　　　　（一）园林史略 …………………………………………………（219）
　　　　（二）经典园林 …………………………………………………（222）
　　十一、美国园林 …………………………………………………………（223）
　　　　（一）园林史略 …………………………………………………（223）
　　　　（二）经典园林——纽约中央公园 ……………………………（225）
第九章　世界近代、现代园林概说 …………………………………………（227）
　　一、外国近代、现代园林 ………………………………………………（227）
　　　　（一）近代、现代园林的产生 …………………………………（227）
　　　　（二）近代、现代园林的发展 …………………………………（230）
　　二、我国近代、现代园林 ………………………………………………（236）
　　　　（一）概况 ………………………………………………………（236）
　　　　（二）现代园林范例 ……………………………………………（237）
　　三、世界园林发展趋势 …………………………………………………（239）
　　　　（一）继承与创新相结合 ………………………………………（239）
　　　　（二）科学与艺术相辉映 ………………………………………（239）
　　　　（三）宏观与微观相补充 ………………………………………（239）
参考书目 ………………………………………………………………………（240）

绪　　论

依据现代科学手段，使我们初步推算出大约在150亿年前诞生了宇宙，约在50亿年前诞生了太阳系（可能不只一个），约在47亿年前在地球上出现了生命，约在500万年前地球上出现了人类。

人是万物之灵。自从有了人类，实际上便有了人类历史。作为自然人化了的艺术就是人类历史中的一个重要组成部分。

在漫长的历史长河中，大自然的鬼斧神工与人类的智慧，为世界留下了许多极为珍贵的自然遗产和文化遗产。这些遗产是一个时代文化的集中体现，也是人们认识自然、了解历史的宝贵资料。

我国的园林艺术是中华文化的一颗光辉耀眼的明珠，是我们民族审美心理和艺术智慧的结晶，在世界文化历史上具有重要的艺术价值和深远的影响。

国外园林也各具特色，中外结合，互映互照，促进了整个世界园林不断向前发展。

一、园林的涵义

园林既是一门科学，又是一门艺术。它随着历史的变迁，人类的进步，科学的发展，由无到有，由初级到高级，其内涵也在不断地扩大、充实和完善。"园林"一辞在我国历史上始见于三国两晋南北朝的诗中，"驰骛翔园林""白日照园林"。但在历代的园林发展中，其涵义一直未加确定。作者依据本门学科艺术的内涵、存在形式和作用，斗胆用现代语言对其加以圈定，供园林老前辈和专家们参考。园林是指在一定的地形（地段）之上，利用、改造和营建起来的，由山（自然山，人造山）、水（自然水，理水）、物（植物，动物，建筑物和文物）所构成的具有游、猎、观、赏、祭、祀、息、戏、书、绘等多种功能的大型综合艺术群体。记载和讲述它的起源、发生、发展过程、园林经典和特色，就是园林史。

实践证明，我国的古典园林有的是画家直接参与，如王维、宋徽宗、倪云链等，有的是造园家精通画理，如计成、米万钟、张链、戈裕良等，再加上文人墨客、诗人和书法家，如李白、白居易、苏东坡、王羲之等的描绘、颂扬和点缀……使中国园林达到了炉火纯青的程度，使中国的园林源于自然，而又高于自然。所以，说中国的园林是画家、造园家、诗人、书法家和工匠等劳动人民共同创造的，是他们相结合的产物，是他们共同劳动、共同智慧的结晶。

沧海桑田，斗转星移，时代更迭。我国劳动人民在数千年的辛勤劳动积累中，以其聪明才智，创造了举世瞩目的、光辉灿烂的园林历史文化和丰富多彩的珍贵遗产，并把它传给后人。其中，已有3 000多年复杂历史的自然山水园林独树一帜，别具风格，自成体系，闻名于世，公认为是东方园林的代表，被誉为世界园林之母。

我国是一个历史悠久、古老而又文明的国家，素有"上下五千年，纵横一万里"之说。中华民族历经了夏、商、周的1 500年的奴隶制社会以及春秋战国、秦汉魏晋南北朝、隋唐五代十国、宋元明清长达2 400年的封建社会，还有由清末到中华民国的近百年半封建、半殖民地社会，在这漫长的历史演变过程中，中国人民一直处于水深火热之中，中国古典园林也只是供皇帝、大臣、贵族、军阀、富商等少数人游猎玩戏的地方。只有到了1949年10月1日，中华人民共和国宣告成立，中国人民站起来了，成为社会的主人，中国的园林才真正回到了人民的怀抱，为人民所享用。

二、学习园林史的目的和意义

依据最近考古发掘，已知我中华文明史拥有8 000余年的历史[①]，有载以来，历经了14个大朝代。这些朝代都为我国累创了很多光辉灿烂的古代园林文化。国外，特别是一些历史悠久的古国，如古埃及、古罗马、古波斯、法兰西等，也同样创造了各具特色的园林文化。

马克思和恩格斯在《德意志意识形态》一书中指出："历史不过是相异时代的承续，每个时代都利用前头一切时代所传给它的那些材料，资本形式和生产力，因此，一方面在完全变更过的情况下，继续进行传统的活动；另一方面用一种完全变更过的活动来改变现有的情境"。这就是说，后者都是在前者的基础之上发展起来的，没有前者就没有后者，没有过去，也就没有现在，也就没有发展。一个时代如果不能继承前一个时代有用的、好的东西，都从最低阶段开始，重打鼓，另开张，另起炉灶，那么，这个时代就不能前进！总之，一切事物都是由于继承了前人的有用的、好的东西，才得以发展的。一个园林工作者，学习、研究和掌握过去人类创造的一切优秀文化，包括园林艺术在内，吮吸其精华，则是开创和建设新园林、新艺术必不可少的。即使是其他工作者，学习学习、了解了解古代文化和园林艺术，对开拓思路、促进本职工作的发展，也是很有意义的，同时，还能获得艺术上的享受。

一个人的一生是短暂的，一个时代的寿命也是有限的，所以，在历史的长河中，如果没有前人，前各个时代和各国人类成果的叠加和经验的积累，要想前进是不可能的，人是这样，社会也是这样，一门科学，一门艺术更是这样。没有实践，就没有理论，没有继承，就没有发展。实践积累了，丰富了，再加以综合、分析，便升华为理论。有了理论，反过来会指导实践，促进实践，丰富实践，提高实践。所以说，我们要发展现代园林，就必须熟知古代的中国园林和国外的各国古典园林，了解和熟知它在发展的长河中是怎样发生发展的，有哪些经典，各有何特色，以便继承好的，开创新的。

三、怎样继承和发展园林

历史的经验告诉我们，一切艺术都是为本国、本民族，甚至是为本部门服务的。历史的东西有好的，也有坏的。好的我们要吸收，可直接拿来用，或改造利用，坏的要取缔，正如毛泽东同志在《延安文艺座谈会上的讲话》中说的那样，"我们必须继承一切优秀的文化遗产，批判的吸收其中一切有用的东西"。

我们学习园林史，其目的就在于研究我国园林和国外各国园林的发生发展及其特色，系统地总结园林经验，做到"古为今用，洋为中用"，以便发展现代园林，使其为人类的精神文明服务，更好地使人有美和艺术上的享受。

四、世界园林发展的阶段划分

这主要依据人类的不断进化，社会的不断演延，文明的不断涌现和进步，而划分的。

(一) 原始文明时期的园林萌芽阶段

人类社会的原始时期，历经约一百几十万年的时间，当时整个自然界处于荒凉、冷漠、恐怖和神秘之中，到处是洪水泛滥和猛兽及疾病的袭击，处于愚昧的原始人类只能是被动的依赖、融合、生活于自然环境之中。为了生存，他们只能靠群居在一起抵御一切外界不良环境。他们靠极简单的劳动工具进行狩猎和采集来维持生存，他们过着日出而作，日落而息的生活，生活的极其艰苦。可想而知，这一时期是不可能有园林出现的。到了原始社会的末期和奴隶社会的初期，出现了原始农业，在人类由猎食开始转为农耕植食之际，出现了种植地，有了"果、木、蔬、园"。客观上有了一些园林的影子。

（二）农业文明时期的园林阶段

人类在不断进化，社会在不断进步，这是客观规律所在。但由于地域隔离，原始人类所处的环境条件不同，其发展是不平衡的。在亚洲和非洲的一些地区发展最快，他们首先发展了农业。古籍中说人类最早是以肉食为主，辅以野果，后由于肉食动物的不断减少，肉食不足而转向杂食。早期人类从狩猎和采集的原始社会转向了以农业为主的农业文明社会。我们说农业生产是人类历史上的第一次技术革命，它标志着人类对自然界的认识由感性认识阶段上升到了有所了解、有所认识的理性阶段，也就是说人类由被动依附自然转向了主动开发自然，人类开始了按着自己的意愿利用和改造自然界，开发农业，兴建水利，开采矿山，砍伐林木……进而创造出了农业文明所特有的"田园风光"。当然，也带来了一些自然环境的破坏。

由于农业的不断开发和进步，生产力得到了发展，生产关系也得到了改变，劳动果实有了剩余，便出现了阶级社会分化，进而产生了国家组织，出现了城镇。随着生活时间的拉长，久居在城镇中的统治阶级的富有阶层，为了补偿被隔离的大自然风光，以充实精神生活，便在城镇及近郊开发各式各样的园林，浓缩大自然，回归大自然。

随着生产力的进一步发展，物质的不断丰富，技术的不断提高，进一步促使了园林的发展，形成了各种园林风格。但不论哪种风格，此期的园林，其共同特点都是内向的、封闭式的，无社会效益和经济效益的。

文学是文明社会的进步标志，我国商朝的甲骨文中最早有"囿"和"圃"方面的描述。流传着的西王母的"瑶池"和"悬园"的神话，在我国古籍中也有记载，西方《旧约，创世记》和基督教《圣经》中有"乐园"和"伊甸园"的记载。有河、有水、有花、有果，如同仙境一般，这些都是幼年时期的人类对人类生活美好环境的一种憧憬和向往，是人类向往生活美景的一种理想化。古印度佛教中宣扬的众生修成正果之后，可以去往西天的极乐世界。所谓极乐世界，也是人类理想乐园的一种扩大。由此可见，园林是人类生活中所追求的理想环境的目标。

由于地域隔离，人们生活的环境不同，文化传统不同，各民族在园林的创作上也就形成了自己独特的体系和风格，如古罗马园林体系，意大利文艺复兴园林体系，古埃及园林体系，英国园林体系，西亚地区园林体系，日本园林体系和中国园林体系等。总之，在3 000余年的历史阶段中，在园林发展方面，从诞生、发展到成熟，各成体系，各具特色，百花争艳。

从各国园林来看，虽各具特色，但它们的基本构成是一致的，都是由山（自然山、人造山、冈阜、平地）、水（自然水和理水）、物（建筑物、植物和动物）等构成，只不过是不同的园林依据面积的大小，设计的形式，风格的差异，其基本构成要素之数量，或存在的形式，不同罢了。这些基本构成要素，涉及到种植业、养殖业和工程建筑业，涉及到美学艺术。所以，园林的发展必须要具备一定的科学技术、人力、物力和财力。

在园林发展的第二个阶段中，主要是在奴隶社会到封建社会期间，这个阶段历时了3 000余年的时间，完全具备了上述条件。所以，这段时间能使园林的发展由简单到复杂，由粗犷到精细，由一般到完美，使园林成为物质财富到精神财富。统治阶级多将园林的有无、大小、气势作为夸耀、显赫、威严和权势的象征。

（三）工业文明时期的园林阶段

随着社会的不断进步，园林业在不断地向前发展，到了公元18世纪中叶，英国蒸汽机的出现并广泛使用，促成了世界的产业革命，使农业文明开始过渡到工业文明，由于工业文明的兴起，大大促进了科学技术的飞跃发展，进而出现了大规模的机器生产，这为人类进一步地开发大自然提供了更有效的手段，人们也从中获取了空前的物质财富。然而，由于无计划的掠夺式的开发，造成了宏观大范围的自然生态平衡失调，特别是工业发达的国家中的大城市及近郊，出现了植被减少、水土流失、空气污染、气候变暖的现象。人们居住条件恶化。这是人类与大自然由友善关系转向对立关系时，大自然对人类所采取的一种报复，这种现象如果继续发展下去，其后果是不堪设想的。

针对上述问题，一些有识之士便提出了种种学说，以缓和人与自然这种不友好的关系。美国园林学家F. L. 奥姆斯特德（1822—1903年），开创了自然保护地和现代城市公共园林，并提出政府应对一些原生生物区和特殊的景区永久保留，禁止开发，作为"国家公园"。1858年，他和他的助手在纽约的348公顷的空地上建造了供市民游览、娱乐的场地，这就是世界上最早的公园之一——纽约"中央公园"。随后，又建起了费城的"斐索公园"及布鲁克林的"前景公园"，建起了华盛顿特区的国会山园林的绿化及波士顿的公园林荫系统等。他致力于人才培养，是造园职业化的倡导者，在哈佛大学创办了景观规划设计专业，1860年他首创了"园景建筑"。他的贡献在于提出"人类要爱惜自然，保护自然，合理地利用自然"，对大城市中出现的问题要加以补救，把乡村带进城市，"城市实现园林化"。奥姆斯特德的思想渐成共识，于是，"公园""公共园林"，行道和广场绿化，住宅区绿化，随之都出现了。

继奥姆斯特德之后，英国学者E. 霍华德针对改善城市环境质量，也提出了著名的"田园城市"的设想，但这消耗的代价太大。19世纪末前，好多学者提出了有关人与自然环境的关系的一门科学，这就是生态学。即用生态学来指导园林的规划和设计，使自然环境能自我调节，收到了较好的效果。

总之，这一阶段的园林比上一阶段的园林又向前迈了一大步。有以下几个特点：其一是园林由私人所有向政府所有转化，国家投资，政府所有；其二是园林由封闭式向开放式转化，园林向大众开放；其三是园林由视觉参观和精神效益向环境效益和社会效益方面转化，目的是改善城市生态环境，为人们提供游憩和交往的场所；其四是园林由盲目造园向专人设计规划方面转化。

（四）现代文明时期的园林阶段

这一阶段大约是从第二次世界大战之后，即19世纪60年代开始至今。社会开始进入信息时代，一些科学先进而发达的国家和地区，经济高速发展，人们的物质生活和精神生活大大提高。在工作之余，休闲的时间较多，人们向往大自然、接触大自然、融于大自然的机会也越来越多。与此同时，人们更感受到，人类共有的一个地球，过去人们由于对自然界的认识不足，改造开发不当，破坏了自然界的平衡而带来的恶果越来越明显，如人口爆炸、粮食短缺、能源枯竭、环境污染及温室效应等。人们开始认识到，人类在利用、改造、开发大自然的时候，必须做到有计划、有步骤，必须注意到它们的恢复、更新和再生，以达到可持续发展的目的，使社会经济发展的规律与自然界生态规律相协调，使上一阶段人与自然界的敌斥关系，回到融善关系上来。不过这绝不是原始人类时期与自然界的融合关系，而是一种崭新的融合关系。

园林是生态中的一个重要组成部分，因而生态的变化，必然也导致园林的变化，而这种园林也不是上一阶段形式的园林，更不是原始状态下的园林，而是一个崭新的园林形式，其内容和性质都发生了很大的变化。

这一阶段园林特点：一是国营园林占了主导地位，城市公共园林、绿化开放空间和各种室外娱乐交往场地不断扩大；二是城市规划设计时必须包括园林部分，"城市在园林中"，即园林城市；三是在园林规划中，加强了植物配置，提高空气质量，防止大气污染和水土流失，为鸟类提供栖息场所；四是加强了审美构思；五是设置了专门城市建筑规划设计结构；六是园林规划时，广泛地利用生态学、环境科学及各种最先进的科学技术；七是城市外围营造防护林带或森林公园或更大范围的大地景观；八是要求工、农、商、交、矿……一切可开发工程中，都要与园林绿地建设相结合。

上述所言，我们可以看到此阶段的园林领域已大大向前扩展了，它已成为涉及多种学科的一门综合学科，成为环境艺术中重要的一门综合艺术——园林艺术。所以，它的创作不仅涉及到各行各业专家"汇诊"，而且还要有广大公众的参与，它的创作渗透到人们生活的各个领域，其前景更加灿烂辉煌。

五、世界园林形式的划分

园林学家们多因国家不一、民族不一、个性不一、爱好不一而创作的园林形式也就不一样。但依据其园林题材配合的方式和题材相互间的关系，还是可以把园林划分为三类。

（一）规则式园林

指一切园林题材的配合，在构图上呈几何形体的形式，在平面规划上多依据一个中轴线，在整体布局中，呈前后左右对称；园地划分时多采用几何形体，其园线、园路多采用直线形；广场、水池、花台群多采用几何形体；植物配置等多采用对称式，其株距相等，外形多修剪成一定的形式。这种表现人为控制下的人工图案美的园林形式，就称为规则式园林。

规则式园林又称整形式、建筑式、几何式、对称式园林（图0-1）。

（二）自然式园林

指一切园林题材的配合，在平面规划、园地划分上，随形而定。园路多采用弯曲的弧线形；广场、水池等形体多成自然性；树木的配合，株距不等，但基本配合多用自然丛植方式。这种灵活多样、不拘一格地显示纯自然之美的园林，这种顺乎大自然的规律，把大自然浓缩和模拟下来的园林形式，就称为自然式或自由式园林，中国古典园林形式为其代表。

（三）混合式园林

一些园林学者认为规则式园林有些"矫揉造作，过于人为，显得呆板"。而自然式园林又有些过于朴素，过于自然。

图0-1　意大利卡普拉罗拉庄园平面图

如能两者兼容并用，即因地制宜，灵活处理，如在园林入口处及其附近，建筑物附近采用规则式，而在远处采用自然式，这种园林方式，就称为混和式园林。

实践证明，园林分类仅从外表形式上分是不够确切的，我们不能把中国古代的有中轴线、格局严整的皇宫建筑等同于法兰西的整形园，也不能把中国的自然山水园等同于英国的自然式风景园。园林的形式都与本国的习俗、民族生活习惯及其所爱好的民族艺术极为相关，所以其园林风格也就很自然地代表了其所居国家。如一看热河的"避暑山庄"、北京的"颐和园"、苏州的"拙政园"，就知道是中国风格的园林；一看"桂离宫"，就知道是日本风格的园林；一看"凡尔赛宫"，就知道是法兰西风格的园林。总之，各有本国、本民族的独特园林风格。

所以，园林形式的分类，首先是国家的分类，即中国的、古埃及的、古希腊的、古罗马的、意大利的、法兰西的、英格兰的、日本的。当然，每个国家在不同历史阶段，其园林风格也有所不同，甚至是同一个国家，不同地域受各种因素影响，其创作的园林风格也会有所不同，各具特点。

六、我国古典园林的类型

我国的园林发展，历史悠久，博大精深，源远流长。如果从商朝的"囿"开始，至今已有3 000多年的历史。在这3 000多年的园林发展史中，创造了各种各样类型的园林。按我国古典园林的主要构成要素和风格，大致可分为五类。

（一）自然风景苑囿

这是我国最早期的园林形式。是指以围定的自然景区为主体，并配以少量人为景观的一种园林，其内有自然的山、林、池、沼、河、动物、植物及少量人为开凿的河、沼和人为建筑（土台、房屋、宫室）及人为种植的草、木和畜养的珍禽异兽。这类园林始建于我国的殷商周时代，一般面积比较大，外用篱笆或土墙围定，专供帝王或诸侯们游猎之用。如古籍中记载的夏桀的池囿、商汤的桑林和桐宫、殷纣王的沙丘苑与鹿台、周文王的灵囿等。

（二）宫廷建筑园林

是指以宫廷建筑为主体，结合人工山水，辅以动物和植物的一种园林，也称皇家园林。这种园林最初为离宫别馆，渐有宫苑、御苑、行宫之类。建筑又渐与人工山水景观相结合，后演变成山水宫苑。这类园囿分内苑和外苑，宫苑和部分御苑都是内苑，而离宫别馆、行宫都是外苑。如古籍中记载的"春秋"时吴王夫差的姑苏台，"战国"末期秦始皇的阿房宫、咸阳宫，汉代的建章宫，曹魏的铜雀宫，隋炀帝的西苑，唐代的三苑、禁苑、曲江池、北京的大内后苑，明代的北京宫城（今故宫）及西苑，清代的圆明园、颐和园、避暑山庄等。

（三）陵寺庙观园林

这些园林的选址都是在山明水秀的"风水宝地"之处，与自然景观和人为景观相结合，故也是园林总体的一个分支。现今都是风景区的一部分。

1. 陵园

指帝王的墓地，多呈墓群。从古至清代的帝王都建有自己或其家室的万年吉地——墓地，如陕西黄陵县的轩辕黄帝陵，浙江绍兴的禹陵，陕西临潼的秦始皇陵，陕西兴平县的汉武帝茂陵，礼泉县的唐太宗昭陵，乾县唐高宗与武则天的乾陵，宁夏银川西夏王陵（见彩图），南京南唐二陵，明太祖的明孝陵，北京的明十三陵，河北清东陵和西陵，沈阳清东陵和北陵等。

2. 墓园

指帝王下属的大臣及历史名人的墓地。如河南永城县的陈胜墓，山东曲阜孔子墓（为当今最大古墓），也称曲阜孔林或至圣林。孔子墓地很大，起初占地不足一亩，经历代不断增扩至清代，现今占地 200 公顷，其林墙周长达 7 千米之多，有古树 2 万余株，石碑林立，亭殿无数。还有海口市的海瑞墓等。

3. 寺园

指为佛教、道教、山川神灵及历史名人而在名山秀水之地修建的纪念性的，以建筑为主体的一种园林。这类园林中的建筑相似于宫殿中的殿堂，其格局多为我国传统的四合院廊院。为方便宗教、祭祀等活动，房间较大。殿堂内多在台座上供奉神灵偶像，墙内有壁画、浮雕等绘画艺术。其外有较长的香道，似同人世通向净土、极乐、仙界的阶梯。这类园多选在名山胜地，融合自然景观和人文景观，创造出富有天然情趣，又能进行宗教活动的独特园林景观。如古籍中记载的，我国最早的东晋太元年间（公元376—396年）慧远僧人在江西庐山建的东林寺，创山林圣景建寺之先。还有河南登封县的少林寺，北京的谭柘（zhè）寺、卧佛寺、碧云寺，南京的栖霞寺，杭州的灵隐寺，浙江的普陀寺等。这些寺园均为我国寺园中的精品。下面把闻名国内外的少林寺略加叙述。

少林寺位于河南登封县城西北少石山北麓五乳峰下，它建于南北朝时期的北魏（公元495年），印度僧人达摩来此首创禅宗，世传少林武功，闻名遐尔。现存有达摩亭、千佛殿等部分建筑。内有著名的明代 500 罗汉壁画、少林拳谱、十三和尚救唐王（李世民）壁画，寺西有唐至清时的墓地——塔林，砖木结构，现存 220 余座。其内的壁画和浮雕式样繁多，造型各异，神态生动、逼真。

4. 庙园

为我国古代祭祀用的一种园林建筑，规模有大有小。因为它也多与园林结合，树木以松柏为主，故也是园林总体的一个分支。

祭祀华夏祖先的庙有黄帝庙（轩辕庙）、神农庙、尧庙等；奉祀帝王的称宗庙或称太庙；皇帝祭祀天、地、日、月、社稷、先农的称坛庙，如天坛、地坛、日坛、月坛、社稷坛、先农坛等；世家建的庙称家庙；奉祀圣贤的庙，如孔庙、关帝庙、武侯庙、岳王庙、孟姜女庙等；祭祀山川神灵的庙，如五岳神庙、玉皇庙、龙王庙、土地庙、财神庙、马祖庙等。

庙中，以山东曲阜的孔庙为最大，它位于山东曲阜城内，为公元前 480 年鲁哀公改建而成，后经历代重修、扩建，到明朝中叶已成为规模宏大的古庙建筑群，占地 327 亩，有九进院落。内有殿室等建筑 466 间，苍松古柏，雕梁画柱，金碧辉煌。大成殿为孔庙的主体建筑，宫殿式，位于孔庙中央，唐代称宣王殿，宋徽宗崇孔子"集古圣贤之大成"，更名为大成殿（见彩图）。现存者为清乾隆 1754 年重建的，殿宽 9 间，纵深 5 间，高 32 米，东西 54 米，南北 34 米，重檐九脊，斗拱交错，黄瓦朱甍（méng）。周檐下巨型石柱 28 根，各垫有覆盆莲花宝柱基础，柱表浮雕有团龙祥云，龙姿飞扬，宏丽庄严。殿内正中上方悬有"至圣先师"横匾，神龛（kān）内供有孔子脱胎塑像。殿前东西庑（wǔ）内围有孔门历代先贤录，有石刻 584 块，碑刻 220 块，集书法之大成。大成殿为我国古代三大宫殿建筑精华之一。孔庙有围墙，建有角楼。

5. 观园

是道教的庙宇，似如宅院。规模较小，也多修建在风景名胜之地，内植有名贵花木、松柏，配以小桥流水，点缀一些亭榭小品，环境幽雅，也是文人志士来此读书养性的好地方。

(四) 自然山水园林

自然山水园林是以自然景观（山、水）为主体的，配以建筑、古代文化、文物等的一种园林。这种园林一般面积较大，现多开发成风景名胜区，成为旅游景点。但其类别也不一，各有其特点。有以山为主体的，如山东泰山、陕西华山、福建武夷山、江西庐山和井冈山、安徽黄山；有以水为主体的，如杭州西湖、洞庭湖、太湖、长白山的天池、昆明的滇池、乌鲁木齐的天池、广西桂林的漓江等。

(五) 写意山水园

这是指已具有诗情画意等审美境界达到最高层次的一种园林，也可称为文人园林。所属不一，有帝王的、有大臣的、有私人的；规模不一，少则几亩，大则几十亩、几千亩。小型园多为个人所有，又多与住宅相结合，所以也称宅园或庭园。这些园不论大小，其共同点特点是立意新颖、取法自然、设计精巧、布局奇妙、结构精细、诗情画意。著名的有南北朝时代南朝梁元帝的湘东苑（故址为今湖北江陵），北魏洛阳的西游园和方林园，唐代宫苑，东晋时创建的南京华林园，宋代宋徽宗在河南开封建的寿山艮岳（又称万寿山、华阳宫）。宋代文人苏舜钦在苏州建的沧浪亭。宋代文人在洛阳建的园极多，如董氏邸园（东园、西园）、天王园花园子、归仁园、李氏仁丰园、环溪园、郑公园、湖园等；明代李伟的清华园、定国公的太师园（也称定国公园）、大画家米万钟的勺园、徐达的瞻园、苏州王献臣的拙政园；清代帝王在北京建的圆明园、避暑山庄、颐和园，私人园有个园、何园、留园、网师园和醉白池等。

七、我国古典园林突出特点

我国园林突出特点是山水园林，但各个时期又各有其特点。

(一) 夏商周时期

开创了我国园林最初形式——囿。囿以自然园林状态为主，场地广阔，辅以少量建筑（房屋和台等），动植物多为自然生成，野趣味浓，以游猎、骑射、观看等为主要娱乐活动形式。

(二) 秦汉时期

在囿和苑囿的基础上，宫苑建筑得到大发展。所以，此期的园林特点是以宫室建筑为主体，配以山、水、植物和动物。对宫室建筑的选址、建筑的式样、数量、规模等都非常重视，真可谓"离宫别馆相望连属，宏伟壮观威严非凡"。

(三) 三国两晋南北朝时期

由于长时间的战乱，文人和画家们厌烦社会，纷纷走入山区、农村，欣赏大自然，歌颂大自然的山山水水，真可谓"清风明月本无价，远山近水皆有情"。此时期，在文学、美术上崇尚自然和田园生活，进而兴起了自然山水园林。所以，此时的园林从地址和内容上都发生了变更，从城市转向城郊和山村，从宫苑建筑转向大自然，成为以自然山水为主体的园林特点。

(四) 隋唐宋时期

此时期，由于"山水画"和诗的大发展，不仅直接反映自然山水本身的壮美多娇，而且加大了人为艺术的手法，用诗情画意来美化它、歌颂它，使它锦上添花，美上加美。所以，此期的园林特点是诗情画意的园林，也称文人山水园林或写意山水园林。园林进入全盛时期。

(五) 辽夏金元时期

本时期的园林发展，除西夏在宁夏银川有所发展外，多限于燕京地区的山水宫苑，创意较少，但对前代的园林进行了保护。

(六) 明清时期

此期的园林不仅继承了前代园林艺术，而且加大了园林技巧，使我国的自然山水园林传统风格逐步巩固和成熟，并在质量上、艺术上、数量上和规模上都达到了空前的境地。

注释：

[1] 2002年3月10号《光明日报》文章《走进8 000年前的村落——"华夏第一村"》

第一章　我国夏商周时期的园林

从公元前21世纪至公元前221年，为夏、商、周时期，历经1 900余年，我国园林从无到有，开创了我国园林的最初形式——囿，并有所发展，有所创新。

第一节　园林史前的历史变迁

众所周知，地球上自从有了人类，实际上也就开始了人类历史。而园林史又是人类历史进程中一个重要组成部分。

我国的人类历史源远流长。依据考古发掘，云南发现了元谋人，距今约170万年，是我国最早发现的人类，河北阳原泥河湾发现了136万年前的人类，陕西蓝田人距今约80万年，北京周口店的北京人距今约40万~50万年，北京周口店龙骨山的山顶洞人距今约1.8万年，内蒙古敖汉"华夏第一村"距今约8 000年，浙江省余姚县河姆渡村发现了母系氏族公社遗址，距今约7 000年。

悠悠，百十万年的岁月过去了，我们的祖先越过了猿人、古人阶段，开始步入了新人阶段。大约在4 000~6 000年前，人类由母系氏族公社进入到父系氏族公社。随着社会的发展，人类在不断进步，大约在公元前5 000年左右，传说有了三皇五帝。

一、三皇五帝

（一）三皇

1. 燧（suì）人氏

传说为人工取火的发明者。他传授钻木取火，用火熟食。

2. 伏羲（xī）氏

传说此人能知八卦卜算，能传授渔、猎、畜、牧之法。

3. 神农氏

即炎帝，号神农氏，生于渭水。传说他发明了耒耜（lěi sì），向人们传授种植，开始了农耕、架室、穿衣、医药与交易。在《白虎通义》古籍中载："古之人民皆食禽兽肉。至于神农，人民众多，禽兽肉不足，于是神农因天之时，分地之利，制耒耜，教民农耕，神而化之，使民宜之，故谓之神农氏"。

（二）五帝

1. 黄帝轩辕氏

传说为陕西黄土高原姬姓部落的领导人，号为有熊氏，又轩辕（天鼋（yuán）之意，为神话崇拜的一种动物）氏，称黄帝。他定都涿鹿（今河北），管辖范围很大，西起甘肃，东到大海。他修历法、定吕律、创文字、制货币、分田亩、治国体，建立国家职能。传说黄帝曾联合黄河流域其他部落，经过长期的战争之后，打败了东方的劲敌蚩（chī）尤和黄河上游的炎帝。蚩尤被捉住杀掉了，炎帝战败后服从了黄帝的领导，于是两个部落结成了联盟

（长期繁衍，构成了华夏族的主干），黄帝被推为黄河流域的部落联盟长。

相传我国古代的许多发明都是由黄帝本人或在黄帝时期完成的。古书载："黄帝伐木为材，筑宫室，发明房屋。嫘（léi）祖（黄帝妻）发明养蚕织帛……"。又载"黄帝的助手仓颉（jié），依照鸟兽脚迹之形态，描绘出许多符号，开始发明文字"。

2. 颛顼（zhuān xù）高阳氏

相传他生于若水，居于地丘（今河南濮阳东南），曾命重任南正之官，掌管祭祀天神。传说黄帝去世后，由他继位，仍定都涿鹿。

3. 帝喾（kù）高辛氏

传说为周族的祖先。颛顼去世后，由他继位，定都于亳（山东河南之间）。

4. 尧帝陶唐氏

尧为帝喾之子，他继承了帝位，建都于平阳。1958年在陕西襄垣县陶寺村考古惊世发现了大型墓地，最近中国社会科学院的考古专家在这里又发现了4 000多年前的一座古城。

传说尧时，黄河流域发生洪水，庄稼被水淹没，房屋被水冲塌了，人们只得搬到丘陵地区去住……如何解决水患，是当时人们最迫切的问题。一次部落联盟会议讨论治水领导人选时，有人推举鲧（gǔn），尧不同意，但参加会议的4个部落长都主张先让鲧试试，尧只好遵从大伙的意见，于是就让鲧去领导治水。

5. 舜帝有虞（yú）氏

相传在推荐尧的继承人时，大家一致认为舜在家庭生活中能与顽劣的父母兄弟和睦相处，德行很好，是个适合人选。经过一段适用期，结果舜能在各方面干得很好，于是他便继承了尧的帝位，建都于蒲坂（今陕西蒲川一带）。

史称五帝，施仁政，兴水利，治国体，奠定了华夏族（汉族）的繁荣基础。行禅（shàn）让制，民主推荐领导人，最后舜帝禅位于禹帝，建都于安邑。

传说鲧治水，因不懂水性，采取堵的办法，结果用了9年时间，花费了无数人力、物力、财力，也没把水治好。舜继位后，考察了鲧的工作，把他处死，启用了他的儿子禹去治水。禹采取疏导的办法，和人民一起抗洪13年。"劳力焦思，栉风沐雨"，十分辛苦，有"三过家门而不入"的美传。

禹治水有功，得到了人民的爱戴，被拥戴为"夏后氏"。后人称赞禹的功绩说："伟大的禹！若是没有你，我们都变成鱼了。"后来，经大家推荐，禹便继承了舜的帝位。

二、夏王朝

夏朝，约公元前21世纪，从禹帝开始，传了17帝，历经约500年，于公元前16世纪被商朝取代。

（一）夏禹帝

大禹为颛顼高阳氏之曾孙，继位后建都于安邑（今山西芮城）。禹帝时，氏族公社已进入晚期。东汉袁康所写的《月绝书》说，禹治水时，曾用过铜制工具，凿开伊阙山，通到龙门。说明当时生产力有了一定发展，人们的劳动果实也随着生产工具及劳动技术的提高而有所增加。氏族领导人有了权力，有了地位，渐渐地演变成贵族，俘虏变成了奴隶，于是社会的阶级分化便开始了。

（二）夏启王

启为大禹的儿子。禹死后，启破坏了原来的禅让制度，杀死了他的竞争对手——益，夺取了部落联盟长的地位，建立了夏朝。同姓部落有扈（hù）氏反对他，启起兵打败了他，把他全族罚为牧奴，巩固了自己的霸位，开始了"家天下"的世袭制。启完成了奴隶制国家体制的建立，建立了空前的大夏帝国，开始实行奴隶主对奴隶的残酷统治。经过子孙相传，一直到第十七帝的夏桀王。

（三）夏桀王

相传夏桀王才勇兼备，力大无穷。但他生性残暴，酷好酒色，是我国历史上著名的暴君，于公元前16世纪登上王位。他残忍无道，奢靡淫乐，一次宴会中吃的肉可以堆成一座小山，喝的酒可以灌满一个池塘，穷兵黩武，劳民伤财。他荒唐地认为，他的统治可以和太阳一样永世长存。人民怨恨夏桀王，诅咒他说："你这个可恨的太阳啊，我们宁愿和你同归于尽。"于是纷纷起来反抗，终于被黄河下游的前代老臣，商部落首领成汤所灭。

夏朝有了国家，有了强大的军队和监狱。夏朝铜业、农业、畜牧业和手工业相当发达，商业交易和城市建筑业也开始发展，有了前庭绿地。各处也建有台和囿，以供游猎。据传夏台为当时上等的离宫别墅（这里曾囚禁过成汤）。《史记集解·夏本纪》注：夏桀"宫室无常，池囿广大"。说明公元前16世纪之先的夏代已有了池囿，此期已处于园林的朦胧时期。

第二节　商周历史史略

一、商

（一）历时

成汤于公元前16世纪灭夏建立商朝，传位18帝至盘庚。盘庚约于公元前14世纪继位，又传位10帝至纣王。商共历时约600年，约于公元前11世纪，商被周灭。

（二）史略

夏朝的最后一个帝王夏桀王，昏庸无道，为其淫乐大修宫殿瑶台，吃喝玩乐，老臣成汤劝谏无效，反被囚禁于夏台。成汤出狱后，起兵反夏，约于公元前16世纪灭了夏朝，建立了商朝，建都于亳。

商朝继承夏制，在我国历史上为第二个奴隶制国家。当传位到第18帝盘庚时，约公元前14世纪，迁都到殷（今河南安阳市），改国号为殷，所以历史上也称商朝为殷朝。最后传到第28帝纣王辛。

史传纣王很有才能，见闻广博，动作敏捷，能徒手格杀猛兽。但他却十分残暴，花天酒地，浪费无数财力，大建宏丽的琼楼瑶台。他"以酒为池，悬肉为林"，终于激起民愤。最后被周武王起兵围攻于牧野，纣王自焚而死，商朝灭亡了。

商代时期，更加完善和巩固了奴隶制。加强了炼铜和铜制品（即青铜器）的生产，人们把铜、锡、铅混在一起冶炼，炉温高达1 000℃左右。所建的司母戊大方鼎重达875千克，为古今青铜器之冠，所造的四羊方尊造型雄奇，工艺高超。手工业的发展进一步促进了农业、牧业和商业的发展，社会财富有了更大的积累，文化也进一步发展。与此同时，奴隶主们更加奢侈和淫荡。殷王朝修建城池宫殿和台囿之风大大超过前代，特别是商纣王，兴建宫室，广收珍奇野马充其间，扩展沙丘，大建苑台。"游猎之风严重，歌舞之风盛行"。纣王死后，商都变为废墟（图1-1）。

我国有文字记载的历史是从商代开始的，从埋葬3 000余年的甲骨片上，一位姓王的学者在掇药时，偶然发现骨片上刻有文字符号，这真是一个重大的惊人发现，结果共累计发现10余万片甲骨，其上大约刻有一百几十万个象形文字。在这些象形文字中，描述、记载祭祀、卜算的内容最多（表明当时做任何事情都必须先卦卜吉凶），其他方面记载较少。

商时，贵族们有了用来游猎的场地——囿，作为回顾祖先们的生活，并做各种娱乐。囿多建在自然山水秀丽和林木水草丰盛之地，其范围从几十里到几百里，周围以鹿砦或土墙，内以禽兽充之，其内有台，台上有屋，用来观猎和栖息。

那么，我国的园林究竟是从何时，以何种形式起始的呢？

(三) 园林起始

1. 园林起始的条件

园林的主要功能是游憩和观赏。既然这样，就得有玩的时间、玩的地点和构筑供游玩的形式，这就需要社会具有一定的财力、物力、人力和技艺（土木工程、种植和养殖等科学技术），要求有较高的社会生产力和社会经济条件作为园林形成的基础。

在奴隶社会之前，古人群居在一起，整天忙碌着，靠打猎、采集野果来维持生存，过着漂泊不定的生活，连生存的基本资料的获得都很困难，那时是不可能有园林的。即使到了逐水草而居和游牧生活的部落时代，同样也是无条件开始营园的。事实证明，只有到了奴隶社会，确切地说只有到了商代才有条件开始营造园林。那么开始营园的条件有哪些呢？

(1) 多数人由漂泊不定开始过着定居生活。

(2) 农业生产占有主导地位，并开始了饲养牲畜。

(3) 生产力较为发达，有了较多的剩余劳动果实。

(4) 有了脱离生产劳动的特殊阶层。

(5) 有了体力劳动和脑力劳动的分工，有了经商、艺术、科学技术及行政管理等诸方面的分工。

(6) 上层建筑的社会意识形态、文化艺术开始较为发达。

那么，到了商代，上述诸条件是否达到了呢？

随着奴隶制社会经济的不断发展，商代奴隶主的财富不断增加，生活日益富裕，进而刺激了他们的思想发生变化，他们更想过着不劳而获和奢侈享乐的生活。又由于他们地位的变化，其思维和趣味也发生了变化。他们越来越鄙视劳动，宁愿游手好闲地把精力消耗在吃喝玩乐上。这些都为营造园林奠定了思想基础。商是国家机构已形成的朝代，它有政治机构，如官吏、军队、司法、牢狱，有强烈的宗教迷信。从商殷废墟出土的文物来看，盘庚迁都后的殷，又是奴隶制占主导地位的朝代。当时畜牧业已发展到相当高的水平，牲畜种类很多，有猪、牛、羊、马、狗等，由奴隶饲养，归贵族占有。据载，商王祭祖时，一次就杀牲畜数百头乃至上千头。

农业也相当发达，种类多，有黍、稷、麦、稻、桑、麻等。甲骨文记载中有关农业占卜方面的内容颇多，但畜牧业方面的较少，说明商代农业占主导地位。商代手工业、冶铜和制铜器方面也相当发达，且分工颇细，最主要的是青铜器。史料记载殷人以饮酒而驰名，这促进了商业的兴盛，进而又促进了城市的建立，如殷都的面积达10里见方。《史记·殷本记》载："纣时稍大其邑，南据朝歌，北据邯郸及沙丘，皆为离宫别馆。"从郑州和安阳的商殷遗墟的发掘来看，当时的建筑技术已相当高超，其郑州商殷遗址面积，断续地分布在东南西北各8里之广，其中，有一个大的方形夯土墙址。另在墙址之外，又有制铜器、陶器、骨器的场所。观其铜器，从铸造技术上，造型和花纹的装饰上，均有相当高的技艺。安阳的殷墟

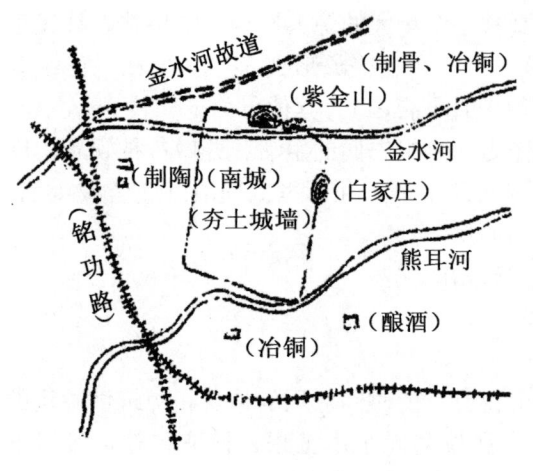

图 1-1 郑州商代城址示意图

遗址面积也相当大，兼有宫、室、门、庭、寺、庙等大大小小夯土板筑的土木工程。也发现有石工、玉工、骨工、铜工等场所。殷代遗留下来的建筑遗址，是排列整齐的夯土台，台上留存成行列的柱础，其中最大的土台面积超过1 000平方米。

邯郸赵王城中的夯土台是呈阶梯形的，可能是沿着土台阶梯而上，都建有土木结构的建筑物。

综上所述，可看出商代已具备了造园起始的条件。

2. 园林起始的形式

从甲骨文中，看到了有"园、圃、囿"的描述。分析之：《周礼》上曰"园圃树之瓜果，时敛而收之"，《说文》上说："园、树、圃，树菜也"，这里的树当栽培讲。可见园圃是农业栽培果菜之所，非"游栖"所用之园，故不能认为只要有了"园"的记载，就认为有了园林了。《周礼·地官》上说"囿人……掌囿游之兽禁，牧百兽"，《说文》上说："囿，养禽兽也。"可见，囿是繁殖和放养禽兽，以供畋猎、游乐之场所，这恰是游憩之地。《史记·殷本记》上说"（帝纣）好酒淫乐……益收狗马奇物，充牣（rèn）宫室，益广沙丘苑台，多取野兽蜚鸟置其中"。可见，园林起始的最初形式，既不是上古时的园，也不是上古时的圃，而是上古商代的囿。

至于《淮南子》、《山海经》及《穆天子传》上所载的"……黄帝之圃，……县圃"之类，有人认为是我国大规模园林之始，这是不确切的。经近人研究，这些古作多是后人依据传说和神话，再加入作者本人当时所处的地位、背景及个人目的所著的，其书中所言的事多离奇古怪，不可信。单独的一个"台"字，只能是一种构筑物，古时可用来观天象，也不是园林起始的形式，只有存在于"囿"之中时，除可观天象之外，还可供帝王观赏游猎等园林之用。

为什么说我国园林最初形式是囿呢？我们说，当一个氏族从一种生活方式转到另一种生活方式之后，往往需要再现过去某些经常性的、刺激性的、趣味性的生活方式。如祖先们过去的渔猎生活，不过这种旧生活的再现，已不是现在生活所必需，而是一种游乐和享受。从古籍中可以看出，殷时，贵族生活之奢侈是相当惊人的，酗酒和畋猎是商代社会最突出的特征。贵族们对畋猎的嗜好特别惊人，囿已成为当时统治阶级最崇尚的一种享受。结果，造成畋猎和游乐的囿大量兴建，占去了很多土地。

那么，囿的涵义是什么呢？囿就是人们对一定的地域用篱笆或墙加以，让天然的草木和鸟兽滋生繁育，也可在其中挖池筑台，供帝王贵族狩猎游乐。简言之，囿就是畋猎园。

从园林的雏形囿来看，当然是比较简单的园林，其中除筑台外，尚可挖池养鱼，野生动植物也多是天然朴素景象。到商殷后期，囿又有所发展，不但帝王有囿，就是方国之侯也都有囿，只是大小不同罢了。

二、周

(一) 历时

周武王于公元前1046年灭商建立了周朝（史称西周），建都于镐（hào）（今西安附近），经12帝，历时275年。周平王约于公元前770年建立了东周，建都于安阳，历经春秋战国，维持了约548年。于公元前221年被秦灭。周共传37帝，至姬延亡，共历时近800年。

(二) 史略

周原是歧山脚下的一个小国，到姬昌为王时（即周文王），由于善施仁政，又重用姜尚（姜子牙，也称姜太公），治国有道，国势日渐昌盛。到姬发继位时（即周武王），正值商朝纣王辛之时，姜尚和姬旦（武王之弟）辅佐姬发攻伐纣王，在众诸侯的支持下，一举灭了商朝。

周在政治上、经济上取得了大发展，是划时代的，从此，我国开始了具体的史略记载。

周统一全国之后，开始制政策、封爵位（连封了1 000多个大小诸侯国，各据一方）、封领地（世袭制），致使周朝国业大兴。到周成王时，政法兴旺，天下太平。其后，中央王室日衰，诸侯间出现了不平衡，以大辖小，以大吃小，互相并吞。到周幽王时，政绩更是荒芜，他整天与宠姬褒姒（bāo sì）（幽王三年由褒国进献，不久为后）寻欢作乐。为逗宠姬一笑，不惜点燃烽火，欺骗天下诸侯到京（这就是历史上有名的烽火戏诸侯的故事）。后幽王被戎狄（róng dí）杀于骊山脚下。

周朝的诸侯国秦国之秦襄（xiāng）王，力挽狂澜，发兵赶走了犬戎（古代称西方的少数民族），护佐周王到洛邑（今河南安阳），重建大周，史称东周，又历时500余年。此时，大周虽正统未变，但各个诸侯已是有令不止，各据一方，中央名存实亡。到公元前476年，在诸侯中只剩下十霸了，这就是"春秋十霸"，即"秦、宋、晋、楚、鲁、吴、郑、齐、越、魏"。以其实力，实为五霸，即"齐（齐桓公）、楚（楚庄王）、晋（晋文公）、吴王阖闾（hé lú）、越王勾践"。诸侯间参战打了294年（其中，围魏救赵的故事就发生在此时）。尽管孔子周游列国，也不能复礼周国，最后剩下了7国，即"齐、楚、燕、韩、赵、魏、秦"。历史进入了战国时期，又混战了254年。整个春秋战国时期（公元前770—221年），战火不停，打了500多年，历时近800年的周朝，至姬延时于公元前289年被秦庄襄王所灭。

长时期的战乱岁月，造就了一大批历史名人。他们的业绩对周朝的政治、经济等各方面的发展，起到了极大的推动作用。老子，春秋时楚国人，是道家的创始人，曾管理王室的书籍，相传《道德经》由他所写；孔子，春秋末期鲁国人，当过鲁国的司寇（司法官），为儒家创始人。他提倡克己复礼，以法治民，举办私学，是我国大思想家和大教育家，相传他编了《诗经》、《尚书》、《春秋》，对后世影响甚大；孙武，春秋时齐国人，任吴国将军，是一位杰出的军事家，著有《孙子兵法》；商鞅，战国时魏国人，大政治家，提出废井田、开阡陌，奖励耕作，国家承认土地归个人所有，并允许买卖，推行郡县制，由国家指派官吏。他的改革极大地促进了秦国的政治和经济的发展；吴起，战国时魏国人，公元前383年任楚国的相，辅佐楚悼王变法，提倡明法令、减冗官、奖功臣，很快使楚国强大起来；韩非子，战国时韩国人，大思想家、大政治家，著有《韩非子》五十五篇，提倡革新，建立大一统的中央集权，提出"法、术、势"相结合的理论，可章法不嫌贵，刑过不避大臣，赏善不遗匹夫，其思想对秦始皇影响甚大；屈原，战国时楚国人，为我国最早的大诗人，辅佐过楚怀王，作过佐徒、三闾大夫，学识渊博，提倡"彰明法度，举贤授能"，著有《离骚》、《九章》、《问天》等名著,创造了骚体形式,称为《楚辞》。他以优美的语言,丰富的想象,融合神话的传说,塑造鲜明的形象和富有积极浪漫主义的精神,对后世文学发展的影响甚大;伍子胥,楚国人,得到吴王阖闾的重用,任为相。他辅佐阖闾和夫差30余年,才能非凡,政绩卓著。他是一个建筑家,苏州古城就是他首先建议并不辞辛苦率众人"相土尝水,象天法地"建成的,周47里的大城和周10里的内城,经2500余年的演变,至今城址规模仍未有多大变化,足见其当时勘测、建设的正确。他又是一个水利家,阖闾时,他在今江苏西部的高醇至太湖间开掘了一条运河,其中建5道堤坝,使皖南之水引入太湖,防止水害,便利交通,又利于农田灌溉,人们把这条运河称为"胥溪"。夫差时,他又疏通了太湖至东海间的河道,人称"胥浦"。他是大军事家,他继承孙武遗志,战功卓著,为吴国立下了汗马功劳。他还是政治家,治国、保国均具有远见卓识。

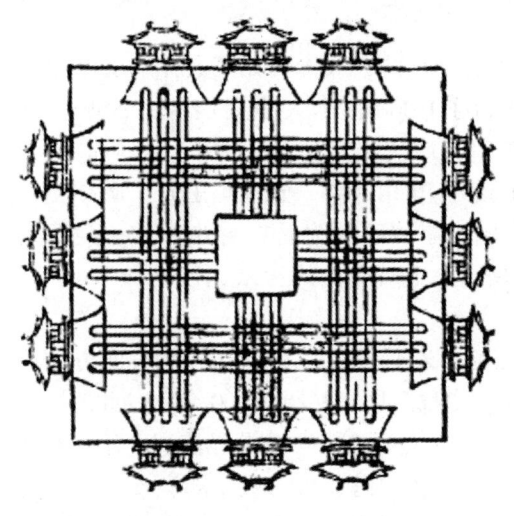

图1-2 周王城示意图

在这些名人的影响下,周朝治国体、兴国业,经济发展很快。在农业方面,由于土地变为私有,可以买卖,生产力获得了解放,更多的使用了铁农具,推广了农耕、锄犁、绿肥,兴修水利等,战国时水利家李冰在成都岷江流域修建了著名的水利工程——都江堰。工业和商业也取得了很大发展,冶铁用木炭作燃料,采用皮囊鼓风,以提高炉温,使铁质提高。工艺品、丝麻织品,光洁细腻,从而促成了新兴城市的不断出现。艺术和建筑业也发展很快,鲁国的鲁班(公输班),是我国历史上著名的能工巧匠、建筑家,他会建筑房屋和桥梁,改进生产工具等。《墨子》一书中载,他削的竹片和木料制成的飞鸟能在天上高飞三天不落,说他制造的木人能驾驭木车马,后人称他为"鲁班斧"。科学成就也不断涌现,楚人甘德和魏人石申写出了《甘石星经》[①]是世界上最早的天文学著作,从此天文学上有了日、月、星等的记载。医学上,齐国出现了神医扁鹊,从此有了内、外、妇、小儿科等。园林建筑上,周初规定了城郭的大小,大国9里,中国7里,小国5里。天子城为12里,门12个,余为1~9个门。《三礼图》载,周武王令建城郭(图1-2)。

《考工记》载,周朝城都制度,"匠人营国,方九里,旁三门,国中九经九纬,左庙右社,前朝后市"。

周朝各诸侯国由简朴的囿、苑囿发展到离宫别馆,其游憩观赏功能渐强,最后从囿转变为真正的园林。周朝规定了囿的等级,天子有囿百里,诸侯有囿四十里。

周朝已知在庭院栽花种草的好处,"桃之夭夭,其华灼灼"。周初已注意到建筑庭院的花木布置。《诗经》魏风篇还提到"园有桃,园有……棘"。郑风篇还提到"无入我园,无折我树檀",字里行间可以看到"桑、栗、漆"等的字样。在宫室建筑附近有园田、果树。

三、时期特点

从夏到商周,历时时间很长,约1900余年。在这段漫长的历史阶段中,社会制度变革了3次:即原始部落社会、有国家机构的奴隶社会、战国时期的封建社会。王权统治也由原始社会的禅让制改变为奴隶社会和封建社会的世袭制。

社会制度的不同导致各时期的社会的特点不同。原始社会无国家、无压迫、无剥削、生产力低下，也无园林。奴隶社会，从夏朝开始，有了国家、有了军队、有了压迫、有了剥削，发明了夏历。商代，农业、手工业、畜牧业发达。青铜冶炼和铸造技术具有很高的水平（据近几年大量考古发掘，证明此时的青铜和青铜器主要用于礼器和兵器）。国家奴隶制经济有了很大的发展，成为当时世界上的一个大国。商代开创了甲骨文，是我国进入了文字历史可考期，促进了文化的大发展。商代统治严酷，奴隶主把奴隶当作"人牲"，并可任意屠杀他们和让他们陪葬。商代出现了园林的最早形式——囿。到了周代，采用了分封制和井田制，有了文字记载，国家强大。农业、手工业、畜牧业得到很大发展。疆域空前扩大，经济空前发展。东周时，冶铁业大发展，推广铁犁、牛耕，兴修水利，农业、手工业、畜牧业更加发达。此时期，思想活跃，文化发展很快，出现了"墨家、法家、儒家、道家、兵家"等百家争鸣。文学上出现了屈原为代表的诗人，建筑上出现了以伍子胥和鲁班为代表的建筑家，建材上出现了砖和瓦。园林上也大有发展和创造，出现了有划时代意义的周文王的灵台、灵沼、灵囿，这对我国后时代的园林发展有很大的影响。

第三节 经典园林

一、商

商代不仅创造了我国园林最初形式——囿，而且在此基础上，也有所发展（限于历史原因，文字符号记载有限）。其代表作虽比较粗糙简单，但对以后的园林发展，是很有启发和促进作用的。

（一）鹿台

商朝最后一个帝王辛，大兴土木，修建宏大的宫室，"南据朝歌，北据邯郸及沙丘，皆为离宫别馆"。其中鹿台在朝歌城内，"其大三里，高千尺"，虽说有夸张，但其体量的确十分宏大，这在北魏时尚能见其遗址。《水经注·淇（qí）水》载"今（朝歌）城内有鹿台，纣昔自投于火处也"。鹿台除有通神、游赏的功能之外，还兼有国库的性质（图1-3）。

（二）桑林之野

《史记》载，商汤王祷祝于桑林之野的故事。这是一处远离都城的风景胜地，是以桑树为主的一片广大风景林地。其内建有离宫别馆，汤王常去祷祝和游猎。

（三）桐宫

《史记》载，汤王之孙太甲将老臣伊尹（yī，yǐn）[②]放逐桐宫，太甲悔过自责，放回伊尹。桐宫也是远离都城，以桐树为主的一个风景胜地，内有离宫，据传是商初的一处名囿。

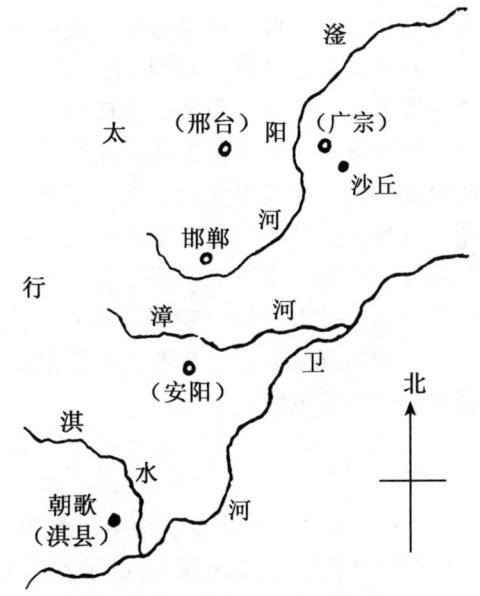

图1-3 商纣王鹿台位置示意图

（四）沙丘[③]

《考工记》载，"纣王淫暴，无道……广建宫室，尽情享乐……广收珍奇野马，充其宫室，更扩展沙丘建苑台，多蓄异兽珍禽于其中，聚于沙丘……"又《史记·殷本记》载："（纣）大冣（jù）乐戏于沙丘，以酒为池，悬肉为林，使男女裸，相逐其间，为长夜之饮。"可知，沙丘不仅是圈养、栽培、通神、望天之处，更是略具园林格局的游览娱乐的场所了。沙丘有休息、娱乐的宫殿，有观赏动植物的台榭，其功能渐增，已向苑囿方向发展。

（五）百泉

百泉位于今河南省辉县西北2.5公里处，因百泉湖而得名。它远溯于殷商时代，《荀子·儒效篇》曾提到"武王伐纣，暮宿于百泉"。

百泉由苏门山和百泉湖组成。苏门山是太行山的一条支脉，由万仙山根部向东延伸到这里形成一座山头。太行山中的各路水系沿着万仙山的石隙缝向东挤压过来，到达苏门山时，从山南麓的石窦中向上仰天喷出，形成了碧波荡漾的百泉湖。一山一水，交互相映，就形成了美丽壮观的自然山水园林。

图1-4 百泉景区

百泉湖水温度常年保持在17℃左右，冬暖夏凉，清澈见底。泉水自湖底石隙喷涌而出，累累不绝似串串珍珠，阳光照射，颗颗金光闪耀，如金似玉，故又有"涌金泉""珍珠泉"之称。"三伏"酷暑，湖畔石阶一坐，热汗顿消；"三九"严寒，热雾绕身。泛舟湖面，极目亭台楼阁，更是令人心旷神怡（图1-4）。

湖之北岸是一座海拔仅有184m的苏门山。山虽不高，但风景优美。历代众多名人志士、文人墨客曾云游到此，驻足挥毫，使百泉名气倍增。

晋代高适、孙登、"竹林七贤"，唐代诗人贾岛、画家吴道子，宋代文学家苏东坡、理学家周敦颐、程颢、程颐，金代诗人元好问，元代中书令耶律楚材，明代的唐寅、黄辉，清代的乾隆皇帝、郑板桥等均在此留下了他们的足迹。他们面对迷人的青山碧波，触景生情，或赋文吟诗，或泼墨作画，留下了珍贵的墨迹瑰宝。千百年来，历经劳动人民的整修、改造，百泉成为了中原地区著名的古典园林，现有大大小小、各种类型的古建筑达90多处，其建筑风格既有南方的小巧玲珑、清新秀丽，又有北方的雄伟壮观，富丽堂皇，加上美丽的自然山水，被人誉为"中州颐和园""北国小西湖"。

今天的百泉景区，有省级以上重点文物保护单位8处，市级以上45处，成为了一个丰富多彩的艺术宝库。

二、周

（一）周文王的灵台、灵沼、灵囿

周文王时，于公元前11世纪在丰京城郊建有著名的灵台、灵沼和灵囿。据《三辅黄图》载，"周文王灵台在长安西北四十里""（灵囿）在长安县西四十二里""灵沼在长安西三十里"。相传今陕西户县秦渡镇大土台，即为文王的灵台遗址。其秦渡镇北至董村一带的一大片洼地为文王灵沼的遗址，其灵囿的位置也在此镇附近。

文王的灵囿有划时代的意义。《灵台》诗述文王之囿由人工开凿建造而成。并建有灵台、灵沼、灵囿和璧雍四大区。《孟子》云："文王之囿，方七十里。"周边圈围，其内放养珍禽奇兽，以供观赏。四时花木繁盛，水中鱼跃，景色十分优美。在高处，突出的有灵台，台高20丈，周围120步，宫室罗列其上，可观景，可观气象，骑射（图1-5）。

图1-5 周文王灵囿

文王灵沼是一处很大的水面，内养着许多游鱼和水鸟，用于观赏。灵沼是就自然的低洼水塘经人工开掘而成，多余的土用来堆土加高成台。据《新序》载"周文王作灵台，及与池沼，泽及枯骨"。修建时，动用了大量的奴隶。正如《诗经·大雅》中的"灵台"篇描写的那样：

"经始灵台，经之营之；
庶民攻之，不日成之；
经始勿亟，庶民子来；
王在灵囿，麀（yóu）鹿攸伏；
麀鹿濯濯，白鸟翯翯（hè）；
王在灵囿，于牣（rèn）鱼跃；
虡（jù）业维枞，贲鼓维镛；
于论鼓钟，于乐璧雍；
于论鼓钟，于乐璧雍；
鼍（tuó）鼓逢逢，矇瞍（sǒu）奏公。"

文意是：开始修筑灵台时，庶民就像儿子替父亲做事一样，积极踊跃参加（这是在宣扬文王的仁德），很快就筑成了。挖土筑台，台成池也成。文王在游赏时，看见了体态肥美的母鹿，有的在悠然地走动，有的在伏卧，有的在饮水，有的在洗澡、游玩、戏耍等多种活生生的活动情态。文王还看见了洁白肥泽的白鸟在空中起落，池水中的鱼儿在水里游动。文王在璧雍[④]观看音乐师们的精彩演奏（鸣钟击鼓）以及击鼓以祭祖、娱神的热闹场面。

文王之灵台、灵沼、灵囿，除文王及重臣们游玩观赏外，可能还定期允许老百姓入内割草、猎兔……但要交一定数量的收获物。《孟子》载，"刍荛（chú ráo）者往焉，雉兔者往焉，与民同之"。

文王之灵台、灵沼、灵囿是以观赏动物为主，植物则重在实用，而观赏为辅。同时，还可能有其政治寓意。赋予灵台更为神圣的性格，已显示周受命于天，为灭商建周制造舆论准备。所以，文王之灵台、灵沼、灵囿，兼有游赏、望气、通神的功能。

文王的灵台、灵沼、灵囿，主题明确，能游、能赏。有游赏的对象和内容，有阜原、池沼、动物、植物、树木、花草，更有景点建筑，这些都是人为加工创造的。可以说它是人为艺术与自然风景的结合，是一个很好的人文景观，它标志着我国古典园林的真正开始。

（二）楚灵王的章华台

章华台又称章华宫，始建于东周列国时春秋楚灵王六年（公元前535年）。历时六年竣工。《水经注·沔（miǎn）水》载"水东入离湖……湖侧有章华台，台高十丈，基广十五丈……穷土木之技，单府库之实，举国营之数年乃成。"经考古发掘，其台地遗址范围很大，东西长约 2 000 米，南北宽约 1 000 米，其总面积达 220 万平方米。位于古云梦泽内，今湖北省武汉以西，沙市以东，岳阳长江以北的一大片自然风景，旖丽的上古神话甚多的水网、湖沼密布的荆江三角洲上（图 1-6）。

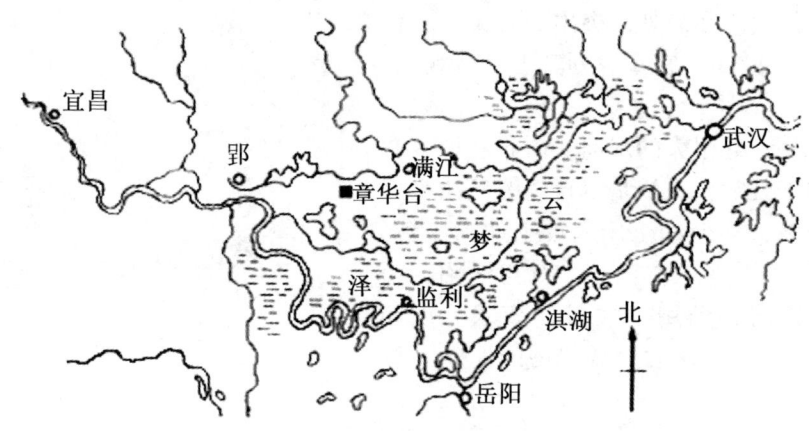

图 1-6　章华台位置图

在遗址范围内，有若干个大小不一、形状各异的台（夯土台），尚有许多宫、室、门、阙遗址。其主体建筑章华台，方形台基长 300 米，宽 100 米，其上有 4 台相连，其中，最大的台长 45 米，宽 30 米，高 30 米，分 3 层。每层台基上均有残存的建筑物柱础。每次登临需休息 3 次，故又称"三休台"，其台上的建筑物装饰得更是富丽堂皇。可见，当年楚灵王每次率众臣在此游赏及畋猎时的盛况。《国语·楚语》上载"灵王为章华之台，与伍举升焉，曰：'台美夫？'对曰：'臣不闻其以土木之崇高彤镂为美，而以金石匏（páo）竹之昌大嚣（xiāo）庶为乐……先君庄王为匏居之台，高不过望国氛，大不国容宴豆，木不防守备'。"此段载文表明章华台以土木之崇高彤镂为美，几乎同于金石匏竹之作。可见，此台不仅体量宏大，榭亦美仑美奂，为当时宫苑中高台榭的典型。又《国语·吴语》载"昔楚灵王……乃筑台于章华之上，阙为石郭，陂汉以象帝舜"；韦昭注"阙穿也，陂，雍也。舜葬九嶷（yí），其山体水旋其丘下，故雍汉水使旋石郭以象之也。"可见，此台人工开掘的三面为水池环抱，临水成景。水源引于汉水，并可提供水运交通。这是模仿上古舜在九嶷山的墓葬的山环水抱的做法。这是我国在园林中开凿大型水体工程的首例。

（三）吴王夫差的姑苏台

春秋战国时代，各诸侯争相兴建园囿，以供自己享乐。有名的还有秦穆公的重璧台，周灵王的昆阳台，齐景公的尤和露寝台，宋平公的平公台，鲁庄公的匏居台，陈思侯的凌阳台等，这其中最为有名的是吴王阖闾的儿子吴王夫差的姑苏台。

吴国地处长江下游，自然风景本来就美，加上人造的许多苑囿和景点，就显得更美了。姑苏台位于吴国国都吴，今苏州城西南 12.5 千米的姑苏山（又名七子山，姑胥山）上。始建于吴王阖闾十年，即公元前 505 年。后其子吴王夫差因宠爱西施女，又续建 5 年。《越绝书》载"吴王起姑胥台，三年聚材，五年乃成。"姑苏山怪石嶙峋，峰峦奇秀，风景秀丽。这座宫苑全部建在山上，因山成台，连台为宫，千里尽作苑囿。苑中又广建宫室及小品，总体布局因山就势，曲折而下，规模宏大，极其华丽。主台"广四十八丈"，"高三百丈（包括山基高）"。姑苏台正如《述异记》载"周旋诘曲，横亘五里，崇建土木，殚（dān）耗人力。宫妓数千人，上别立春宵宫，为长夜之饮，造千石酒钟。夫差作天池，池中造青龙舟，舟中盛陈妓乐，日与西施为水嬉。吴王于宫中作海灵馆、馆哇阁（宫），铜钩玉槛。宫中之槛槛皆珠玉饰之"，海灵馆可能是观鱼之处，相当于今天的水族馆，有美女常住馆里（有金屋藏娇之意）。春宵宫是夫差寻欢作乐之处。吴王夫差用了大量的人力、物力在五年之中建造的"宫、馆、台、阁"，屈曲弯弯，相连达五里之长。夫差又在山中开凿山涧天池，在池中泛青龙舟，舟中盛陈妓乐与西施嬉戏。公元742年唐代大诗人李白游姑苏台，触景生情作《乌栖曲》"姑苏台上乌栖时，吴王宫里醉西施。吴歌楚舞欢未毕，青山欲衔半边日。银剪金壶漏水多，起看秋月坠江波。东方渐高奈乐何！"《苏台贤古》"旧苑荒台杨柳新，菱歌清照不胜春。只今唯有西江月，曾照吴王宫里人。"唐代大诗人杜甫的《东下姑苏台》诗云"东下姑苏台，以具浮海行，到今有遗恨，不得穷扶桑。王榭风流远，阖闾丘墓荒，剑池石壁仄，长州菱荷香。嵯峨阊门北，清庙映池塘，每趋吴太伯，抚事泪浪浪。枕戈忆勾践，渡渐想秦王，蒸鱼闻匕首，除道哂(shěn)要章。"可见，姑苏台远超其他苑囿，其内容之彩博，景观之壮丽，史无前例，使我国园林向前跨了一大步，在造景上对后世园林建设也有很大启发。

第四节 园林特色

夏商周时期，历史时间长，对我国的园林发展贡献极大，可以说，这个时代是我国的园林从无到有，从简单到有所发展，有所创造，其特点如下。

一、园林孕育

（一）屋居变化

英国哲学家培根在《论造园》中说："文明人类先建美宅，营园较迟……"可见园林要求更高，在建屋之后。上古时屋居变化列为首位，其变化顺序是：

1. 穴巢居
2. 茅屋居
3. 地面屋居
4. 土坛木架屋居，并开始出现前庭绿地

（二）农业变化

农业的发展促进了园田的发展，在宫室附近出现了园田。

（三）猎场变化

1. 狩猎
2. 游猎

多设在山清水秀、水草丰盛和林木茂盛之地，其范围从几十里到数百里。

3. 畜牧
4. 养殖

二、园林起始

（一）夏时

开始将珍奇动物作为观赏游乐的主要内容，有了囿的雏形。

（二）商时

开始出现内容比较丰富的囿，"猎、游、观、息"等功能具备。

（三）周时

囿到处可见，不仅帝王有，侯王也有，并各有规格要求，而且向苑囿方面发展。

三、园林发展

宫室变化　随着帝王的不断依次变更，其宫室也在不断发展变化。

（一）宫阙

（二）都城

（三）离宫别馆

夏时已具雏形。商时有所发展，较为宏大。周时发展较快，并制定了城郭大小等级制。宫室前有庭院，内有花草，宫室外有园田。

四、园林创新

（一）精心设计

周文王的灵台、灵沼和灵囿融山水、建筑、动物、植物为一体，精心设计，精心配置，开创了园林发展新阶段。

（二）开凿天池

吴王夫差在姑苏山中开凿天池，水可贮、可游、可运，在我国园林中史无前例。

（三）龙舟水戏

吴王夫差在天池中造青龙舟，与西施水戏，更是前所未有。

（四）海灵馆

吴王夫差在姑苏山中作海灵馆，相当今日的水族馆，可在宅内观赏水中的鱼，且有专人护养，这更是前人未有。

（五）水池环抱

章华台临水而建，三面为人工开凿的水池所环绕，并引汉水灌入。这在园林中开凿大型水体工程，为史书记载之首例。

总之，这个时期商朝开始有了园林，并以囿的形式出现。周朝发展了园林，并有所创新，对后代园林发展有很大启迪作用。

注释：

①《甘石星经》：战国时期，天文历法方面居世界先进水平。楚人甘德和魏人石申总结前人成就各自写出一部天文学著作，后人合称为《甘石星经》，这是世界上最早的天文学著作。

②伊尹：伊为姓，尹为官名，传说奴隶出身，原为莘氏女的陪嫁之臣，汤启用为"小臣"，后任国政，扶汤攻灭夏桀。汤去世后，历佐卜丙、仲壬二王。一说仲壬死后，其侄太甲立，但伊尹篡位，放逐太甲。七年后，太甲潜回，杀死伊尹；一说仲壬死后，由太甲继位，因太甲破坏商汤法制，不理朝政，将伊尹放逐桐宫。三年后，太甲悔过，将伊尹接回复位。

③沙丘：古地名，今河北省广宗县大平台。传说殷纣在此筑台苑，畜养禽兽，广植树木，为当时风景名胜区。战国时，赵武灵王为公子成和李兑（duì）所围，结果饿死沙丘宫。公元前210年，秦始皇50岁时，于巡视途中病死于沙丘。

④璧雍：如圆璧的水池，环绕着如小山的土台。象征弱水环绕昆仑山之意，这里似又以其声道，通其政道之意。

第二章　我国秦汉时期的园林

从公元前221年到公元220年，为秦汉时期，历时440年。我国的园林发展进入以宏伟的宫苑建筑为主，以山水动植物为辅的园林发展时期。

第一节　历史史略

一、秦

(一) 历时

公元前771年襄王开国至公元前206年秦二世，经32位王帝，秦共历时560余年。秦始皇在位37年，其中始皇统一全国在位12年，胡亥在位3年，都城咸阳。

(二) 史略

赢氏祖居甘肃，为东部的部落首领。周孝王时，封非子（秦的始祖，善于养马）在秦地主管养马，常与犬戎[①]争战，传至襄公时，始建秦国。庄王之子襄公因击退犬戎，护驾周平王到洛邑有功，被封为诸侯爵位，领地秦川，建都于雍（今陕西凤翔歧山之南）。到秦穆公时，曾连续击败12个小国家而雄踞西域。秦孝公时，又任商鞅为相，实行变法，使秦国日盛，迁都咸阳，为战国七雄之一。

秦王赢政，胸怀大略，年仅13岁时（公元前246年），庄襄王传位于他。赢政称帝以后，清除了吕不韦、嫪毐（lào ǎi）等内患，任李斯为相，王翦为大将，行"远交近攻"，"联纵联横"[②]之策，在10年之内灭掉了六国，在公元前221年实现了统一大业，建立了中央集权的封建大帝国。赢政自称"朕"，号为"始皇帝"，想从他开始，一代一代地传下去。史载，大臣李斯等认为秦王的功业超过了古代任何一个帝王，最后决定把传说中的三皇五帝的尊称，合二为一，称为皇帝。从此开始，故叫始皇帝，"朕"字也就成为皇帝的专用代名词了。为使皇帝至高无上，还特制定了一套避讳制度，如"正日"改为"端日"不能与赢政同音；写文章，遇到"皇帝"和"始皇"时，必须另起头，顶格书写，以表示尊敬。这一制度被以后的各代皇帝所沿用。

皇帝的权力至高无上，大小官员都由皇帝直接任免和调动，领取俸禄不能世袭。皇帝下面设丞相，辅佐皇帝处理全国政事；设太尉管理军事；设御史大夫掌管重要文书，并监督百官；设廷尉掌管刑狱、租税收入和国家财政支出等。地方发生的事情都要上奏皇帝。当时尚未发明纸张，奏报全都写或刻在竹片上。秦王对自己要求很严，规定每天要看奏报60千克，看不完不休息。

秦始皇统一中国之后，改分封制为郡县制，全国分为36郡，下设县，同时还改革了田赋。为便于政治、经济、文化的发展，统一了法规、文字、度量衡和货币。拆毁了六国城郭，在全国修了两条大驰道，一条是咸阳到山东、河北，一条是咸阳到安徽、江苏。秦王五次巡视全国。

秦兴修水利，发展农业，加强了文化和政治统治，巩固国防。公元前215年派大将蒙恬率30万大军北击匈奴，南定百越设四郡，版图空前扩大，工农业空前发展。但始皇当政期间，经过一场大辩论之后，将秦宫收藏的医学、占卜、种树以外的民间收藏的诗书、六国史书、儒家经典和诸子百家著书，一概焚烧了，又把论古非今的方士儒生坑埋了460人，这就是历史上有名的"焚书坑儒"。他又大修宫殿、陵墓、驰道，连接和修建长城，加之连年用兵，兵役和劳役几乎占用了全部壮年劳动力，租税繁重，刑法严苛，人民痛苦不堪，劳民伤财。秦始皇在位共37年（其中小秦国25年），全国统一后仅做了12年皇帝而崩，于公元前210年病死于巡视途中（沙丘），年仅50岁。二世胡亥继位后，更是荒淫无度，徭役赋税名目繁多，民不聊生，怨声载道，在位仅3年，便爆发了以陈胜吴广为首的农民大起义。

二、汉

（一）历时

西汉为公元前206年至公元23年，刘邦开国，建都长安，在位11年，传13帝，历时230年；东汉为公元25年至公元220年，刘秀开国，建都洛阳，在位32年，传12帝，历时195年。汉共历时425年。

（二）史略

在反秦的农民大起义中，刘邦、项羽各自发展了一股强大的势力，联合抗秦。公元前207年，项羽起义军大败秦军，公元前206年刘邦起义军攻入咸阳，秦二世被宦官赵高逼迫自杀，秦朝灭亡。

灭秦后，刘邦、项羽两大势力（项羽自封西楚霸王，封刘邦为汉王）形成楚汉相争之势。经过4年大战，最后决战于垓下（安徽），结果项羽战败，自刎于乌江。公元前202年刘邦建立了汉朝（史称西汉），建都于长安，成为开国皇帝，即汉高祖。

刘邦死后，吕后专权，杀韩信等功臣多人，封自己的侄为王侯。吕后、惠帝死后，刘邦时的大将周勃一身是胆，除掉吕禄、吕产，保刘恒为帝，即汉文帝。

文帝、景帝治国有方，成绩卓著，史称"文景之治"。汉武帝刘彻治国达高峰。汉武帝雄心大志，在位53年，治国有道。他加强国防，加强外交活动，积极发展文化、科学和经济。派大将卫青、霍去病北击匈奴，派唐蒙去西南夜郎建七郡，派张骞出使西域[3]，使国家欣欣向荣。此时，统治范围西达新疆，东达百济，直到朝鲜半岛，版图浩大，是当时世界上国家实力最强大的帝国。

汉武帝之后，帝王挥霍无度，宦官多次专权，渐渐使一个繁荣的帝国走向衰败。特别是孺子婴当权时，因幼小，外戚王莽篡权，建大新国（公元8年），引起内乱，使汉朝大伤元气。公元25年，远支皇族刘秀起兵反抗，夺回汉室，在洛阳建东汉，曾一度中兴。但社会弊病已入骨髓，到最后一个皇帝，汉献帝刘协时，赤眉、绿林、黄巾等农民大起义此起彼伏，封建军阀割据越演越烈。曹操挟持汉献帝，最终导致汉朝走向绝路。

三、时期特点

秦朝统一全国虽然只有短短的15年，但它却是完成封建制度的重要开端，对后世影响甚大。秦在政治、军事上，建立了历史上第一个统一的中央集权的封建国家，实行专制主义。在国家安全上，北伐匈奴，南定百越，修建万里长城，销毁民间兵器，铸造铜人、铜车、铜马。在经济、文化上，统一法律、度量衡、货币和文字。在交通上，修建驰道、直道和今云南及贵州地区通"五尺道④",加强路陆交通,从而大大推动了经济文化的发展。在工业上,积极发展冶金和金属加工。在城市发展和建筑上迁徙六国贵族和豪门 12 万人于咸阳,建立以咸阳为中心的渭水南北岸宫室别馆大小 300 余处,全国 700 余处。800 里秦川,相望联属,修建宏丽的阿房宫和壮伟的秦始皇陵墓。

在科学艺术和军事上,秦代史书记载简略残缺,凤毛麟角,但自 1974 年"世界八大奇迹之一"的秦兵马俑问世以来,人们开始对秦代有一个崭新的认识。一是雕塑艺术高超:出土的 8 000 多件秦俑、秦陶是以实人、实物为模特,通过"塑、堆、捏、贴、刻、画"6 种手法制作而成,各个栩栩如生,千姿百态。人们在陶俑身上发现有 87 位艺术大师,估计有上千人参与制作。二是军事成绩卓越:从挖出的兵马俑来看,布阵有法,排列整齐。兵种构成、组合搭配、结构形式、兵器配备、甲具防护、军伍组织、指挥系统等,真像一座军事博物馆。三是科技成果辉煌:被发现的 4 万余件青铜器之涂铬防锈技术,在当时非常成熟(似在汉代失传),而这种技术在 2 000 多年后的 1937 年的德国才被发现,并作为专利注册。四是量化标准严格:出土的兵器明确印证秦简中关于"为器同物者,其小大,短长"。青铜器弩机器件,精密形体标准,相同规格的器件完全可以互换。五是加工工艺精密:如青铜铍脊上的纹饰生成、纤如发丝的金属小孔、钻刻技术,令人叹为观止。某些工艺至今还是不解之谜。还有秦代的冶金和加工技术,比我们以往估计的要高出许多。

但秦代的统治是残酷的。秦代徭役、赋税、兵役沉重,农民收获的 2/3 上缴,壮年男子都去服役。刑法严酷。

秦还大兴土木,修宫殿、造坟墓、筑长城等,民众连年劳作,苦不堪言。

西汉时期政治、经济方面除基本上承袭了秦王朝的制度以外,在思想上,实行"罢黜百家,独尊儒术"。宣扬天子(皇帝)代表着上天统治人民,全国都要听命于皇帝。在农业上推出"农业是天下的根本",采用"休养生息"的政策,让百姓安定生活,减免赋税,推广牛耕、马耕和耧车,积极发展生产,使这一时期的农业有了空前的发展。在国家安全方面,派大将卫青、霍去病率领骑兵 10 万人深入到蒙古大沙漠,把匈奴打得惨败,忧患解除,社会安定。在外交上,积极活动,加强联络,派张骞两次出使西域,打通了丝绸之路。东汉时又派班超⑤长期在西域活动,加强了各族之间的友好,也促进了经济往来和发展,并首次开通了中国与欧洲国家直接友好往来的新纪元。在文化科技方面,西汉出现了数学专著——《九章算术》,其中,一些内容比西方早几个世纪。东汉蔡伦发明了纤维纸,张衡发明了地动仪,司马迁写出了《史记》。在文学方面,汉代的赋很有特点,贾宜、司马相如、张衡等人的作品可以说是当时的代表。古文经与今文经⑥从西汉到东汉一直进行着激烈的斗争。在教派方面,汉时期有道教和佛教,其中道教是我国汉民族所固有的宗教,其源于古代的巫术。东汉公元 142 年,由张道陵倡导。道教奉老子为教祖,尊称为"太上老君",尊张道陵为"天师"。以《老子五千文》《正一经》《太平洞极经》为主要经典。

佛教是东汉明帝永平十年(公元 67 年)传入中国。东汉末,西域僧人安世高来洛阳译经 175 部,百余万言。此后,佛教教义在中国流传。正因为道教的产生,佛教的传入以及儒教学说的发展,在汉末出现了"寺院丛林"。

两汉时期,绘画、雕塑、舞蹈、杂技等都有很大的发展。

汉代,我国建筑业也得到了很大的发展,为我国的木结构建筑打下了深厚的基础。从一般的筒板瓦、长砖、方砖、石阙、明器、画像等图案来看,说明框架结构在汉代已达到了完善的地步,这对建筑形式的变化创造了极为有利的条件。屋顶形式如悬山、硬山、歇山、四角攒尖、卷棚等，在汉代已出现，屋顶上的直搏脊、正脊上都有各种装饰，用斗拱组成的构架也出现了，而且斗拱本身不但有普通简便的样式，还有曲拱柱头等。已有的柱形、柱础、门窗、拱卷、栏杆、台基等都有丰富的形式。在汉代，建筑艺术的形成、发展、变化，形成了我国独特的建筑风格，同时，也为园林建筑形式的多样化创造了有利的条件。

总之，整个汉代，特别是西汉是强大的，但也出现过两次波折，一是吕后专权14年；二是外戚王莽篡权15年。东汉时国势一度中兴，但到汉献帝时，已四分五裂。

第二节 经典园林

一、秦

（一）咸阳皇宫群

《三辅黄图》载："自秦孝公、始皇帝、胡亥，并都此城。案，孝公十二年作咸阳，筑冀阙，徙都之。始皇二十六年徙天下高财富豪于咸阳十二万户，诸庙及台苑皆在渭南。秦每破诸侯，放其宫室，作之咸阳北阪上，南临渭，自雍门以东至泾渭，殿屋复道，周阁相属，所得诸侯美人、钟鼓以充之。二十七年作信宫渭南，已而更命信宫为极庙，象天极，自极庙道通骊山。作甘泉前殿，筑甬道，自咸阳属之。始皇穷极奢侈，筑咸阳宫，因北陵营殿，端门四达，以制紫宫，象帝居。引渭水贯都，以象天汉。横桥南渡，以法牵牛。桥广六丈，南北二百八十步，六十八间，八百五十柱，二百一十二梁，桥之南北堤缴立石柱。咸阳北至九嵕、甘泉，南至户杜，东至河，西至汧渭之交，东西八百里，南北四百里，离宫别馆，相望联属，木衣绨绣，土被朱紫，宫人不移，乐不改悬，穷年忘归，犹不能遍"。

上述文献资料说明了秦都城咸阳的建造发展过程。其建设规模之宏大，中心之突出，宫馆之迤逦，范围之宽广是空前的。秦始皇初并天下，自以为德兼三皇，功过五帝，皇位欲传万世，于是自号"始皇帝"，以"咸阳人多，先王之宫庭小"为由，大扩城郭，"写放"（即照样画下）六国宫室，仿建于北阪（即渭北）；以咸阳为中心，向四方扩展，遵循取法于天的"法天"思想，系统规划，欲创造一个人间天宫。在渭河以南，先建信宫作为朝宫，后建北宫作为正寝，保持西周以来"前朝后寝"的格局，并把那些风格迥异的宫廷建筑用桥、复道、阁道、甬道连接起来，形成统一的格局（图2-1）。秦始皇晚年，尽游六国宫室和离宫别苑，所到之处，梁柱用绸缎装裹，道路用五色沙石铺垫，处处美人陪伴，尽情淫乐，终年忘返。

（二）上林苑

上林苑位于今西安市以西，西至周至户县，北依渭水，南达终南山北坡，面积广大，为秦之旧苑。历代秦王不断扩建，始皇更是大兴土木。其内建有数十座宫、台等建筑。其中，阿房宫是朝宫之中心，也是该苑之核心。

上林苑中水源极为丰富，森林密布，植被茂盛，野生动物繁多。同时，在上林苑西部为野兽修建了不少"安乐窝"，如"狼圈"、"虎圈"，还有"射熊馆"等。这些都是供秦王观赏和射猎之用。

请参看西汉上林苑。

（三）阿（ē）房（páng）宫

《史记·始皇本记》载："始皇帝三十五年（即公元前212年），以咸阳人多，先王之宫廷小，吾闻丰、镐之间，帝王之都也。乃营作朝宫于渭南上林苑中。阿房为朝宫先作之前

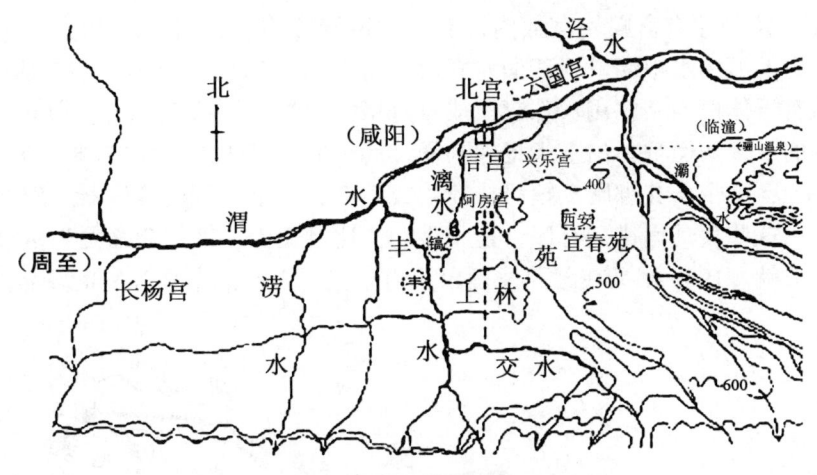

图 2-1 秦始皇咸阳宫苑图

殿,庭中可受十万人,车行酒,骑行炙,千人唱,万人和"。另据《三辅黄图》记载:"阿房宫,亦曰阿城……始皇广其宫,规恢三百余里。离宫别馆,弥山跨谷,辇道相属,阁道通骊山八十余里。表南山之巅以为阙,络樊川以为池。作阿房前殿,东西五百步,南北五十丈,上可以坐万人,下可以建五丈旗(五丈长的旗)。以木兰为梁,以磁石为门,怀刃者止之。""周弛为阁道,自阿房渡渭,属之咸阳,以象天极,阁道抵营室也。阿房宫未成。欲更择令名名之。作宫阿房,故天下谓之阿房宫"。

从以上可以看出,阿房宫是一座规模宏大的建筑群,它的总体设计和风格完全符合帝王之都的要求,是秦都咸阳宫殿建筑的后起者和最大者,它代信宫而起,是皇帝举行大朝的朝宫,是秦皇权威严的象征。

秦始皇扩建阿房宫,动用了几十万人,"发北山石蹲,乃写蜀、荆地材皆至",正如杜牧文章所述"蜀山兀,阿房出"。

阿房宫是由阿城、前殿和门阙等三部分组成。

阿城,是前殿及其附属建筑的宫城。

前殿,是阿房宫的主体工程,其遗址在今西安市以西 13 千米处,三桥郊区以南,东起巨家庄,西到古城村,总面积在 60 多公顷以上,建筑基址至今仍高出地面 10 米以上。

就阿房宫而言,那么大的跨度,又以木兰为梁,现今建筑上,困难也非常大。

门阙,是古代宫室建筑的重要部分。雍正《陕西通志》一百卷载:门在阿房前,悉以磁石为之,故专其目,令四夷朝者,有隐甲怀刃入门而胁之,以示神,故亦曰:"却胡门"。还在宫门前金人十二,气势磅礴,威仪万千。

从"以磁石为门,怀刃者止之"的记述中还可以看出,一方面当时的冶炼技术水平已非常之高;另一方面也说明,秦始皇自知积怨甚多,会有许多人想暗算他,因此,他的阿房宫北门用巨大的磁铁作成,以防刺客侵入。

(四)秦始皇陵

史传,始皇做皇帝不久,梦遇仙子在骊山,于是决定在此处建陵。秦始皇陵是秦始皇的坟墓,在今陕西临潼县城东 5 千米骊山北麓。陵园规模宏大,达 56.25 平方千米,陵封土高 47 米,除玄宫外,分内外两城。南部是陵园的中心,尚保存高 76 米、底 485 米×515 米的夯土陵丘;内城方形,周长 2 525.4 米,外城长方形,周长 6 294 米。建陵时,秦始皇征发工役

70余万人修筑。陵内建有宫殿,宫殿内设有各种奇器珍物。墓内的地上筑有整个秦朝的山河模型。模型内的河用水银灌就,四面布置着用玉石雕成的松柏,用金银制成的鸟鹤动物。墓室的顶部筑有天体模型,并用珍珠镶嵌成日月星。1974年,在陵园外城以东1 225米处发掘了属于陵园的3个陶俑坑,出土大批兵马俑。武士俑身高1.78~1.87米,头梳各色发髻,身披铠甲或短袍,束带,扎绑腿,挟弓挎箭,或手持剑、矛、弩机等兵器。陶马的形体大小也与真马相似。这些兵马俑排列有序,造型生动,比例适当,细部刻画尤为精致,反映了秦朝的雕塑艺术成就。1980年又在陵西发掘出两组秦代铜人、铜车马等稀世珍品。

（五）长城

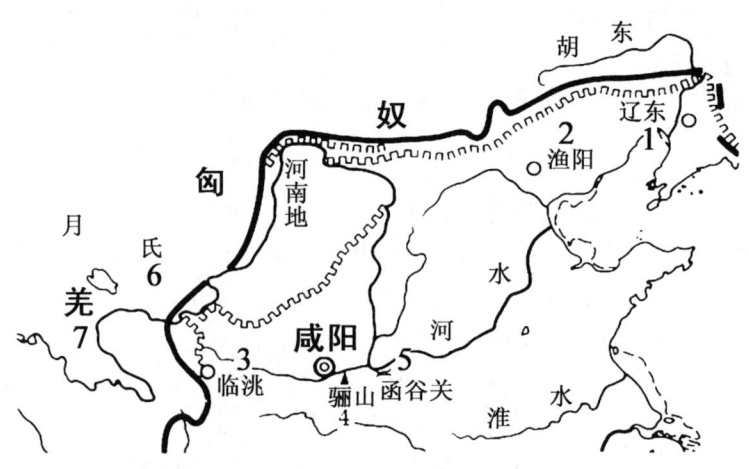

图2-2（a） 秦长城示意图

图2-2（b） 秦长城遗迹

战国中期,秦、赵、燕三国时常遭受匈奴、东胡、林胡、楼烦等游牧民族的骚扰。这些民族精于骑射,来去飘忽不定,行动快捷,运动性大,迫使三国都在其北境修筑长城,以防侵扰。始皇统一六国后,派大将蒙恬驻守北疆,以阻止匈奴南下。公元前215年,蒙恬率30万大军与匈奴激战,把匈奴打退700余里。之后,始皇把原来三国所建的旧长城进行了修补、连接和增建。把北方的长城连成一体,成为一条西起临洮（今甘肃岷县）,东至辽东鸭绿江畔全长一万余里的万里长城,成为屹立秦王朝北方的一道屏障,更是一道规模宏大、虎踞龙盘、雄伟壮观的风景园林。

秦始皇时代的长城（图2-2）,作为古代防御工事,受到后世历代统治者的高度重视,多次修葺和重建,特别是明代。现存的万里长城也多是明代所修建。

另,公元前221年,"始皇27年治驰道"。驰道宽80余米,高标准修建,路边每隔三丈植一棵青松（今行道树）。

二、汉

（一）西汉宫城——长安

西汉王朝建立伊始,秦都咸阳已被项羽一把火变为废墟。乃于咸阳东南,渭河南岸另营新都。先于秦兴乐宫的旧址上建"长乐宫"为皇宫，在长乐宫西南侧建"未央宫"，后又修建"桂宫""北宫"和"明光宫"。宫殿建筑是汉长安的核心建筑，面积占汉长安总面积的2/3（图2-3）。其规模之大，建筑物之多，辉煌壮丽之盛，都是空前的。城内开辟八条大街，一百六十个里坊，九府，三庙，九市，人口约五十万。

这一时期最有代表性的宫殿建筑有长乐宫、未央宫、建章宫和甘泉宫等四处，它们都有一定的规模和格局，从不同侧面显示了西汉皇家园林所具有的独特风格。下面分别予以介绍，其中建章宫在上林苑中叙述。

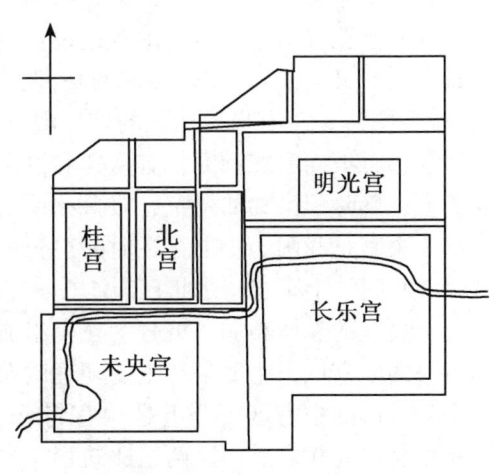

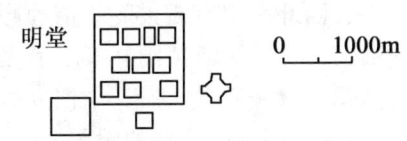

图2-3 汉长安城内宫苑分布图

1. 长乐宫

长乐宫位于汉长安城的东南角，是在秦兴乐宫的旧址上修建而成的，由于其位置在东，故又有"东宫"之称，周20里。《三辅黄图》载："长乐宫有鸿台，有临华殿，有温室殿，有信宫、长秋、永寿、永宁四殿，高帝居此宫后，太后常居之……"。长乐宫有鱼池、酒池、鸿台，汉武帝曾舟游池中，在鸿台上观看羌胡3 000人伏在大铁环上作"中饮之状"。汉朝初年，汉高祖刘邦曾在此临朝，后来长乐宫成为皇太后的居室，其中，有大殿14座。《长安志》记载的殿名有前殿、宣德殿、高明殿、通光殿、长秋殿、永寿殿、温室殿和椒房殿等。

长乐宫布局严整，四面有门，以东西门为正门，各置门阙。其中，轴线上主要宫殿有前殿、临华殿和大厦殿，其余各殿分列左右。殿屋均正向朝南，排列疏朗。东部有池和台，是一组对称的建筑群落。

2. 未央宫

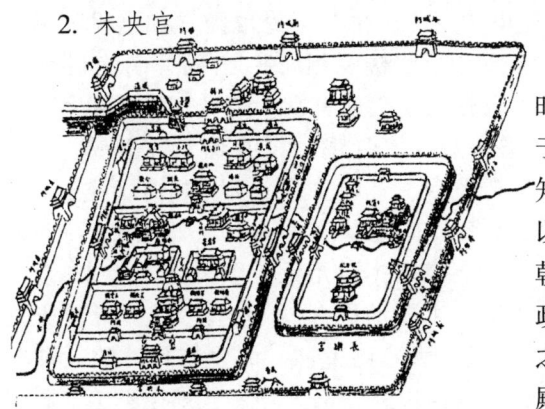

图2-4 汉长乐宫未央宫图（《关中胜迹图志》）

未央宫位于城的西南部，是萧何监修的。当时正值楚汉相争之际，刘邦看后觉得有点过分，于是问萧何："天下匈匈，劳苦数岁，成败未可知，是何治宫室过度也？"萧何回答说："天子以四海为家，非令壮丽，无以重威德"。西汉王朝，除刘邦曾一度居住长乐宫外，未央宫始终是政治统治中心。未央宫位置偏西，故有"西宫"之称。未央宫周围二十二里九十五步五尺，有台殿四十三座，其中三十二座在外，十一座在后宫，有十三池，六山，一池一山在后宫。门阙九十五座，配置于殿阁之间，与宫殿相映生辉，呈现出灿烂辉煌的景象（图2-4）。

未央宫依龙首山而建，台殿高抗，不加版筑，以高大的宫墙围绕。见于记载的大殿有宣室、麒麟、金华、承明、武台、钩弋、寿成、万岁、广明、椒房、清凉、永延、玉堂、寿安、平就、宣德、东明、飞羽、凤凰、通光、曲台、白虎等，其规模之大，殿宇之盛，金壁之饰，史所未有。有人以为，久负盛名的原阿房宫与之相比，相形见绌。《长安志图》记载元李好文游览汉宫遗址时，感慨地说："突兀峻峙，崒然山出""望之使人不觉森竦""当时楼观在上，又当如何"，未央宫的殿阁，因其功能、地位、范围大小不同而有不同的名称。《三辅黄图》记载有皇后居住的椒房殿，"以椒和泥涂，取其温而芬芳"，有收藏天下秘书的天禄阁、石渠阁和麒麟阁，有皇帝和群臣登高远眺的柏梁台、渐台，有专为宫廷制造丝织品的织室、暴晒织染物的暴室、收藏冰块的凌室等。

未央宫是我国历史上存在时间最长的宫殿，直到唐武宗会昌元年（公元841年），尚存殿舍349间，上距建造之年已有1041年。

未央宫的总体布局，可分为三个组成部分，其间有宫墙横隔。第一部分是以未央宫前殿为中心的前宫区，主要是帝王受朝理政布教之所，因此，布局异常严正。第二部分是包容有几个建筑群的中宫区，一组是"宦者署"，为皇帝召集臣下侍读之所；一组是"承明殿"，是宫中著述写作之所。这两组建筑列于左右，两相对称。东北一组有天禄阁和温室殿，为冬居之室；西北一组有石渠阁、清凉殿、沧池和渐台，为消暑之胜区。第三部分是以椒房为中心的后宫区。《三辅黄图》载，武帝时后宫8区，有昭阳、飞翔、增城、合欢、兰林、披香、凤凰、鸳鸯等殿。后又增修安处、常宁、茞若、椒风、发樾、蕙草等殿14处。实际就是14位昭仪、婕妤居住的殿屋。

3. 甘泉宫

甘泉宫是西汉王朝的行宫，其规模宠大，仅次于未央宫。遗址在今淳化县北30千米的黄花山南，凉武帝村一带，西至米家沟，东至武家山沟，北至北庄子村南，南至董家村，总面积约为600平方公里。甘泉宫因海拔较长安、咸阳为高，温度随地势升高而递减，故夏季凉爽，适宜避暑。

据《三辅黄图》记载："甘泉宫，一曰云阳宫。史记，秦始皇二十七年作甘泉宫及前殿，筑甬道自咸阳属之。关辅记曰林光宫，一曰甘泉宫，秦所造，在今池阳县西故甘泉（山宫），以山为名，宫周匝十余里，汉武帝建元中增广之，周十九里，去长安三百里，望见长安城"。许多重大的朝政决策活动都安排在这里举行。汉皇及臣僚也经常在这里朝见诸侯，宴飨外国使臣，因此，甘泉宫是一组庞大的建筑群，"楼观相属"，"百官皆有邸舍"。以甘泉宫为主体建筑，周围还有许多附属宫、观、台榭建筑，如竹宫、高光宫、洪崖宫、弩陡宫、棠梨宫、师得宫、寿宫、北宫、增城宫、露寒观、储胥观、石关观、封峦观、鹅鹊观、旁皇观、通天台、候神台、望仙台、腾光台、望风台、紫坛、五帝坛、群神坛等。

甘泉宫因其地位之重要，功能之齐全，西汉诸王多有行幸，《汉书·郊祀志》记载："高祖时五来，文帝二十六来，武帝七十五来，宣帝十五来，初元元年以来亦二十来。"为什么甘泉宫有如此魔力吸引着汉皇不厌其烦地往来，主要原因是这里曾是"黄帝升天之处"。"武帝因齐人李少翁作甘泉宫，中为台室，画天地太乙诸鬼神，而置祭具以致天神"。说明远在黄帝时代，这里已成为祭天神的神坛所在。秦汉以来，祭天隆盛，郊祀不绝，甘泉宫便肩负了这个光荣辉煌的历史使命。

（二）西汉上林苑

上林苑本为秦代营建阿房宫的一大苑囿，汉武帝时扩而广之为上林苑（图2-5）。它位于长安西，涉及长安、威宁、周至、零部、兰田5个县，纵横300余里。

《汉旧仪》载："上林苑方三百，苑中养百兽，天子秋冬射猎取之。其中离宫七十所，皆容千乘万骑。"可见，上林苑南依南山，北临渭水，岗峦起伏，泉源丰富，林木蓊郁，鸟

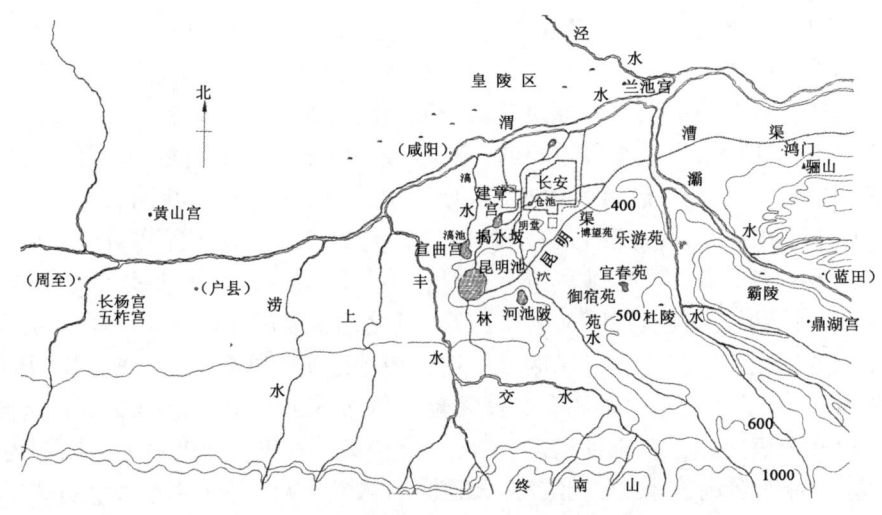

图 2-5 西汉上林苑及其主要宫苍分布图

兽翔集，自然生态环境异常优美，为当时世上极为壮观的皇家园林。

上林苑作为皇家禁苑，是专供皇帝游猎的场所。这也证明"古谓之囿汉谓之苑"的发展事实。一方面，苑中养百兽，天子春秋射猎苑中，取兽无数，这完全继承了古代囿的传统；另一方面，汉代的苑中又有宫与观（供登高望远的地方）等园林建筑，并作为苑的主题，在自然条件的基础上，人工内容逐渐成了很重要的组成部分。上林苑中有离宫七十、苑三十六、台观三十五、池六，虽难详其数，但可窥一斑。这些宫、观、台、殿因其功能不同，各具特色。有专供帝王居住游憩的御宿苑；有为太子而立及接待宾客的博望苑、思贤苑；有为皇帝演奏的宣曲宫；有专供皇帝观赏玩乐而饲养的鱼鸟观、走马观、犬台观；有种植和保存南方珍果异木的扶荔宫等等，不一而足。苑中的宫馆皆高轩广庭，足以显示帝王之威赫。上林苑中"聚土为山，十里九坡，种奇树"，表明汉代不仅在园中挖池掇山，而且配置花木，植树工程日臻完善。上林苑树木种类之多，在当时堪称世界之最。《三辅黄图》载："帝初修上林苑，群臣远方各献名果异卉三千余种，植其中。亦有制为美名，以标奇。"《西京杂记》在"上林名果异木"条仅记录了很少一部分，这里只列举花木种数，具体品种则略去不计：梨十、枣七、栗四、桃十、李十五、柰三、楂三、稗三、棠四、梅七、杏二、桐三、林擒十株、枇杷十株、橙十株、安石榴十株、柠十株、白银树十株、万年长生树十株、扶老木十株、守宫槐十株、金明树二十株、摇风树十株、鸣风树十、琉璃树七、池离树十、离娄树十、白榆、掏杜、构桂、蜀漆树十株、楠四株、枞七株、栝十株、楔四株、枫四株。说群臣远方献名果异木有 3 000 种之多，未免有些夸大。但以《西京杂记》说 2 000 种为准，这里所列树种仅 39 种，还占不到 2/100，可见绝大部分的树木品种尚未列入。果若文献所述，上林苑当是世界上绝无仅有的树木园。

上林苑有汉武帝置的昆明观，另外，还有茧观、平乐观、远望观、燕升观、观象观、便民观、白鹿观、三爵观、阳禄观、阴德观、鼎郊观、楞木观、椒唐观、鱼鸟观、无华观、走马观、木石观、上兰观、郎池观、当路观。表明苑中还有各类专门的观赏动、植物，这里不再赘述。

上林苑中有大而宏伟的建章宫和 2 个大名池，即昆明池和太液池。

1. 建章宫

未央宫的柏梁殿于汉武帝太初元年遭火灾烧毁，越巫勇之向武帝进言："越俗，有火灾即复起大屋,以厌胜之"。次年,武帝起建建章宫,度为"千门万户"。这是修建建章宫的原因之一。另外,因未央宫"营建日广,以城中为小,乃于宫西跨池作飞阁通建章宫"。与未央宫隔城相望,城西地势低平,源泉丰富,又近昆明池,理水颇易。

建章宫是上林苑中最大也是最重要的一个宫城,位于汉长安城西城墙外,今三桥北的高堡子、低堡子一带。其宫殿布局利用有利地形,显得错落有致,壮丽无比。《三辅黄图》载:"宫之正门名阊阖（chāng hé）（以象天门）,高25丈,亦曰璧门"。门三层,椽首薄以玉璧,故称。《汉书》载:"建章宫西有玉堂,璧门三层,台高三十丈,玉堂内殿十二门,阶陛皆玉为之,铸铜凤,高五尺,故名璧门"。可见建章宫的正门高大考究,给人以皇室之壮、威严无比的感觉。正门之左,凤阙高25丈,阙上有金凤高丈余,故以"凤阙"处称,之右有神明台。《庙记》载:"神明台,武帝建,祭金人处,上有承露盘,有铜仙人舒掌捧铜盘玉杯,以承云表之露,以求仙道。"《长安记》载:"仙人掌大七围,以铜为之"。《汉宫阙疏》载:"神明台高五十丈,常置九天道士百人"。从上述可以想见,建章宫的正门阊阖（又曰璧门）左凤阙、右神明,高大壮丽,做工精美,耐人寻味。

《三辅黄图》载:"建章有函德、承华、鸣銮三十六殿"（图2-6）。西汉末年,建章宫毁于王莽之手。

上林苑中的建章宫与长乐宫、未央宫不同,它打破了建筑宫苑的格局,在宫中出现了叠山理水的园林建筑。

上林苑开发水系丰富,汇引八条河水流入苑内人工开凿的十余处湖沼。其中,以昆明池为最大,太液池为最著名。

2. 昆明池

汉武帝派使者到身毒国去求市竹,受阻于昆明而未能抵达,于是天子想征伐昆明。昆明国有滇池,方圆300里。公元前119年,照昆明滇池在长安西南开凿一池,以教习水战,称为昆明池。显然,开昆明池之初衷是着眼于军事目的,

图2-6 汉建章宫图

是要营造一个水军操练的内陆湖海,而后来却变成了皇帝泛舟览胜的场所。

《三辅旧事》记载:昆明池332顷。池中有戈船数十艘,楼船一百艘,船上立戈予,四角皆垂幡旄葆麾。《庙记》记载:昆明池中建豫章大船,上可载万人,又于池旁建宫室。池中养鱼,供祭祀诸陵之用,其余可供长安人食用。《三辅旧事》载:昆明池中建豫章台,所刻之石鲸长三丈,一遇雷雨,石鲸吼叫不已。又有说池东西岸立牵牛、织女两石雕像,池中有龙首船,常使宫女泛舟轻荡,张凤盖,建华旗,作櫂歌,杂以鼓吹奏乐,皇帝亲临章台观看,听音乐,以娱心意。

昆明池中有灵沼,名为神池。传说尧帝治水时曾于此停泊船只,还传说昆明池沼与白鹿原相通,白鹿原有人钓鱼,鱼拉断线连钩一起带走了。汉武帝梦见有条鱼求他把钩摘下,次日武帝在池上游玩时发现一条大鱼嘴里挂着钩连线,武帝帮它摘掉,放鱼走开。过了三日,武帝又去池上游玩,得到一对明珠,显然为难鱼报恩所致,如此等等,这些轶闻趣事,增加了皇家园林的神秘感和趣味性。

3. 太液池

传说汉武帝迷信方士说教，认为东海有神山，神山上有仙草，是神仙常住的地方，故在建章宫北凿池堆山，取名太液池，以定阴阳津液之说。太液池起土建台，称渐（jiān）台（浸渍），台高20余丈，台上建阁，极为壮观。台下水击石壁，浪花飞溅，有声有色。太液池中有三岛，《史记》、《封禅书》载："……命曰太液池，其中有瀛洲、蓬莱、方丈象海中仙山"。太液池高岸环周，碧波荡漾，犹如"沧海之汤汤"。犹如天仙胜境。太液池岸还用玉石雕凿"鱼龙、奇禽、异兽之属"，使仙山更具神秘色彩。《西京杂记》载："太液池边，皆是雕胡紫萚绿节之类""其间凫雏雁子，布满充积，又多紫龟绿鳖。池边多平沙，沙上有鹅鹕、鹔鹴、鸿鸭，动辄成群"。一幅美丽的天然图画，使人遐思，令人神往。池中备有鸣舟、清旷舟、采菱舟、越女舟等，专供皇帝嬉戏游欢。太液池风景优美，山水如画。汉武帝常"以秋日与赵飞燕（汉武帝爱妃）戏于太液池""每轻风时至，飞燕殆欲随风入水，武帝结飞燕之裙"，游乐至极。

上林苑其他湖池⑦也有很多文化积淀，听起来耐人寻味，引人遐思，反映了一代帝王的游观历史。其中，百子池不应忘怀，汉高祖刘邦宠爱戚夫人所生的赵王如意，打算废太子而立如意，但由于吕后用事而未能达到目的，于是为了抒发心中积郁而游百子池上，命夫人击筑，高祖以《大风歌》和之，成为千古绝唱。

综上所述，我们可以看出，上林苑是经过规划设计的大型人工组景的山水园。在当时的园林布局中，栽树移花，凿池引泉，叠石造山，建宫设观，即对构成园林的四大要素园林植（动）物、山、水、园林建筑在苑中如何去应用（即表达一定的主题或意境），已做出了一定程度的研究，这在两千多年前是多么的难能可贵。这种人为的园林山水造景的出现，为以后的山水园林艺术的发展和设计开创了先例。上林苑开创了"园中园"手法，形成了苑中有苑，苑中有宫，苑中有观（馆）的格调；上林苑在每个景区（即苑）中，都建有一定数量的建筑，并作为苑的主题，使人工美与自然美相统一；上林苑开我国造园"一池三山"人工山水布局之先河，其分割水面和划分空间的手法为后世所仿效；上林苑首创以雕塑装饰园景的艺术，太液池北岸有"石鱼，长二丈，宽五尺。西岸有石龟二枚，每长六尺"；上林苑是一个珍贵的植物园，同时，也是一个饲养珍禽异兽的动物园。

（三）东汉广成苑

光武帝刘秀建立东汉，建都洛阳，对长安主要苑囿仍予保留。他吸取了西汉后期的教训，比较爱惜财力民力。明帝刘庄、章帝刘旦的统治也较平稳。至章和二年（公元88年），全国人口从东汉初的2 100多万增加到4 300多万。东汉前期（公元25年至88年），洛阳的主要苑囿有：鸿池苑，在洛阳东20里；上林苑，在洛阳西；广成苑，在洛阳南（今临汝西）。这三苑范围都很大，东汉初，伏波将军马援曾屯田上林苑；鸿池苑单水面就在百顷（万亩）以上。公元93年、106年、109年，皇帝曾数次下诏将这三苑"假与贫民，恣得采捕"、"可垦辟者，赋与贫民。"说明占地之广。从和帝开始，东汉政权走向下坡路，但从公元112—180年，仍造了一些苑囿。

《后汉书》中载："明帝刘庄车驾数幸广成苑"，钟离意以为"从禽（即狩猎）废政"而谏阻。永和四年冬十月，"校猎上林苑，历函谷关而还。十一月丙寅，幸广成苑。"延熹六年冬十月"校猎广成，遂幸函谷关、上林苑。"光和五年"校猎上林苑，历函谷关，遂巡狩于广成苑。"函谷关有二：秦函谷关在今河南灵宝县南，汉函谷关在今河南新安东北，离洛阳较近。引文中的函谷关当为后者。可以看出，广成苑、上林苑、函谷关近乎连接，是东汉皇帝的一条游览线。这三地头尾有100多千米,其范围相当于今河南省的临汝县西部和汝阳、伊川、宜阳、新安四县的全部面积,估计有7 000多平方千米。其中,广成苑内,山岭起伏,河流纵横,尤宜于狩猎。目睹东汉由盛转衰的著名文人马融,为提倡蒐狩之礼,希求皇上文武相兼,写了一篇《广成颂》,对广成苑的起始、苑内外的山川形胜、泉水草木作了生动的描绘。从中可知,广成苑地域辽阔,一望无涯,登高纵目,天地莽莽。四周山林起伏,东观嵩山,西眺三涂,南面衡山之阴,北倚王屋峰岭。苑中有波、嵯、紫、洛四水,有金山、石林两山。金山即金门山,在今河南宜阳境内;石林一名万安山,在今洛阳市东南,南接登封县。西山起伏盘回、曲折交错,山体雄浑,峰岭高耸。山侧有神奇的泉水,有美丽奇特的池潭。水中的怪石在波浪的冲激中发出耀眼的光芒。森林丛竹,覆盖了高丘大阜,芳草嘉树,丰茂挺拔,各种花卉,布被山野,在春风的吹拂下,色彩斑斓,难以形容。

从《广成颂》描写的大规模狩猎活动的收获看,苑内动物有虎、兕、熊、豨、苍雌、玄猿、游雉、晨凫以及大量的水禽、鱼类。从巡狩结束后的游览活动看,广成苑内还有"禁囿",这禁囿当然只有皇帝和他的随从能进去。禁囿内有"昭明之观""高光之榭",有宏池、瑶台;水边有坚实的大堤,有婀娜的蒲柳,有大面积翠绿的莎草;水面广阔浩渺,天地一色。太阳仿佛升于池东,月亮似乎落于池西。池内可以行大船,荡轻舟,乘风破浪,在扬帆疾驰中,群起放歌,声震遐迩。由此,我们不仅可以了解到禁囿的游娱内容,而且可知它是以大水面为主体,在水滨建观榭,设堤台,铺绿莎。与以山石为主的景区迥然异趣,别是一番天地。

(四) 私家园林

秦代,因秦始皇晚年滥用民力财力,私家苑囿未见端倪。但两汉时期,是私家苑囿开始形成并有所发展的时期,它包括王侯官僚、富豪的苑囿和文人的宅园。

1. 梁孝王的梁园(兔园)

梁孝王(刘武)是汉武帝的叔叔,好宾客,尤爱与文人相交。司马相如、枚乘、邹阳、严忌等人都曾是他的宾客(文学侍从)。兔园后称梁园,也称梁苑。据《西京杂记》载:"梁孝王好宫室苑囿之乐,作曜华之宫,筑兔园,园中有百灵山,山上有肤寸石、落猿岩、栖龙岫,又有雁池,池间有鹤洲、岛渚,宫观相连,延亘数里,奇果异树,瑰禽怪兽,靡不毕备。王与宫人宾客弋钓其中""宫观相连,延亘数里"。说明兔园的范围也颇可观,其形制仍以建筑为主,但山水、动植物已占很大的比重。由于受文士影响,园中布景、题名已开始出现诗画意境。这是我国古代园林中可喜的发展苗头,文化素质对苑囿的影响由来已久,但见诸史籍,在这方面最早显示代表性的,可能是梁园。

2. 梁冀的苑囿

梁冀,是顺帝、桓帝的内兄,俗谓大舅子。其父梁商死后,他继任大将军。顺帝死后,他与梁太后专断朝政,骄奢横暴之极,又以建苑囿而著称。据《后汉书》载:梁冀同他的妻子孙寿,各自在对街建造宅园,相互争奇斗胜。他们的堂屋和寝室都设有秘密房间,且相互连通。柱子墙壁上都雕镂花纹,油光闪亮;窗户上镂成连环花格,着以青漆,画上云纹神仙之类。楼台用廊连环接通,互为对景;河上砌的石阶拱桥,凌空若飞。家中的奇异珍宝堆积如山。"又广开园圃,采土筑山,十里九坂,以像二崤,深林绝涧,有若自然,奇禽驯兽,飞走其间。冀、寿共乘辇车,张羽盖,饰以金银,游观第内,多从倡伎,鸣钟吹管,酣讴竟路……又多拓林苑,禁同王家,西至弘农,东界荥阳,南极鲁阳,北达河、淇,包含山薮,远带丘荒,周旋封域,殆将千里。又起兔苑于河南城西,径亘数十里,发属县卒徒,缮修楼观，数年乃成。移檄所在，调发生兔，刻其毛以为识，人有犯者，罪至刑死。"

这段文字，说了3种园和三方面的内容：一是苑囿，此处指宅园。其中，堆置了形似二崤绵延起伏的山丘，山上有大片树林，山下有深陡的溪涧，山林间放养奇禽驯兽。梁冀夫妇乘车游观时，有大型乐队、歌舞班子随从，一路上吹吹打打，歌唱呼喝，热闹非凡。二是"林苑"，引文所说，似现今的大型自然公园。"多拓"，实为大量侵占农民的山林土地，其范围大得惊人：西至弘农（今河南灵宝北），东界荥阳（今郑州市西），南极鲁阳（今河南鲁山县），北达渭河、淇水，这实际上比当时的全部皇室苑囿还要大得多。封域千里，禁同王家，可谓包含京城的一个独立王国。一个大官僚有如此之大的林苑，正反映出这位国舅的横暴。三是"兔苑"，这是一个专类动物园。径亘数十里，也真够大的。其中的楼观，由属县建造，费时数年。他通知有关属县，送来大量活兔，并在这些兔子身上作出标记，如有不知情的捉了他的兔子，可能被处死。

中国历史上私家苑囿，就规模和豪华程度而言，大概没有超过梁冀的了。梁冀后来被迫自杀，家产被没收，卖钱达30万万，皇帝因此减免天下税租之半。

3. 袁广汉园

西汉时，茂陵（今陕西兴平县东北）富豪袁广汉在茂陵北山下大建宅园，其宽长：东西四里，南北五里。园中楼台馆榭，重客回廊，曲折环绕，重重相连，用石堆造假山，高十余丈，造落差为瀑布，引激流水为池。池的面积很大，其中，激水为波涛，积沙为渚洲。园内山水间驯养奇兽珍禽，栽植各种奇树异草。袁广汉后来获罪被诛，其园被没收作官园（见《三辅黄图》）。这里值得注意的是石假山。梁冀以其国舅的身份，"采土筑山，十里九坂"创造了土假山的纪录，袁广汉则创造了石假山的纪录。这个纪录，以后也只有王侯能超越。它一方面反映了西汉时民间堆筑石山的水平；另一方面也反映了西汉社会经济的发展，部分富豪财大气粗。还可注意这是积沙为洲渚，这和堆假山一样，是人造（其中，自有艺术手法）自然的大手笔。如果没有相当的胸襟和胆识，没有对自然美的欣赏与追求，是不可能有如此作为的，这在当时，是创造，是我国古代园林中的神来之笔。

另，东汉初年，樊重（其子樊宏，建武五年封长罗侯）因善于农务，精于经商，成为大财主。他建的宅园，"皆有重堂高阁，陂渠灌注"，并在园内养鱼放牧。这是古代园林结合生产的一个典型（见《后汉书·樊宏传》）。据郦道元《水经注》说明，樊氏住宅位于新野县西南，称樊氏陂，又称凡亭。东西十里，南北五里，其范围比袁广汉的宅园大得多。

第三节　园林特色

一、园林发展

（1）秦汉时期在我国园林发展史上处于由囿向苑转变发展的阶段。秦汉时期的苑（尤其是上林苑），除了继承古代囿的传统特点，还设有大量的园林建筑，形成了苑中有苑，苑中有宫，苑中有观（馆）的格调。无论从内容、形式、构思立意、造园手法、技术、材料等方面上，都达到一个新的高度，并真正具有了我国园林艺术的性质。

（2）苑基本上为皇帝王侯富豪所专有，但开始出现"刍荛雉兔者往焉""与百姓共之"的现象。

（3）苑规模浩大，建筑崇宏、壮观、严整，装饰穷极华丽，以显示帝王的至高无上。

但对山水的欣赏还处于朦胧的非自觉状态，苑囿的形制较自然，无定规，无拘束；祈求长生成仙的意念在宫苑中时有反映。

(4) 帝王的游苑巡狩，一方面是"顺时节""逞情意"；另一方面意义在演武宣威，以示富强。萧何的"天子以四海为家，非壮丽无以重威德"的思想，是汉代某些皇帝大搞苑囿、宫苑的理论依据。秦汉时的上林苑、建章宫、广成苑等，以广阔、壮丽、豪放为主要特征，它们和万里长城一样，在世界上具有崇高的地位。

(5) 苑池营建时，池中建有三山，筑台与殿阁相连，池边设平池，洲渚之上多积岩岫以招引禽类，池面覆盖有繁茂的水草。这样池中乘船以为水嬉燕游。可以看出，我国的苑池结构，其样式形制至汉代几乎完全成熟，虽无"假山"之名词，但兔园和袁广汉园实以开其前驰。太液池和昆明池旁有石人和石刻的鲸、鱼以及奇禽异兽之类。这说明当时建筑雕刻术已非常精巧发达。我国苑池的这一特长在汉代已经出现，并已形成苑池园林的特点。

(6) 上林苑中树木的记载实堪惊人，草木名称多达4 000余种，大多是从汉代势力所及的四面八方搜集而来，从中也能看出汉代文化的成就。昭祥苑是专为饲养禽兽而大规模修建的，这是苑囿和兽圈发展的另一种形式。另外，上林苑中，建章宫设虎圈。其他地方也有虎圈，影娥池北建有鸣禽苑。

(7) 汉代时苑池已从帝王囿沼向前更进一步到皇族，应该说是经过了第一阶段而向前跨进了一步。

(8) 东汉后期，皇家苑囿开始出现由崇尚建筑在逐步转向推崇山水林木。其园囿建设趋向小型化，受文士影响园中布景、题名已开始出现诗画意境。文人园林初见端倪，隐士和隐逸思想开始对园林发生影响。

二、园林创新

(1) 秦代开创了路（驰道）和行道树，为后世园林发展做出很大贡献。

(2) 汉代上林苑将囿发展为苑，还开创了"园中园"造园手法，形成了苑中有苑，苑中有宫，苑中有观（馆）的格调。上林苑在每个景区（即苑）中，都建有一定数量的建筑，并作为苑的主题，使人工美与自然美相统一，这在造园的意境上无疑是一种创新。

(3) 汉代开我国造园"一池三山"人工山水布局之先河，其分割水面和划分空间的手法为后世所仿效。上林苑大量运用叠山理水的园林工程手法，如挖湖堆山，引天然水系。上林苑首创以雕塑装饰园景的艺术。

(4) 汉代叠山的技术和材料上也有一定的创新。梁冀以其国舅的身份，"采土筑山，十里九坂"创造了土假山的纪录。袁广汉则创造了石假山的纪录。这个纪录，以后也只有王侯能超越。

(5) 开创了水戏、温室、动物园、植物园、博物馆、山水苑、斗鸡之先例。

(6) 汉时私家园林出现，寺庙园林崭露头角，丰富了园林的发展形式。总之，"神、丽、光、明、大"的"阙、庭、宫、室、苑"是秦汉的园林特色。

注释：

① 犬戎：古族名，为古戎人的一个分支，也称畎（quán）戎、畎夷、昆夷、绲（gǔn）夷等。商周时，游牧在泾渭流域，善于养马，为商周时西部之劲敌，周文王、穆王曾与之发生战争。公元前771年，犬戎联合申侯功杀幽王，迫使周室东迁。周时，犬戎也曾与秦等作战。其后，部分北迁，部分与邻族融合。

②联纵连横：战国时，七霸称雄，但秦国较强大，余国较弱。六个较弱的国家联合起来抗秦，称和纵。但秦国为达霸主和统一中国的目的，就采取拉拢其中的几个国家，进攻另外几个国家的策略，这种"一强以攻众弱"的政策就称为连纵连横。

③西域：汉以后，对玉门关以西地区总称。自19世纪末以来，西域一名渐不用。

④五尺道：古道路名。秦始皇统一中国后，开筑了一条由四川盆地通向云贵高原的路，因路宽五尺而设名。为汉武帝时通向南夷道路和隋唐名石门道的前身，今北起四川宜宾到云南曲靖。

⑤班超：东汉时，班超早年在洛阳替官府抄写文书。当匈奴连年进攻，他投笔叹道："大丈夫当为国立功，怎能一辈子和笔砚打交道！"毅然从军，这就是"投笔从戎"的故事。公元73年，东汉又派班超出使西域，他在西域活动了30年，为东汉立下了汗马功劳。"不入虎穴，焉得虎子"就是班超出使西域时说的。

⑥古文经与今文经：西汉前，有些老儒依靠记忆，口头上传授了一些经书，从学者当时的隶书中记录下来，叫今文经。此后，又在孔子的旧宅和别的地方发现了一些战国文字的经典，后经刘向等人整理，叫古文经。

⑦湖池：关于上林苑中池沼的数目，其说不一，有六池说、十池说和十五池之说。

第三章　我国三国两晋南北朝时期的园林

从公元 220—581 年，为三国两晋南北朝时期，共历时 360 余年。园林由雄伟的宫苑建筑为主转向以秀丽的山水为主，开创了我国自然山水园的新局面，佛寺园林开始出现。

第一节　历史史略

一、三国

（一）历时

从公元 220—263 年，是魏蜀吴三国时期。其中，从公元 220—265 年是以曹丕开国的魏国，建都洛阳，历时 45 年；从公元 221—263 年是以刘备开国的蜀国，定都成都，历时 42 年；从公元 222—280 年是以孙权开国的吴国，定都建康（南京），历时 58 年。

（二）史略

东汉末年，汉献帝刘协昏庸无能，大权旁落，外戚何进执掌大权，朝纲混乱，东汉政权名存实亡。地方势力乘机发展武装，形成军事集团，各据一方，进行横征暴敛，民不聊生，终于爆发了以张角[①]为代表的黄巾起义。汉中大军阀董卓以清君侧为名，兵入京城，挟天子以令诸侯。司徒[②]王允用美人计使吕布杀死了董卓，其后董卓部下将领们率兵攻进长安，又杀死了王允，赶走了吕布，开始了全国的混战局面。在北方军事集团中力量最强的是袁绍和曹操，曹操在政治上采取了灵活和投机的手法，在军事上狠狠打击农民起义军，拉拢、镇压和收编，以壮大自己。又把架空的汉献帝接到许昌，挟天子以令诸侯。经白马和官渡之战，曹操大败袁绍，奠定了北方统一的局面，开始矛头指向江南。但由于刘、孙联合抗曹，经赤壁之战，曹操大败，退守北方，孙、刘政权得到巩固。公元 220 年，曹丕废汉献帝建立魏国，定都洛阳；221 年，刘备建立蜀国，定都成都；222 年孙权建立吴国，定都建康（南京），三国战争持续了 40 多年。

魏国积极加强军事力量，发展经济，壮大自己，开发水利，发明翻车，大力发展农业，国力日盛。在园林方面，创建了铜雀园和都城邺城，是我国早期的园林名品。

蜀国的诸葛亮非常注重团结少数民族，通过"七擒七放"孟获，取得民心，团结了人民。他提倡少数民族和汉人当官，鼓励少数民族发展经济，开发大西南，积极发展农业。在成都的都江堰设置堰官，派 1 000 多人加以维护，为川西平原的农业开发创造了有利条件，发展了经济，使蜀国渐强。

吴国地处江南，地理位置优越，为加强国力大力开发江南，积极发展造船业，加大海上交通运输力度，公元 230 年孙权派大将卫温带乘 1 万多人的大船去夷州（台湾），加强经贸通商，发展壮大吴国。

纵观三国中期，政治、军事三国鼎立；三国后期，魏国渐强，蜀吴日衰。

二、两晋

（一）历时

公元 265—316 年，西晋司马炎开国称帝，定都洛阳，历时 50 多年。公元 317—420 年，东晋司马睿开国称帝，定都建康，历时 103 年，两晋共历时 150 多年。

（二）史略

三国后期，魏国逐渐强大，而蜀吴日渐衰败。公元 263 年魏灭蜀。司马懿之孙魏国大将司马炎于公元 265 年废魏帝建晋国，定都洛阳，史称西晋。公元 280 年晋灭吴，三国结束，晋暂时统一。

20 年后，西晋出现了八王[③]之乱，国势时兴时衰，出现五胡[④]十六国，天下大乱。北方和西方的匈奴乘虚而入，公元 316 年，匈奴灭西晋。司马睿逃到南方，在当地大士族的拥戴下建立了东晋，建都建康。

西晋时内部斗争激烈，加之兵役、服役苛重，矛盾激化，生产力遭到严重破坏，农民弃地逃荒，经济日衰。西晋时与其相对峙的北方 16 个小国彼此征战，经济破坏严重。

东晋通过淝水之战，收复了黄河以南的大片土地，使政权得到巩固，人民生活得到了安定。积极发展经济，修塘堰，加强排灌，土地施草木灰，推广中耕，开辟田地，推广水稻和小麦的种植，国力渐强。文学、艺术得到了发展，出现了大诗人、大文学家陶渊明，他的诗真切动人、恬然自然，人称田园诗。其代表作有《归园田居》《归去来辞》《桃花源诗》与诗序《桃花源记》。《桃花源记》描写一个环境优美、丰衣足食、不纳苛税，处于世外桃源的理想生活，对后世影响甚大。出现了著名大画家顾恺之，他的人物画清晰、优美、活泼、传神，富有个性，流传下来的《女史箴图》《洛神赋图》为古画中之珍品。

园林方面，两晋时期由于思想活跃，促进了园林艺术开发，山水园林开始发展，造园活动普及民间。

三、南北朝

（一）历时

公元 420—589 年，为南朝时期，共历时 160 余年，顺次为宋、齐、梁、陈四国；公元 439—589 年，为北朝时期，共历时 150 余年，从北魏开始，后分为二支：一支为东魏、齐，一支为西魏、北周。公元 589 年，被隋统一（图 3-1）。

（二）史略

东晋时，与北方的异族相持 100 余年，最后被大将刘裕篡位，建立了宋朝，北方被拓跋珪统一建立北魏，从公元 420 年起，南北朝形成对垒局面。其后南北朝各有更名换代，公元 581 年，由北朝周朝的外戚杨坚废幼主，建立隋朝。公元 589 年杨坚统一全国。

南朝时，虽经宋、齐、梁、陈的国名地名的更迭，但都城未动，较为平稳安定，故经济发展很快，各方面也得到了长足的发展。如齐梁时思想上出现了无神论者，如范缜；文学、艺术和科学技术等方面，出现了大数学家祖冲之、大书法家王羲之，他的书法独具风格，楷书独立完美，并擅写草书、行书，人称他的书法"飘若浮云，矫若惊龙"，后人称他为书圣，其代表作有《兰亭序》。

北朝时，特别是北魏的孝文帝拓跋宏是我国古代少数民族的政治家和改革家，485 年他颁布了《均田令》，把地分给农民，农民向国家纳税、服役，使国家有了收入，人民有了安

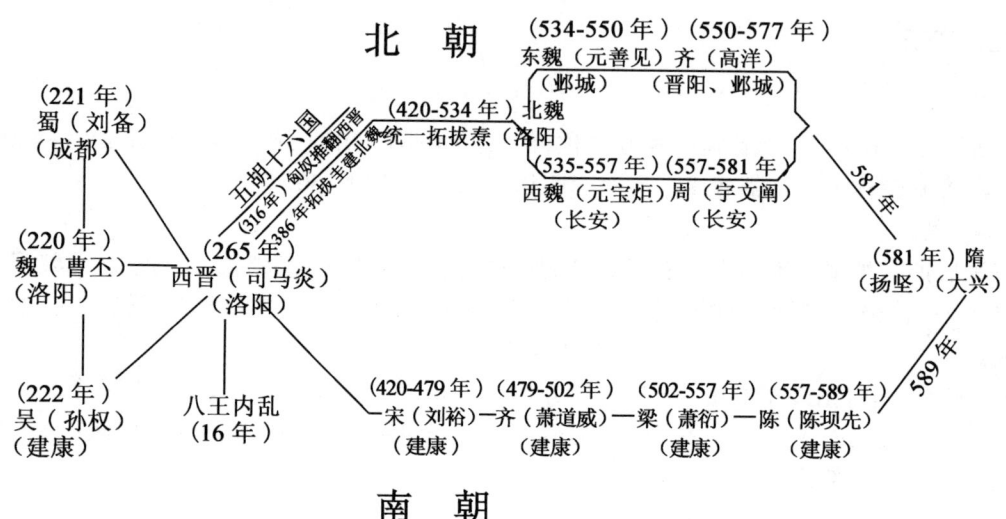

图 3-1 三国两晋南北朝历史演变图示

定的生活。他提倡民族融合，提倡学汉话、穿汉衣、用汉姓，提倡民族间互相通婚，他的政策促进了各方面的发展。出现了著名的农学家贾思勰，他一生研究农业，用了 11 年的时间写了我国最早最完整的农书巨著《齐民要术》，也是世界农学史上的名著，这对我国农牧业的发展起到了极大的促进作用。

北魏时，在思想上也宣传佛教，并开凿了云冈石窟和龙门石窟。

四、时期特点

在长达 360 多年大混乱的时期里，社会处于大分裂、大动荡、人口大迁移状态，从而促进了民族大融合，思想十分活跃。儒家的纲纪观念，法家的法理观念，渐渐地减弱了对人们的影响。一般的知识分子，大都心灰意乱，易沉醉于一种梦幻的世界中，消极情绪与及时行乐的思想更有所发展，并导致了行动上的两个极端倾向：贪婪奢侈、玩世不恭。

特别是西晋，朝廷上下互相斗富、荒淫奢靡成风。据《世说新语·汰侈》记载："晋武帝时大官僚石崇与王恺争豪斗富……武帝，恺之甥也，每助恺，尝以一珊瑚树高二尺许赐恺，枝柯扶疏，世罕无比。恺以示崇，崇视之，以铁如意击之，应手而碎。恺既惋惜，又以为疾己之宝，声色甚厉。崇曰：'不足恨，今还卿。'乃命左右悉取珊瑚树，有三尺四尺，条干绝世，光彩溢目者六七枚。"其奢侈的生活，由此可见一斑。

知识分子的玩世不恭大多出于愤世嫉俗，也就是对政治的厌恶和对现实的不满。厌恶政治正是老、庄所标榜的虚无、无为而治的思想基础，不满现实的情绪则促成了新兴佛教的重来生不重现实学说的流行。老、庄、佛学与儒学相结合而形成玄学，玄学重清谈。玄学家们逃避现实，好谈老庄或注解《老子》《庄子》《周易》等书以抒己志。士大夫知识分子中出现了相当数量的"名士"。名士大多是玄学家，号称"竹林七贤"的阮籍、嵇康、刘伶、向秀、阮咸、山涛、王戎就是当时名士的代表人物。这些名士们以任情放荡、玩世不恭的态度来反抗礼教的束缚，寻求个性的解放。一方面表现为饮酒、服食、狂狷的具体行为；另一方面则表现为寄情山水、崇尚隐逸的思想作风，这就是所谓的"魏晋风流"。

寄情山水、崇尚隐逸成为当时的社会风尚，从而启导着知识分子阶层对大自然山水去进行再认识，从审美的角度去亲近它、理解它。于是，社会上又普遍形成了士人游山玩水的浪漫风习。特别是晋室南渡后，江南一带优美的山水风景逐渐为人们所认识。东晋和南朝知识界游山玩水的风气更为炽盛。山水风景陶冶了士人的性情，他们也多以爱好山水、能鉴赏风景之美而自负。

藉于此，人们逐渐揭开了大自然从秦汉以来披覆着的神秘外衣，使它摆脱了儒家"君子比德"的单纯功利、伦理附会，让大自然以一个广阔无垠、奇妙无比的生态环境和审美对象呈现在人们的面前。人们一方面通过寄情山水的实践活动取得与大自然的自我协调，并对之倾诉纯真的感情；另一方面又结合理论的探讨去深化对自然美的认识，去发掘、感知自然风景构成的内在规律。于是，人们对大自然风景的审美观念便进入到高级的阶段而成熟起来，它的标志就是山水风景的大开发和山水艺术的大兴盛。

两晋南北朝时，山水风景艺术的各门类都表现出很好的发展势头，包括山水文学、山水画、山水园林。相应地人们对自然美的鉴赏逐渐取代了过去对自然所持的神秘、功利和伦理的态度而成为后世的传统美学思想的核心。文人士大夫通过直接鉴赏大自然，或者藉助于山水艺术的间接手段来享受山水风景之乐趣，也就成了他们精神生活的一个主要内容。

这一时期，寄情山水、雅好自然成为当时的社会风尚，身居庙堂的文人士大夫纷纷造园，门阀世族的名流、文人也十分重视园居生活，私家园林因此而兴盛起来。这一时期的私家园林有建在城市里面或城近郊的城市型园林——宅园和游憩园，也有建于郊外的庄园和别墅。由于园主人的身份、素养、趣味不同，官僚、贵戚的园林在格调和内容上也有差异，南北方的园林由于文化背景和自然环境的差异也有所不同。

伴随佛教而来的信奉宗教的美术传入，中国的美术发生了变化。虽然由于佛教本身是唯心的，但是在佛教艺术的发展过程中，就创作方法上说，却发展了现实主义的创作方法。从当时遗存下来的艺术作品中可以看出，当时的艺术家能从内容出发，从写实入手而具有典型性，要求形式和内容相一致。

雕塑艺术也在佛教的传播中兴盛起来，而且带来了外来的风格，如甘肃敦煌的莫高窟，山西大同的云冈石窟和河南洛阳的龙门石窟，天水麦积山石窟，都是在这个时期产生的。

绘画艺术出现了繁荣的局面，画家、雕塑家不断涌现。如顾恺之、王羲之、戴逵及宗炳，张僧繇、谢安、谢赫、陆探薇、王薇等，王薇作的《叙画》，宗炳作的《画山水序》，谢赫作的《画说》，至今仍是作画的理论原则，他们的作品都接近自然主义的风格。

文学方面，早期的玄言诗逐渐让位于建安时代描写山水风景的诗歌。特别是晋室南渡以后，江南各地秀丽的自然风景相继得到开发。文人名士游山玩水，终日徜徉于林泉之间，对大自然的审美感受日积月累，在客观上为山水诗的兴起创造了条件。再加之受到老、庄和玄、佛的影响，文人名士对待现实的态度由入世转为出世，企图摆脱礼法的束缚，追求"顺应自然"，因而便以完全不同于上代崭新的审美眼光来看待大自然山水风景，把它们当作有灵性的、人格化的对象。于是山水诗文大量涌现于文坛，出现了如谢灵运、陶渊明等一大批文坛巨匠。

另外，思想上的活跃也促进了农业、科技、建筑等方面不断进步。还出现了发明家马钧。观赏植物普遍栽培，为造园的兴旺发达提供了物质和技术上的保证。

总而言之，魏晋南北朝时期，萌生出一种新的园林形态——中国士人山水园，标志着我国园林艺术的发展发生了根本性转折。形成新的园林形态可归纳为以下3个条件：一是东汉以来庄园经济日益巩固和推广，独立的庄园经济造就了一批门阀世族和世俗地主的私家园林，这些私园主凭借自己的实力和地位，有能力从事造园活动和园林艺术欣赏。二是随着汉朝帝国中央集权的崩溃，权力分散，使政治对学术与艺术的干预弱化。钦定标准被废弃，被压抑数百年的先秦诸子学说，尤其是老、庄哲学重新为人们所重视。以此为契机而带来的多元文化走向，为山水文化园的发展，提供了有利的社会环境。三是魏晋玄学的兴起，士大夫尚玄之风炽烈，"以玄对山水"，从自然山水中领悟"道"。随着幽远清悠的山水诗与潇洒玄远的山水画的萌生与发展，山水园也作为士人表达自己体玄识远、萧然高寄的襟怀而深入人们的文化生活领域。被后人所称的"魏晋风度"，即包括诗、书、画、乐、饮食、服饰、居室与园林，中国传统园林与诗画融会贯通，实从此时肇端。

第二节　经典园林

一、三国

（一）魏都城——邺城

在今河北省临漳县漳水北岸，始筑于春秋五霸之一的齐桓公时。其后，战国七雄之一的魏国定都大梁，邺城作为魏国的边疆镇邑，北扼韩国、东拒赵国，战略地位十分重要。魏文侯采纳谋士建议，派西门豹为邺县令兴修水利，使千里荒原变为丰腴之地。东汉末，曹操封爵魏公，独揽朝政，开始发展自己的割据势力，营建封邑邺都，是曹操挟天子以令诸侯最早的根据地。

曹操在战国时兴修水利的基础上又开凿运河，沟通河北平原的河流航道，形成了以邺城为中心的水运网络，同时也收到了灌溉的效果。因此，曹魏时的邺城已盛产稻谷，再经以后历朝的经营而成为北方的稻米之乡。由于邺城在经济上所占的优势地位，又是曹魏的封邑，因此，曹操当政时只把许昌作为政治上的"行都"，而自己则坐镇邺城，以此为割据政权的根据地，锐意进行城池、宫苑之建设。

邺城平面呈长方形，东西约3 000米，南北约2 160米，城市结构规矩严整，南面开三门，东西各一门相对，北有二门。鉴于洛阳城旧址的不便，邺城的规划采取了新的布局手法，以一条横贯东西的大道，把城内分为南北两个部分，以宫室为中线的南北轴线布局，将宫室、苑囿、官署建置于城的北部，住宅位于城的南部，分区明确，交通方便。以宫城（北宫）为全盘规划的中心。宫城的大朝文昌殿建置在全城的南北主轴线上，南门正中门外伸出的大路直对宫城的宫殿，中轴线的南段建衙署（图3-2）。

严谨的封建礼制秩序，有利于宫禁防卫。城西郊的漳河穿城而过，供应居住坊里的生活用水。另外开凿长明沟引漳河之水穿过城北，解决宫苑的用水问题。宫城居中沿用了周及东汉的旧制，把宫城放在主轴线上则有所改进。较以前的皇城规划有进步，对以后宫城建筑和布局有启发，曹操还在邺城西北部建有大型禁苑——铜雀园。

御苑铜雀园在邺城城内西北，长三里，宽二里。建安十五年（公元210年）前后为曹操所建。起于邺城宫内文昌殿之西，相传为曹操打算"铜雀春深锁二乔"的地方。据《文选·魏都赋》注：文昌殿西有铜爵园，园中有渔池堂皇。在园的西北角也就是西城墙的北段以墙为基垒筑三个高台：铜雀台、金虎台、冰井台，宛如三峰秀峙。据《水经注·漳水》的记述：铜雀台居中，高十丈，上建殿宇百余间，台殿落成，曹操率诸子登临，并命为赋。铜雀台的北面是冰井台，高八丈，上建殿宇一百四十间；有冰室，室有数井，井深十五丈，专为存储冰块、粮食、食盐、煤炭等物资，实具战备意义。南为金虎台，高八丈，上有殿宇

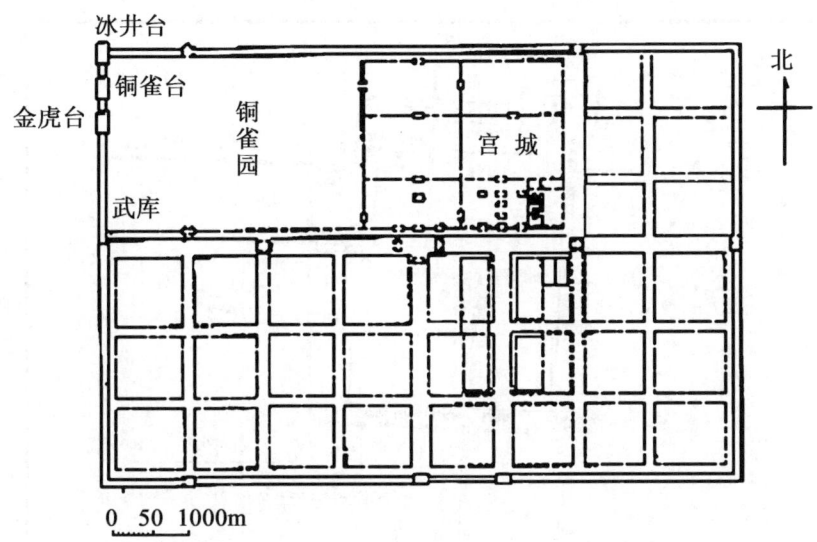

图 3-2 曹魏邺城平面图

一百零九间。三台之间相距各六十步，上有飞阁连接，凌空而起宛如长虹。三台之间和台基上下都有阁道相通。铜雀园和铜雀台在汉末魏初时最为有名。在孙刘联合抗魏时，诸葛亮曾以"铜雀纳二乔"之说来激怒周瑜与曹军决战。

铜雀园毗邻宫城，已略具"大内御苑"的性质。长明沟之水由铜爵（雀）台与金虎台之间引入园内，凿有湖池，池中有鱼塘、皇兰渚、石濑和钓台等。园内还有许多果树和其他树木。竹园和葡萄园单有分区。除宫殿建筑之外，还有贮藏军械的武库。贮藏冰、炭、粮食的冰井台，进可以攻、退可以守。以上表明，从内容上看不仅有游赏和观赏的功能，同时还具有一定的实用功能，这是一座兼有军事坞堡功能的皇家园林。

五胡十六国赵石虎为帝时，重建三台，起五层楼阁，高370尺，顶上仍立铜凤，随风转。三台间阁道相连，装机枢动起落。

（二）魏都城——洛阳

洛阳城经过东汉末年的董卓之乱，已经破烂不堪。魏文帝曹丕迁都洛阳以后，继续在东汉的旧址上修复和新建宫苑、城池。其后，司马氏篡魏，建立西晋王朝，仍以洛阳为首都，城市、宫苑多沿袭曹魏旧制，新的建树不多。

魏文帝黄初元年（公元220年），先在原地建北宫作为大朝，帝居北宫，以建始殿作为大朝正殿。黄初二年（公元221年）筑凌云台，三年（公元222年）穿灵芝池，五年（公元224年）穿天渊池，七年（公元226年）筑九华台。到魏明帝时，洛阳开始大规模的宫苑建设，又重建了南宫。魏明帝参照邺城的宫苑规制，以太极殿与尚书台骈列为外朝，其北为内廷，再北为御苑"芳林园"。这一模式不仅为西晋、东晋所继承，两百多年后北魏重建洛阳所遵循的大体上也是这个模式。单一的宫城正门前形成一条直达南城门的御街——铜驼街，重要的衙署府邸均分布于街的两侧。御街与其后的宫、苑构成城市的中轴线，开创了我国皇都规划的新格局。结合城内的宫苑建设，对洛阳的水系又做了全面的整治，并在城的西北角增建金镛城，以加强宫城的防卫能力，保障皇居的安全。由于宫苑工程浩繁，魏明帝甚至亲率百官参加"劳动"，以表示政府对城建工程的重视。

鲜卑族建立的北魏政权自平城迁都洛阳之后，于北魏孝文帝太和十七年（公元493年）开始了大规模的改造、整理、扩建的工程（图3-3）。

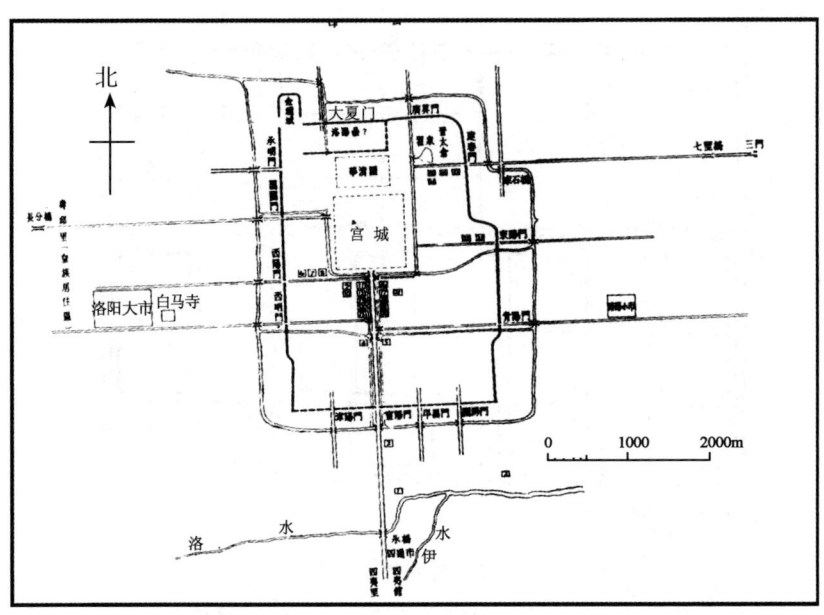

图 3-3 北魏洛阳平面图
1. 灵台 2. 太子学堂 3. 景明寺 4. 司州 5. 获军府 6. 太仆寺 7. 乘黄署
8. 武库署 9. 御史台 10. 永宁寺 11. 右卫府 12. 太尉府 13. 将作曹
14. 九级府 15. 太社 16. 左卫府 17. 司徒府 18. 国子学堂
19. 宗正寺 20. 太庙 21. 景乐寺 22. 道宫署 23. 太仓署
24. 司农署 25. 籍田署 26. 典农署 27. 句盾署

北魏洛阳在中国城市建设史上具有划时代的意义，它的功能分区较之汉魏时期更为明确，规划格局更趋完备。内城即魏晋洛阳城址，在其中央的南半部纵贯着一条南北向的主要干道——铜驼大街，大街以北为政府机构所在的衙署区，衙署以北为宫城（包括外朝和内廷），其后为御苑华林园，已邻近内城北墙。干道—衙署—宫城—御苑自南而北构成城市的中轴线，这条中轴线是皇居之所在，政治活动的中心。它利用建筑群的布局和建筑体型的变化形成一个具有强烈节奏感的完整的空间序列，以此来突出封建皇权的至高无上的象征。大内御苑毗邻于宫城之北，既便于帝王游赏，也具有军事防卫上"退足以守"的用意。这个城市完全成熟的中轴线规划体制，奠定了中国封建时代都城规划的基础，确立了此后的皇都格局模式。内城以外为外廓城，构成宫城、内城、外城三套城垣的形制。外城大部分为居民坊里。整个外廓城"东西二十里，南北十五里"，比隋唐长安城还要大一些。

（三）华林园（芳林苑）

芳林苑是当时最重要的一所"大内御苑"。魏文帝曹丕黄初元年（公元 200 年）始筑。位于在当时洛阳城内东北隅。据《文选》载，文帝以洛阳为都城不久即开始营建华林园，始筑时名华林园，驱使数万人大兴土木，公卿贵族也竭尽全力负土筑山，文帝率先亲临掘土催车。魏明帝起名芳林苑，后因避齐王曹芳讳改名华林园（图 3-4）。

孙盛《魏春秋》："黄初元年，文帝愈崇宫殿。雕饰观阁，取白石英及紫石英、五色大石于太行谷城之山。起景阳山于芳林园，树松竹草木，捕禽兽以充其中。于时百役繁兴，帝躬自掘土，率群臣。三公以下，莫不展力。"由此可知，园的西北角为各色文石堆筑成的土石山——景阳山，山上广种松竹。太极殿北起照阳殿，筑黄龙铜凤装饰其上，欲将长安建章

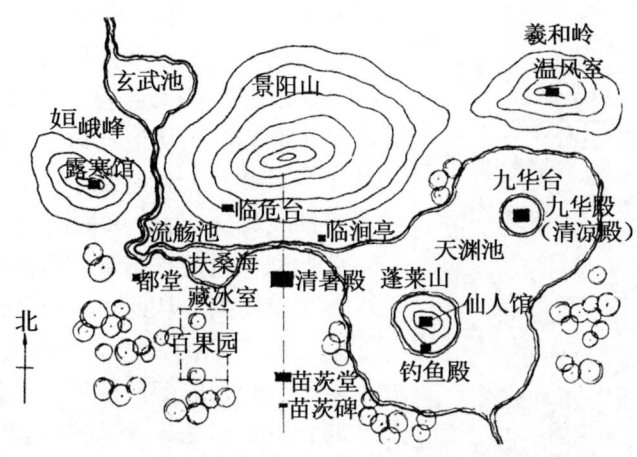

图 3-4 华林园平面想象图（仿周维权《中国古典园林史》）

宫的铜人承露移至芳林苑，途中摔破铜盘，闻声数十里，后另铸铜人。天渊池中有九华台，台上建清凉殿，流水与禽鸟雕刻小品结合于机枢之运用而做成各式水戏。园内养畜山禽杂兽，多有楼观的建置，殿宇森列并有足够的场地进行上千人的活动和表演"鱼龙漫延"的杂技。这些都保留着东汉苑囿的遗风。

明帝时在天渊池作流杯沟，在此宴饮群臣，曲水流杯最早出现于魏。"曲水流觞"的设计手法，在后世的园林设计中常可见到。《宋书》记载说这种设计手法是由于迷信。后汉有个叫郭虞的人，有三个女儿。本来已有一个大女儿，又在三月七日产二女，在两天之内三个女儿都死了，就认为三月七日是大忌日，到了这一天，郭虞全家都到曲水东流的地方去祈祷，让盛祭物的杯子顺水东流，后世即称为"曲水流觞"。

芳林苑历经曹魏、西晋直到北魏的若干个朝代二百余年的不断建设、踵事增华，不仅成为当时北方的一座著名的皇家园林，其造园艺术的成就在中国古典园林史上也占有一定的地位。

（四）西游园

西游园位于千秋门以北的宫城西半部，它始筑于曹魏。北魏时加以增饰，为洛阳皇城内宫苑。《洛阳伽蓝记·城内》也有详细记载："千秋门内道北有西游园，园中有凌云台即是魏文帝所筑者。台上有八角井，高祖于井北造凉风观，登之远望，目极洛川。台下有碧海曲池，台东有宣慈观，去地十丈。观东有灵芝钓台，累木为之，出于海中，去地二十丈。风生户牖，云起梁栋，丹楹刻桷，图写列仙。刻石为鲸鱼，背负钓台，既如从地踊出，又似空中飞下。钓台南有宣光殿，北有嘉福殿，西有九龙殿。殿前九龙吐水成一海。凡四殿，皆有飞阁向灵芝往来。三伏之月，皇帝在灵芝台以避暑"。

（五）黄鹤楼

黄鹤楼为江南三大名楼（黄鹤楼、岳阳楼、滕王阁）之首，自古享有"天下绝景"和"天下江山第一楼"之美称。它身临长江之滨，雄踞武汉蛇山之首，俯瞰江汉，气势磅礴。

黄鹤楼始建于三国时期的吴国，黄武二年（公元223年）。后各代屡毁屡修，距今有1700余年的历史。

黄鹤楼历代文人骚客登楼吟诗、讴歌、作赋，流传至今的诗词约千首，文赋约百篇，并有数不尽的种种神话传说。其中之一说是，在三国时，有位姓辛的人在此开酒馆，初期来客

图 3-5　黄鹤楼

稀少,生意不佳。但有一道士却常来此酌酒,饮后也从不付钱,辛氏见其人豪放洒脱,认为不是平庸之辈,从未计较,日日款待如初。有一次,道士酒后随手从地上拾起一块橘皮,在墙壁上画了一只黄鹤,画完说了一句:"酒客至拍手,鹤下即飞舞",说完甩袖而去。此后,凡有酒客来此饮酒,只需一拍手,黄鹤便从墙上飞下,为酒客飞舞助兴。从此,辛氏酒馆门庭若市,遂成富翁。10年后的一天,道士又来店中,狂饮之后,随手从腰间取下一笛鸣奏,黄鹤飞舞而下,道士跨背腾空而去。辛氏为感其恩,在此建楼取名"黄鹤楼"。历代名人来此,个个见景舒怀,尤以唐人崔颢题《黄鹤楼》一诗为重,诗云:"昔人已乘黄鹤去,此地空余黄鹤楼。黄鹤一去不复返,白云千载空悠悠。晴川历历汉阳树,芳草萋萋鹦鹉洲。日暮乡关何处走,烟波江上使人愁。"从此,黄鹤楼更名闻四海。

黄鹤楼在漫长的岁月中,每毁必建,仅明清时期就重建过7次。最后一次毁于清光绪十年(公元1884年)。1986年在距原址1千米处重建成现在的黄鹤楼。它是以清代样式为蓝本,用现代材料和现代工艺,建成的高51.4米,5层的黄瓦红柱、层层飞檐、古朴端庄、典雅宏伟、令人神往的仿古建筑。

二、两晋

(一) 都城——建康

建康即今南京,是历史名城。是三国两晋南北朝时期的吴、东晋、宋、齐、梁、陈6个朝代的建都之地,除西晋灭东吴至东晋立国的37年以及梁元帝迁都江陵3年之外,作为首都共历时320年,所以说建康为六朝之都。

东汉末,军阀混战、群雄割据,吴郡的地方割据势力孙氏逐渐强大,公元221年,孙权称帝,建立吴国,与魏、蜀成三国鼎峙之局面。吴都建业,西晋时改名建康。建康滨临长江天险,与上游的荆楚地区交通往来方便,与下游的吴越地区也有便捷的联系;"钟山龙盘、石头虎踞",地形十分险要。它作为都城之所在,确实具备优越的经济上和军事上的地位。

东吴都城,在石头山东,秦淮河和玄武湖之间,城周长二十里一十九步,城内的太初宫为孙策的将军府改建而成,"赤乌十年(公元247年)……二月,权适南宫。三月,改作太初宫,诸将及州郡皆义作"。公元267年,孙皓在太初宫之东营建显明宫,"皓营新宫,二千石以下皆自入山督摄伐木。又破坏诸营,大开园囿,起土山楼观,穷极伎巧,功役之费以亿万计"。太初宫之西建西苑,又称西池,即太子的园林。城市建设和宫殿建设的同时,也修整河道和供水设施,先后开凿青溪(东渠)、潮沟、运渎、秦淮河,改善了城市的供水与水运,建业城遂日益繁荣。出城之南至秦淮河上的朱雀航(航即浮桥),官府衙署栉次鳞比,居民宅室延绵迤西至长江岸,大体上奠定了此后建康城的总体格局。

东晋以后建康有迅速发展,东吴为都时有建业城和石头城东西呼应,东晋和南朝时有建康城、东府城和西周城三城鼎立，成为多城的组合体，南有秦淮河，北有玄武湖，东有钟山，西有长江要塞石头城，地理位置十分重要（图3-6）。

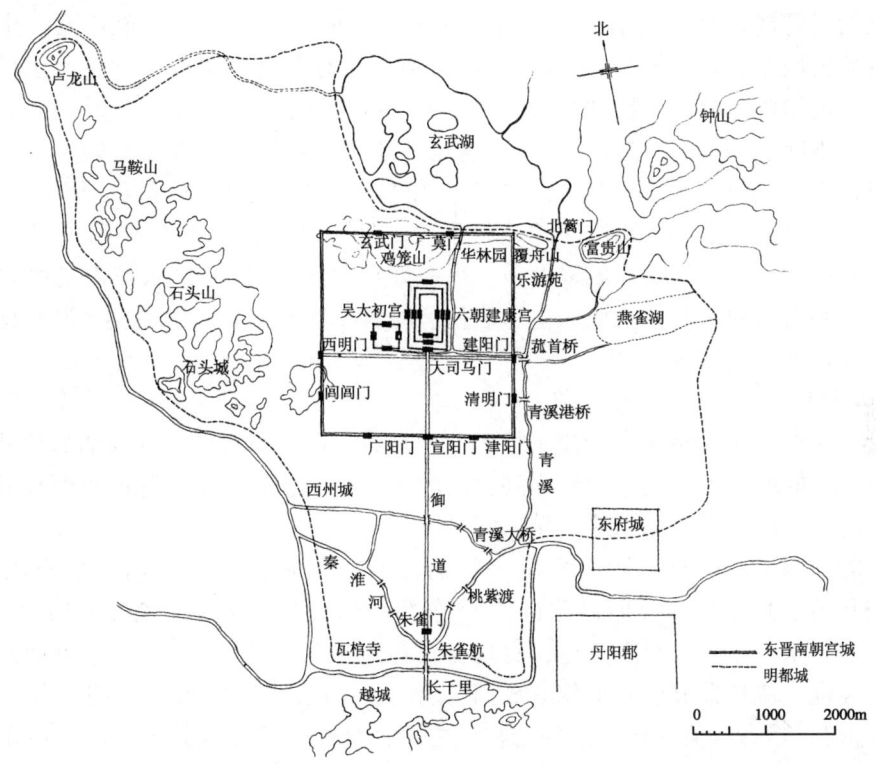

图3-6　东晋南北朝建康城平面想象图（仿周维权《中国古典园林史》）

建康城的城市规划是就其自然地形和原有的基础而逐步扩大的，所以，显得很不规整。但是还是有明显的南北轴线，东吴时期就是以太福宫为中心，都城南边正门宣阳门对宫城昭阳宫，向南有大道直对秦淮河。东晋至南朝各代的宫城向东移出一个位置，前宫门即大司马门，正对都城的宣阳门，向南的大道直通到秦淮河北岸的朱雀门。这条南北大道构成了纵轴线。宣阳门到朱雀门七里，尽是居民区。大道两侧和秦淮河两岸集中了大量的商市和作坊以及沿河码头，特别是这里的制锦业、造纸业、冶铁业和造船业大多是官营，因此，手工业十分发达。200多年的建设，建康已成为政治、经济、文化的中心，最盛时达到28万户，是当时国内最大和最繁荣的都市。建康自然环境优美，自然风景秀丽，四面山阜环抱，北负玄武湖，西临长江天险，秦淮河从中流过。"钟山龙蟠、石城虎踞、负山带江、九曲青溪。"这十六个字概括了自古以来建康城的特点。

（二）华林苑

后赵石虎所筑。原址在邺城，现无遗存。据载，公元347年，石虎听信沙门（和尚）之言，征用男女役夫16万人，车10万乘垒土筑苑，长墙连垣数十里，苑中三观、四门，其中三门通漳水。北齐武成帝时，又增饰"若神仙居所"，改称仙都苑。武成帝又于仙都苑内"别起玄洲苑，备山水台观之丽"。《历代宅京记·邺下》载："玄洲苑、仙都苑，苑中封土堆筑为五座山，象征五岳。五岳之间，引来漳河之水分流四渎（dú）为四海——东海、南海、西海、北海，汇为大池，又叫做大海"。这个水系通行舟船的水程长达二十五里。大海之中有连璧洲、杜若洲、麇芜岛、三休山，还有万岁楼建在水中央。万岁楼的门窗垂五色流苏帐帷，梁上悬玉珮，柱上挂方镜，下悬织成的香囊，地上铺锦褥地衣。中岳之北有平头山，山的东、西侧为轻云楼、架云廊。中岳之南有峨嵋山，东有绿色瓷瓦顶的鹦鹉楼，西为黄色瓷瓦顶的鸳鸯楼。北岳之南有玄武楼，楼北为九曲山，"山下有金花池，池西有三松岭，池南有凌云城"，西有陛道名叫通天坛。大海之北有七盘山及若干殿宇，正殿为飞鸾殿十六间，柱础镌作莲花形，梁柱"皆苞以竹，作千叶金莲花三等束之"。殿"后有长廊，檐下引水，周流不绝"。北海之中建密作堂，这是一座用大船漂浮在水面上的多层建筑物。每层以木雕成歌姬、乐伎、僧众、仙人、菩萨、力士等，体内装机枢可以动作，"奇巧机妙，自古未见"。北海附近还有两处特殊的建筑群：一处是城堡，高纬命高阳王思宗为城主据守，高纬亲率宦官、卫士鼓噪攻城以取乐；另一处是"贫儿村"，仿效城市贫民居住区的景观，齐后主高纬与后妃宫监装扮成店主、店伙、顾客，往来交易三日而罢。其余楼台亭榭之点缀，则不计其数。

（三）华林园

是建康城主要的皇家园林。始建于吴，位于台城北部，与宫城及其前的御街共同形成干道—宫城—御苑的城市中轴线的规划序列，历经东晋、宋、齐、梁、陈的不断经营，是南方的一座重要的、与南朝历史相始终的皇家园林。

到东晋时，园林已初具规模，显示一派有若自然天成之景观。清，余宾硕《金陵览古》："华林园在台城中，本吴旧宫苑也。"（东晋）简文帝入华林园谓左右曰："会心处不必在远，翳然林水，便有濠濮间想也，觉鸟兽禽鱼自来亲人。"宋元嘉中，更加修广，保留景阳山、天渊池、流杯渠等山水地貌并整理水系。利用玄武湖的水位高差"作大窦，通入华林园天渊池"。然后再流入台城南部的宫城之中，绕经太极殿及其他诸殿，由东西掖门之下注入宫城的南护城河。园内的建筑物除保留上代的仪贤堂、祓禊堂、景阳楼之外，又先后兴建琴室、灵曜殿、芳香琴堂、日观台、清暑殿、光华殿、醴泉殿、朝日明月楼、竹林堂等，开凿花萼池，堆筑景阳东岭。宋少帝又"开渎聚土，以象破冈埭，与左右引船唱呼，以为欢乐。夕游天渊池，即龙舟而寝"，"帝于华林园为列肆，亲自酤卖"。宋孝武帝则"听讼于华林园。自是，非巡狩军役，则车驾岁三临讯。丙寅，芳香琴堂东西有双桔连理，景阳楼上层西南梁栱间有紫气，清署殿西甍鸱尾中央生嘉禾，一株五茎。改景阳楼为庆云楼，清暑楼为嘉禾殿，芳香琴堂为连理堂"。到梁代，园林达到鼎盛时期。

侯景叛乱，尽毁华林园，陈代又予以重建。至德二年（公元584年），荒淫无道的陈后主在光昭殿前为宠妃修建著名的临春、结绮、望仙三阁，"阁高数丈，并数十间。其窗牖、壁带、悬楣、栏槛之类，并以沈檀香木为之，又饰以金玉，间以珠翠，外饰珠帘，内有宝床、宝帐，其服玩之属，瑰奇珍丽，近古所未有。每微风暂至，香闻数里，朝日初照，光暎后庭。其下积石为山，引水为池，植以奇树，杂以花药。后主自居临春阁，张贵妃居结绮阁，龚、孔二贵嫔居望仙阁，并复道交相往来"。三阁之间以复道连系，复道即飞阁。

余宾硕诗："翳然林木同濠濮，傍水宫庭四面开……若问六朝佳丽事，至今明月满苍苔。"

（四）玄武湖

玄武湖位于建康城北，是一人工开凿的湖泊。至晋元帝时创为北湖，故《实录》云："元帝大兴三年创北湖，筑长堤以遏北山之水，东至覆舟山，西至宣武城。"据说元嘉中见黑龙出现于湖中，因此，称玄武湖。宋元帝复筑北堤后，湖面辽阔起来，当时还通江水，因此波涛汹涌，又立三神山于湖上，而成为天然风景优美的名胜区。东边的钟山，山色映紫

(故又称紫金山），北有幕阜山、观香山诸山的远景，西面一抹城墙临水，南面城垣外鸡笼山，覆舟山并峙，湖区部分湖光山色辉映，湖中盛栽荷莲，花开时红棠翠盖，十分美丽……景色更佳。此湖于南朝建康之宫苑建设至关重要，《六朝事迹编类·真武湖》："吴后主皓宝鼎元年（公元266年），开城北渠，引后湖水流入新宫，巡绕殿堂，穷极技巧。至晋元帝始创为北湖，故《实录》云："元帝大兴三年（公元320年）创北湖，筑长堤以遏北山之水，东至覆舟山，西至宣武城。"云："宋文帝元嘉二十三年（公元446年）筑北堤，立真武湖于乐游苑之北，湖中亭台四所……至孝武大明五年（公元461年），常阅武于湖西。七年（公元463年）又于此湖大阅水军。"按《舆地志》云："齐武帝亦常理水军于此，号曰昆明池。"故沈约《登覆舟山》诗："南瞻储胥馆，北眺昆明池，盖谓此也。又于湖侧作大窦，通水入华林园天渊池，引殿内诸沟经太极殿，由东、西掖门下注城南堑，故台中诸沟水常萦流回转，不舍昼夜。"又按《南史》："元嘉二十三年（公元446年）开真武湖，文帝于湖中立方丈、蓬莱、瀛洲三神山，尚书右仆射何尚之固谏，乃止。"今《图经》云："湖中有方丈、蓬莱、瀛洲三神山，不知何所据也。"

（五）私家园林（金谷园）

是西晋时主要的私家园林。金谷园为西晋大官僚石崇经营的一处庄园，位于洛阳西北郊的金谷涧。

西晋石崇因助司马氏篡位有功，历任中郎将，荆州刺史，在任荆州刺史期间，命手下人劫掠远方客商，敲诈勒索而暴富，家累万贯，曾以蜡烛当薪，以珊瑚树为废物，是西晋有名的富豪。石崇晚年辞官后，耗资巨万，在京城（洛阳）西，依邙山，临金谷水，建造了一座庞大的园林别墅，名金谷园，又称河阳别业。

金谷园在当时洛阳城西十三里金谷涧中，大约筑成于公元297年。据石崇《金谷诗集》、《思归引序》等记述，太白原水流经金谷，称为金谷水；石崇因川谷西北角，筑园于金墉城。园中清泉茂树，众果竹柏，药草蔽翳；百木几于万株，流水周于舍下。有观阁池沼，多养鱼鸟。

关于金谷园的具体布置，潘岳《金谷集作诗》中说：它有前园和后园之分。园内亭台楼阁备极华丽，金谷水与人工开凿的湖池，园中花木繁茂，珍稀的果树有芳梨、沙棠、乌椑、石榴等。园内有龙鳞泉，池塘有菱荷，临水有水榭，湖中有岛。

从金谷园可以看出，当时的私家园林无论是在城中或是在郊外，都注重气派的宏大和奢华，反映了统治者的贪婪和财富的集中。金谷园是一处秀丽的山庄别墅，巧妙地利用自然地形条件及水系的山水园林，与当时的自然山水画有很大的联系。

石崇交友于潘岳、左思、陆机、陆云、刘琨等，号称"金谷二十四友"，经常在一起作诗吟唱，又有绝世佳丽绿珠伴奏歌舞。石崇专为绿珠修了一座华丽的"绿珠楼"。后来，石崇获罪，绿珠坠楼。有诗为证：繁华事散逐香尘，流水无情草自春，日暮东风怨啼鸟，落花犹似坠楼人（唐代杜牧《金谷园》）。

三、南北朝

（一）龙腾苑

南北朝时的宫苑主要有龙腾园，龙腾园为后燕主慕容熙在龙城所筑之苑。龙城，在今辽宁朝阳县境，为前燕慕容皝所筑。据传慕容熙喜营宫室苑囿，403年，动用大量劳力凿池筑山，兴建龙腾园。据《晋书·慕容熙》载记："筑龙腾苑，广袤十余里，役徒二万人。起景云山于苑内，基广五百步，峰高十七丈。又起逍遥宫、甘露殿，连房数百，观阁相交。凿天河渠，引水入宫。"景云山体量很大，是用人工堆叠的大假山，山上山下观阁相交相连数百，苑内凿渠作池并建有宫殿，可能是前宫后苑的形式。苑以自然山水为蓝本，以景云山为主体再布列各个景点。又为其昭仪符氏凿曲光海、建清凉池。夏季盛暑，士不得休息，渴死者大半。慕容熙于建始元年（公元407年），出龙城为其昭仪符氏下葬，将士乘机推高云为主，慕容熙逃入龙腾苑被杀。

(二) 佛寺园林（寒山寺、永宁寺）

由于佛寺建筑的蓬勃发展，一个新的园林形式——佛寺园林开始出现。佛寺园林中有以佛寺为主的建筑和各种树木花草的配置，广大的平民除到寺庙进香外，还可欣赏景物、游玩。随后，就出现了所谓的"庙会"活动，会期十分热闹，寺庙园林成了百姓的活动场所。

刚开始，中国的寺庙很多是以宅园的形式存在，就因"舍宅为寺""旨在升天"，这样做的结果就是把庭院与庙宇联结在一起，推动了二者的发展。

最早见于记载的佛寺是东汉永平十年（公元67年）的洛阳白马寺。北魏奉佛教为国教后，建寺之风日盛，兴建佛寺是当时社会的重要建筑活动之一。据《洛阳伽蓝记》所载，南朝首都建康有佛寺500多所；北魏统治期间，在正光（公元520—524年）以后有佛寺3万多所，仅京城洛阳地区就有1 367所，其他州县也多有佛寺。这些佛寺建筑有帝王敕建的，装饰华丽，金碧辉煌，跟帝王宫城一样豪华，耗尽了大量的人力物力，当时就有"建寺皆是卖儿贴妇钱"的记载。这一时期的佛寺建筑活动，对以后的中国建筑的发展是有较大影响的。

北魏著名的著作《洛阳伽蓝记》记述了当时洛阳40多所重要的佛寺。北魏胡太后建有永宁寺为最大。总体布局采用了在平面主轴先上布置主要建筑的布局：前有寺门，门内建塔，塔后建佛殿。据载早期的中国佛寺的总体布局和印度的佛寺的布局相仿，以塔藏舍利，是教徒崇拜的对象，它位于寺的中央，是寺的主体建筑。以后则建殿供奉佛像，顶礼膜拜，塔和殿的地位并重，但是塔仍在殿的前方，永宁寺正是这一时期佛寺建筑的典型代表。东晋时期出现了双塔的形式，南北朝到唐时，佛殿成为佛寺建筑的主体。

南北朝到梁代时佛寺发展达到高潮，皇家贵族和官僚富户都以建寺为荣耀。梁武帝（萧衍）也大兴佛法并舍身同泰寺。他的"舍身"只是一种借口，他"舍身"后就要广大人民出钱赎出来，一次出钱一万万，总共出了三次，终于侯景攻破京城，建立陈。唐代私人都庙曾写过南朝寺庙的盛况："南朝四百八十寺，多少楼台烟雨中。"当时在建康就有寺庙数百座，僧侣过万人。其中有名的有寒山寺、法王寺、归善寺、西园寺、古湘寺等。

1. 寒山寺

位于苏州市正西，处于古运河畔，枫桥与江村桥之间。古寺建于南北朝时的梁代天监年间（公元502—519年），距今已有1 400多年的历史。原名为妙利普明塔院。唐贞观年间，高僧寒山和拾得从天台国清寺到此做主持时，改名为寒山寺，一时成为吴中名刹（图3-7）。

这座古刹，原有一口大钟，因其钟声悠扬而闻名于世。一次，唐代诗人张继云游至此，夜泊枫桥，半夜钟声悠扬入耳，诗人触景生情，灵感触发，写下了《枫桥夜泊》的千古名句："月落

图3-7　姑苏城外寒山寺

乌啼霜满天，江枫渔火对愁眠，姑苏城外寒山寺，夜半钟声到客船"，表现了诗人自身的无限愁思，形成了丰富而深远的意境，发人遐思，耐人寻味，赢得了广泛的共鸣。至此寒山寺以诗韵钟声而脍炙人口。

历史悠久的寒山寺，在历代更迭中曾五次毁于战火，但屡毁屡建。据志书载，北宋太平兴国约七年（公元980年），节度史孙承建有七层宝塔，嘉佑中改为普明禅院。绍兴四年（公元1134年）僧法迁重建，元末时寺塔被毁。永乐三年（公元1405年）僧谷修建，正统年间（公元1439年）知府况仲重修，清咸丰十年（公元1860年）全寺被毁，荡为尘埃，现今的殿宇为光绪二十二年至宣统三年（公元1866—1911年）重建的。

寒山寺，山门前有黄墙照壁耸立，寺门上匾额"古寒山寺"。过林荫小院，正中为大雄宝殿，内供释迦牟尼像，佛座两边和后壁有寒山子诗三十六首，还有清代扬州八怪之一的罗聘及郑文焯所绘的寒山、拾得和丰干的写意画像石刻，大殿右侧的偏殿内，在硕大的莲花盘座上供有寒山、石得的塑像。其塑像袒胸乳露，赤足蓬头，年轻肥胖，一个手捧净瓶，一个手持莲花，纯朴憨厚，喜笑颜开。寒山是唐代的著名诗僧，作诗三百余首，后人集为《寒山子集》。

大殿东西两侧的偏殿之内，供有用香樟木雕刻的小型全身五百罗汉像，造型古朴、生动自然。大殿后为藏经楼，环壁嵌有宋代张樗之书《金刚经》石刻，为传世珍品。藏经楼两侧有长廊，左折上方台，内嵌有明清题咏寒山寺的诗文石刻，又通向钟楼。

寒山寺中悬挂的那口著名古钟，早已失传。明嘉靖中僧人本寂重铸一口巨钟，特建一座二层六角的钟楼，古钟悬挂其内。据传，此钟又失落日本，有康有为诗证："钟声已渡海云东，冷尽寒山古寺枫。"清光绪三十年，江苏巡抚陈夔龙重修此寺时，又仿古钟重铸一口，悬钟楼之内，此钟一人多高，三人合围。日本友人募铸一口小铜钟赠予寒山寺，现悬挂在大殿右侧。

此寺有历代名人石刻甚多，有岳飞的题词："三声马喋阏氏血，五伐旂枭克汗头"。有唐伯虎和文征明的书碑残迹，有晚清朴学大师俞樾八十六岁时的手书《枫桥夜泊》诗碑，笔力苍劲、功力深厚。枫桥古寺、张继绝唱、俞樾法书堪称古刹之三绝。

寒山寺雄伟壮观、气势磅礴、名扬四海。

2. 永宁寺

北魏熙平元年（公元516年）胡灵太后建，据《洛阳伽蓝记》所载："平面方形，周围墙上皆施短椽，复以瓦，围墙四面各开一门，其中南门楼三层，东西门楼各二层，北门用乌头门，围绕塔、殿，有僧房楼观1 000余间，雕梁粉壁、青㻁疏……栝柏松椿，扶疏拂檐，聚竹香草，布护阶墀……四门外树以青槐，护以绿木，使佛寺有如在丛林中一样。""有九层浮阁（即塔）一所，架木为之，举高九十丈，刹高九丈，含去地一千尺，去京地百里已遥见之。刹上有金宝瓶，容二十五石，下有承露金盘三十重，周围垂金铎（铃铛），复有铁锁四道，引刹向浮图四周锁上，亦有金铎……浮图有九级，角皆悬金铎，合上下有一百二十铎，用金钉5 400个，塑金像一丈八尺。"

塔是南北朝时代的新杰作，它是根据佛教浮图的概念，用我国固有建筑楼阁的方式来建造的一种构筑物，早期时是木结构的木塔，在发展过程中砖石逐渐代替了木材。这种平面方形，四面开门，中央建建筑的布局手法，是从印度的佛寺得到启示，同时，结合汉以来的礼制建筑而发展起来的。

其他还有冲觉寺、法云寺、张伦宅园、茹法亮宅园、徐湛之宅园、阮佃夫宅园、玄圃等。

第三节　园林特色

一、园林发展

（1）逐渐由秦汉时期的宫苑为主型向自然山水园林为主型转变。

（2）大力兴建都城（邺城、洛阳、建康），建设上林苑、华林苑，开发玄武湖。皇家园林的狩猎、求仙、通神的功能基本上消失或者仅保留其象征性的意义，生产和经济运作则已很少存在，游赏活动成为主导的甚至唯一的功能。它的两个类别之一的"宫"已具有"大内御苑"的性质，纳入都城的总体规划之中。大内御苑居于都城中轴线的结束部位，这个中轴线的空间序列构成了都城中心区的基本模式。

（3）造园不再追求高大、规模雄伟，而在"穷极技巧"上下功夫，使楼阁为景所设，苑囿精巧雅致，除装饰雕绘更加精细之外，有的还运用了机关，可动、可转、可移、可落等。造园活动完全升华到艺术创作的境界。

（4）中国古典风景式园林由再现自然进而表现自然，由单纯模仿自然山水进而适当地加以概括、提炼，但始终保持着"有若自然"的基调。造园以自然山水为蓝本，以山水画理为指导，对布局和空间划分，开始注意了迂回曲折、高低错落。建筑作为一个造园要素，与其他的自然诸要素取得了较为密切协调、融糅的关系。

（5）私家园林作为一个独立的类型异军突起。城市私园多为官僚、贵族所经营，代表一种华靡的风格和争奇斗富的倾向。庄园、别墅随着庄园经济的成熟而得到很大发展。

（6）人们苦于战乱，只好人心向佛，以修来世，促进了佛寺园林的出现和发展，出现了多人以建寺为荣，舍宅为寺的现象。佛寺园林拓展了造园活动的领域，一开始便向着世俗化的方向发展。郊野寺观尤其注重外围的园林化环境，对于各地风景名胜区的开发起到了主导性的作用。

（7）江南园林自成体系，风格独特，追求雅兴。

（8）"园林"一词已出现于当时的诗文中："弛鹜翔园林""暮春和气应，白日照园林""饮啄虽勤苦，不愿栖园林"。

（9）中国古典园林开始形成皇家、私家、寺观这三大类型并行发展的局面和略具雏形的园林体系，它上承秦汉余绪，把园林发展推向转折的阶段，导入升华的境界，成为此后全面兴盛的伏脉。

二、园林创新

在造园中出现了游墙、曲水流觞、塔、构洞穿行、阁桥、石图五彩，开创了山水画理、画种、画论六诀，并被借鉴到造园之中。出现了铜凤、注水浴。前所未有。

注释：

① "张角"：河北临漳人，太平道教主，黄巾起义领导人。
② "司徒"：三国两晋南北朝时称宰相或司徒。
③ "八王"：西晋时指汝南王亮、楚王玮、赵王伦、齐王冏、长沙王乂、成都王颖、河南王颙、东海王越。
④ "五胡"：指"匈奴、羯、鲜卑、氐、羌"。

第四章　我国隋唐时期的园林

从公元581年到907年，为隋唐时期，共历时326年。我国园林进入全盛时期，写意山水园林兴盛，私家园林开始发展。

第一节　历史史略

一、隋

(一) 历时

公元581年隋文帝杨坚开国建隋，定都长安，在位24年。公元605—618年，隋炀帝杨广在位13年。隋朝共历时38年，其中，统一全国30年。

(二) 史略

在南北朝末期，北朝周武帝宇文衍荒淫残弱，在位仅2年就病死了。太子（静帝）年幼，母后杨氏请父亲杨坚出来摄政，封为隋王。

公元578年，已经统一了北方的北周王朝的军政大权落到外戚杨坚（即后来的隋文帝）手中。公元581年，杨坚废除北周静帝，建立隋王朝，并积极进军江南做统一全国的各项准备工作。公元588年，隋文帝的二儿子晋王杨广统帅50万大军，分5路，向江南的南朝发动总攻。次年（589年），隋军一举攻下建康，消灭了南朝（陈霸先）。接着又陆续摧毁了南方各地分散的反抗，平定了南方全部州县。隋结束了三国两晋南北朝300余年的分裂局面，重建了统一的封建帝国。

隋文帝杨坚称帝后实行了一系列的社会改革：健全并加强中央集权制，定隋律，惩贪官，简化地方行政机构；建立科举选官制度；发展经济，颁布均田令，减免赋税，颁布"输积法"以打击豪强势力，增加财政收入；注重水利建设等等。隋文帝如此爱惜民力、勤俭治国、革除弊政，使得隋朝在统一后的短短的时期内，社会经济、文化事业获得了空前的发展，呈现出百姓安居乐业、国势强盛的局面。

其子杨广惨无人道，弑父杀兄，于公元605年称帝。杨广（隋炀帝）就是中国历史上最荒唐残暴的帝王之一。他称帝后第一件大事就是立即向全国大批征发民工，大兴土木，迁东都洛阳，大造宫庭苑园。每月役使民夫多达200万人，死者十有四五；调动大量民力，从五岭、江南地区向北方运送奇材怪石，营建宫殿和苑囿。他在洛阳西面修建的西苑，周围200里，苑内宫殿无数，台观殿阁林立，工程量十分浩大。第二件大事就是开凿大运河。为乘船到江南游玩，他下令征调上百万的民夫开凿运河。他三下扬州，游江南时，在扬州建迷楼，在沿河各地建行宫40余座。隋炀帝乘龙舟南下，随行船只数千艘，整个船队首尾相望长达200余里，沿途州县500里供食，劳民伤财。特别是隋炀帝自公元612—614年3次发兵攻打高丽均告失败，给人民带来了更加沉重的灾难，终于爆发隋末农民大起义。在农民起义军的冲击下，各地的官僚、豪强相继起兵，占据一方，隋王朝灭亡的大局已定。

公元617年，镇守太原的大将李渊叛变，起兵南下，攻陷长安（今陕西西安），立杨广的孙子杨侑当皇帝，遥尊杨广为太上皇。公元618年，杨广最亲信的大将宇文化及率领禁卫军入宫，将杨广绞死后，立杨广的侄儿杨浩继位，统军北返洛阳。但遍地都是武装的抗暴力量，这个禁卫军每一步都受到攻击，已不可能到达目的地。宇文化及看到大势已去，索性把杨浩杀掉，自己当皇帝。李渊在长安听到消息，也把杨侑杀掉，自己也当皇帝。杨广的另一个15岁的孙子杨侗，在洛阳即位，作隋朝第五任皇帝。杨侗统治支持到公元619年，宰相王世充也把他杀掉，自己坐上宝座。隋王朝历时近38年而亡。

二、唐

（一）历时

公元618年李渊开国建唐，在位8年。627年太宗李世民继位，在位23年。传位20帝至哀帝李柷，于公元907年被后梁朱温所废，唐共历时289年。其间，武则天于公元690年改唐为周，在位15年，中宗李显于公元705年恢复大唐国号。公元712年玄宗李隆基继位，在位43年。

（二）史略

公元618年，李渊在长安称帝，建立了唐王朝立都长安。唐王朝是中国封建社会历史上贡献最大、国力最强、历时较长的王朝，其中，接近一半时间处于黄金时代。

唐高祖李渊在建唐之初，就设立京师和地方学校，注重培养和收揽人才。为把人力尽快召回到土地上去，迅速恢复生产，增加国家赋税收入，唐高祖沿用北魏、隋朝以来的均田制和租庸调制，并针对当时实际情况，进行适当地增加和删减。

公元626年，通过玄武门之变，秦王李世民迫使其父李渊传位于己，为太宗，次年改元贞观。李世民是一位很有作为的皇帝，精明能干。他以隋朝灭亡的教训为借鉴，偃武修文、尊孔释经、兴学校重科举、兴礼乐修族志、鉴古设馆修史。他设立宰相制度，修唐律、建法制、遣宫女、行节俭、反奢侈、图武功、废门阀，稳定各民族，巩固边疆，加强对外交流，发展经济，开疆域大一统。他任贤纳谏，注意在统治阶级内部发扬民主，按照"民为邦本"的思想原则治理国家。因此，在位23年使大唐版图远大，社会的政治、经济和对外关系等方面，都呈现出欣欣向荣的景色，国泰民安，史称"贞观之治"。

公元649年，唐太宗李世民驾崩，太子李治继位，年号永徽，是为唐高宗，在位34年。因高宗体弱多病，实际由皇后武则天掌权。唐高宗在位前期，上承"贞观之治"的全盛局面，又有太宗时期原一大批文臣武将的辅佐，社会安定，谷贱刑省，平定高丽，国力强盛，在文治与武功方面均取得了一些发展。

公元690年，武则天改唐为周，自号"圣神皇帝"，改元"天授"。从此，武周王朝代替李唐王朝达15年之久。武则天非常重视人才的选拔使用，继续推行有利于经济社会稳定发展的各项制度，并取得成效。在对外关系方面，处理得也较为妥当。在她执政期间，社会基本上是安定的。

705年中宗李显继位，恢复大唐国号，在位7年。公元712年，唐玄宗李隆基（唐明皇）继位。在整饬（chì）吏治，选用贤才的同时，唐玄宗敢于惩治不法豪强，大规模检田括户，兴修水利，抑佛戒奢，使当时的农业迅速发展，工商业空前繁荣，文化昌盛，科技成就非凡，国力强盛，政局安定。各项事业空前繁荣，使中国的封建社会达到了全盛时期，这在历史上被称为"开元盛世"。

中唐以后，唐明皇倦于朝政，与杨贵妃整天寻欢作乐，又重用奸人杨国忠、李林甫等人，造成了"内轻外重"的军事格局，使边镇蕃将久任一地，兼领数镇，势力扩大，难以调控。这些边塞各地的节度使拥兵自重，又逐渐形成藩镇割据。天宝年间（公元755年），节度使安禄山、史思明发动叛乱，唐玄宗被迫出走四川。安史之乱达8年之久，后虽被郭子仪平定，但藩镇之祸愈演愈烈，吏治腐败，宦官祸国，加之公元875年，山东、河南水旱天灾严重，使唐王朝内忧外患，国势日渐衰败。哀帝李柷时，财政更加困难，人民负重难堪，纷纷起义。王仙芝起兵于直隶，黄巢继之而起。公元907年，节度使朱全忠（朱温）废哀帝自立为帝，改国号为梁。唐朝共历时289年而亡，从此中国陷入了五代十国的分裂局面。

三、时期特点

隋朝结束了300余年的分裂局面。公元6—10世纪初的隋唐王朝是我国封建社会统一大帝国的黄金时代。这是一个国富民强、朝气蓬勃、意气风发、功业彪炳的时代，是中国历史上一个光辉灿烂的时代。唐王朝的贞观之治和开元盛世，促使社会安定、经济繁荣、文化昌盛、民族和睦、中外交流频繁和国力强盛。

经济的高度发展，造就了隋唐封建文明的基础，并构成这一封建文明的基本内容。农业是封建社会的根本所在，发展经济的一个重要问题，是如何调动劳动者的生产积极性。在农业上隋、唐推行均田制，按人口授给土地，让他们在划定的范围内耕作，解除了农民的人身依附关系，把庄客解放为自耕农，佃农制代替了佃奴制。这一制度的实行，使魏晋时期占主导地位的庄园领主经济逐渐被地主小农经济代替。静民务农、体恤百姓、劝课农桑、均田垦荒、轻徭薄赋、增殖人口、义仓备荒、兴修水利等等一系列方针政策，使得农业生产得到了迅速的恢复和发展。据《新唐书·食货志》记载："至四年，米斗四五钱，外户不闭者数月，马牛被野，人行数千里不赍粮，民物蕃息。"可见年丰谷贱，百姓生活安定、富足。

在政治结构中，统治者对宰相制度进行改革，确立三省六部制，既完善了国家权力机关的职能，又使君权得到进一步的加强。同时，确立科举取士制度，广大知识分子改变了避世和消极无为的态度，通过科举积极追求功名，干预世事，使得一批出身寒门庶族的人得以担任国家要职，削弱了门阀士族势力，成为国家一统局面的主要力量。

与此相联系的是，在文学艺术方面，实行兼容并包的文化政策，造就了以李白，杜甫，白居易，柳宗元、王维、吴道子等为代表的一大批诗人文人。因而唐代的各种文化诸如宗教、诗歌、史学理论、图书文字、音乐、舞蹈、绘画、雕塑、书法等，与其他民族甚至外国的文化相互交流、融会，都得到了充分的发展，极盛一时。文学艺术充满了风发爽朗的生机，各种活动空前活跃，一派发达景象。

隋唐国家统一昌盛，为南北画风的相互影响和绘画艺术的发展，提供了极为有利的条件，使我国古代绘画史上达到了一个高峰。山水画、人物画、花鸟画等方面，唐代都取得了卓越的成就，技法更加明确，形象丰满而又典雅，结构豪华而又紧凑，色彩绚丽而调和，超越前人，影响后世。绘画分科更加具体细致，分为山水、花鸟、人物、神佛、鞍马、屋宇等。山水画在唐代初期还很不成熟，张彦远在《历代名画记·论山水树石》云："尚犹状石则务雕透，如冰澌斧刃；绘树则刷脉镂叶，多栖梧菀柳，功倍愈拙，不胜其色。"山水画到了中唐前后发生重大变化，摆脱了作为壁画的背景来处理的这种从属关系，逐渐取得独立地位。同时山水画家人才辈出，开始有工笔、写意之分。李思训是唐代著名的山水画家。《历代名画记》中称："其画山水树石，笔格遒劲，湍濑潺湲，云霞缥缈，时睹神仙之事，窅然

图4-1 吴道子《天王送子图》(部分)

岩岭之幽",被称为"国朝山水第一"。

吴道子,古代最有盛名的画家之一,他的画立体感非常强。他画的人物像,以朱粉厚浅来表现,骨肉的起伏如同真人一样,在长安和洛阳画了300多幅壁画,其人物衣带飘飘若飞,栩栩如生。在作画中使用不同表现手法,注意整体画面的和谐统一,从而收到了"天衣飞扬,满壁风动""下笔有神"的艺术效果。人称"吴带当风""画圣"。吴道子山水画与李思训山水画风格不同,朱景玄《唐朝名画录》记述了绘画史上有名的故事,即李、吴二人同作的大唐兴庆宫大同殿壁画《嘉陵江三百里山水图》,李思训用数月之功,吴道子则一日而成:"吴道玄者,天付劲毫,幼抱神奥。往往于佛寺画壁,纵以怪石崩滩,若可扪酌;又于蜀道写貌山水,由是山水之变始于吴(道子),成于二李(李思训、李昭道父子)。"无论是工笔画还是写意画,都应既重视客观景物的真实性,又融入画者自己的主观意念和感情,达到形神兼备。所谓"外师造化,内法心源",这也就是中国山水画创作的准则。画家通过对自然界山水外观、特点等的观察、概括、提炼,再结合笔墨、绢素等工具的材料特点,运用皴法、线描、白描、勾勒、色染、双勾、色填、没骨、泼法等技法,使山水画意境深远,气韵生动。尉迟跋质娜和尉迟乙僧父子曾是隋朝的画师,他们把西域的画理色彩和艺术传到中原,极大地丰富了中国画的内涵,使隋朝绘画理论体系日趋完备。

唐代的诗歌在中国文化史上是一个伟大的里程碑,根据作者生活经历、作品题材和艺术风格的不同,可以分为田园诗和边塞诗。王维是具有代表性的山水田园诗人,他的山水田园诗独具特色,诗中有画,动静相生,名篇佳句甚多。如描写大自然幽静恬适之美的《山居秋暝》:"明月松间照,清泉石上流。竹喧归浣女,莲动下渔舟。"描写秋雨过后山村傍晚景色的《鸟鸣涧》:"人闲桂花落,夜静春山空。月出惊山鸟,时鸣春涧中。"还有意境开阔、气势雄伟的山水诗,如《终南山》:"太乙近天都,连山到海隅。白云回望合,青霭入看无。分野中峰变,阴晴众壑殊。欲投人处宿,隔水问樵夫。"等等。王维常以诗入画,意境简单抒情,并首先采用"破墨"技法,喜作雪景、栈道、晓行、捕鱼、雪渡、村墟。可见王维的山水诗构思精巧,音韵和谐,诗与画融为一体,艺术成就很高,对后来的山水诗和山水画有深远的影响。宋代苏轼评论王维艺术创作的特点是:"谓摩诘之诗,诗中有画;谓摩诘之画,画中有诗"。山水诗、山水游记名篇佳作比比皆是,已成为两种重要的文学体裁。人们对于大自然的山水风景的观察力、鉴赏力提高了,对于它的观赏角度、构景规律等又有了更深一层的把握和认识。同时,山水画也推动了造园的发展。许多诗人、画家直接参与造园活动,他们将表现于画论的观念也用于园林设计中,园林艺术开始有意识地融糅诗情、画意,这在私家园林中尤其明显。

儒家在意识形态领域重新获得正统地位,佛、道教也很活跃。

唐代的宗教造像艺术有了长足发展,敦煌石窟①成为我国建造最早(前秦)、规模最大(1 000多个洞窟)、开凿时间最长的石窟。其造型或丰腴华丽,或稳重慈祥,具有和谐美的特征。除敦煌石窟外,还有龙门石窟、云冈石窟等,其造型表现出妍丽优雅的风格,体现出盛唐雄壮恢宏、热烈奔放、自强奋发、昂扬向上的时代精神。

唐代所兴建的诸多宏伟单体建筑和规模宏大的建筑群组，标志着唐代木构建筑技术达到高度水平。例如，唐代大明宫的正殿含元殿，其夯土台基的残址就高达 15 米，可见其规模之巨大，气度之恢宏。武则天在洛阳所建明堂，高 294 尺，方 300 尺，堂内有"巨木十围，上下通贯"，可见这一高大建筑是用巨木作中心柱来连接所有承重木构件的方式，以保证建筑整体的牢固。建筑群在水平方向上仍然遵循沿着中轴线左右对称的原则，使院落延展表现出深远的空间层次，在垂直方向上则以台、亭、楼、阁的穿插而显示丰富的天际线。隋代石料建筑如杰出工匠李春造的赵州桥，其造型之美，跨度之大，牢固之久（现历时 1 300 余年，仍完好无损），堪称世界一绝。唐代木构架建筑，从尺度规模、柱列布局、材分制度、斗拱形制等方面，均已达到成熟阶段。建筑上的彩画和雕刻是古代建筑装饰艺术的重要组成部分，唐代建筑上的油漆彩画的部位不断扩大，色彩和图案更为丰富，技艺也日趋成熟，有"退晕""叠晕"等技法。唐代陶瓷上的唐三彩②技术不断完善。隋唐时期继承和发扬了始于南北朝的山水文化精髓，唐代有许多登楼凭栏、浮思感慨的诗句，反映了当时一个重要的建筑艺术现象，即楼台亭阁建在"山水佳丽处"，楼借景扬名，景借楼增色。如滕王阁、鹳雀楼等，建筑与山水风景相结合，构成了"千古江山"之胜景。

观赏植物栽培的园艺技术有了很大进步，在唐代的大城市及其周围地区，出现了靠种植花卉为生的花农，都市中出现了专门售花的花市，花卉种植和花卉业有很大的发展，培育出很多珍稀花卉品种如牡丹、琼花等。有的名花甚至价值千金，备受保护，即如白居易《卖花》诗中所说的"上张幄幕庇，旁织巴篱护。水洒复泥封，移来色如故""一束深色花，十户中人赋"。在唐代的花卉栽培中，牡丹花的栽培因武则天、唐玄宗的赏识而成为社会上最为名贵的花卉。除了栽培以外，唐代已能够引种、驯化、移栽异地花木。李德裕在洛阳经营私园平泉庄，曾专门写过一篇《平泉庄居草木记》，记录园内珍贵的观赏植物七八十种，其中大部分是从外地移植的。段成式《酉阳杂俎》一书中的《木篇》《草篇》和《支植》共记载了木本和草本植物 200 余种，大部分均为观赏植物。在一些文献中还提到诸如嫁接、灌浇、催花等栽培技术已能应用于对植物的改良和控制。据《全唐诗话》记载，武则天在冬天曾下诏要"花须连夜发"，结果次日"凌晨名花布苑"，这里花在冬天开放，可能就是施用了催花之法。此外，盆景艺术在唐代已经出现。

在这样一个政治、经济和文化背景之下，中国古典园林的发展在隋唐时期便很自然的进入一个全盛时期。

第二节　经典园林

隋唐历经 300 余年，在这个时期中，由于领导开明，政策宽松，社会安定，经济繁荣，使诗人、画家、匠人辈出，促使中国古典园林走入全盛时期，其园林规模和数量空前。

一、隋

(一) 西苑

隋朝的西苑又称会通苑，是隋炀帝杨广的宫苑之一，位于洛阳宫城的西侧，于大业元年（公元 605 年）五月与洛阳城同时兴建。在历代帝王营建的苑囿中，隋朝的这个西苑或许不及汉代的上林苑，但其规模可与秦始皇的阿房宫相比。据《旧唐书·地理志》记载：苑城东面十七里，南面三十九里，西面五十里，北面二十里，东北隅即周之王城，周一百二十余里，比洛阳城大两倍多。其内丘陵起伏。西苑北靠邙山，西和南有山丘为屏。洛水和谷水贯穿其中，水资源非常丰富。

西苑是一人工开凿的山水园，从历史文献中可看出园中的筑山、理水、植物、建筑的工程量极其浩大，且是按照规划完成的。这在杜宝的《大业杂记》《海山记》《洛阳县志》等书以及其他一些著作中都有记载。

《大业杂记》载："西苑周围二百里，其内建造十六院，龙鳞渠屈曲环绕苑的周围。第一院为延光院，第二院为明彩院，第三院为合香院，第四院为承华院，第五院为凝晖院，第六院为丽景院，第七院为飞英院，第八院为流芳院，第九院为耀仪院，第十院为结绮院，第十一院为百福院，第十二院为宝林院，第十三院为长春院，第十四院为永乐院，第十五院为清暑院，第十六院为明德院。设置四品夫人十六人，各为一院之主。庭院里栽种名花，秋冬时则以剪彩为饰。一褪色就换新的，以新艳者为贵。在池沼里，冬季里也用剪彩做成菱荷，做为装饰。每院开西、东、南三个门，门并临龙鳞渠，渠面宽二十步，上跨飞桥。过桥一百步就有杨柳修竹，繁茂旺盛，名花美草映现于轩阶之间。其中有逍遥亭，四面合成，其结构之美，冠绝古今。每院各置一屯，屯即用院名以名之。设正一人，副一人，于屯内养刍荛，穿池养鱼。园种植蔬菜和瓜果，肴膳中水陆诸产无不齐备。此外还有数十所游观之处，或泛舟画舸，习采菱之歌；或升飞桥阁道，奏游春之曲。苑内造山凿海，周围十余里，水深数丈，其中有方丈、蓬莱、瀛洲诸山，相去各三百步，山高出水面一百余尺。山上建有通真观、习灵台、总仙宫，分别建立在三座神山之上。其风亭月观都设有机器，或起或灭，有如神变一般。海北有龙鳞渠，屈曲围绕十六院，然后注入海中。东边有曲水池，其间有曲水殿，为上巳禊饮之所。每年秋天八月，月明之夜，帝引宫人三五十人，后有骑从，开閶阖门而进入西苑，奏清夜游之曲。"

《山海记》中也有这十六院的名称，但与《大业杂记》所述者不同。《山海记》中的十六院的名称和顺序是：景明、迎晖、栖鸾、晨光、明霞、翠华、文安、积珍、影纹、仪凤、仁智、清修、宝林、和明、绮阴、降阳。十六院的名称都是皇帝亲自拟定的。又开凿五湖，每个湖四方十里。东湖称为翠光湖，南湖称为迎阳湖，西湖称为金光湖，北湖称为洁水湖，中湖称为广明湖。湖中堆积土石以成山，构筑亭殿，屈曲环绕，华丽至极。又开凿北海，周围四十里，海中有三山，仿效蓬莱、方丈、瀛洲，上面都建有台榭回廊，水深数丈，开沟与五湖相通。海北的沟通行龙凤舸。帝多于东湖泛舟，因而制成湖上之曲。大业六年，后苑中草木禽兽繁息茂盛，桃蹊李径，翠阴交合，金猿青鹿动辄成群。自大内开为御道，直通西苑。夹道种植长松高柳，帝多幸苑中，常来常往。

可见，西苑大体上沿用了汉朝"一池三山"的宫苑布局模式，但山上的道观建筑，只具求仙的象征，实是游玩的景点。以五湖的形式象征帝国版图，可能渊源于北齐的仙都苑。苑内多数景点以建筑为中心，用十六组建筑群结合水道绕插而构成园中之园的小园林集群，这是一种创新的规划方式。西苑园林的总体来说，以人造渠，海，池，湖，摹拟天然河湖水景而构成一个完整水系，而这个水系又与"积土石为山"相结合而构成丰富的、多层次的山水空间，这个丰富的水上游览项目都是经过精心安排的。龙鳞渠绕经十六院需要精确设计，苑内时隐时现的大量建筑，反映出当时园林建筑的技巧。植物品种极多，配置得当，说明西苑不仅是复杂的艺术创作，更是一个庞大的土木工程和绿化工程。它标志着中国古典园林全盛时期的到来，其设计规划方面的成就具有里程碑意义。

(二) 大运河

大运河是中国唯一南北走向的长河，它比苏伊士运河长 10 倍，比巴拿马运河长 20 倍。大运河是利用许多天然河流、湖泊开凿成的人工运河。

大运河是中国古代伟大的水利工程，开凿于公元 605—610 年。隋朝建立后，为了沟通国都长安与东南富庶地区的联系，便于从黄河下游和江淮地区转运漕粮，以及加强北部边防的军事运输，隋朝全面规划了运河建设，利用天然河流和旧有渠道，大规模开凿了一条以洛阳、开封为中心，北起涿郡、南达余杭的运河网，习称南北大运河。

南北大运河分四段，由南至北分别为：江南河、邗沟、通济渠、永济渠。隋炀帝征发几百万民工，先后开挖了通济渠和永济渠。公元 605 年，隋炀帝命尚书右丞相皇甫议征调河南、河北的 100 万民工修通济渠，从洛阳西苑引谷、洛二水到黄河，进入黄河后，利用黄河的一段河道直达板渚（今河南氾水东），从板渚再引黄河水南流，入汴水，又从大梁（今河南开封）以东引汴水入泗水，最后达淮水，全长 1 000 千米，首次沟通了黄河与淮河，成为隋炀帝时代开凿的最为重要的一条运河。永济渠引沁水南达黄河，北通涿郡，全长 1 000 多千米。至此，形成了一条以隋朝东都洛阳为中心的，将海河，黄河，淮河，长江，钱塘江五大水系联成一体的全国运河系统。

全部完工后的大运河（包括隋文帝开皇四年命宇文恺开的由大兴城到潼关的 300 余里的广通渠）全长 2 700 多千米（宽 30~70 米），将江淮地区、中原地区和河北平原紧密地联系起来，形成了西通关中盆地，北抵河北大地，南达太湖流域，流经现今的京、津、陕、豫、冀、鲁、皖、苏、浙九省市的庞大的大运河水系。整个运河网络布局合理，线路绵长，腹地广阔，渠道深广，是中国历史上堪与万里长城相媲美的伟大工程，也是全世界开凿最早、流程最长、工程最大的人工运河（图 4-2）。

图 4-2 隋朝大运河

长安：隋都城，今陕西西安；江都：今江苏扬州；洛阳：今河南洛阳；京口：今江苏镇江；涿郡：今北京；余杭：今浙江杭州；盱眙：今江苏盱眙东北；洛口仓：又称兴洛仓，在今河南芳义东；山阳：今江苏淮安

在大运河两侧设御道，植垂杨柳，修建行宫，形成了一条南北狭长的园林建筑和绿化带。隋炀帝命在南方造龙凤大舟 9 艘，其他船只 1 000 余只，揽夫 8 万余人，船队长达 200 里。隋炀帝三次乘船沿河南巡游玩。

二、唐

(一) 都城——长安

长安城是隋唐王朝的主要都城,位置在今陕西省西安市。之前,西周、秦、西汉、新莽、前赵、前秦、后秦、西魏、北周等九朝代曾在长安城一带建都(图4-3)。隋唐的长安城在前代营建的基础上,有了新的发展。当时,汉代的长安故城经过长年的战乱已残破不堪:宫殿严重破坏,城内用水不足,官署民居混杂。隋文帝于开皇二年(公元582年),下诏兴建新都于长安故城东南面的龙首原一带,因杨坚在北周曾封为大兴公,故命名为大兴城。隋亡唐兴,仍定都于此,改名长安城。从开始修建到唐永徽五年(公元654年)外郭城完工为止,前后经历了50多年。

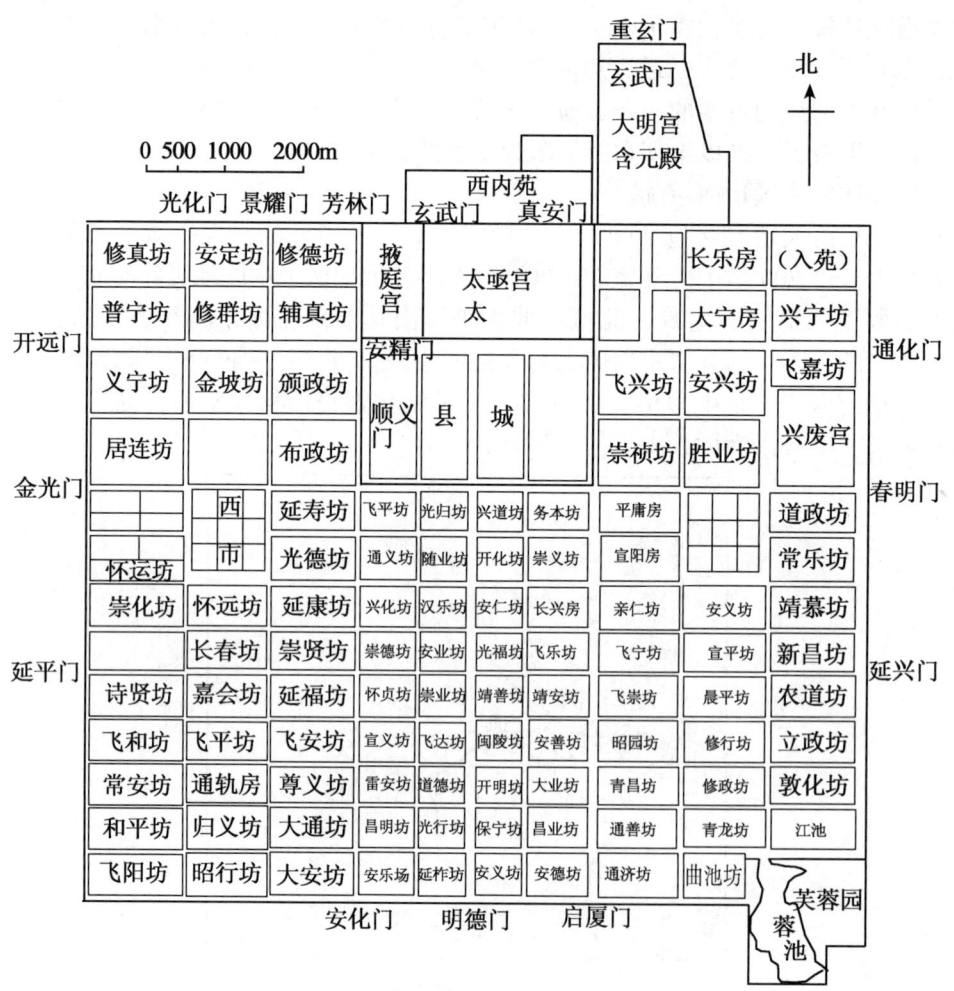

图4-3 唐长安城复原图

唐代长安城东西宽9.72千米,南北长8.65千米,周长35千米,全城总面积约84平方千米,等于今天西安旧城(明代建筑)的10倍,大于现在的北京旧城。唐长安城的人口达到100多万,是当时世界上规模最大、规划布局最严谨的一座大城市。

全城布局严整美观,由宫城、皇城、外郭三部分组成。宫城为宫殿区,皇城为中央衙署区,外郭从东、西、南三面拱卫皇城与宫城,是百姓与官员的住宅区,也是工商业区。宫城和皇城偏北，其中轴线即大兴城规划结构的主轴线，由北而南通过皇城和朱雀门大街直达外城的正南门。皇城紧临宫城之南，其内左有太庙，右有太社。宫城北面为西内苑和禁苑。宫城和皇城构成城市的中心区，其余则为坊里居住区。宫城的北边与外城的北边重合，这种做法与南朝的建康相类似。宫城和皇城相当于子城，外城相当于罗城。

1. 外城

唐代的长安城沿袭隋文帝所建大兴城之制，几乎未做变更。唐代的外城南通子午谷，后倚龙首山，东临灞河岸，西达沣水滨，东西十八里一百一十五步，南北十五里一百七十步，周围六十七里。全城由11条南北大街和14条东西大街组成方格网状的道路系统将其分割而成。其内列置着108个"坊"和两个"市"。外城采取市、坊严格分开之制，以朱雀大街为界，东归长安县管辖，西归万年县管辖。坊有4种规模，最大的约80公顷。有些坊内有大府第和大寺庙。一律用高墙封闭，大都开4个坊门，朱雀大街两侧的小坊只开东西两个坊门。三品以上的贵族官吏才许在坊墙上开门。里坊有严格的管理制度，日出开坊门，日落时击鼓关坊门。坊内一律不设店铺，所有商业活动都集中在东、西两市。东市名"都会"，西市名"利人"，面积各约100公顷。市内有井字形街道，宽14～16米。市中设肆和行，按行业集中。两市都有外国商人（以波斯人和阿拉伯人居多）开的店铺。居住区为"经纬涂制"道路网，街道纵横犹如棋盘，白居易曾形容道："百千家似围棋局，十二街如种菜畦。"街道的宽窄并不一致，东西街宽40～55米，南北街宽70～140米。居住里坊内的道路，宽约15～20米。皇城正南的朱雀门大街或称天街，宽达147米，外城与皇城之间的那条东西走向的街大宽广，达441米，可谓壮观开阔之极。它不仅是长安城两条最宽的大街，而且在皇城前面交汇形成一个宽大的广场。外城的南面，东面，西面各有3个门。北面有11个门，主要是玄武门。

长安城于建城之初就着手城市供水工程建设。共开凿四条水道引入城内：其中龙首渠，引浐（chǎn）水分两枝入城，一枝经城东北诸坊入皇城，再北入宫城，成为御苑水池东海；另一枝绕城垣之东北角，往西进入大兴苑；永安渠，引交水由大安坊处穿南垣一直北上，穿过若干坊及西市，北入大兴苑，再入渭河；清明渠，引沈水由大安坊处穿南垣，与永安渠平行北上，入皇城，再入宫城和大兴苑，成为御苑水池南海、西海、北海；曲江，引黄渠之水，盘曲于东南角。这四条水渠的开凿除解决城市供水问题之外，也为城市的风景园林建设提供了优越的用水条件。此外，还开凿了广通渠，把渭水和黄河沟通起来，以供漕运之用。这一整套完善的水系一直沿用到唐代，唐代仅开辟了一条运木材和薪炭至西市的漕渠，作为补充（图4-4）。

2. 皇城

皇城东西五里一百一十五步，南北三里一百四十步。南面有三个门，东面有两个门，西面有两个门。皇城中，左有宗庙，右有社稷，百僚廨署列于其间，形成官衙僚署区。计有六省、九寺、一台、四监、十八卫。

3. 宫城

（1）太极宫：太极宫位于全城中轴线的北端，东西四里，南北二里二百七十步，周围十三里一百八十步，面积约4.2平方千米。宫城东边是太子居住的东宫，西边建有掖庭宫，其中的正殿称为太极宫，就是隋朝的大兴宫。总起来叫做西内。太极宫正殿为太极殿；北有延嘉殿，殿南有金水河，往北流入苑；东北有景福台，台上有阁；西有汉云亭；西北有假山，山前有四个海池：东海池、南海池、西海池、北海池。东海池有球场亭子（唐盛行蹴

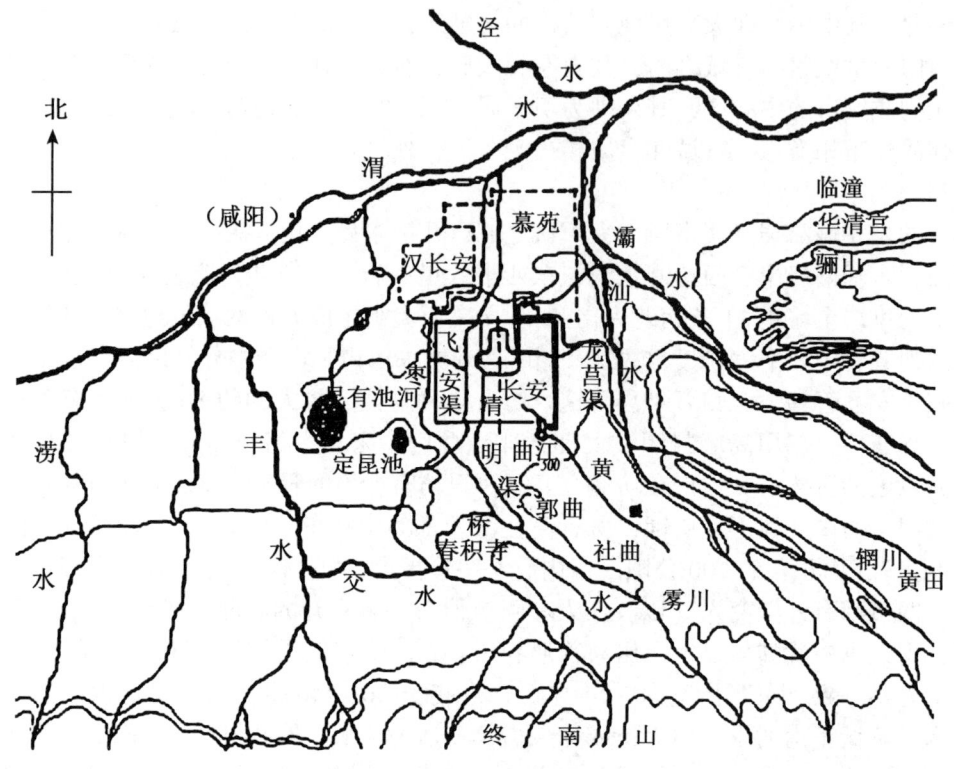

图 4-4 唐长安近郊平面图

(cù) 球之戏); 南有凝云殿、凌烟阁。故西内苑好似后花园, 有山有四池连环, 有亭、台、楼、阁之胜。水池穿插宫殿之间, 显得庄严壮观而活泼。另外, 还建有孔庙和佛光寺。

入承天门向北有嘉德门和太极门, 至太极殿, 殿的左右有门下省、史馆、宏文馆、中书省、舍人院等等。凡馆殿都设门划分, 出入必得经门, 而不得随便出入。太极殿东为万春殿、立政殿、大吉殿、武德殿。其西为千秋殿、百福殿、承庆殿。两仪殿的正北有甘露殿, 其东有神龙殿, 其西有安仁殿。甘露殿的正北有延嘉殿, 又有元武门。宫城内园林池沼诸景东西延亘极盛。

(2) 大明宫: 位于宫城东北隅龙首山上, 长 1 800 米, 宽 1 080 米, 太宗贞观六年建, 供太上皇李渊避暑用, 后改为大明宫。其正南是丹凤门, 门内正殿是含云殿, 殿前玉阶三级, 一级高丈许, 二、三级各高五尺。太明宫内宫殿楼阁甚多。东北有蓬莱池, 一名太液池, 中有蓬莱山, 池内有太液亭 (图 4-5)。

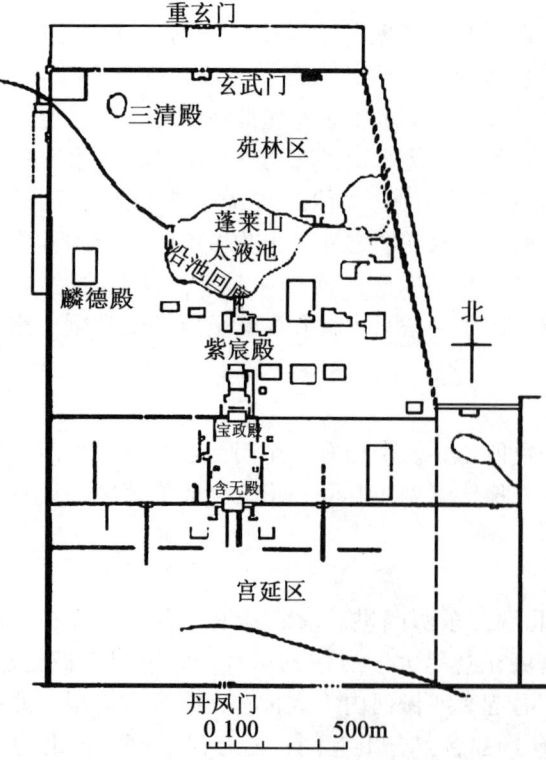

图 4-5 陕西西安唐大明宫重要建筑遗址

(3) 兴庆宫：位于宫城东南，占有一个半里坊，为玄宗开元时建。据传武则天时，民王纯家井溢浸成大池数十里，号隆广池。玄宗当太子时，藩邸就在此池之北，继位后，仍以旧宅为宫，作兴庆宫。宫内有多组院落，南部有明光楼、龙池。

池前有龙堂。龙堂前有勤政务本楼。《乐志》载："玄宗教养马百匹，舞于勤政楼下，后赐晏设，亦于勤政楼。北部居中有一组建筑，先是瀛洲门，其内有南重殿，进入正殿，为兴广殿，后为交太殿……钟楼、鼓楼、大同殿……新射殿。兴庆宫中部为大水池，称为"龙池"。池北是交太殿，池东北是沉香亭，池西有花萼湘辉楼。唐玄宗与杨贵妃每年在此处泛舟嬉戏，避暑玩乐达半年之久（图4-6、图4-7）。

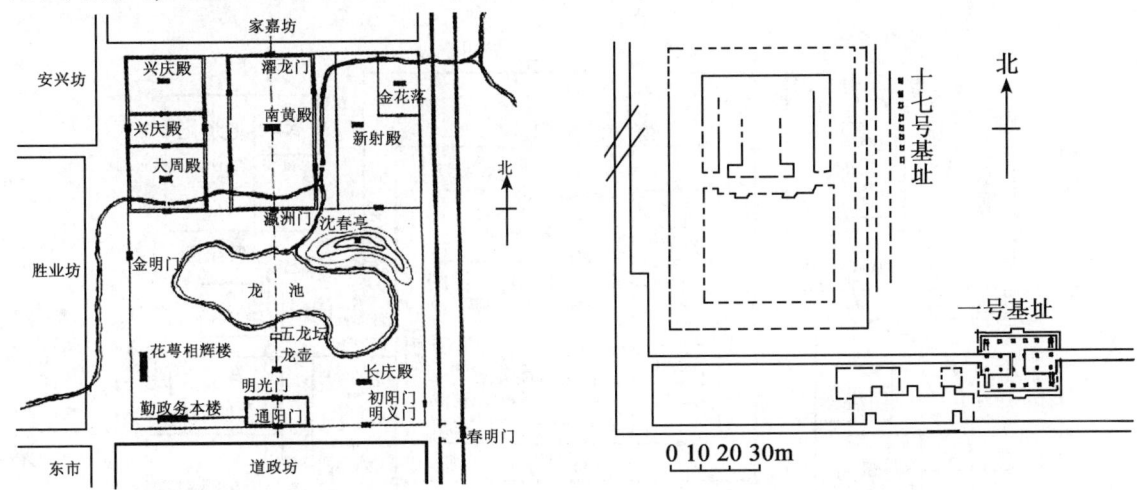

图 4-6　兴庆宫平面想象图
（仿周维权《中国古典园林史》）

图 4-7　兴庆宫建筑遗址平面图

兴庆宫以大水体为中心，未作轴线规划处理。池的四周设的磴道，可到兴庆宫。还可从夹城直接南行，至曲江芙蓉院。许多景点，未建高大宫殿。东城墙筑起夹城。从大明宫出来，经夹城复道，过通化门的磴道通兴庆宫。

沉香亭前载有各类名贵牡丹，登亭可以观花赏月。勤政楼东楼为玄宗宴请大臣之处。周围是一片稼穑风光，玄宗在此耕耘，以示务本。

长安是全国政治经济文化交通中心，商业繁荣，商品经济日益兴盛，坊、市分离的格局已被打破，高墙多不存在。到唐中叶已经出现夜市，坊里内也兴起商店和作坊，茶楼酒肆遍布全城，成为东方各国向往之地。日本、朝鲜经常派遣留学生学习盛唐文化、城市规划及建筑等方面的知识。

（二）华清宫

华清宫也称华清池或温泉池（图4-8），在今西安城以东35千米的临潼县南面骊山之麓，再北有渭河。骊山是秦岭山脉的一支，位于距临潼县南门约三华里多，东西达二十多公里。它平地拔起，山形秀丽，植被丰富。因远看犹如一匹黑色的骏马，故称为骊山。骊山有两岭三峰。两岭即东绣岭和西绣岭，以一条山谷相隔。西绣岭的北麓有天然温泉，也就是华清宫的所在地。

据《长安志》记载：秦始皇始建温泉宫室，名"骊山汤"，汉武帝又加以修葺。泉有三处，其中的一处在皇堂石井的后面，是北周时代宇文护所建。后来隋文帝于隋开皇二年（公元583年），"又修屋宇，列树松柏千余株"。唐贞观十八年（公元644年），诏左屯卫大将军姜行本、匠作少匠阎立德主持营建宫殿，赐名温泉宫，作为皇家沐浴疗养之地。天宝六年（公元747年）扩建，改名华清宫。"宫中有汤井，凿成一池，环山列建宫室，并建有罗城，还设置了百司和十宅。"唐玄宗又在山上兴建宫殿，长期在此居住，处理朝政，接见大臣，这里成为与长安大内相联系的政治中心。建筑不仅包括骊山一山，而且筑成缭墙[③]，把山外的地方也包围进去。温泉虽位于骊山，但与帝都密通，观风殿建有复道，可以潜通大明宫，秦、汉、隋、唐等朝代的皇帝都曾至此游幸。这里有完整的宫廷区，与骊山北坡的苑林区相结合，形成了北宫南苑格局的离宫御苑。宫苑的外围更绕以外轮廓墙，这就是所谓的"会昌城"。安史之乱后，华清宫逐渐荒废，五代时改建为道观，明清又被废除（图4-8）。

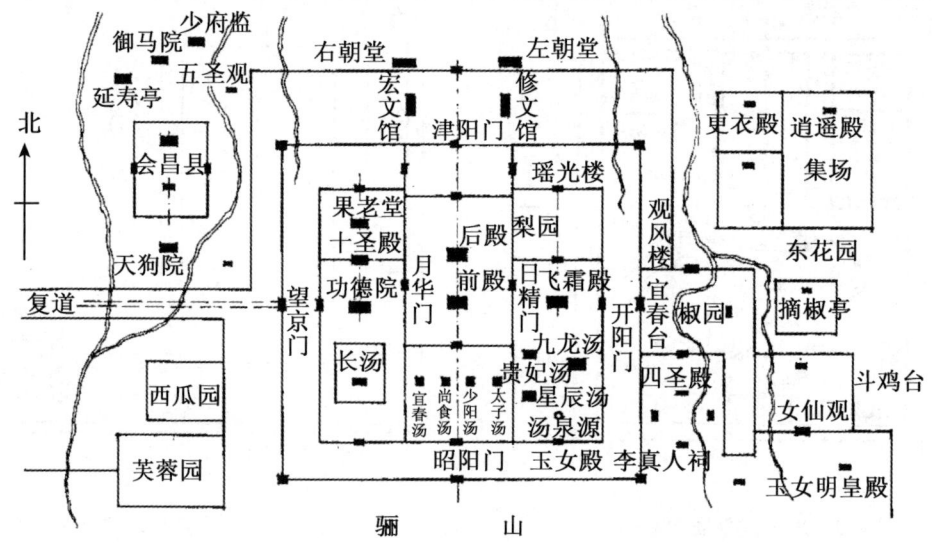

图4-8　华清宫平面想象图（仿周维权《中国古典园林史》）

华清宫与长安城相类似，会昌城、宫廷区、苑林区相当于外城、皇城和禁苑，只是方向相反。华清宫的宫廷成梯形，中间为宫城，东西分别为行政、宫廷辅助用房。其宫廷区的南面是苑林区，呈前宫后苑的格局。宫廷北面是平原，为少数民居和作为赛马、赛球、练兵的场地。唐玄宗曾在此观看过兵阵演练和参加马球比赛。

宫城布局较为方整，坐南朝北，两重城墙，设四门。通向骊山苑林区的路就在南门昭阳门之南。

宫廷区分为南北两个部分：北半部分为东、中、西三部分，东部主要建筑为瑶光楼和飞霜殿，是皇帝的寝宫。中部有弘文馆和修文馆。其南为前殿、后殿，相当于外朝，是皇帝议政的地方。西部自北向南分别是果老堂、七圣殿、功德院等，属于宫廷寺观性质；南半部是温泉汤池区，有八处汤池供帝、后、嫔妃等人沐浴，自东向西分别是：九龙汤、贵妃汤、星辰汤、太子汤、少阳汤、尚食汤、宜春汤、长汤。

九龙汤又名莲花汤，是皇帝的御用汤池，也是唐玄宗和杨贵妃共浴的地方："春寒赐浴华清池，温泉水滑洗凝脂；侍儿扶起娇无力，始是新承恩泽时。"九龙汤不仅设备最为豪华，还别出心裁地安装了活动机关，据《长安志》引《明皇杂录》："安禄山于范阳以白玉石为鱼龙、凫雁，仍以石梁及石莲花以献，雕镂巧妙，殆非人工。上大悦，命陈于汤中，仍以石梁横亘汤上而莲花才出水际。上因幸华清宫至其所，解衣将入，而鱼龙、凫雁皆若奋鳞举翼，状欲飞动。上甚恐，遽命撤去，而莲花今犹存。"贵妃汤又名海棠汤，是杨贵妃的专用汤池，用石料砌成，形似盛开的海棠花。其东南是温泉的水源，泉水由此流出，沿地下暗管供应各处汤池。

长汤,比其他汤池要大许多,池中央有玉石雕成莲花状的喷水口,温泉水从喷口喷出洒落池面如雨淋。20世纪80年代,在两次考古挖掘中,发现了5个完整的石砌汤池。

唐玄宗通音律、喜歌舞、打马球,更好斗鸡,因此开阳门以东建有观风楼、四圣殿、逍遥殿、重明阁、宜春亭、女仙观、桜歌台、斗鸡台等殿宇和球场一处。

望京门以西主要有百官衙署、供应机构和各种园圃、马厩等。从望京门始,有复道通往长安城,作为皇帝往来的专用近道。

苑林区为东绣岭和西绣岭北坡的山岳风景区,建筑物结合不同地貌建有许多各具特色的景点和小景区。在山麓上分布许多小园林,如芙蓉园、粉梅坛、看花台、石榴园、西瓜园、椒园、东瓜园等。山腰则突出巉(chán)岩④、溪谷、瀑布等自然景观。

朝元阁是苑林区的主体建筑物,从这里修筑御道可循山而下直抵宫城的昭阳门。山顶上凉爽辽阔,居高临下,视野开阔,秦川沃野清晰可见,一览无遗。此处修建许多亭台楼阁,远近高低,上下错落,充分发挥其"观景"和"点景"的作用。

东绣岭有王母祠,其侧为骊山瀑布。瀑布飞流直下,冲击岩石呈石瓮状,称石瓮谷。谷之西为福岩寺,亦名石瓮寺。寺之西北面为绿阁、红楼,两者隔溪遥遥相对。

西绣岭呈三峰并峙,主峰最高,峰顶建有翠云亭,视野广阔。周代的烽火台曾建于此,相传为周幽王与宠妃褒姒烽火戏诸侯的地方。

次峰上建有老母殿、望京楼(亦名斜阳楼),每当夕阳西下,在此遥望长安城,景色极佳。

第三峰稍低,上建有朝元阁,其南有老君殿,殿内供奉老子玉像。这两处建筑物属道观性质,唐代皇帝多信奉道教。

朝元阁南面的长生殿是皇帝进香前斋戒沐浴的地方,相传唐玄宗与杨贵妃于某年乞巧节山盟海誓的爱情故事就发生在这里。白居易《长恨歌》载:"七月七日长生殿,夜半无人私语时。在天愿作比翼鸟,在地愿为连理枝"(图4-9)。

苑林区天然植被丰富,又进行了大量的人工绿化补植,"天宝所植松柏,遍满岩谷,望之郁然",更突出了各景区和景点的风景特色。植物品种有松、柏、槭、梧桐、柳、榆、桃、梅、

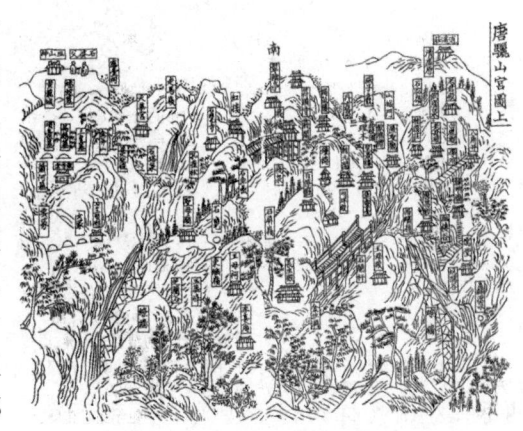

图4-9 华清宫苑林区西半部

李、海棠、枣、榛、芙蓉、石榴、紫藤、芝兰、竹子、旱莲等30多种,还生产各种果蔬供应宫廷。

纵观华清宫,宫殿林立,宏伟壮观。汤泉巧设,惟妙惟肖,骊山壮美,如锦如绣,仿若仙境。正如大诗人杜牧在《过华清宫绝句》中道:"长安回望绣成堆"。

(三)九成宫

九成宫,原名仁寿宫,始建于隋开皇十三年(公元593年)。它位于陕西西安市麟游县新城区内,其地址是杜河以北的一片开阔地。这里山峦叠翠,树木茂盛,景色优美,凉爽宜人,是优越的避暑胜地。然而,它又是隋唐当时通往大西北的交通要道,始于西部经商的枢纽,更是首都西北战略防御的军事要地。所以,九成宫的建立具有"多功能"的意义。

公元593年,隋文帝命宇文恺主持仁寿宫的规划和设计,规模宏大,壮丽。仁寿宫建成

后，隋文帝先后六次前往避暑，有时达一年之久。隋末，仁寿宫毁于战乱，唐太宗五年（公元631年），在隋代仁寿宫的旧址上重建，并增建了一座太子行宫，改名为九成宫，唐高宗永徽二年曾改名为万年宫，乾封二年又恢复九成宫名。

九成宫是一处都城似的离宫御苑。《麟游县志》载："其山青莲南拱，石臼东横，西绕风台，屏山，北蟠青凤诸峰，历历如绘"。《玉海》中载："贞观六年（公元632年）四月己亥，太宗避暑九成宫，以杖刺地，有泉涌出，饮之可以愈疾"。《醴泉铭》载："冠山构殿，绝壑为池；跨水架楹，高阁阔建，长廊四起；栋宇交葛，台榭参差"。

从上三段古载中可以看出，九成宫所处的优越自然环境条件及顺山就势、优美的园林建筑。

唐九成宫之外墙（缭墙），顺山就势而建，外形呈不规则状，设四门，即东南西北苑门。内墙比较规则，据考古探测，内宫墙东西1 010米，南北300米，略呈长方形，唯西端北边向北呈半球形突出。内墙之内是宫廷区，整个宫廷区处于山水环抱之中（图4-10）。

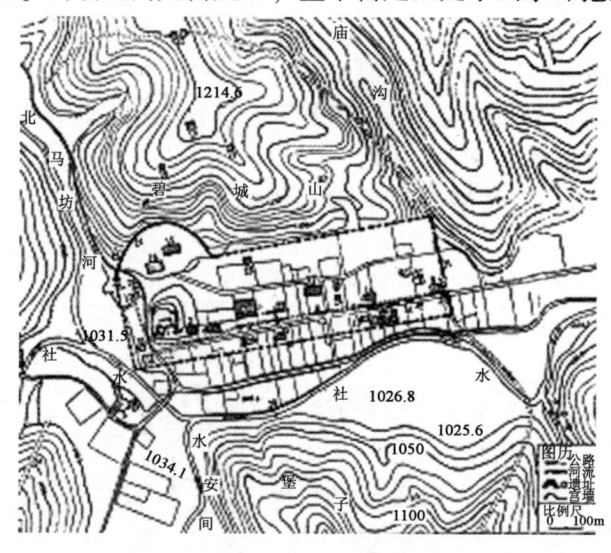

图4-10　九成宫总平面复原图

九成宫之宫城，有三门，即南偏西的永光门，东偏南的东宫门，西偏北的玄武门。宫城西部在小山（称天台）上建有大朝正殿——丹霄殿，其殿之西侧有阙楼，殿前有两重前殿。这组似汉代的"高台榭"的建筑群，基本上覆盖了整个小山丘。正殿之后为寝殿，正南对着永光门，三者连线正是一条南北的中轴线。宫城之中，东部也建有许多殿宇，其中最大的是永安殿，有阁道直通正殿，颇有秦代遗风。太宗发现的"醴泉"泉眼，就在正殿之西侧。依据考古发掘，在泉眼附近出土了太湖石，推断在泉眼附近可能有假山堆置。

唐九成宫之内外墙之间，是广大的苑林区，这里山水相映，风景优美。苑林区西部有北马坊河、杜水、永安河交汇围堵而成的人工大水池，因它紧靠宫城之西，故又称为"西海"。西海可泛舟。宫城北有碧城山，地势最高，其上又建一阁和二阙亭。近可"俯视宫中，洞见纤悉"，远可"眺望南山水景"。西海的北端（偏东），利用北马坊河水的落差，创造了一个60米落差的动态水景，人造瀑布景观，使群山屏障，天光倒影，宛如仙山琼阁。正如李商隐的《碧城》诗中载：

　　　　　碧城十二曲栏杆，犀辟尘埃玉辟寒。

　　　　　阆（làng）苑有书多附鹤，女床无时不栖鸾。

星沉海底当窗见，雨过河源隔坐秀。

若是晓珠明又定，一生长对水晶盘。

宫城西海南岸高台之上，建有榭和阙亭，为苑林区的文化建筑。

唐九成宫就是因为设计合理，能与自然风景结合，并显出皇家气魄，加之名人多以此为蓝本得大作，使九成宫名声大震。如李思训、昭道父子画过《九成宫纳扇图》、《九成宫图》，魏征撰文、欧阳洵楷书的《九成宫醴泉名》，唐高宗李治的《万年宫铭》，王勃的《九成宫颂及颂表》，王维的《敕借歧里九成宫避暑应教》。

（四）禁苑

禁苑，即隋代的大兴苑，位于长安宫城之北，渭水以南。它南临太极宫，东南紧靠大明宫，再东以浐（chǎn）水为界，又在宫城的北面，就其位置而言，属于大内御苑的性质（图4-11）。

禁苑面积很大，据《唐两京城坊考》中记载："禁苑东界浐水，北枕渭河，西面包入汉长安故城，南接都城。东西二十七里，南北二十三里，周围一百二十里。"东接浐水，西临长安故城，也就是汉代的长安城。北枕渭水，南连都城，苑西就是太仓以北之地。东西十三里和南北十三里的地方也归入苑内。苑中四面设监。南面有太乐监，北面有旧宅监。东监和西监分别掌管宫中花草树木的种植以及园囿的修缮，并设有苑总监。

禁苑的南墙即长安北城墙，各面均设有门。禁苑的地势南高北低，水源丰富，水系设置合理。苑中有清明渠、永安渠等。其中，有多处蓄水之处。苑中有宫亭阁二十四处（图4-11）。它们的规模自然是大小不同，见于各种文献记载的主要内容如下。

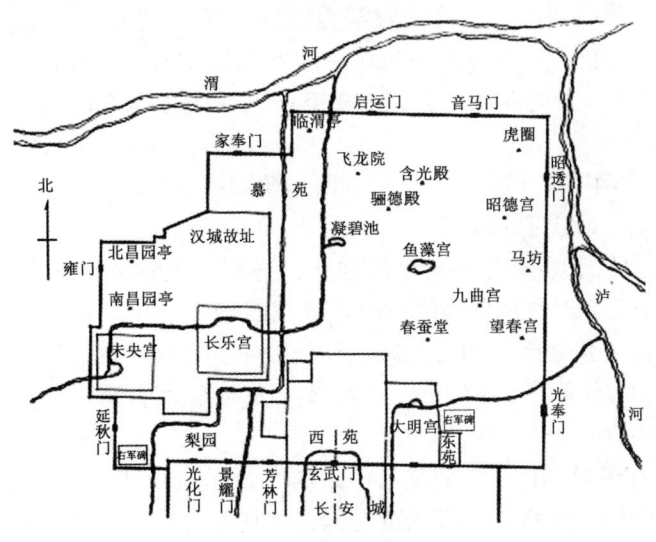

图4-11 禁苑平面图

1. 名池

（1）鱼藻池：鱼藻池位于大明宫的北端。贞元十年（公元796年），引浐水开凿而成的蓄水之处，成为"鱼藻池"。池又宽又深，是观水戏渡之处。池中建有山岛，岛上建有鱼藻宫。《唐书·顺宗本纪》中曾记载说："禁苑池中有山，山上建鱼藻宫，在大明宫之北。顺宗为太子尝侍宴藻宫。张水嬉彩舸，宫人为棹歌，众乐间发。德宗甚欢，顾太子曰：今日如何？太子诵诗好乐，慌无以对。"《雍大记》载："鱼藻池深一丈，在禁苑中。贞元十三年诏更淘四尺，引灞河天濠之水涨之，鱼藻宫在后。穆宗以观竞渡。"《雍录》说："王建宫词曰：鱼藻宫中锁翠娥，先皇行处不曾过，而今池底休铺锦，菱角鸡头积渐多。先皇德宗也。池底张锦，引水被之，使透见其光艳，德宗亦已奢矣。"在池底铺锦，过于奢侈了。

（2）洁绿池：根据《宅京记》的记载，洁绿池似乎位于北面内苑之中。贞观二十年秋七月，宴五品以上人员于飞霜殿。这个飞霜殿位于元武门的北边（元武门是大明宫的北面的门）。该处地形高而宽敞，楼阁三层，轩栏相连。凿池引水而为洁绿池，遍栽白杨槐柳，树荫相接蔽日，夏天也不觉暑热。这个池的水也与凝碧池的相通。

（3）九曲池：位于鱼藻池之东，旁建有九曲宫与鱼藻宫相对，宫中有殿舍。

2. 名宫

（1）望春宫："天宝二年（公元743年），韦坚引浐水抵苑东望春楼下，为潭名广运潭。宫内有升阳殿、放鸭亭、南望春亭、北望春亭。唐玄宗曾登北亭赋春台咏。"见于《唐两京城坊考》。

（2）未央宫：禁苑内的未央宫是汉代的旧宫，距离宫城二十一里。唐代在其旧址的基础上修复增建。宫的旁边有未央池和汉武库，樗里子墓在宫侧。《唐两京城坊考》提到咸宜宫遗址改为猎场，唐玄宗曾游咸宜宫羽猎。《长安志》提到未央宫，武宗于会昌元年游猎而至未央宫之地，看见这个宫的旧址，下诏令人加以修缮，建殿舍二百四十九间，建成正殿称为通光殿，东边的一个亭称为诏芳亭，西边的一个称为凝思亭。

3. 名亭

（1）南、北望春亭：《雍录》中记载："在禁苑东南高原上，旧记多云，望春宫其东正临浐水。天宝元年常坚因古迹堰渭水绝浐灞为潭，东注永丰仓下以便漕运，名广运潭。未几浐灞二水沙泥冲壅，潭不可漕，付之司农掌为捕鱼之所。"见于《通志》。

（2）临渭亭：《长安志》和《旧唐书·中宗本纪》中都谈到临渭亭。它北临渭水，为宫中举行修禊活动的地方。景龙四年（公元710年）"三月甲寅，（中宗）幸临渭亭，修禊饮"。

4. 名园

（1）葡萄园：葡萄园位于禁苑，有东、西葡萄园（《长安志》）。《旧唐书·李适传》载："中宗时，春幸梨园，夏宴葡萄园。"

（2）梨园：梨园位于禁苑南面光化门之北，光化门是禁苑南面西边第一门，在芳林门和景耀门的西边。《雍录》中有梨园的记载：景龙四年（公元710年）二月，唐中宗令五品以上并学士自芳林门入集梨园，即是此园。开元二年，在蓬莱宫设置教坊，玄宗亲自教授音律，学习的人称为梨园弟子。到了天宝年间，改为东宫宜春北苑，命宫女数百人为梨园弟子。

（3）芳林园：在芳林门内，"（景龙）四年（公元710年）夏四月丁亥，上游樱桃园，引中书门下五品以上诸司长官学士等入芳林园尝樱桃"（《旧唐书·中宗本纪》）。

5. 名桥

名桥中有青城桥、新鳞桥、栖云桥和凝碧桥。这些桥修建别致，跨水沟通各处。

禁苑由东向北向西延伸，向咸阳故城开展，占有广大的土地面积。这里树林茂密，建筑疏朗，十分空旷。因而除供游憩和娱乐活动之外，还兼作驯养野兽、驯马的场所，供应宫廷果蔬禽鱼的生产基地，皇帝狩猎、放鹰的猎场。禁苑未建大型宫殿群，而以建亭、阁、桥为主，兼开辟一些果园和水池，以观景和实惠为主要目的。它就自然而略加整理成景，或修缮历史遗留的重点部位，不叠山不构洞，具野趣和画意。其性质类似西汉的上林苑，但比上林苑要小得多。禁苑可扼据宫城与渭河之间的要冲地段，所以，也是一个重要的军事防区。

（五）曲江

曲江又名曲江池，在长安城的东南隅，朱雀街东第五街，皇城东第三街升道坊龙华尼寺的南边。这个地方秦代曾修建离宫"宜春苑"，汉代在这里开渠，修"宜春后苑"和"乐游苑"。这是一处利用水渠转折部位的两岸而创建的以水景为主的游览地。

隋初宇文恺奉命修筑大兴城，根据风水堪舆之说，遂不设置居住坊巷而凿池于此（图4-12）。宇文恺详细勘测了附近地形之后，在南面的少陵原上开凿了一条长十多公里的黄渠，把义谷水引入曲江，从而扩大了曲江池的水面。隋文帝因不喜欢以"曲"为名，又因为它的水面很广，盛开芙蓉花，故改名为芙蓉池。曲江池在唐代初期曾一度干涸，在开元年间又重新加以疏凿，并导引浐河上游的水经黄渠自城外南来汇入芙蓉池，又在芙蓉苑岸增建楼阁，恢复曲江池旧名。这里池水充沛，池岸曲折优美，环池楼台参差，林木葱郁，成为一处胜景，皇帝也经常率嫔妃到此。曲江的范围，宋人程大昌《雍录》引《长安志》："唐周七里，占地三十顷"，可见面积是很大的。芙蓉苑占据城东南角一坊的地段，并突出城外，周围有围墙，苑内总面积约2.4平方千米。曲江池位于苑的西部，水面约0.7平方千米。它的南面有紫云楼、彩霞亭、芙蓉池，西面有杏园、慈恩寺，东有芙蓉苑。

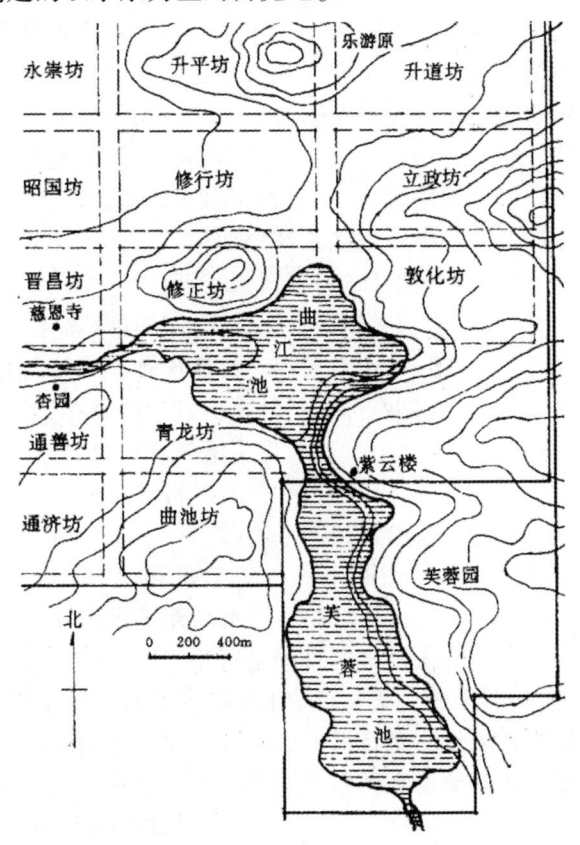

图4-12　长安曲江位置图

芙蓉苑，原是隋朝的一处御苑，贞观年间赐魏王泰，泰死后，赐东宫，开元年间又改建为御苑。苑内垂柳成荫，繁花似锦，楼台殿阁参差错落其间。登上高楼，南可以遥望终南山，北可以俯瞰曲江碧水，李山甫《曲江》云："南山低对紫云楼，翠影红阴瑞气浮"。苑的周围筑宫墙，曲江游人非经特许不可随意入内。杏园，在慈恩寺之南，相距一坊之地。它紧邻外城的南垣。园内以栽植杏树而闻名，每当早春杏花开放的季节，这里是游人必到的地方，也是文人墨客常来聚会的地方。新科进士庆贺的"探花宴"也设在此处。

这是一处大型的公共园林，也兼有御苑的功能。这一代以水景为主体，一片自然风光，花草繁茂，烟水明媚，岸线曲折，亭楼殿阁隐现于花木之间。唐僖宗中和时这一带游人甚多，彩幄翠帱满布于堤岸，鲜花健马往来不绝。皇帝在此赐宴群臣，京兆府大陈筵席，长安、万年两县互相竞争，锦绣珍玩无所不施，大会于山亭。池中备彩舟数只，只有宰相、三使、北省官和翰林学士乘船，倾动皇州，以为盛观。每到夏季，则见菰蒲葱翠，柳阴四合，碧波红渠，湛然可爱。好事者赏芳辰，玩清景，联骑携觞，叠叠不绝。以上见于《通志》的记载。由此可见当时这里是长安城南的胜地，都中人士时常在此游玩。这里有苑林，有寺院、宝塔助其景色，实为清游佳所。宋代的张礼在《说郛（fú）》中谈到当时这里的状况，读起来使人想象到以前的情景。现大体记录如下："出寺涉黄渠，上杏园望芙蓉园。西行过杜祁公家庙。杏园与慈恩寺南北相值。唐之新进士多游宴于此。芙蓉园在曲江西南，隋之离宫也，与秦园皆宜春下苑之地也。园内有池，谓之芙蓉池。唐之南苑，杜祁公家庙咸通。八年建石室尚存，俗曰杜相公读书堂，其石室曰藏书龛。注曰：石室奉安神主之室也。寺本隋之无漏寺也。唐贞观十一年，高宗在春宫为文德皇后立为慈恩。永徽三年，沙门玄奘起塔，初为五层之砖表土心，效西域之窣堵波，即袁宏汉记之所谓浮图祠也。长安之澄襟院遍觉太师智慧之塔院也。院引北岩泉水，架竹落庭，注石盆中，莹沏可挹，使人不觉顿忘俗意。西望三会，寺边有大冢，世传为周穆王陵。北有池，旧与昆明池相通，唐为放生池。有台，俗曰迦叶佛说法台。"由这段记载可以看出其大体的状况。在流传下来的唐代诗文中有许多关于曲江的吟咏，现摘录部分如下：

杜甫：《曲江二首》之二：

"穿花蛱蝶深深见，点水蜻蜓款款飞；
传语风光共流转，暂时相赏莫相违。"

韩愈：《同水部张员外籍曲江春游寄白二十二舍人》：

"漠漠轻阴晚自开，青天白日映楼台；
曲江水满花千树，有底忙时不肯来？"

卢纶：《曲江春望》：

"菖蒲翻叶柳交枝，暗上莲舟鸟不知；
更到无花最深处，玉楼金殿影参差。"

曲江游人最多的日子是每年三月三日（上巳节）和九月九（重阳节）以及每月的晦日（夏历月末的一天），届时"彩屋翠幰，匝于堤岸；鲜车健马，比肩击毂"。上巳节这一天，按古代习俗，皇帝惯例必率嫔妃到曲江游玩，并赐宴百官。沿岸张灯结彩，池中泛画舫游船，乐队演奏教坊新谱的乐曲。王维在《三月三日曲江侍宴应制》中描写：

"万乘亲斋祭，千官喜豫游。
奉迎以上苑，祓禊向中流。
草树连容卫，山河对冕旒（liú）。
画旗摇浦溆（xù），春服满汀洲。
仙籞龙媒下，神皋凤跸留。
从今亿万岁，天宝纪春秋。"

百姓熙熙攘攘，少年衣华服饰，妇女也盛装出游。杜甫在《丽人行》中写道："三月三日天气新，长安水边多丽人。态浓意远淑且真，肌理细腻骨肉匀。"

曲江春季热闹非凡，新科及第的进士在此举行的"曲江宴"为春日景观增添无限风采。曲江宴十分豪华，排场大，老百姓多有往观者，有时皇帝也登上紫云楼观看。曲江宴后，又有"杏园宴"，即在杏园中为"探花"举行的活动。所谓探花，是在同科进士中选出年轻俊美者二人为"探花使者"，使之骑马遍游曲江及其附近名园，寻访名花。因此，杏园宴又叫做"探花宴"。宋以后称进士的第三名为"探花"即渊源于此。之后，还有雁塔题名活动，即到慈恩寺的大雁塔把自己的名字写在壁上。至此，便最终完成了士子们"十年寒窗苦，一朝及第时"的隆重的庆祝活动。

唐末安史之乱，使曲江名胜大半被毁。诗人杜甫（少陵原人），触景伤情，感慨万分，随作《哀江头》。诗云：

>"少陵野老吞声哭，春日潜行曲江曲。
>江头宫殿锁千门，细柳新蒲为谁绿。
>忆昔霓旌下南苑，苑中万物生颜色。
>昭阳殿里第一人，同辇随君侍君侧。
>辇前才人带弓箭，白马嚼啮黄金勒。
>翻身向天仰射云，一箭正堕双飞翼。
>明眸皓齿今何在，血污游魂归不得。
>清渭东流剑阁深，去住彼此无消息。
>人生有情泪沾臆，江水江花岂终极。
>黄昏胡骑尘满城，欲往城南望城北。"

江头就是曲江池，南苑指的是芙蓉苑。池边翠柳繁盛，花卉似锦，回想玄宗与杨贵妃昔日游幸的情景，感唐室遭战祸而发爱国之情。除去这首诗以外，诗人杜甫描写曲江胜境的诗还有许多，如《曲江对酒》《曲江对雨》以及《曲江陪郑八丈南史饮》等等。这些诗都是追思唐代繁荣盛世，感受到世道渐趋衰弱，籍诗意而抒发心中郁郁之情。杜甫的《曲江对酒》一诗如下：

>"苑外江头坐不归，水晶宫殿转霏微。
>桃花细逐杨花落，黄鸟时兼白鸟飞。
>纵饮久判人共弃，懒朝真与世相违。
>吏情更觉沧州远，老大徒伤未拂衣。"

其后，虽于太和九年（公元835年）修复了紫云楼、彩霞亭，但已难恢复旧观，到唐末期，池水已干涸。

（六）神都苑

唐朝时代的东都苑就是隋朝时代的西苑。除此名称外还叫做上林苑。武德初年（公元618年）改名为芳华苑。到了武后（武则天）执政的时期改称为神都苑，它的面积已缩小一半，水系未变，建筑物则有所增损、易名。神都苑东抵宫城，西至孝水，北负邙（máng）山，谷水和洛水会流于其间。周围一百二十六里，东面十七里，南面三十九里，西面五十里，北面二十四里。其东北面即是皇城。垣墙的高度为一丈九尺，东面有四个门，南面有三个门，西面有五个门，北面有五个门。

苑内最西边的建筑物称为合壁宫，东边有凝碧池。这个池的东西为五里，南北为三里，文献中记载说有个凝碧亭，安禄山进入东都的时候，曾在凝碧池大宴其群臣众将。根据《通鉴》的记载："大业元年筑西苑，周二百里。其内为海，周十余里。为蓬莱、方丈、瀛州诸山，出水百余尺。台观殿阁罗络山上。唐改海为凝碧池，隋炀帝之积翠池盖凝碧池也"。龙鳞宫位于苑内中央。隋朝时代有龙鳞渠，屈曲绕流而注于海，在渠的沿岸建有十六院。所谓宫门临渠者就是指龙鳞宫而言的。十六院都建于河的北面。

在合壁宫的东南方，以水相隔者是明德宫，这个宫在隋朝时代称为显仁宫。此宫南依南山，北临洛水。宫北建有射堂、官马坊。合壁宫的东边为黄女宫，其三面临洛水，在水深处有潭，称为黄女湾，由此而称此宫为黄女宫。黄女宫的正南方，有芳树亭与之以水相隔。

苑内的西北建有高山宫，是司农卿韦机建造的。贞观十一年，谷洛二水泛滥成灾，于是废除飞山宫之元圃院，赐给遭受水灾的人家，因此使人怀疑高山宫是否就是飞山宫。苑的东北隅为宿羽宫，是韦机所建。其南临大池，水流盘屈。武后曾在宿羽台设宴招待突厥使者。

苑的东南隅有望春宫、冷泉宫、积翠宫，都是隋朝时代所建。冷泉宫由于泉极冷而得名，积翠宫这个名称是由积翠池而来。谷水和洛水汇流于西苑之中，唐太宗开元二十四年，为防此二水泛滥，于是筑成三道陂堤以为预防的设施，这三个陂称为积翠、月陂、上阳。除上述这些建筑物之外，还有青城宫、金谷亭、凌波宫等等。

隋朝时代及唐朝初年，苑内有朝阳宫、栖云宫、景华宫、成务殿、太顺殿、文华殿、春林殿、和春殿。建有华渚堂、翠阜堂、流芳堂、清风堂、崇兰堂、丽景堂、鲜云堂。还有一些亭子：回芳亭、流风亭、露华亭、飞香亭、芝田亭、长塘亭、芳洲亭、翠阜亭、芳林亭、飞华亭、留春亭、澂秋亭、洛浦亭，皆隋炀帝所造。武德和贞观之后大多已渐渐圮毁。唐太宗贞观四年（公元630年）夏季动员士兵修治洛阳城的时候，见宫中凿池起山，崇雕丽，甚为奢华，太宗怒而下令急速拆除。从这段看了解唐太宗崇俭的本意。

唐高宗显庆年间（公元660年左右），司农卿韦机受诏管理东都营田园苑事务。高宗对韦机说："两都是朕东西二宅也。今之宫馆为隋朝所造，经岁既淹，渐皆颓毁，欲修造之，费财力如何？"韦机奏答说："臣任司农已十年，今贮钱三千万贯。供葺理可不劳而就。"于是高宗非常高兴，在苑中建造宿羽、高山二宫，因为是建于东都禁苑之内，所以极为壮丽。又将洛水的中桥从立德西街移到长夏通衢，因而废除利涉桥，公私无不称便。高宗登上洛水岸边的高地上，向远处眺望，见那一带地方风景佳美，于是又下诏，命令韦机在那个地方建造上阳宫。

宫临洛水，建有长廊延亘一里。这个宫建成后，皇帝迁入其中。尚书左仆射刘仁轨对侍御史狄仁杰说："古之陂池台榭皆在深宫重城之内，而不欲外人见之者，恐伤百姓之心也。韦宏机之列岸修廊作于堙堞（yīn dié）之外，万方朝谒之时无不觌（dí）之，此岂致君于尧舜之意哉。"这种带有讽刺意味的谏言反映出当时一些人的看法。

（七）私家园林

1. 王维的辋川别业

王维的辋川别业位于陕西省蓝田县西南十公里，长安宫南三十五千米处。此处山水秀丽清雅，山岭环抱、溪谷辐辏有若车轮，故名"辋川"。川水汇聚成河，穿过灞山向北流入灞河（图4-13）。

图4-13 辋川别业图（局部1）

王维（公元700—760年），字摩诘，山西郭县人。王维是盛唐时期著名的诗人和画家，被苏东坡誉为"诗中有画，画中有诗。"他知音律，善绘画，爱佛理，以诗和山水画方面的成就最大。开元九年（公元721年）举进士，天宝末任给事中。晚年官至尚书右丞，世称"王右丞"。

据《旧唐书·王维传》："（王维）晚年长斋，不衣文采。得宋之问蓝田别墅，在辋口，辋水周于舍下，别涨竹洲花坞，与道友裴迪，浮舟往来，弹琴赋诗，啸咏终日。"辋川别业原为初唐诗人宋之问修建的一处规模不小的庄园别墅，当王维出资购得时已是一派衰败荒废的景色，乃刻意经营，因就于天然山水地貌、地形和植被加以整治重建，并作进一步的园林规划。

天宝十四年（公元755年）王维因安史之乱受到牵连，晚年淡薄名利，辞官终老辋川。死后将此赠于秘书监。对于辋川别业的规划建设，他下了很大功夫。各景区分布在山中和水边，一共有20处景点：孟城坳、华子岗、文杏馆、斤竹岭、鹿柴、木兰柴、茱萸沜、宫槐陌、临湖亭、南垞、欹湖、柳浪、栾家濑、金屑泉、白石滩、北垞、竹里馆、辛夷坞、漆园、椒园。王维常住别墅，尽情享受大自然带给他的快乐，心情舒畅。他在《山中与裴秀才迪书》中道出了幽居生活的可爱：

"……夜登华子冈，辋水沦涟，与月上下。寒山远火，明灭林外。深巷寒犬，吠声如豹。村墟夜春，复与疏钟相间。此时独坐，僮仆静默。多思曩昔，携手赋诗。步仄径，临清流也。当待春中，草木蔓发，春山可望，轻鲦出水，白鸥矫翼，露湿青皋，麦陇朝雊（gòu），斯之不远，倘能从我游乎？"王维曾邀请好友裴迪小住别业，二人结伴同游，赋诗唱和，共写成40首诗，分别描述了20个景点集为《辋川集》。例如：

（1）孟城坳：王维诗曰："新家孟城口，古木余衰柳"。有古代城堡的遗址一座；裴迪诗曰："结庐古城下，时登古城上。古城非畴昔，今人自来往。"

（2）华子冈：这里是以松树为主的丛林植被披覆的山岗。裴迪诗曰："落日松风起，还家草露晞；云光侵履迹，山翠拂人衣。"王维诗曰："飞鸟去不穷，连山复秋色。"这里是辋川的最高点，王维《山中与裴秀才迪书》描写他夜登华子冈时所见之朦胧、清寂、幽远的景色。

（3）文杏馆：这是以文杏木为梁、香茅草作屋顶的厅堂，这是园内的主体建筑物，也是辋川别业的一处主要景点。南面为环抱的山岭，北面临大湖。王维诗曰："文杏裁为梁，香茅结为宇；不知栋里云，去作人间雨。"裴迪诗曰："迢迢文杏馆，跻攀日已屡；南岭与北湖，前看复回顾。"王维和他的母亲的坟墓都在这一带，还有一棵巨大的文杏树，相传为王维亲手所植，至今仍然枝繁叶茂。

（4）临湖亭：建在欹湖岸边的一座亭子，凭栏可观赏开阔的湖面水景。王维诗曰："轻舸迎上客，悠悠湖上来；当轩对樽酒，四面芙蓉开。"裴迪诗曰："当轩弥滉漾，孤月正徘徊；谷口猿声发，风传入户来。"

（5）柳浪[⑤]：王维诗曰："分行接绮树，倒影入清漪；不学御沟上，春风伤别离。"

（6）斤竹岭：山岭上遍植竹林，一弯溪水绕过，一条山道相通，满眼青翠掩映着溪水涟漪。裴迪诗曰："明流纡且直，绿筱（xiǎo）密复深；一径通山路，行歌望旧岑。"王维诗曰："檀栾映空曲，青翠漾涟漪；暗入商山路，樵人不可知。"

王维还画了一幅《辋川图》长卷，对辋川别业的20个景点作出了逼真、细致的描绘。张彦远《历代名画记》誉为"江乡风物，靡不毕备，精妙罕见"。北宋词人秦观《书辋川图后》更给予高度的评价。言：秦观病中因展阅此图，觉得仿佛正与王维携手同游，精神为之一振，病慢慢痊愈了。可惜此图真迹已失传，现存的为后人的摹本（图4-14）。

图4-14 辋川别业图（局部2）

王维辋川别业参观大致顺序：从山口进，迎面是"孟城坳"，山谷低地还可见残存古城，坳背山岗叫"华子冈"，山势高峻，青松和秋树，林木森森。背冈面谷，建有辋口庄，过岗，便是面湖的文杏馆,大概是山野茅庐,馆后高岭多大竹,题名"斤竹岭"。沿溪通往"木兰柴",溪流之源的山岗,叫"茱萸沜(pàn)",翻过茱萸沜,便是"宫槐陌"。登山岭,入深山,即为"鹿柴",其下是"北垞",北垞的山岗尽处就是临欹湖,建有"临湖亭"。湖岸上种植了柳树,即为"柳浪",柳浪之下,是水流湍急的"栾家濑"。离水南行复入山,有"金屑泉",山下谷地即为"南垞",沿溪下行到湖口处,便是"白石滩",沿溪上行是"竹里馆"。还有"辛夷(即紫玉兰)坞"、"漆园"、"椒园"等名胜,以树种命名。

辋川别业有山、有岭、有岗、有阜,湖、溪、泉、滩,植被均具,地形复杂、草木繁密,是一个山林湖水之胜的天然风景山地园。园中的建筑物虽不多(仅在可歇处、可观处、可借景处),但形象朴实,布局疏朗。辋川别业的地理位置、自然条件虽未必胜过南方,但由于在造园中充分构思,精心的设置,湖光山色与园林紧密结合,加之诗人的卓绝描绘,便如锦上添花,使山水景、山水园、山水诗、山水画融为一体,引人入胜。

2. 洛阳履道坊宅园

长庆四年(公元824年),白居易自杭州刺史任上回洛阳,"于履道里得故散骑常侍杨凭宅,竹木池馆,有林泉之致"。这座宅园位于坊之西北隅,洛水流经此处,被认为是城内风水宝地。白居易在杨凭旧园的基础上稍稍修葺改造,深为满意。在他58岁时定居于此,遂不再出仕。

这座宅园的遗址在今洛阳市南郊的狮子村东北约150米,1992年经考古发掘,发现唐代建筑基址多处,以及其西侧的两条唐代水渠,其走向与《唐两京城坊考》所记完全吻合。

白居易专门为这座最喜爱的宅园写了一篇韵文《池上篇》,篇首的长序详尽地描写此园的内容:

园和宅共占地17亩,其中"屋室三之一,水五之一,竹九之一,而岛树桥道间之"。"屋室"包括住宅和游憩建筑,"水"指水池和水渠而言。水池面积很大,为园林的主体,池中有三个岛屿,其间架设拱桥和平桥相连。他购得此园后,又进行了一些增建:"虽有台,无粟不能守也",于是在水池的东面建粟廪;"虽有子弟,无书不能训也",在池的北面建书库;"虽有宾朋,无琴酒不能娱也",在池的西边建琴亭,亭内设石樽。他本人"罢杭州刺史时,得天竺石一、华亭鹤二以归,始作西平桥,开环池路。罢苏州刺史时,得太湖石、白莲、折腰菱、青板舫发归,又作中高桥,通三岛径。罢刑部侍郎时,有粟千斛、书一车,泊臧获之习管、磬、弦歌者指百以归"。早先,友人陈某曾赠他酿酒法,酿出之酒味甚甘。崔某赠他以古琴,韵甚清。姜某教授他弹奏《秋思》之曲,声甚淡。杨某赠他三块方整、平滑、可以坐卧的青石。大和三年(公元829年)夏天,白居易被委派到洛阳任"太子宾客"的闲散官职,遂得以经常游于此园。于是,便将过去为官三任之所得、四位友人的赠品全都安置在园内。"每至池风春、池月秋,水香莲开之旦、露青鹤唳之夕,拂杨石,举陈酒,援崔琴,弹姜《秋思》。颓然自适,不知其他。酒酣琴罢,又命乐童登中岛亭,合奏《霓裳·散序》,声随风飘,或凝或散,悠扬于竹烟波月之际者久之。曲未尽而乐天陶然,已醉,睡于石上矣。"

看来白居易对这座园林的改造筹划是用过一番心思的,造园的目的在于寄托精神和陶冶性情,那种清纯幽雅的格调和"城市山林"的气氛,也恰如其分地体现了当时文人的园林观——以泉石竹树养心,借诗酒琴书怡性。《池上篇》颇能道出这个营园主旨:

"十亩之宅,五亩之园;

有水一池,有竹千竿。

"勿谓土狭，勿谓地偏；
足以容膝，足以息肩。
有堂有庭，有桥有船；
有书有酒，有歌有弦。
有叟在中，白须飘然；
识分知足，外无求焉。
如鸟择木，姑务巢安；
如龟居坎，不知海宽。
灵鹤怪石，紫菱白莲；
皆吾所好，尽在吾前。
时饮一杯，或吟一篇；
妻孥熙熙，鸡犬闲闲。
优哉游哉，吾将终老乎其间。"

白居易对于这座晚年藉以安身立命的宅园的热爱，可谓一往情深，曾不止一次地赋诗加以咏赞，如《闲居自题》：

"门前有流水，墙上多高树。
竹迳绕荷池，萦回百余步。
波闲戏鱼鳖，风静下鸥鹭。
寂无城市喧，渺有江湖趣。
吾庐在其上，偃卧朝复暮。
洛下安一居，山中亦慵去。
时逢过客爱，问是谁家住？
此是白家翁，闭门终老处。"

《池上竹下作》曰：

"穿篱绕舍碧逶迤，十亩闲居半是池。
食饱窗间新睡后，脚轻林下独行时。
水能性淡为吾友，竹解心虚即我师。
何必悠悠人世上，劳心费目觅亲知。"

白居易非常喜欢园林，是当时一位造诣颇深的造园理论家，也是历史上第一个文人造园家。他最早肯定"置石"之美，对"竹"情有独钟，曾自建四园⑥，写过许多与园林有关的诗。

3. 庐山草堂

唐元和年间，白居易贬官江洲任司马，心情不快。但对于酷爱山水园林的大诗人来说，可好以山泉水色作为精神寄托。何况司马工作又是一个很轻闲的差事，于是在庐山的香炉峰之北，遗爱寺之南择一"面峰腋寺"之地段，修建了一处别墅小园林，自命为"草堂"（图4-15）。他给好友元稹的一封信《与微之书》中说："……仆去年秋，始游庐山，到东西二林（东西二林寺）间，香炉峰下，见云水山石，

图4-15　庐山草堂

胜绝第一,爱不能舍,因置草堂"。

"草堂"选址是极佳的,有山、有水,古木参天,植被丰富。南面:"抵山涧、松杉高大;北面:层崖积石,杂木异草";东面:"堂东瀑布、水悬三尺,泻阶隅,昏晓如练色,夜中如环珮琴筑声";西面:"堂西依北崖右趾,以剖竹架空,引崖上泉,脉分线悬,累累如贯珠,霏微如雨露,滴沥飘洒,随风远去"。堂前有十丈见方平地,平地当中有平台,台南有方形水池,山竹野卉环此绕。

草堂建筑和陈设极为俭朴:三间两柱,两窗四墉,广袤丰杀,一乘心力。开北窗来阴风以防暑,敞南窗纳阳日以取暖。木不加丹、墙不加白,阶用石,窗用纸,木榻素屏,琴一张,儒道佛书数卷。私人经常来此居住,"每一独往,动弥旬日"。仰观山,俯听泉,旁览株树云石,平生所好者尽在其中。私人在"庐山草堂"咏怀,并题于石上:

"何以洗我耳?屋头飞落泉;
何以净我眼?砌下生白莲。
左右携一壶,右手挈五弦;
傲然意自足,箕踞于其间。
兴酣仰天歌,歌中聊寄言;
言我本野夫,误为世网牵。
时来昔捧日,老去今归山;
倦鸟得茂树,涸鱼还清源;
舍此欲焉往?人间多险艰。"

诗中表达了诗人对宦海沉浮、人世沧桑之感;有退居林下、草堂结友、独善其身、泉石之乐。

4. 滕王阁

滕王阁是唐太宗的弟弟滕王李元婴于唐永徽四年（公元653年）在南昌建的,距今已有1 300多年。

李元婴是一位酷爱音乐、舞蹈、绘画、狩猎的风流王爷。开始任苏州刺史,天天轻歌曼舞,观看不足。后调到洪州（今南昌）任都督。当然南昌远不如苏州,心中不快。一天他带着一帮僚属和歌舞乐伎,来到章江门外的山岗上,看到西山层峦叠翠,赣江滚滚北去,顿觉心旷神怡,就命在山岗上摆酒宴,奏乐歌舞。但到处是荆棘石砾无法歌舞,滕王心中不悦,此时一僚属说,何不在此建一楼,既可揽胜,又可歌舞,滕王听后大喜,于是便在此动工修建了名垂千古的滕王阁。滕王阁高57.5米,坐落在两崇白石的台阶上,主楼为明三层,暗七层的格局。

滕王阁舍去以往殿堂森严、神秘之处,却给人以巍峨壮丽、富丽敞亮、明快舒适之感。夜晚开宴歌舞,远处望去一片灯光灿烂,耳中可闻仙乐阵阵,疑似琼楼仙阁。

此楼屡毁屡建29次。最后一次是1926年北伐军打到南昌,军阀岳思寅下令焚烧,变成一堆瓦砾。1985年南昌市开始重修,1991年竣工,千古名楼再现。

更使滕王阁出名的,应归于唐初才子王勃所作的《秋日登洪府滕王阁饯别序》,即《滕王阁序》。

滕王阁为仿宋、仿木结构。南北两侧还有"压江"、"挹翠"两亭,其间以长廊相连。远观犹如人展双臂、凌空飞升之感。进入大厅,迎面两侧柱上,挂着一幅毛泽东手书木刻对联:"落霞与孤鹜齐飞,秋水共长天一色"（图4-16）。

图 4-16　滕王阁

唐代私园还很多，比较著名的还有安乐公主西庄（定昆池）、太平公主南庄、长宁公主东庄。

第三节　园林特色

隋唐是我国封建社会的全盛时期，国富民强，不论是皇家园林、私家园林、寺观园林，还是造园技术和理论的提高、升华，不论是造园的数量还是质量都已达到了造园史的全盛时期。

一、园林发展

（一）皇家园林的发展

隋、唐时期的皇家园林，远远超过三国两晋南北朝时期，显示了"万国衣冠拜冕旒"的泱泱大国的气概。并且使园林向精神享受型方向发展，极为注意雅致。唐贞观开元年间，公卿贵戚在东都洛阳建造的邸园，总数就达到一千多处，足见当时园林发展的盛况。皇家园林这个园林类型所独具的特征，不仅表现为园林规模的宏大，而且还反映在园林总体的布置和局部的设计处理上。山水林泉的内容增加了，苑园、离宫别馆的数量增多了，园林文韵提高了。皇家园林在隋唐三大园林类型中的地位，比前代更为重要，出现了像西苑、华清宫等这样一些具有划时代意义的作品。天宝以后随着唐王朝国势的衰败，皇家园林的全盛局面才逐渐消失。

（二）私家园林的发展

隋唐时期私家园林开始升华。园林的享受在一定程度上满足了入世者的避世希望，在"显达"和"穷通"之间起到了缓冲的作用，凡属士人几乎都刻意经营自己的园林，而且都或多或少地附著上这种感情的色彩。

大多数读书人作隐士的动机由过去的隐姓埋名转变为扬名显声。甚至有人"结庐泉石，目注市朝"而毛遂自荐的。真正的隐士固然有，却愈来愈少，更多的是"隐于园"者。中唐以后，这种"隐于园"的隐逸已逐渐发展成为无需身体力行的精神享受，普遍流行于文人士大夫的圈子，这直接刺激私家园林的普及和发展。

人们都把理想寄托于园林，把感情倾注于园林，凭借近在咫尺的园林而尽享隐逸的乐趣。因此，中唐的文人士大夫都竞相兴造园林。他们对园林的热爱可谓一往情深，"歌酒优游聊卒岁，园林潇洒可终身"，甚至亲自参与园林的规划设计。唐代已涌现出一批文人造园家，把儒、道、释的哲理融汇于他们的造园思想中，从而形成文人的园林观。文人园林不仅是以"中隐"为代表的隐逸思想的物化，它所具有的清新淡雅的格调和较多的意境蕴含，也在一部分私家园林创作中注入新鲜血液。

唐代，艺术水平在上代的基础上又有所提高，使得写实与写意相结合的创作方法又进一步深化，为宋代文人园林兴盛打下基础。

（三）寺观园林的发展

在唐代的20位皇帝中，除武宗之外，其余都提倡宗教，甚至还是宗教信徒。帝王的爱好和提倡，大大地促进了佛教和道教的兴盛，进而促进了寺观园林的发展。寺观园林的普及是宗教世俗化的结果，同时，也反过来促进了宗教和宗教建筑的进一步世俗化。城市寺观具有城市公共交往中心的作用，寺观园林也相应地发挥了城市公共园林的职能。郊野寺观的园林（包括独立建置的小园、庭园绿化和外围的园林化环境），把寺观本身由宗教活动的场所转化为兼有点缀风景的手段，吸引香客和游客，促进原始型旅游的发展，也在一定程度上保护了郊野的生态环境。宗教建设与风景建设在更高的层次上相结合，促成了风景名胜区，尤其是山岳风景名胜区，普遍开发。同时，也使中国所特有的"园林寺观"获得了长足发展。全国各地以寺观为主体的山岳风景名胜区，到唐代差不多已陆续形成。如佛教的大小名山，道教的洞天、福地、五岳、五镇等，既是宗教活动中心，又是风景游览胜地。寺、观的建筑力求与自然的山水环境和谐一致，起到了"风景建筑"的作用。郊外的寺观把植树造林列为僧、道的一项公益劳动，也有利于风景区环境的保护。因此，寺观内部往往花叶繁茂，外围古树参天，成为游览的对象，风景的点缀。

（四）公共园林已更多地见于文献记载

隋唐时期，园林发展已从帝王显贵向平民发展，出现了游春踏青、结友露饮、赏花泛舟、官民共赏的景象。作为政治、文化中心的两京，尤其重视城市的绿化建设。园林，既丰富了城市总体的天际线，更增添了原本已很出色的城市绿化效果。

长安城的街道绿化，由于政府重视而十分出色。贯穿于城内三条南北向大街和三条东西向大街称为"六街"，宽度均在百米以上。其他的街道也都有几十米宽。街的两侧有水沟，栽种整齐的行道树，称为"紫陌"。远远望去，一片绿荫，"下视十三街，绿树间红尘"。街道的行道树以槐树为主，公共游憩地则多种榆、柳。当然，除以槐树为主之外，也还采用其他树种如桃、柳、杨之类，"夹道夭桃满，连沟御柳新"。甚至于以果树作为行道树的。任意侵占、破坏街道绿地的行为是政府明令禁止的。

长安城的郊外林木繁茂，山清水秀，散布着许多"原"，南郊和东郊都是私家园林荟萃的地方。关中平原的南面、东面、西面群山环抱，层峦叠翠，隋唐的许多行宫、离宫、寺观都建置在这一带地方。北面则是渭河天堑，沿渭河布列汉唐帝王陵墓，陵园内广植松柏，更增进了这里的绿化效果。就这个宏观环境而言，长安的绿化不仅局限于城区，还以城区为中心向四面辐射，形成了近郊、远郊乃至关中平原生态大环境绿色景观。

（五）园林造景的四大要素均有不同程度的提高

1. 筑山

"假山"一词开始用于园林筑山的称谓，筑山既有土山，也有用石间土的土石山，但以土山居多。"至于纯用石块堆叠的石山，因其材料及施工费用昂贵，仅见于宫苑和贵戚官僚的园林中。但无论土山或是石山，都能够在有限的空间内堆造出起伏延绵、摹拟自然山脉的假山，既表现园林"有若自然"的氛围，又能以其造型显示深远的空间层次。

造园用石的美学价值得到了充分肯定，园林中由单块石料或者若干块石料组合成景的"置石"已较为普遍。白居易是最早肯定"置石"美学意义的人，他专门写了一篇《太湖石记》："古之达人，皆有所嗜。玄晏先生嗜书，稽中散嗜琴，靖节嗜酒，今丞相奇章公嗜石。石无文、无声、无嗅、无味，与三物不同……石有聚族，太湖为甲，罗浮、天竺之石次焉。今公之所嗜者甲也……东第南墅，列而置之。富哉石乎，厥状非一，有盘拗秀出如灵芝鲜云者；有端俨（yǎn）挺立如真人官吏者；有缜（zhěn）润削成如珪瓒者；有廉棱锐剀（kǎi）如剑戟者。又有如虬如凤，若动若动，将翔将踊；如鬼如兽，若行若骤，将攫将斗……昏晓之交，名状不可。撮要而言，则三山五岳，百洞千壑，缕簇缩，尽在其中。百仞一拳，千里一瞬，坐而得之，此所以为公适意之用也。"对园林用石中的上品——太湖石的美学意义作了阐述，他认为石应该分为若干品级，以标示其美学价值的差异，"石有大小，其数四等，以甲乙丙丁品之。每品有上中下，各刻于石阴，曰：牛氏石甲之上，丙之中，乙之下"。太湖石的审美价值，不仅由于石的形态千奇百怪，可以给人拟人、拟兽，似虬似凤，"若动若动，将翔将踊"这样生动的联想和想像。更为重要的意义，是"三山五岳，百洞千壑，缕簇缩，尽在其中"，给人以峰峦岩壑的自然山水的精神感受。而且是"百仞一拳，千里一瞬，坐而得之"不出户牖（yǒu），不下庭堂而得山水之乐。这正是太湖石不断得到开采的原因。白居易认为太湖石是第一等的园用石材，在他的诗集中就有近十首专门描写太湖石的诗，形象刻画非常细致。

白居易在《双石》一诗中云："苍然两片石，厥状怪且丑"。用"怪"和"丑"来形容其形状，可谓别开生面。

2. 理水

园林的理水，除了依靠地下泉眼而得水外，更注意于从外面的河渠引来活水。郊野的别墅园一般都依江临河，即使城市的宅园也以引用沟渠的活水为贵。西京长安城内有好几条人工开凿的水渠；东京洛阳城内水道纵横，城市造园的条件较长安更为优越。活水既可以为池、为潭，也可以为瀑、为濑（lài）、为滩，回环萦流，足资曲水流觞（shāng），潺潺有声，显示水体的动态之美，大大丰富了水景的创造。皇家园林内，往往水池、水渠等水体的面积占有相当大的比重，而且还结合于城市的供水，把一切水资源都利用起来，形成完整的城市供水体系。像西苑那样在丘陵起伏的辽阔范围内，人工开凿一系列的湖、海、河、渠，尤其是回环蜿蜒的龙鳞渠，若没有相当高的竖向设计技术，是根本无法办到的。

3. 植物

园林植物题材更为多样化，仅只《白居易集》中所提到的观赏树木和花卉就有：孤桐、柏、樱桃、紫藤、桐、柳、竹、枣、桂、松、橘、杜梨、水桎、凌霄、丹桂、荔枝、杏、杉、桑、桃、李、槐、梨、枇杷、石榴、石楠、牡丹、莲花、白莲花、菊花、萱草、杜鹃、木莲、白槿花、紫薇花、木兰花、蔷薇、芍药等几十余种。众多的观赏树木和花卉可在造园中以供选择。

4. 建筑

唐代的园林建筑从极华丽的殿堂楼阁到极朴素的茅舍草堂，它们的个体形象和群体布局均丰富多样而又不拘一格，这从敦煌壁画和传世的唐画中也能略窥其一斑。其木构架建筑达到极高的水平,如我们在前面提到的武则天明堂,为多边形,圆顶;高294尺,分三层,下层布政,中层祭祀,上层是圆顶亭子。明堂后建有高五层的天堂,内置高百尺的佛像。公元695年明堂和天堂被烧毁,公元696年重建明堂。明堂、天堂的规模和复杂程度超过唐两京所有宫殿。前后两次建造,日役万人,包括清理场地,都没有超过一年时间,反映其设计、施工能力已接近现代水平。

二、园林创新

(一) 中国园林诗画情趣开始形成

山水诗、山水画、山水园林这三门艺术已经出现互相渗透的迹象。唐人已开始诗、画互渗的自觉追求。诗人王维的诗作生动地描写山野、田园的自然风光,使读者悠然神往,他的画具有同样的气质,富有诗意。中唐以后,文献记载的某些园林已有把诗、画情趣赋予园林山水景物的情况。以诗入园、因画成景的做法,唐代已见端倪。通过山水景物而诱发游览者的联想活动、意境的塑造,也已处于朦胧的状态。

中国古典园林的第三个特点——诗画的情趣,已经开始形成。虽然第四个特点——意境的蕴含,尚处于朦胧状态,但隋唐园林作为一个完整的园林体系已经成型,并且在世界上崭露头角,影响遍及亚洲汉文化圈内的广大区域。当时的朝鲜半岛和日本,全面吸收盛唐文化,其中也包括园林在内。

(二) 文人园林开始兴起

唐代,山水文学兴旺发达。文人经常写诗作文,赞赏山水风景。例如,中唐杰出的文学家柳宗元被贬永州期间,除亲自指导、参与多处景区和景点的开发建设之外,并写下了著名的散文《永州八记》。他把住宅附近的小溪、泉眼、水沟分别命名为"愚溪""愚泉""愚沟"。把愚沟的中段开拓为水池,命名"愚池",在池中筑成"愚岛",池南建"愚堂",池东建"愚亭"。"永州八愚"遂成当地名景。从柳宗元之作,可以看出唐代能以微观的方式,近观静赏,从有限空间中体验无限,从水石的局部景象中生发涉身岩壑之想,重在意趣。这种身与物化的审美方式和审美经验,无疑为后世园林写意山水的创作提供了一个"师法自然"的途径和典范。诗人白居易在任杭州刺史期间,力排众议,对西湖进行综合治理:修筑湖堤,提高水位,灌溉良田;并沿湖岸大量植树造林、修建亭阁以点缀风景,使西湖景色更添魅力。

这些文人在开发风景园林中,凭借他们对自然风景的深刻理解和对自然美的高度鉴赏能力,把他们对人生哲理的体验、宦海沉浮的感触也注入于造园艺术之中。他们在政治斗争的旋涡里无不心力交瘁,只好在园林的丘壑林泉中寻找精神寄托和慰藉。他们参与园林、欣赏园林、陶醉园林、歌颂园林,可谓对园林一往情深,甚至把自己经营的园宅中的一木一石都视为珍宝。李德裕和牛僧儒即为当时两个敌对的政治集团的首领,也是当时的两位著名的园石鉴赏家。牛僧儒的归仁里宅园和李德裕的平泉庄别墅园,被誉为洛阳的"怪木奇石"的精品荟萃之地。后两家败落,园内的奇石散出,凡镌刻牛、李两家标记的,洛阳人无不争相购买。

文人园林,除文人经营外,也包括准文人经营,可以说是广义的文人园林。文人园林侧重于赏心悦目,以寄托理想、陶冶性情、表现隐逸。它们不仅在造园技巧、手法上表现了园林与诗、画的沟通,而且在造园思想上融入了文人士大夫的独立人格、价值观念和审美观念,作为园林艺术的灵魂。

文人参与营造园林，意味着文人的造园思想——"道"与工匠的造园技艺——"器"开始有了初步的结合。文人的立意通过工匠的具体操作而得以实现，"意"与"匠"的联系更为紧密。所以说，文人承担了造园家的部分职能，"文人造园家"的雏形在唐代已经出现了。

（三）园林总体规划设计有所创新

唐代园林，不论是皇家园林的规模宏大，还是私家园林的精巧细致，它们在动工修建前都是经过认真的规划和仔细的思考。其中，在具体的设计手法和技巧上还出现了许多中国古典园林史中的第一。

隋朝西苑，它的水景的创造、水上浏览路线的安排及其苑内设置的附带小园林的这种园中有园的形式是以前所未见的。利用骊山风景和温泉进行造园的华清宫，其骊山北坡为苑林区，山麓建置宫廷区和衙署，是历史上最早的一座"宫""苑"分置的，兼作政治活动的行宫御苑。而曲江则因其是我国历史上的第一座公共浏览性质的大型园林而被记入史册。白居易的《太湖石记》，是最早见于文字的对"太湖石"的审美意义与审美价值的阐述。而白居易则成为我国第一位文人造园家。

（四）国都长安、洛阳的规划有较大突破

中国国都的设计，自周代开始就在都城中心建筑宫阙，这已成为惯例。但是隋朝的大兴城则与这个习惯的方式不同，在都城的北侧营建宫阙，宫阙南面建皇城、市、坊。宫阙建在都城的北方，因而街坊的配置极有顺序，北面一带连续着都是禁苑，其设计十分得体，可以说是城市设计方面的一个大的进步。长安城是按规划在平地上建造的大城市，城墙和道路的方向为正南北、正东西，直角相交，反映出当时先进的测量技术。

（五）技巧有所增添

隋代在西苑内，开创了于秋冬时以剪花装点园景，色褪则更换，以保新鲜；在池沼里还以彩剪作为菱荷加以装饰，这可能就是现今人造花的源泉。

注解：

①敦煌石窟：位于甘肃敦煌东南鸣沙山的断面上。开凿于前秦，共开凿了1 000多个洞窟，也叫千佛洞。现存的500多个洞窟，60%以上是唐代开凿的。其内有神态逼真的塑像，有飘拂长带凌空而舞的飞天，有反弹琵琶、载歌载舞的仙女，有耕（作）、收（获）、养（殖）、贸（商）的壁画，表现唐朝一派国泰民安，生机勃勃的繁荣景象。

②唐三彩：指唐代陶器和陶俑上的釉色。一说是"三彩"不限于三种，除了白色之外，还有浅黄、赭黄、浅绿、深绿、蓝色、少量茄紫色。其釉质的主要成分是硅、铝。呈色剂是各种不同的金属氧化物。先将坯（pī）体烧至1 100摄氏度，施彩后，再以900摄氏度烧成。一说是在白地的陶胎上刷一层无色的釉，再用黄、绿、青三色加以装饰烧成的陶器。

③缭墙：指顺山势走向弯弯曲曲的围墙。

④巉（chán）岩：指山势险峻。

⑤柳浪：欹湖岸边栽植的成行的柳树。

⑥四园：经白居易亲手设计建造的四园有：洛阳履道坊宅园、庐山草堂、长安新昌场宅园、渭水的别墅园。

第五章　我国宋代的园林

从公元960年到公元1279年，为两宋时期，共历时318年，我国园林进入了成熟阶段。写意山水园林、寺观园林和私家园林处于兴盛时期。

第一节　历史史略

一、北宋

(一) 历时

公元960年赵匡胤开国建宋，都城汴京（今开封），在位16年。他传位8帝至钦宗，于1126年被金灭。北宋共历时166年，其中，统一全国146年。

(二) 史略

大唐末期，皇帝无能，权臣乱政，官宦腐败，军阀割据，先后出现了10个小朝廷，自立国号。长安城大将朱温手握重权，于公元904年杀昭帝立哀帝，907年废哀帝自称帝，改国号为梁，史称后梁。不久又出现后唐、后晋、后汉和后周，又混战了90年。史称五代十国。

五代十国末期，后周帝柴荣病死，由年仅8岁恭帝继位。节度使赵匡胤率军返回都城，驻军陈桥，发生兵变（史称陈桥兵变），在众将领拥戴之下，黄袍加身，于公元960年自称皇帝，改国号为宋，都城仍为汴京，赵匡胤就是宋太祖。他先后灭掉各小国，90年的混战局面宣告结束，公元979年实现全国统一。

北宋建国初期，加强了中央集权制，废除了节度使制度，建立了庞大的军队，一切大权集中中央，实行"严法度、减税赋，以仁治国，勤俭治国。"国泰民安，经济繁荣，都城汴京已成为政治和经贸中心，北方的洛阳也成为商贸繁荣的大城市。北宋末期，少数民族辽和西夏兴起，不断向宋进犯，使宋妥协。宋忙于防范，加之庞大的军队开支和支付辽和西夏的大量岁币，耗尽了国力，山河日下，日趋衰败，于公元1126年被金兵攻破汴京，掳去徽宗、钦宗，北宋灭。

北宋前期的100余年，以陶瓷为主的手工业发达，出现了瓷都——景德镇。商业贸易发达，出现了交子[①]，便于交通。文化、科技、美术等都取得了长足发展，出现了不少文化名人，为北宋的园林发展奠定了有力基础。

二、南宋

(一) 历时

公元1127年，康王赵构（高宗）在临安（今杭州）建都，继宋，史称南宋。高宗在位35年，传位8帝至赵昺（bǐng），1279年被元灭。南宋半壁江山共历时152年。

(二) 史略

公元1127年，康王赵构逃往南方，在宋朝众臣的拥戴下，在临安建都，史称南宋。

南宋时中原、西北和东北的广大地区，均被金国占领，实则仅余半壁江山。金国不断南侵，南宋出现了抗金名将岳飞和韩世忠等，使宋、金处于相持局面。之后，帝王无力、宦官贪腐、军队庞大、战争不断，国力日衰。公元1234年，成吉思汗率领强大的蒙军灭了金国，1279年忽必烈又灭了南宋。

南宋维持了100年左右的繁荣期，在政治、思想、军事、文化、科技上多有所进取。积极开发江南，使五大州城即杭州、扬州、温州、明州和越州都成为商业繁荣之市。以丝绸、造纸为主的手工业兴旺，科技不断开发，建筑结构不断成熟，出现了不少诗人、词人和画家，使园林发展不断向诗情画意、高档次、高质量方向发展。

三、时期特点

在中国5 000多年的历史中，无论政治、经济、文化和科技，宋代都占有重要的历史地位。在政治和思想上涌现了一大批历史名人，如民族英雄岳飞、韩世忠、文天祥等，政治家王安石、司马光、寇准等，思想家范仲淹、朱熹等。宋代在文化和科技方面的成就尤其突出，在文学上出现了苏轼、欧阳修、辛弃疾、李清照、黄廷坚、秦观、杨万里、范成大等。宋代科技当时在世界上处于领先地位，印刷术、火药、指南针得到广泛运用和发展。农业、手工业、商业都有较大发展，贸易发达、市场繁荣，出现了许多商业城市，造纸、造船、瓷器、铸造、酿造等都十分兴盛。天文学、数学、医学、生物学达到了较高的水平。

园林花卉在唐代的基础上进一步提高，培育出许多新的花木品种，总结出一些新的栽培方法，出现了很多以搜集观赏花木为主的花园类私家园林。宋代的种花人通过种植大量的花木，认识到环境条件对生物变异的作用，知道了变异是形成新的物种类型的事实。刘蒙在其《菊谱》中记载了35个菊花品种，书中写到："花大者为甘菊，花小而苦者为野菊。若种园蔬肥沃之处，复同一体，是小可变而为甘也。""又尝闻于莳花者云，花之形色变易，如牡丹之类，岁取其变者以为新。今此菊亦疑所变也。"刘蒙记载了当时的种花人，每年把形态和花色经常发生变异的牡丹品种保存下来，继续培植，就可以培育出新的牡丹花品种，并由此推测，菊花的新品种也是通过变异而形成的。宋代还出版了许多花木和名园专著，如欧阳修的《洛阳牡丹记》、周师厚的《洛阳花木记》、陆游的《天彭牡丹记》、范成大的《梅谱》、王学贵的《王氏兰谱》、王观的《扬州芍药谱》、李格非的《洛阳名园籍》等。

宋代在建筑技术方面日趋成熟，有不少砖、石、木结构建筑一直保存到今天。如山西应县的木塔、太原晋祠的圣门殿、福建泉州的洛阳桥和安平石桥、河南开封的铁塔等，已成为珍贵的历史遗产。李诫的著名建筑工程典籍——《营造法式》一书，总结了历代的建筑成果，集中了当时工匠的技巧和自己的实践经验，制定了设计模数和工料定额制度，为以后的建筑业确定了楷模。这是我国古代建筑营造史上最详尽、最科学、最系统的建筑学手册，也是世界上最早最完备的建筑学著作。宋代建筑的规模虽比唐代小，无论组群和单体建筑都没有唐代的刚健宏伟，但由于手工业的发展，建筑材料的多样化，建筑技术进一步提高，建筑的形式、装修、装饰和色彩富于变化，逐渐形成了精致秀丽的风格。园林建筑和小品的形式和风格也较唐代丰富，更注重与周围自然环境的结合

图 5-1 宋画中的建筑（摹自刘敦桢《中国古代建筑史》）

（图 5-1）。园林中注重石的品玩鉴赏，江南地区出现了许多以叠石为业的工匠，叠石的技艺大为提高，出版了多种《石谱》，有了以上这些技术上的保证，宋代的园林才得以兴盛和发展。

两宋时期的绘画艺术在中国绘画史上占有重要地位，出了许多名家，如北宋的宋徽宗、荆浩、关同、董源、米芾等。尤其是宋徽宗本人是北宋皇帝，权势极大又对绘画成癖、造园成瘾。对宋代园林影响甚大。他们留下了大量名画，以人物、山水、花鸟为最盛，园林也成为他们表现的题材。两宋时的画家是集诗、书、画为一身的文人画家，绘画作品中注重对意境的追求，比前代又发展到一个新高度，形成了宋代词画的新风格。许多文人参与造园，文人园林兴盛，重视对园林意境的创造，再加上当时山水画论的影响，宋时的园林讲究以画设景，以景入画，寓情于景，寓意于形，楹联、诗词与景结合，较隋唐时更注重诗情画意的境界，更清新、雅致，人文内涵更丰富。皇家园林、寺观园林和私家园林的兴衰也都受其影响，中国古典园林以山水为主题的造园风格进一步完善成熟。

第二节　经典园林

一、北宋

北宋园林多集中于东京和西京洛阳。东京为京城，皇家园林都集中在这里。西京洛阳是陪都，分布着为数不少的私园，仅李格非的《洛阳名园记》就记录了 24 个之多。

（一）都城——东京（今开封）

北宋东京开封，战国时称大梁，曾为魏国后期的首都，五代时的梁朝以它为东都，晋、周二朝曾在此建都。唐代称汴州，是一个地方的首府，为州级城市。汴州位于大运河与黄河相交处，交通便利，军事和经济地位十分重要。后周时曾进行大规模的改建和扩建。北宋建都后，又进行了建设和改造。

据文献记载，东京有三重城墙，每重城墙外都有护城河环绕（图 5-2）。内为宫（皇）城，是宫室所在地，亦称大内，原为唐代宣武节度使治所。宫城周约 4 千米，每面各有一城门，南正门为宣德门（丹凤门），东西为东华门、西华门，北为拱宸门，城墙四角建有角楼。出宣德门往南是宽敞、笔直的御街，这是专供皇帝仪仗出行而修建的。御街的概况在《东京梦华录》中有描述："自宣德楼一直南去，约阔二百余步，两边乃御廊，旧许市人买卖其间，自政和间官司禁止。中心御道，不得人马行往，行人皆在廊下朱杈子之外。杈子里有砖石砌御沟水两道，宣和间尽植莲荷，近岸植桃李梨杏，杂花相间，春夏之间，望之如绣。"[②]。宣德门以内，在宫城南北轴线的南部排列着外朝的主要宫殿，最前面的大庆殿宽九间，东西各列五间房，是皇帝大朝的地方；其次是常朝紫宸殿。在此条轴线西面，又有文德、垂拱二组殿堂，以供日朝和饮宴之用。外朝宫殿以北是皇帝寝宫和皇后寝宫，再北则为内苑。宫城内还分布着许多官署和书院。宫城范围虽小，布局非常紧凑。

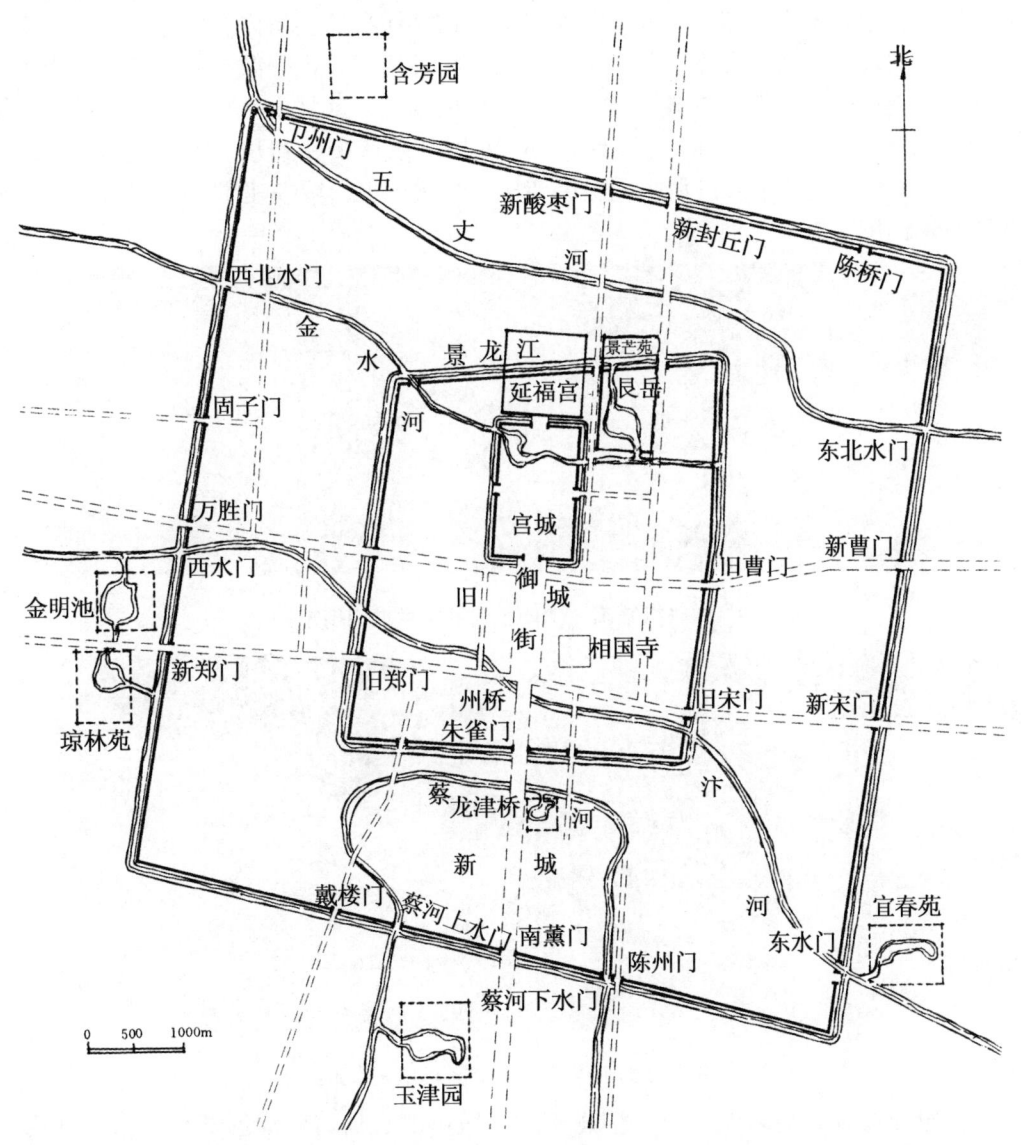

图 5-2　北宋东京城平面及主要宫苑分布示意图（摹自周维权《中国古典园林史》）

宫城外为内城，城周 9 千米，每面各有三座门，各个城门都有瓮城，有的三重，有的四重，各门不正对，以便于防守。内城的主要建筑除宫殿外，有寺观、衙署、官舍以及住宅、店铺、酒楼、手工作坊等。内城的东北角建有一座皇家园林——寿山艮（gen）岳。

最外面是外城，为后周时扩建，北宋屡次重修。城周达 19 千米，设有旱城门和水城门，南面有三座门，东、北各四门，西面五门，每座城门都有瓮城，上建城楼和敌楼。外城西郊有御苑金明池和琼林苑。

东京的主要街道以宫城为中心，通向各城门，形成"井"字形和"丁"字形方格网，这些街道较宽敞，其他街道则比较狭窄。开封府成为东京后，进行了大规模的河道整治工程，使穿行东京城内的五丈河、汴河、蔡河、金水河成为粮食和货物运输的重要交通线。流经东京的金水河，以石梁架渡汴河，流入护城河，与五丈河相通。金水河贯穿宫城，经后苑又流经御街的沟渠，有的地方垒石作井，提供市民生活用水和宫苑、城市的绿化灌溉。

北宋中期后，把若干街巷组为一厢，每厢又分成许多坊，这些坊内有住宅、官舍、手工作坊、店铺等不同性质的建筑类型。管理手工业的机构外诸司，也分散在城内各处，未进行明显的分区，出现街道、宅第、寺观、官府交织混杂的现象，这是由州级城市改为都城，缺乏统一规划布局而造成的。由于商业、手工业的发展，东京市井繁华，如《清明上河图》所绘（图 5-3、图 5-4）。城市人口稠密，房屋拥挤。为防火灾，城中建了许多望火楼，并在各街坊设置军巡铺屋，以便巡回和救火。

图 5-3　宋张择端画《清明上河图》中城门街市

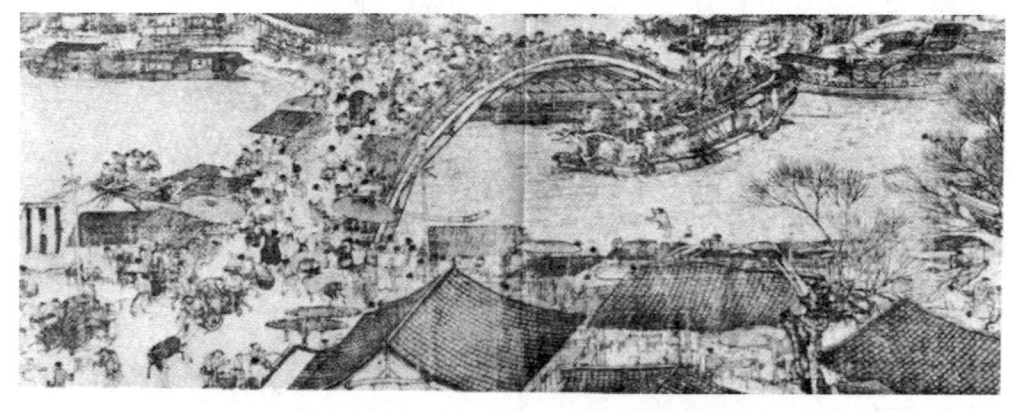

图 5-4　宋张择端画《清明上河图》中东京虹桥

东京是在原开封府的基础上改建、扩建而成，城市的布局与隋唐时相比，并不十分规整、方正，但它在多次重修后，逐渐形成的宫城居中，三重城墙及"井"字形的道路系统等布局方法，对后代都城的规划影响较大，以至以后金、元的都城也都模仿宋东京的形制进行建造。

另外，平江（今苏州）（图 5-5、图 5-6）城的规划布局，也为研究宋代城市建设和我国的城市发展提供了很多重要的史料。

（二）寿山艮岳

寿山艮岳是宋徽宗赵佶亲自参与设计和主持修建的，它的规模虽不算大（近十里），但造园中运用山水画的总体布局和景观组织方法，把园林空间的营造与诗情画意融为一体，在造园艺术上达到了极高水平，是宋代皇家园林的杰作。它是继西汉太液池之后的另一个里程

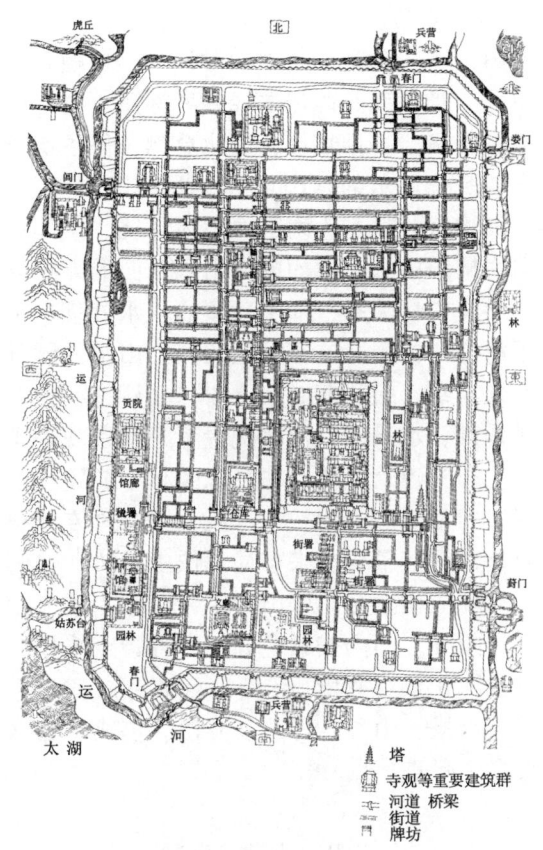
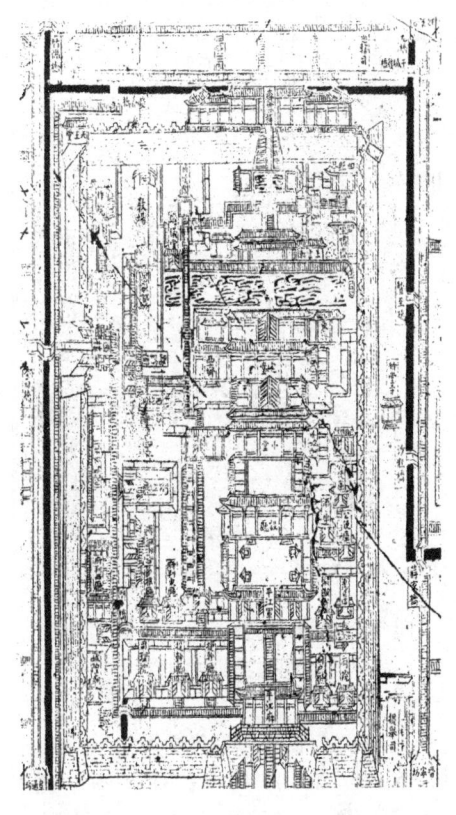

图 5-5　宋平江府图碑摹本　　　　　图 5-6　宋平江府图碑中"子城"拓本

碑，在中国古典园林史上占有极高的位置。

宋徽宗倦于朝廷，却爱石成癖、营山成瘾、精于书画，具有极高的艺术造诣，使得艮岳具有深厚的人文内涵。建造寿山艮岳时，先经过周详的规划设计，制成图纸后再进行施工。历史上著名的"花石纲"事件就与这次造园活动有关。艮岳开始建造时，宋徽宗命大将朱勔在苏州、杭州一带，搜集石料和花木，运往东京汴梁，并在平江（苏州）特设应奉局，负责"花石纲"事务。据《宣和遗事》记载："凡士庶之家，有一花一木之妙者，悉以黄帕遮覆，指做御前之物。不问坟墓之间，尽皆发掘。石巨者高广数丈，将巨舰装载，用千夫牵挽，凿河断桥，毁堰拆闸，数月方至京师。一花费数千贯，一石费数万缗（mǐn）。"为搜集奇花异石，对百姓如此百般盘剥，奢侈浪费，民怨极大。

寿山艮岳始建于公元 1117 年，先筑万岁山，同时又凿池引水，建造亭台楼阁，历时六年才建成。万岁山称艮岳，后在其南面建成寿山，就称为寿山艮岳（图 5-7）。园门的匾额题名"华阳"，又称华阳宫。可惜此园毁于战乱。

寿山艮岳建好后，宋徽宗撰写了《艮岳记》，介绍艮岳的布局和概貌："左山右水，后溪而旁陇，连绵弥满，吞山怀谷。其东则高峰峙立，其下则植梅以万数。"在《艮岳记》结语中说："崖峡洞穴，亭阁楼观，乔木茂盛，或高或下，或远或近，一出一入，一荣一凋，四属周匝，真天造地设，神谋化力，非人可能为者。"

另有《华阳宫记》《艮岳百咏诗》、南宋张昊的《艮岳记》都描写了艮岳的园景，从以上这些文献记载中，我们可以了解到这座著名的皇家园林的特点。

1. 布局奇巧

寿山艮岳完全抛弃了中轴对称，一切顺其自然而布置。景点或开辟透景线或者深藏，时起时伏，忽明忽暗，不拘常规，变化莫测，但主次分明，整体统一。东部以山取胜，西部以水见长，水体周围均有北、东、南三面山体环绕。全园以万岁山为构图中心，南面的寿山和西面的万松岭为辅，形成主从关系，加上巧妙的理水处理，形成山环水抱的格局。这座大型的人工山水园园林景观十分丰富，有山景、花木景、药用植物景、农家村舍景、水景等，植物配置考虑到景观的季相变化。园中建筑一改以往皇家园林中成组成群的布置，打破秦汉以来"一池三山"的传统格局。而是根据造景要求来布局，依山就势，错落有致，与环境相融合。以山为主，以水为辅，山水结合的园林。园内按景色分区，各景点采用诗词点景，深化景观意境。《艮岳百咏诗》记载有以建筑、水景、山谷、峰石、方位、植物等命名的一百多个景点。

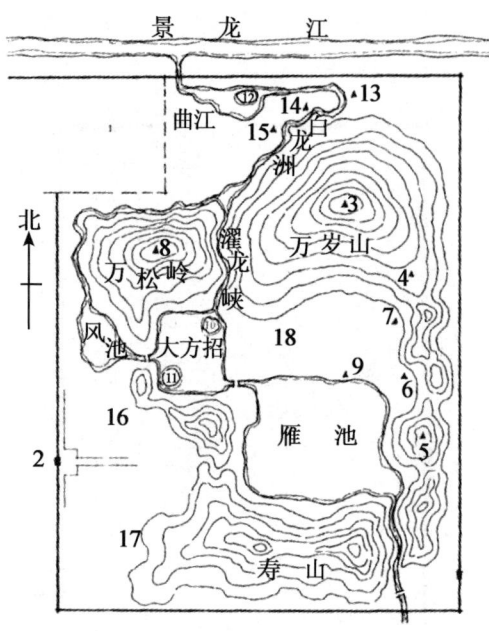

图5-7 寿山艮岳平面图（仿周维权《中国古典园林史》）

1. 上清宝箓宫 2. 华阳门 3. 介亭 4. 萧森亭
5. 极目亭 6. 书馆 7. 萼绿华堂 8. 巢云亭
9. 绛霄楼 10. 芦渚 11. 梅渚 12. 蓬壶
13. 消闲馆 14. 漱玉轩 15. 高阳酒肆
16. 西庄 17. 药寮 18. 射圃

2. 掇山秀美

主山万岁山，先用土堆筑而成，山体轮廓模仿杭州凤凰山，后又置太湖石堆叠，形成一座大型的人造山，长数百步，高达百尺，大洞数十，悬崖峭壁，沟壑纵横。山上建"介亭"，成为全园的制高点，在亭中可俯瞰全园的景色，又可借园外之景，与南山和万松岭"三山错落，以近及远，缓平透迤，岗连阜属，东西相望，前后相续……"，[③]互成对景。万岁山东南的芙蓉城是山的余脉，整个假山山系形成"众山拱伏，主山始尊"的气势。堆筑假山的石材用料讲究，先画好图样，再选择石料，以太湖石和灵璧石为主。万岁山、南山和万松岭之间，岗峦或开和，或收放，形成峡谷，或形成峪沟，曲折幽深，山上建有亭台，山下有溪流、水池环绕，山腹中有山洞数十个，山上有滴水瀑布，设有蹬道盘旋迂回，在高险之处设木栈，倚石而上，可见山景十分丰富。

宋代玩赏奇石成风，艮岳中也大量运用一些形态奇特的巨石，进行特置孤赏，一些主要的石峰根据形态由宋徽宗赐名，如"朝日生龙、神运、万寿、舞仙、玉麒麟、伏犀、乌龙、老人、滴翠岩、积雪岭"[④]等等。宋代的造园者模仿自然界的山崖洞谷形象，又受到山水画的影响，在园林中创作出源于自然，而又高于自然的山水景观，宋代筑山叠石的技艺在唐代基础上有了进一步发展，成为以后筑山置石的楷模。

3. 理水巧妙

艮岳的理水模仿自然界的各种水体形态，以水池为中心，再配合溪流、河道、涧谷、瀑布、潭等水景，形成一个完整的水系，加上山石、花木的配置，亭、台、楼、阁的点缀，营造出一幅人工与自然完美结合的山水画卷。艮岳的水源引自西北的景龙江，入园后流入小水池"曲江"，池中建岛，岛上有蓬莱堂，水流经西南的溪流白龙，流入万岁山西麓，在此分流。一支经万松岭与万寿山之间的濯（zhuó）龙峡，向南直接流入大方沼。另一支绕过万松岭，往西流入凤池，再汇入中部的大方沼，大方沼中有两个小洲，东为芦渚（zhǔ），上建浮阳亭，西为梅渚，上建云浪亭，园中的水再往东注入全园最大的水面——雁池，最后从东南的溪涧流出园外。艮岳的水系处理与周围的地形巧妙结合，注意了分与聚的变化，既有辽阔的水面，明净开朗，又有溪流萦回，清幽曲折，使得空间层次丰富而又有变化，景物深远不尽。

4. 建筑丰富

艮岳的建筑类型非常丰富，除有宫殿及亭、台、楼、阁、馆、堂、榭等园林建筑外，还有寺庙、道观、藏书楼、村舍、集市等，几乎包罗了当时的所有建筑形式，建筑的造型也较唐代小巧、精致，更好地发挥了造景和观景的双重功能，许多建筑都有题名。宫殿也不是成组成群布置，而是随地势、因景点的需要建造，注重与环境的融合。

5. 植物繁多

艮岳的植物种类丰富，除了当地的品种，还从江南、中南、岭南等地引种，据宋徽宗的《艮岳记》记载："……即姑苏武林明越之壤，荆楚江湘南粤之野，移枇杷、橙、柚、橘、柑、椰、栝、荔枝之木，金蛾、玉羞、虎耳、凤尾、素馨、渠那、茉莉、含笑之草。不以土地之殊，风气之异，悉生成长养于雕栏曲槛，而穿石出罅（xià）。"可见园中花木繁茂。艮岳的一些景点、景区的植物采用大量的片植，形成以植物为主题的景，如"海棠川、梅岭、杏岫、龙柏陂、梅渚、芦渚、椒崖、斑竹麓、萼绿华堂、雪浪亭"⑤等。另外，园中还圈养和放养了大量珍禽异兽，为园林增加了自然之趣。

6. 借景巧妙

艮岳借景采用内借、外借，远近交辉，使层次更加丰富而深远。远处借景有山南的芙蓉城，使其处于艮岳和寿山之间，别有一番景致。艮岳之北开凿一个大池，叫曲江池，引景龙江水灌入，池中有岛，岛上有堂，池南有瑶华宫，极似唐代的曲江，风景极美。高峰见亭，四处可见，临亭四望，尽收眼底。

寿山艮岳是对自然界山水风景的模拟，经过艺术加工，形成一座富有诗情画意的人工山水园，由于受山水画论的影响，这座皇家园林少了一些皇家气派，而多了一些清新和雅致。

（三）金明池

金明池位于东京外城新郑门外干道北面，原是后周（世宗）和宋太宗时为教习水军开凿的水池。宋政和年间，在此兴建大殿、楼阁，进行植物配置，逐渐成为一座有名的皇家园林。从宋代画家张择端的名画《金明夺标图》（图5-8）和《东京梦华录》的记载中可以了解金明池的园景。

全园以一个大方形水池为中心，池周9里30步，有围墙，设四门，呈规整式布局。池南岸并列布置两个殿——宴殿和射殿，宴殿居中，射殿靠东，宴殿的北面建有高台，上建宝津楼，下架仙桥，状如彩虹，与水池中央，方州之上的水心殿相连。

射殿之北建有临水殿，水池北岸为奥屋，是

图5-8 宋张择端《金明池夺标图》

一座船坞式建筑。池岸四周均有树木环绕，奇花异草，林木成阴，皇帝常游玩于此。金明池变为皇家园林后，每年3月3日对百姓开放，允许平民游春，并举行龙舟竞赛，东岸结彩棚，西岸集游人，热闹非凡。后渐渐成为官民共用的水上游乐场所。

（四）琼林苑

琼林苑在金明池之南，始建于乾德二年（公元960年）。园东南角堆筑一座高数十丈的假山，名"华嘴冈"，山上建有金碧辉煌的楼阁，山下有宝砌池塘、柳索虹桥、花萦凤舸。琼林苑花木众多，移植了许多江南、岭南的名花，植物中点缀亭、榭等建筑。园中还设有以观赏花木为主的石榴园、樱桃园，是一座以花木取胜的皇家园林。园内设球场，"乃都人击求之所"。大比之年，皇帝也来此赐"琼林宴"宴请入榜的新科状元。

（五）岳阳楼

岳阳古称巴陵，岳阳城在商代称为彭城。公元214年，东汉建安九年，三国时的吴王孙权为与刘备争夺荆州，令鲁肃屯兵巴丘。鲁肃为指挥水师操练，就在洞庭湖边修起了一座阅军楼。后经不断地改建整修，变成如今雄峙洞庭湖畔的飞檐凌空、雕栏石砌、巍峨壮观、名扬四海的巍巍楼阁（图5-9）盛唐时期，宰相张说（公元667—730年）因不服宰辅姚崇，而被贬岭南，任岳州刺史。张说不仅是政坛人物，也是一位文学家和诗人，极好登楼赋诗，对岳阳楼一见钟情，加以整修装饰。

历史上真正使岳阳楼出名的是北宋的岳州知州滕子京。

图5-9 岳阳楼

公元1015年，滕子京与范仲淹等人同举进士，两人友好，政位一路顺达，曾任"迁殿中丞""左司谏"。但滕官场得意便犯禁，结果被调出城外任知州。好友范仲淹多次举荐滕，滕老毛病总犯，在泾州时又贪公款被贬。也许是受唐张说登楼赋诗的雅兴所启迪，滕在任期间决定修一座登高远眺、赏月吟诗的楼阁。没钱怎么办？极有鬼点子的滕子京张榜民间，派人催缴欠官府债务，说整修岳阳楼用。结果，居然收缴了近万缗（mín，每缗一串一千文）。滕不设帐目，自放家中，暗箱操作。未动国库半文钱，最后使这座雄伟华丽的岳阳楼得以重建竣工。

岳阳楼建成后，腾给好友范仲淹邮去了一幅"洞庭晚秋图"画及一封"求记书"信，信写得情真意切。范仲淹少时极为贫困，在油灯下寒窗苦读，对贫民之苦深有体会。"求记书"几经周折到达范仲淹手中，范未加推辞，欣然命笔，以极为丰富的想象语言，写下了名垂千古的名著《岳阳楼记》。

滕子京收到此文之后，立即请了独步本朝的草圣——苏舜钦书写，后又请皇帝赐予"冲素处士"，善工"钗股篆"的邵悚"篆额"。完成了岳阳楼最具历史文化艺术厚重的"四绝"，即滕子京的重建、范仲淹的文章、苏舜钦的字、邵悚的篆额。

腾子京是历史上最大规模重建岳阳楼的主持者。

岁月流长，岳阳楼多次毁于战火和洪水。明崇祯十二年（1639年），推官陶宗孔，清顺治七年（1650年），岳洲知府李若星，清康熙二十二年（1683年），岳洲知府李遇时、知县赵士珩，清康熙四十年（1701年）知府孙道林曾先后进行重修，使岳阳楼得以巍然屹立。

历史文化的堆积使岳阳人视岳阳楼为城徽,格外珍爱,并为它而荣耀。

距今1 780多年的岳阳楼如今继续放射出耀眼的光芒。

(六) 私家园林

北宋的私家园林以洛阳园林为代表,大多是唐时的旧园改造而成,主要有3种类型:宅园、游憩园、花园。

1. 宅园

宅园是紧临宅第的园林,园主人生活在其中。

(1) 富郑公园:富郑公园是宰相富弼的私园。《洛阳名园记》描写:"洛阳园池,多因隋唐之旧。独富郑公园为近辟,而景物最胜。游者自其邸东出探春亭,登四景堂,则一园之景胜而顾览而得。南渡通津桥,上方流亭,望紫筠堂而还,右旋花木中,有百余步,走荫樾亭、赏幽台,抵重波轩而止。直北走土筠(yún)洞,自此入大竹中。凡谓只洞者,皆轩竹丈许,引流穿之,而径其上,横为洞一,曰:'土筠',纵为洞三,曰:'水筠',曰:'石筠',曰:'榭筠'。历四洞之北,有亭五,错列竹中,曰:'丛玉',曰:'披风',曰:'漪岚',曰:'夹竹',曰:'兼山'。稍南有梅台,又南有天光台,台出竹夹之抄。遵洞之南而东还,有卧云堂,堂与四景堂并,南北左右二山,并压通流,凡坐此,则一园之胜,而拥而有也。"

从以上描述中看,这是一处利用旧址而新建的园林,建于府邸东侧,全园以大水池为构图中心,北岸为主体建筑四景堂,南岸为卧云堂。水池的南北各有一座用土堆筑的假山,设蹬道盘旋。北假山山腹内有四个山洞,再往北是一大片竹林,林中错落布置着五个亭,南假山上植梅、竹,建梅台、天光台,水池东部是一片竹林,间

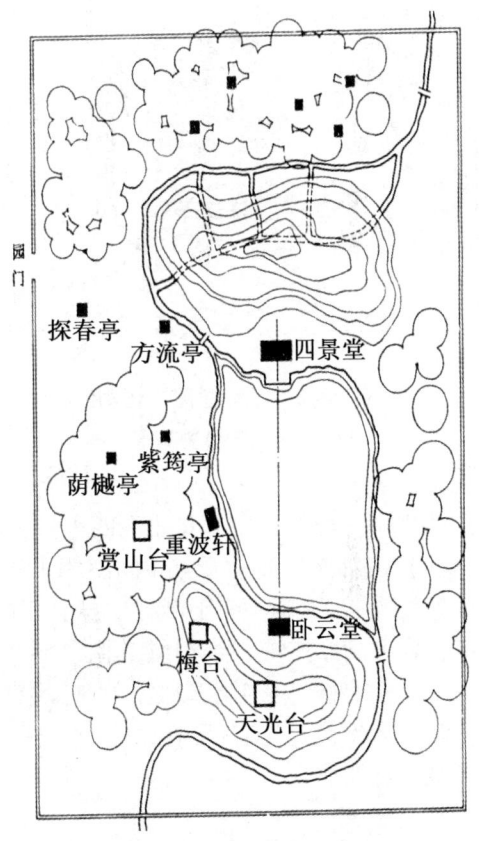

图5-10 富郑公园平面想象图
(仿周维权《中国古典园林史》)

植花木。入园先至探春亭,探春亭南临溪池,过桥可见堂和亭,回头向右有重波阁。园北分为"土、水、石、榭"四景,又有丛玉亭、披风亭、夹竹亭、兼山亭,再向前有梅台、天光台。园南有溪池、环池二景,水上跨"方流亭"。池西有探春亭、方流亭、紫筠堂、荫樾(yuè)亭、赏幽台、重波轩等建筑隐掩在花木中。富郑公园的特点是以景物取胜,达到了"步移景异"的境界(图5-10)。

(2) 环溪:《洛阳名园记》载:"环溪,王开府宅园,其'洁华亭'者,南临池,池左右翼而此过'凉榭',复汇为大池,周围如环,故云然也。"⑦环溪的布局以一个大洲为中心,其南北各有一个大的水池,东西两侧以溪涧相连,形成一个环流的水系,所以称"环溪"。全园的建筑布置在大洲和水池四周,洲中建多景楼,登楼可南望层峰叠翠,"嵩高、少室、龙门、大谷"之景,水池北岸东有风月台,登台可北望隋唐宫阙楼殿建筑,南借山峦奇景,

借景手法运用得体。"园中树松、桧、花木千株，皆品别种列。"池西北的"锦厅"，"其下可坐百人，宏大壮丽，洛中无逾者。"环溪园是以水为主，主要景点围绕池溪州岛，园内林木繁茂，幽静穿林，渡壑甚为清爽（图5-11）。

（3）湖园：湖园在北宋洛阳的私园中很有名，《洛阳名园记》对它有较高评价："洛人云，园圃之胜不能相兼者云：务宏大者，少幽邃；人力胜者，少苍古；多水泉者，艰眺望。兼此六者，唯'湖园'而已。予赏游之，信然。"湖园的造园做到园大而又幽深曲折，虽是人工所为，却又古朴苍劲，湖面虽大而又有景可眺望。

湖园以一个大湖为中心进行布局，湖中有百花洲，洲上建堂，与北岸的"四并堂"相呼应，其余建筑环湖布置，洲上植花木，湖周围以成片种植的树林和竹林为主。园中运用了多种对比手法，有水面大小和开合的对比，景区幽静与开朗的对比，以及"百花酣而白昼眩，青苹动而林荫合，水静而跳鱼鸣，木落而群峰出。"等时

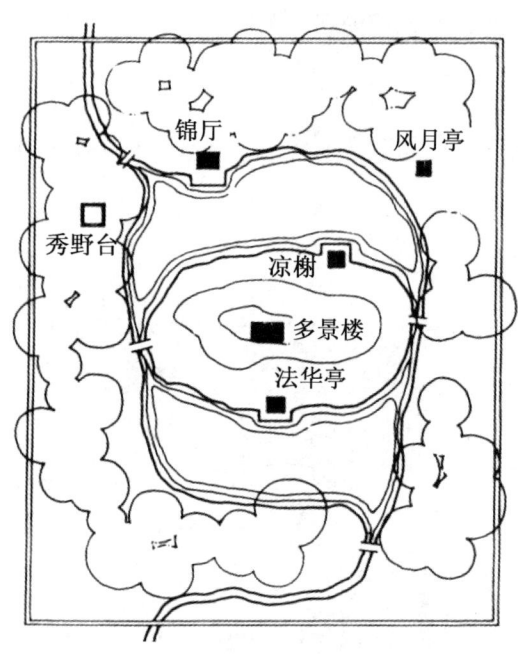

图5-11　环溪平面设想图（仿周维权
《中国古典园林史》）

态、林相、动静的对比。并注重四季景观的变化，做到"虽四时不同，而景物皆好"。

（4）苗帅园：原是开宝年间宰相王溥的私园，后节度使苗授购得加以改建而成。"园既古，景物皆老。"园中有七叶树二株，对峙，高百尺，春夏望之如山然，今创堂其北。竹万余竿，皆大满二三围，今创堂其南。园东部有水，自伊水分行而来，可泛大船，今在旁建亭。有大松七株，今引水绕之。"有池宜种植莲荷荇菜，今创水轩，板出水上。对轩有桥亭，制度甚雄侈"。苗帅园在改建时，保留原有的古树和竹林，调整水系，布置亭、堂、轩等建筑，自然成景。

2. 游憩园

这一类园林与住宅分开，单独建造，大多位于城郊，供园主人休息游玩和宴请娱乐之用。

（1）董氏西园：董氏邸园有西园和东园两个园林，均为工部侍郎董俨的私园。"董氏西园，亭台花木，不为行列区周旋，景物岁增月葺所成。自南门入，有堂相望者三。稍西一堂。在大池间，逾小桥，有高台一。又西一堂竹环之，中有石芙蓉，水自其花间涌出。开轩窗四面，其敞，盛夏燠（yù）暑，不见畏日，清风拂来，留而不去，幽禽静鸣，各夸得意，此山林之乐，而洛阳城中能够遂得之于此。小路抵池，池南有堂，面高亭，堂虽不宏大，屈曲甚邃，游者至此，往往相失，岂前世所谓'迷楼'者类也？"园虽不大，但景物曲折幽深，植物采用自然式布置，建筑点缀其间，富有山林野趣。

（2）董氏东园："东园，北向，入门有栝，可十围，实小如松实，而甘香过之。有堂可居，董氏胜时，载歌舞游之，醉不可归，则宿此数十日。南有败屋遗址，独'流杯'、'寸碧'二亭尚完。西有大池，中为堂，榜之曰：'含碧'。水四面喷泻池中，而阴出之，故朝夕如飞瀑，而池不溢。洛人盛醉者，走登其堂，故俗目曰'醒酒池'。"这是一个专门供园

主人歌舞娱乐和宴请宾客的游憩园。

（3）丛春园：这是门下侍郎安焘的私园。园中"岑寂而乔木森森然。桐、梓、桧、柏，皆就行列。"此园以植物造景取胜，也是洛阳名园中唯一采用行列式种植的园子。林中建有大亭"丛春亭"和高亭"先春亭"，"……北可望洛水，盖洛水自西汹涌奔激而来，天津桥者，垒石为之，直力畜其怒而纳之于洪下，洪下皆大石，底与水争，喷薄成霜雪，声闻数十里。予偿穷冬月夜登是亭，听洛水声，久之，觉清冽侵入肌骨，不可留，乃去。"园内可远借园外洛水的远景，又可听到汹涌奔流的水声，巧妙地运用了借景手法。

（4）松岛：原是唐时的旧园，北宋时为宰相李迪的私园，后归吴氏所有。"松、柏、枞、杉、桧、栝，皆美木，洛阳独爱栝而敬松，松岛，数百年松也。"园内因多古松而得名。园中"颇葺亭榭池沼，植竹木其旁。南筑台，北构堂，东北曰：'道院'，又东有池，池前后为亭临之。"建筑形式简朴，用茅草覆盖亭榭，布局讲究因地制宜，与环境相融。另外水景的布置"自东大渠引水注园中，清泉细流，涓涓无不通处。"此园的特色是古朴而又有生气。

（5）水北胡氏园："水北胡氏二园，相距十许步，在邙（máng）山之麓，瀍（chán）水经其旁。因岸穿二土室，深百余尺，坚完如延埴，开轩窗其前，以临水上，水清浅则鸣漱。湍瀑则奔驶，皆可喜也。"这是相距仅十余步的两个园，位于洛阳北面的邙山之麓，临岸凿出一个深百余尺的土室，开窗临水，可观瀍水的景致。园内的望月台，"其台四望，尽百余里，而紫伊缭洛乎其间，林木荟蔚，烟云掩映，高楼曲榭，时隐时见，使画工极思不可图"。把园外的景色借入园中。另"有亭榭花木，率在二堂之东。凡登览徜徉，俯瞰而峭绝，天授地设，不待人力而巧者，洛阳独有此园耳"。水北胡氏园的造园充分利用原有的地形条件和自然环境，运用借景手法，布置建筑花木，使景观显得自然而有气势。

（6）独乐园：独乐园是司马光的私园，面积不大，非常简朴。司马光撰写的《独乐园记》中有详细的描述。园的中部有"读书堂"，堂南为"弄水轩"，堂北为一个大水池，池中有岛，岛上种竹，把竹梢扎结起来，称为"钓鱼庵"。池北建"种竹斋"，池西筑有一土山，山上建"见山台"，可远借洛阳城外的万安、轩辕、太室诸山之景。池东的"采药圃"种竹和药用植物，"又特结竹杪落番蔓草为之尔"。"采药圃"的南面种植芍药、牡丹和其他的杂花，又有"浇花亭"点缀其间。整个园子风格朴素，富有自然野趣。独乐园的各景题名多出自古人的名句，有一定的寓意，又能与园景很好结合，深化了园林的意境。后司马光写的《独乐园七题》诗：《读书堂》《钓鱼庵》《采药圃》《见山台》《弄水轩》《种竹斋》《浇花亭》，歌咏园中景色，引发后人的联想，此园得以传诵于世。

（7）东园：这是宋仁宗的宰相文彦博的私园。"本药圃。地薄东城，水渺弥甚广，泛舟游者如在江湖间也。'渊映'、'瀍水'二堂，宛宛在水中，'湘映'、'药圃'二堂间，列水石"。东园水面辽阔，可泛舟游览，园中建有四堂，这是利用原有的药圃建造的大型水景园。

（8）吕文穆园："伊、洛二水自东南分注河南城中，而伊水尤清澈，园亭喜得之，若又当其上流，则春夏无枯涸之病。"吕文穆园选址适宜，建在水质较佳的伊水上游，竹木繁茂，园中有三亭，一在池中，二在池外，池上跨桥相连。

3. 花园

这一类园林面积较大，是以种植观赏花木为主的私园。

（1）归仁园：此为中书侍郎李清臣的花园，是当时洛阳城内最大的私家园林，占据一个街坊，周围有一里多范围，园中"北有牡丹、芍药千株，中有竹千亩，南有桃李弥望"。

（2）李氏仁丰园：此园除用嫁接技术培育新品种，还引种驯化南方的奇花异卉，故搜集的花木种类最多。"今洛阳良工巧匠，批红判白，接以它木与造化争妙，故岁，益奇且广。桃、李、梅、杏、莲、菊，各数十种，牡丹、芍药，至百余种。而又远方奇卉，如紫兰、茉莉、琼花、山茶之俦，号为难植，独植之洛阳辄与其土产无异。故洛阳园圃，花木有至千种者"。李氏丰仁园"人力甚治，而洛阳花木无不有"。[8]园中建有五亭，可供赏花休息之用。

（3）天王院花园子：园中独有上好牡丹10万余株，有洛阳"牡丹甲天下"之称，每年牡丹盛开时，对市民开放。洛阳倾城赏牡丹，甚至绝烟火外出赏花，盛况至极。

二、南宋

临安是南宋的都城，西湖及其周围分布了大量皇家园林、私家园林和寺观园林，仅《都城记胜》和《梦梁录》中提到的就有50多处，其中，皇家园林有10多处，西湖及其周围的山区逐渐开辟为自然风景游览地。另外，临安城南郊钱塘江畔和东郊的风景优美地段也分布有许多园林。吴兴有太湖和周围群山叠翠，自然景物秀美，建有大量私园，《吴兴园林记》中记录了34处。平江经济、文化发达，自然条件优越，也建造了不少私家园林。

（一）都城——临安

南宋临安（杭州），原名余杭，秦代建县，隋代兴修大运河，杭州成为航道的起点，货物集中，日益繁荣。五代时曾为吴越国的都城，南宋建都后，在原来吴越和北宋杭州州级城市的基础上进行改造，逐渐形成一个都城的格局（图5-12）。

南宋临安的布局特点是皇城在南，外城在北，沿用了唐宋子城在南，州城在北的格局。在改建时，以杭州子城作为皇城，向北基本沿用了北宋时恢复修建的吴越子城，向南加修了一重外城。

由于临安城中的宗庙、社稷、官府、宅第、市肆、坊巷都在皇城之北，故临安的御街以北向为主，这在历史上与其他都城相反。御街是临安的主要干道，路面较宽，供仪仗队伍通行，所经桥梁也较低平，便于车马通行。御道两旁铺有砖石，中道铺细沙，下设阴沟泄雨水，以保持中道干燥。御街不仅是祭祀、礼仪的必经之道，也是城市商业贸易集中之地，两侧街坊多数可以直通御街，当地的官府、学校、次要官署常在稍远的背街。

南宋临安的布局模仿北宋东京进行改造，与北宋东京有许多相似之处，也设置三重城墙，有御街，采用街坊制，官府、寺观、民宅、店铺、酒楼、手工作坊、仓库、学校甚至朝廷机关都穿插分布在各街坊，漫无规律。居民坊人口稠密，过于拥挤。

（二）后苑

后苑在宫城之北，地处凤凰山西北，因地势较高，气候凉爽，林木花卉众多，有飞瀑、大池和饲养各种动物的动物园，殿、堂、廊、榭、亭等建筑点缀其间，是帝王避暑和赏花的最佳去处。据《武林旧事》记载："禁中避暑多御复古、选德等殿，及寒翠堂纳凉。长松修竹，浓翠蔽日，层峦奇岫，静窈萦深。寒瀑飞空，下注大池可十亩。池中红白菡萏万柄，盖园丁以瓦盆别种，分列水底，时易新者，庶几美观。置茉莉、素馨、建兰、麝香藤、朱槿、玉桂、红蕉、者婆、詹葡等南花数百盆于广庭，鼓以风轮，清芬满殿"。[9]

后苑以观赏花木取胜，建筑和景区都有题名，建筑根据周围配置的植物和景观特点来命名，有些景区专门栽植一种花木，取名模仿北宋的寿山艮岳。如《南渡行宫记》描述："梅花千树曰'梅岗'，亭曰'冰花亭'，枕小西湖，曰'水月境界'，曰'澄碧'。牡丹曰'伊洛传芳'，芍药曰'冠芳'，山茶曰'鹤丹'，桂曰'天阙清香'，棠曰'本枝百世'……橘曰'洞庭佳味'，茅亭曰'昭俭'，木香曰'架雪'，竹曰'赏静'，松亭曰'天陵偃盖'。"

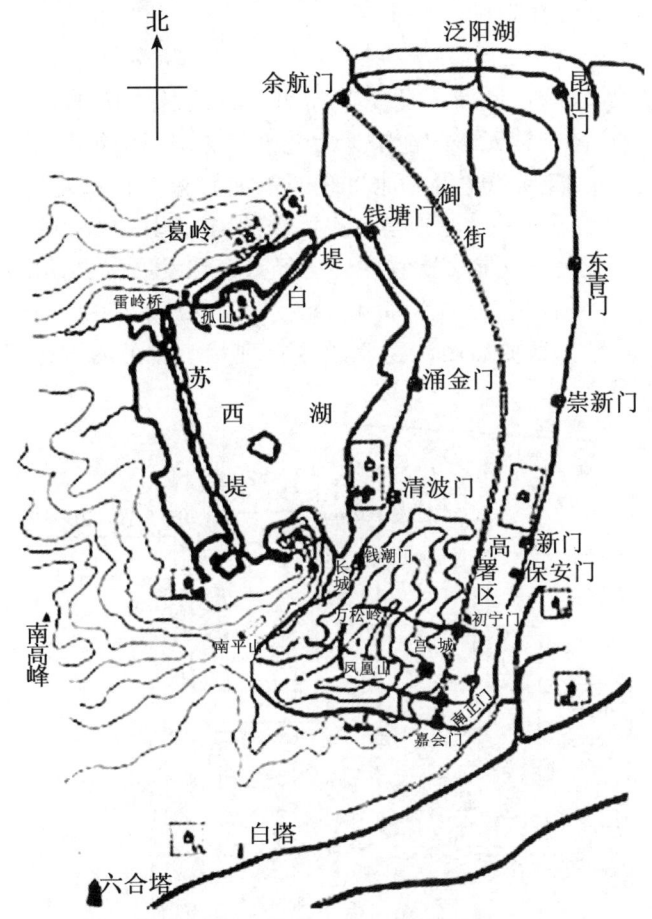

图 5-12　南宋临安城平面及主要宫苑分布示意图
1. 大内御苑　2. 得寿宫　3. 聚景园　4. 昭庆寺　5. 玉壶园　6. 集方园　7. 延祥园
8. 屏山园　9. 净慈寺　10. 庆乐园　11. 玉津园　12. 富景园　13. 五柳园

（三）得寿宫

得寿宫在临安外城望仙桥之东，原为秦桧府邸，后扩建，宋高宗禅位后退居于此，当时称为北内。

南宋李心专的《建炎以来朝野杂记》乙集卷三描写："宫内凿大池，引西湖水注之，其上叠石为山，象飞来峰。有楼曰'聚远'。凡禁周回分四地。东则'香远清深'（梅堂、竹堂），'月台梅坡'，'松菊三径'（菊、芙蓉、竹），'清妍'（酴醾），'清新'（木樨），'芙蓉冈'。南则'载忻'（大堂乃御宴处），'忻欣'（古柏湖石），'射厅临赋'（荷花仙子），'灿锦'（金林檎），'至乐'（池上），'半丈红'（郁李），'清旷'（木樨），'泻碧'（养金鱼处）。西则'冷泉'（古梅），'文杏馆静药'（牡丹），'浣溪'（大楼子海棠）。北则'绛华'（罗本亭），旱船'俯翠'（茅亭），'春桃盘松'（松在西湖，上得之以归）。"可以看出，得寿宫内水面较大，池中植荷花，可泛舟游赏，仿杭州灵隐的飞来峰掇山，假山的洞内可容百余人，主要建筑为冷泉亭、聚远楼、梅堂、竹堂、载忻堂、文杏馆、罗本亭等，另外，还有射厅、跑马场和球场等活动场所，园中植花木，四时可赏，古木众多，幽静清雅。

（四）私家园林

南宋时的私家园林也很兴盛，大多集中在临安（杭州）西湖周围，另太湖之滨的吴兴

（湖州）和平江（苏州）也有分布。

1. 沧浪亭

沧浪亭位于平江（苏州）城南，是现存苏州古典园林中历史最为悠久的园林（图5-13）。最早为唐末吴越广陵王钱元璙的池馆，后荒废。北宋历庆年间（公元1041—1048年），诗人苏舜钦（字子美）以四万钱购得。他将废园重加修整，临水建亭，名为沧浪亭，并写《沧浪亭记》，自号沧浪翁。从此，沧浪亭名声大震。当时园内"崇阜广水""杂花修竹"⑩，富于自然景色。苏舜钦死后，此园多次易主，历经兴衰和发展，更具规模。南宋时曾作为抗金名将韩世忠的住宅，并加扩建，又称韩园。元、明时代废为寺院。现在的规模大部分是清康熙、道光、同治时重建，解放后屡次整修成今日现状。著名的"沧浪亭"于清康熙年间重建，位于便山东首最高处。

图5-13 沧浪亭平面图

沧浪亭面积约16亩，全园以山林景色为中心，环山布置建筑，园外水面环绕，"内山外水"是它的特点。园门前有沧浪胜迹牌坊碑和石桥，过桥入园迎面可见高阜丛林，修竹遥空，古木参天，后行至面水轩，轩北临水，南面假山。自面水轩东行经复廊，可透过廊壁花窗观赏内外山光水色。再往东至一方亭，三面临水，名钓鱼台。自此穿复廊循小径登山即达沧浪亭。亭方形，石柱石梁造型，稳重古朴，其上有匾额题名"沧浪"，柱上刻有楹联："清风明月本无价，近水远山皆有情"⑪，耐人寻味。

园林中部的假山分为东、西两部分，东部为黄石堆成，土石相间，有真山意味；西部以湖石堆砌，玲珑精巧。

假山南面有两组庭院建筑，东面是以明道堂、瑶华境界组成的一个大庭院，较规整庄严；西面是由清香馆、五百名贤祠、仰上堂、翠玲珑、藕花水榭等建筑和游廊组成大小不等、曲折多变的庭院。位于全园最南端的看山楼，建于一座假山上，造型轻巧飞逸，可俯瞰全园景色和眺望远景。楼下有石屋两间，屋前假山上刻有林则徐手书"园灵证鉴"四字。

苏州园林大多以高墙围合，在墙内掇山掘池。沧浪亭则环山布置建筑，四周绕水，借园外景色，并以复廊将墙外的水和院内的山联成一气，是借景的佳例。园内古木参天，富有山林野趣。建筑简朴，漏窗图案精美，营造出清幽古朴的环境氛围，在苏州各园中别具一格。

2. 网师园

网师园位于苏州城东南，始建于南宋淳熙年间，原是吏部侍郎史正志的万卷堂故址，名"渔隐"。清乾隆时由宋宗元重建，取"渔隐"原意，自比渔人，自号"网师"，改名"网师园"（图 5-14）。

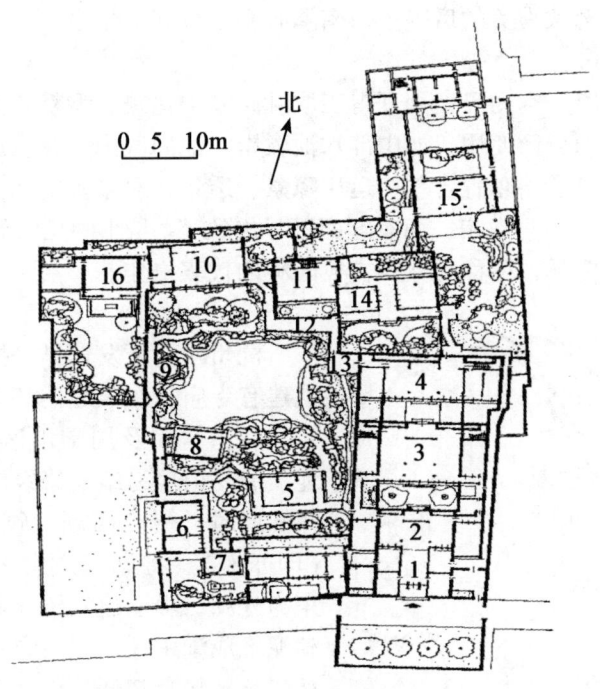

图 5-14　网师园平面图（仿刘敦桢《苏州古典园林》）
1. 宅门　2. 轿门　3. 大厅　4. 撷秀楼　5. 小山丛桂轩　6. 蹈和观　7. 琴室
8. 濯缨水阁　9. 月到风来亭　10. 看松读画轩　11. 集虚斋　12. 竹外一枝轩
13. 射鸭廊　14. 五峰书屋　15. 梯云室　16. 殿春簃　17. 冷泉亭

网师园分为三部分：东部为住宅，中部是主园，西部为内园。园林部分占地约 9 亩，是一座紧临住宅的中型宅园。园林位于住宅西侧，住宅依中轴线布置，有大门、轿厅、撷（xié）秀楼，庭院二重。中部主园以水池为中心，南面的小山丛桂轩为园中主厅，与蹈和馆及琴室组成园中宴会建筑群，小山丛桂轩取庾信《枯树赋》中"小山则丛桂留人"的诗句而得名，喻款待、迎接宾客之意，轩之西是园主人居住和宴请宾客的蹈和馆和琴室；北面五峰书屋、集虚斋、看松读画轩等一组建筑为读书作画之地；此组建筑退隐于池后，与水池之间置假山、花台、树木，使体量较高的厅堂楼屋不致逼压池面，增加了园景的层次和深度，前面是临水的廊屋——竹外一枝轩，取苏轼"江头千树春欲暗，竹外一枝斜更好"之诗意，与后面的集虚斋相比，显得较低平，尺度宜人，入园洞门，凭轩可观览园中部全景。竹外一枝轩的东南是小水榭射鸭廊。

中部以水池为中心，于岸边叠砌石矶、假山，配以花木建筑，形成园中主要景区。水池面积不大，约半亩，水面以聚为主，略呈方形，池东南和西北各有一延伸的水湾，池岸用黄石叠成洞穴状，曲折错落，较低矮，使水面显得开阔，并有"源流脉脉，疏水若为无尽"之意。池南临水而建的濯缨水阁、射鸭廊及小石桥皆底临水面，使得池面更加开阔。濯缨水阁取屈原《渔父》："沧浪之水清兮，可以濯吾缨"之意。池西曲折的随墙游廊顺着水池西岸山石的堆叠而高低起伏，中间建一六角亭——月到风来亭，突出于水面之上，在此可享受"月可天心，风来水面"的情趣。

园西北是一个相对独立的小院殿春簃，旧时遍植芍药，每逢春末，这里"尚留芍药殿春风"，因此而得名。位于庭院北面的正厅为书斋殿春簃，屋后置湖石，配以梅、竹、天竺、芭蕉，形成一个精致秀美的后院。西南隅有寒碧泉和一半亭冷泉亭，院中峰石峙列，树木疏朗，景致精巧。

网师园以布局紧凑、空间尺度处理得当取胜。园中建筑造型精巧秀丽，环池错落布置有致。用石按石质不同而分区使用，如中部水池驳岸、池周假山、花台用黄石，其他庭院用湖石，不混杂。园内游览道路布置合理，运用障景、透景、对景及空间大小、明暗的对比等造园手法，使得网师园"地只数亩，而有迂回不尽之致。"⑫是小中见大处理的佳例。园内建筑密度虽大，却有自然之趣，可称为苏州古典园林的代表之作。

3. 西湖

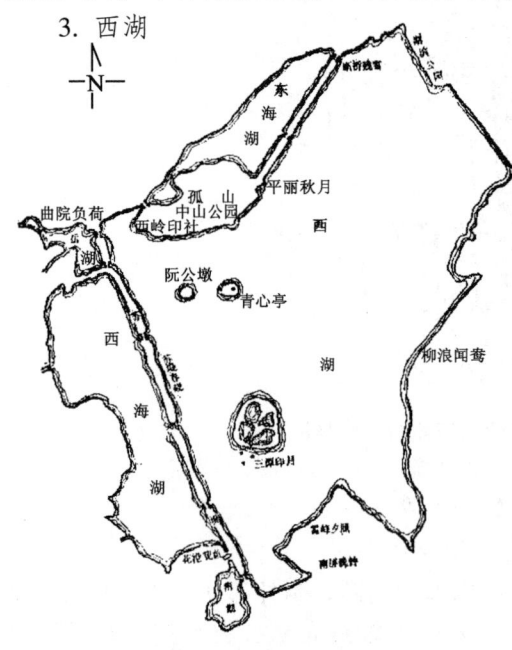

图5-15 西湖平面图

杭州西湖开发较早，据记载东晋时西湖周围就建有寺庙，在吴越时曾建有雷峰塔和保叔塔，唐宋后，西湖及周围山区逐渐开辟为风景游览地。唐时白居易组织修筑白堤，南宋苏东坡任杭州知府时，疏浚西湖，筑一条横贯南北的长堤（即苏堤），将湖面划分为两部分，西为里湖，东为外湖。堤上建六桥，堤上种桃和垂柳，并用湖泥堆成湖中岛，同时布置亭、榭、桥、廊等园林建筑，景色甚佳。许多文人画家以西湖为题吟诗作画，留下了许多赞美西湖的诗词。如白居易的《春题湖上》："湖山春来似画图，乱峰围绕水平铺。松排山面千重翠，月点波心一颗珠。"；苏东坡的《饮湖上初晴后雨》："水光潋滟（liǎn yǎn）晴方好，山色空蒙雨亦奇；欲把西湖比西子，淡妆浓抹总相宜。"就是对西湖美景的赞颂，千百年来一直脍炙人口。西湖优美的自然风景，历代沉积下来的人文、历史，加上民间的神话传说，逐渐形成了富有诗情画意的"西湖十景"，即：苏堤春晓、柳浪闻莺、花港观鱼、曲院风荷、平湖秋月、三潭印月、断桥残雪、雷峰夕照、南屏晚钟、双峰插云（图5-15）。这十景到现在已有七百多年的历史，一直沿用，闻名中外。

西湖是在结合自然的水面、山林和原有地形的基础上，经过艺术加工改造而成的自然风景园林，它有别于帝王的宫苑，也不同于官僚文人的私家园林，具有公共游憩性质，平民百姓也可以游览观赏。

两宋继魏晋南北朝后，又一次出现了建置佛寺的高潮，全国各地修建了许多寺观园林（图 5-16）。大量的山岳风景区被开发出来，其风格也受到当时文人园林的影响，显得清新、雅致，富有文化蕴涵。

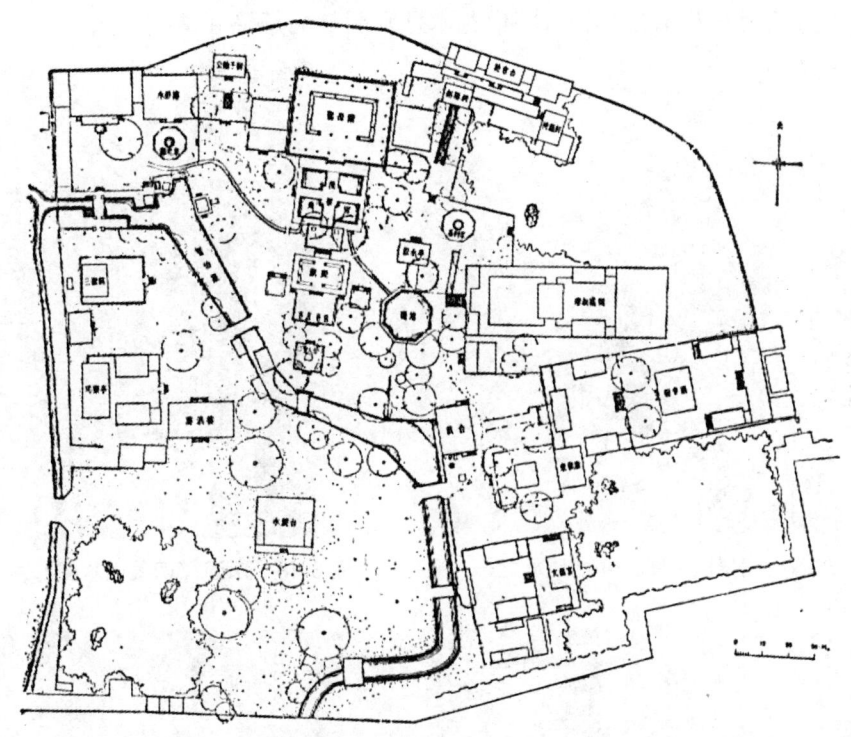

图 5-16　山西太原晋祠总平面（摹自刘敦桢《中国古代建筑史》）

第三节　园林特色

一、园林发展

（1）两宋的园林因受当时诗画的影响较大，出现了诗词创作的高潮。山水诗盛行，名家名作迭出。一方面，宋代的绘画艺术达到了很高的水平，山水画家追求含蓄的意境，把画的意境和诗的意境相结合，既写景又抒情，画中有诗，诗中有画，丰富了山水画的内容，出现了许多以自然山水为蓝本而建造的写意山水园，如宋徽宗主持修建的寿山艮岳；另一方面，宋代的诗词、绘画中，有许多是以园林为题材创作的，诗画与园林之间相互影响渗透，使得宋代的文人园林兴盛（图 5-17、图 5-18、图 5-19、图 5-20）。同时，园林趋于小型化、多样化、趣味化，向宅邸园林发展，宅邸园林在各地大量兴建。

（2）宋代兴建园林多造假山，尤以江南一带为盛，出现了专门从事叠山的工匠——"山匠"。由于叠山活动的增多，技巧更加熟练。受山水画的影响，在园林中建造出平面布局曲折多变，立体轮廓参差有致的假山，既有岗、台、峰、洞、壁、崖、峡、蹬栈，又有瀑布、溪流、滴水、动静结合、造型丰富，叠山的工程技术达到较高水平。宋代园林中置石成风，这是宋代园林的特色，苏东坡、欧阳修、陆游、李清照、米芾等人爱石成癖，之后历代许多文人以玩石为风雅。

(3) 宋代以树木造园更引起重视，有专类花园、树木园和花木分类园。园林植物由于园艺技术的发展，栽培技术水平有较大提高，在园林中运用的品种和数量都比唐代增加。植物配置的手法多样，有丛植、片植、孤植及成林式种植等，丰富了园林的景观效果。在园林中，有的是以直接观赏花木为主，有的借花木抒发园林的意境和情趣。

图 5-17　宋画《四景山水图》中的园林之一

图 5-18　宋画《四景山水图》中的园林之二

图 5-19　宋画《四景山水图》中的园林之三

图 5-20　宋画《四景山水图》中的园林之四

(4) 园林建筑多因景而设，大都是楼、阁、轩、亭、台、廊、榭等小型建筑，梁架结构形成定式，更注重与环境的融合。由于建筑技术的发展，园林建筑和园林小品的造型多样，建筑的装修和细部更精美，色彩更丰富，从而丰富了园林的构景。

(5) 景题广泛运用。宋代园林中用题字、楹联、诗词，给园林建筑、景点、景区题名，赋予园林以标题的性质，通过文学形式来抒发园主人或观赏者的思想感情，加深对园林景观的感受和理解，使园林的意境进一步深化，也给园林带来了深厚的文化内涵。之后，在明清的园林中，继承并发扬了这个传统，出现许多优秀的景题。

(6) 宋代大力开发利用自然风景区，使西湖和太湖成为早期的自然风景名胜区。

二、园林创新

(1) 宋代造园技巧高明，出现了许多新内容。如山水殿、宴殿、对殿桥亭、舟赛及"阴出飞瀑、涧瀑、洞出云气、规筑为池"等。

（2）宋代在造园景观方面，注重"对景、背景、借景"的运用，注重景深和空间利用、情调和层次安排，注重"忽开、忽和、忽引、忽现"。

总之，宋代园林是围绕雅兴、趣味、意境而展开，去其豪华，就其巧雅，注意秀逸和超凡脱俗。使我国园林近于自然，有诗的情意和画的境界。我国以自然山水为主体的写意山水园在宋代已趋于成熟，为以后明清园林的发展打下坚实的基础。

注释：

①交子：是宋代除铜钱、白银外的一种流通货币，也是一种兑换券，为世界上最早的一种纸币。

②孟元老：《东京梦华录》。上海，古典文学出版社，1956。

③、④、⑤宋徽宗：《艮岳记》，见陈植主编：《中国历代造园文选》。合肥，黄山书社，1992。

⑥孟元老：《东京梦华录》卷七。

⑦、⑧李格非：《洛阳名园记》，见陈植、张公弛选注：《中国历代名园记选注》。合肥，安徽科学技术出版社，1983。

⑨周密：《武林旧事》，见《笔记小说大观》第九册。南京，江苏广陵古籍出版社，1983。

⑩苏舜钦：《沧浪亭记》，宋范成大《吴郡志》卷十四所引。

⑪"清风明月本无价，远山近水皆有情。"出自园主苏舜钦和其友欧阳修的唱诗中。苏舜钦在苏州任县令时，筑沧浪亭，寄书欧阳修。欧作沧浪亭长诗回赠，诗中有："清风明月本无价，可惜只卖四万钱。"下联取自苏本人《过苏州》诗中："绿杨白鹭俱自得，近水远山皆有情。"

⑫钱大昕：《网师园记》，见陈植主编：《中国历代造园文选》。

第六章　我国辽夏金元时期的园林

从公元907—1368年，为辽西夏金元时期，共历时460余年。整体园林处于维持保护时期，仅京都地区山水宫苑有所发展，但无大创意。

第一节　历史史略

一、辽

（一）历时

公元916年，辽太祖耶律阿保机建立契丹国，在位20年。公元926年辽太宗耶律德光继位，937年改国号大辽，传至8帝耶律延禧。公元1125年被金灭。辽共存在209年。

（二）史略

公元907年，内蒙一带的契丹族部落联盟推举耶律阿保机为可汗。他不断征讨其他各族，势力逐渐扩大。916年，宣布建立契丹国，并效仿中原体制，称大圣大明天皇帝（即辽太祖）。筑"西楼"城为皇都（即上京临潢府，今内蒙古昭乌达盟巴林左旗南波罗城）。之后，利用中原分裂和草原原有统治者回纥衰亡的大好时机，迅速扩张，征服了突厥遗部、吐谷浑、党项、沙陀、奚等部和东北地区的渤海国。耶律阿保机接受汉文化，利用汉人知识分子编制典章，提倡发展农业。926年，辽太宗耶律德光继位后，把矛头指向了中原，于936年从后晋石敬瑭手中夺取了幽（今北京）、云（今山西大同）等16州。937年，太宗改国号为大辽，于938年将幽州（北京）作为陪都改为南京。这时辽的疆域"东至于海，西至金山（阿尔泰山），暨于流沙，北至胪朐河（克鲁伦河），南至白沟（今河北雄县北），幅员万里"，已成为雄踞北方的一个强大政权。辽国雄居北方200多年，后其统治越来越腐败，辽天祚帝"拒谏饰非，穷奢极侈，盘于游畋，信用逸陷，纪纲废弛，人情怨怒"，各地不断起义。金人阿骨打在建立金国的同年，攻下辽的军事重镇黄龙府（今吉林省农安县）。1120年，宋金合定"海上联盟"，联合攻辽，在公元1125年，辽天祚帝在逃往西夏途中被金兵俘获，辽国亡。

二、夏（西夏）

（一）历时

公元1032年，李元昊开国建夏称帝，都城兴庆（今银川），至1049年而崩，在位18年，传位9帝至李睍，公元1227年被元灭。夏共存在196年。

（二）史略

公元11~13世纪，以党羌族为主体的地方民族，为羌族的一支，有8个部落，其中，拓跋氏最为强盛，当时依附于唐，因其镇压黄巢起义有功，酋长拓跋思慕被唐封为定难军节度史，并赐予李姓，号夏国公、统四州。所辖地域为宁夏、甘肃大部、陕西北部和内蒙一部分。

公元1032年，李元昊独立称帝，国名夏，因其位于宋朝西，被宋称为西夏。

西夏国皇帝李元昊很有作为，是一个少数民族的政治家。他懂汉语、通佛典，钻研儒学和兵书。在各方面仿唐、宋体制，加强中央集权制，仿汉字创本民族文字，使日盛，多次与北宋发生战争。公元1044年，与北宋议和，对宋称臣，双方相持。但西夏还是不断进犯，北宋采取不少妥协的办法，年年给夏送岁币。议和后，双方文化、经济往来频繁，促进了经济的发展，保持兴旺。但在公元1205—1227年，成吉思汗率大军8次攻夏，遭到西夏国的顽强抵抗，双方损失惨重，成吉思汗也在进攻中中箭，不久身亡。最后被元忽必烈攻破城廓，全族被杀，西夏灭亡。

三、金

（一）历时

公元1115年，完颜阿骨打建立金国，在位8年，传9帝，于1234年被元灭，金共存在119年。

（二）史略

公元1113年，富有才干的完颜阿骨打担任女真部落联盟的酋长，并受辽朝册封为女真各部节度史，在他的带领之下，女真族逐渐兴盛起来。公元1115年，完颜阿骨打称帝，建立了金国，建都在会宁（黑龙江省阿城县）。后经过金与辽的10年战争，金逐渐取代辽国，金灭辽后，迁都北京（辽时的南京）改称中都。

金国不断南扩，于公元1126年，破汴京掠走徽宗、钦宗，北宋灭亡，金改汴京为下都。1153年，金把京城从黑龙江迁到北京，成为中都。开始了与南宋的对垒，金国在北方统治近120年，于公元1234年为蒙古所灭。

四、元

（一）历时

公元1206年，成吉思汗建立蒙古帝国，在位22年。1260年忽必烈继位。1271年，忽必烈改国号为元，在位34年，传7帝，1368年被明灭。蒙元共历时162年，其中，元统一全国90年。

（二）史略

蒙古族在很早以前就雄踞北方大漠地区，在勃吕儿铁木真的率领下，征服了蒙古各部，公元1206年成吉思汗建蒙古帝国，在多伦建上都，1227年灭西夏，成吉思汗病死。公元1232年，迁都北京（金时为中都），称大都。1271年忽必烈改国号为元，元帝国统一中原、北方、西亚之后，开始征南宋，于公元1278年灭南宋，全国统一。

元朝为维护其统治，采取了一系列措施，广泛收集辽、金遗臣贡职，招募汉族志士为幕宾，崇尚儒学，奖励文学，以弥补当时本民族治国无方的缺陷。在民族关系上推行等级制，依次为蒙、契丹、女真、色目（波斯、阿拉伯人），汉族层层受压迫，处于社会最低层。

元朝不断向外扩张，疆域无限扩大，当时除日本、印度以外，几乎整个亚洲大陆全部是元朝的领地，对外交通比较畅通，对海上或大陆各国联系比较频繁，色目人经商流入内地的现象大量增加，曾一度主宰经济命脉。文化交流广泛，欧洲来到元朝化奉的人如马可波罗对东西方文化交流起到了划时代的作用，中国文化开始系统向西方介绍，西方的科学技术，如天文学和火炮技术等直接为元朝所应用。元朝对内实行暴力镇压，对外连年用兵，苛捐杂税严重，表现国大而虚弱。元笃信喇嘛教，给喇嘛极大特权，民族压迫深重，积怨颇深，加之元朝皇室和贵族后来的腐败堕落，元朝统治仅90余年，终于末日来临，被集合于朱元璋旗帜下的各路反元势力所灭。

五、时期特点

辽、夏、金、元为少数民族，文化比较落后，但雄心勃勃，主要靠彪悍强兵武力统治，马上夺天下。此时的经济，有时或局部振兴，但总的来说是停滞不前，文化也无多大的进步。但由于民族不同、地区不同，其文化先进和落后相差悬殊，这有利于各民族的文化交流和民族融合，文化高度发展的汉族地区，大大促进了落后边区少数民族的文化发展。使少数民族开始学会种田、织布、炼铁和建筑等。

哲学思想上，金朝统治下的北方，理学失去了它的影响。继两汉经学、魏晋玄佛学、后隋唐佛学后，宋元时期思想领域出现了新的儒学思想。到了元朝，周敦颐的学生、洛阳人程顺、程颐二兄弟使理学形成了完整的理论，同时完全走向唯心主义。理学的集大成者是二程的四传弟子，南宋时江西人朱熹，他使理学获得了进一步的发展，并完全确定了在当时我国思想界的统治地位，不仅非议理学思想和作品遭到排斥，连理学的另一分支陆九渊的"心学"也遭到打击。元代的著名理学家许衡、吴澄、刘因等，在理论上他们表现出折衷和融合朱、陆两派的趋向，为明代理学体系的建立奠定了基础，但都没有新的创新。

文学艺术方面，宋金时期出现了以讲故事为生的艺人，称说话人。流传至今的有《大唐三藏取经诗话》《五代史平话》《京本通俗小说》等。对后世的章回小说影响较大。

夏朝出现了诗歌、谚语、表文、碑志文、壁画、版画和雕塑。

宋室南迁后，在宋金各种戏曲形式的基础之上发展起来的元杂剧，是一种唱、白、乐、舞结合具有完整故事情节的综合艺术。关汉卿是元杂剧最杰出的作家，他创作了60多个剧本，现存15个，流传至今的代表作如《窦娥冤》等10多部。

宋辽金三朝并立，打破了以汉族王朝为正统的旧观念，反映了史学思想的进步。成书于13世纪中叶的《元朝秘史》是蒙古族最早的历史和文学著作。

元代在绘画上所表现的就是藉笔墨以自鸣高雅，山水画发展了南宋马、夏一派的画风而更重意境和哲理的体现。元代艺术领域出现了一些风格和新形式，元代仍以山水画为主流，在继承宋派画法的基础上又创立了新派，元朝有赵孟（子昂）、高克恭（彦敬，回人），后期有黄公望（子久）、吴镇（仲圭）、倪瓒（字元镇、号云林）、王蒙（叔明）四大家，他们对于景物的描写更加提炼和概括，其作品不讲形似，专讲意境、寄兴，这一画派对明清画风有很大的影响。

科学技术上，夏朝雕版业比较发达，现留存的雕版书籍有四五百种。天文学方面主要有郭守敬编写的《授时历》。郭守敬（顺德邢台人）是元代杰出的科学家，在天文、历法、数学、水利等方面都有很高成就。他编写的《授时历》，于至元十七年（1280年）正式颁布天下。元世祖时，由司农司编写的《农桑辑要》，总结了我国13世纪前的农业生产经验，元朝政府曾多次印刷，很有成效。王祯（山东东平人）编写的《农书》（元仁宗皇庆二年即1313年刊行）是一部系统研究农业科学的专著。

教育上，辽夏金元时期，汉族地区的教育事业继续得到充实和发展，边疆少数民族地区的教育也获得了迅速的发展。辽在中央设国子学，又分设于上京、东京、西京、中京、南京的"五京学",地方亦设州学和县学。金朝在海陵王和世宗、章宗时仿照宋制广设学校。元朝中央设国子学、蒙古国子学和回回国子学,元朝诸路地方学校也相当普遍,种类也有新的发展。据《元史·世祖本纪》记载,至元二十四年(1287年),"诸路学校凡二万一百六十六所",可见地方学校之发达,元朝著名的教育家有许衡、吴澄和契丹族的耶律楚材等。到了元朝书院得到了进一步的发展,传授程朱理学已居统治地位,并出现了书院官学化趋势,反映出政府对书院的控制进一步地加强。

在园林方面,除在都城局部地区仍建宫苑别墅之外(也无创意),主要是维持和保护前代的园林成果。

第二节 经典园林

一、辽

(一)上京——临潢府

公元902年耶律阿保机定都城,称"临潢府"。有南北二城相连接,北城为皇城,近方形,周9里,宫殿区在中北部,宫区之南是承天门,门南有一条大道又将皇城分成东西二区,宫苑在最北部,是模仿唐长安城建制。皇城分南北两部,北半部是前宫后苑,南半部的中轴是大道,由这条大道分成两个居住区,靠大道西侧排列衙属,靠近西城墙有寺庙群。皇城内的两个居住区大多是贵族、官僚、富商或契丹人宅院。在皇城的南边又接一城,略呈矩形,周7里,北城墙也是皇城的南墙,北城住贵族,南城住劳动人民。在西南处建有高台,上建楼称为看楼,用作监视工奴或俘虏之用。据《辽志》载:"南城谓之汉城,南有横街,外有楼对峙,下列井肆。"

(二)中京——宁城

辽中京大宝府在内蒙昭乌达盟的宁城,周30里,略呈矩形,有外城、内城和皇城。南北大道7条,东西大道5条,呈井字形排列,内城偏北,周14里,皇城居内城的中北部,周8里,辽中京的建制是模仿宋汴京形制而成。

(三)南京——北京

辽王朝占据幽燕地区之后,以南京作为陪都。辽南京的具体位置在今北京城之西南广安门外。南京的外城廓略近方形,周36里,有8门,每面城墙各设两门,子城(皇城)在外城之西南隅。宫城在子城之东南,门面一门。宫城南墙和外城墙共用,西南城门也是宫城南门。南半部突出于子城少许,正门名启夏门,大朝正殿名元和殿。南京城的南面是宋、辽互市的榷场,北面通过榆关路、松亭关路、古北口路和石门关路等驿道与塞外交通,和高丽、西夏乃至西域都维持着商业联系。东北角(北海)有游乐避暑之所,在城西郊的玉泉山和香山建有行宫。南京不仅经济繁荣,在辽、宋对峙的形势下,军事战略地位也十分重要,作为陪都又具有政治上的地位。为了适应这些形式,城市相应地进行了相当规模的建设(图6-1)。

辽代皇家园林还有柳庄、内果园、长春宫、瑶池、粟园等。

柳庄:在子城西北部;内果园:在子城之东门宣和门内;长春宫:在外城之西北,主要供皇帝赏花、钓鱼,多牡丹花;瑶池:在宫城的西部,池的西部有一小岛名瑶屿,岛上建瑶池殿;粟园:在外城西北之通天门内。

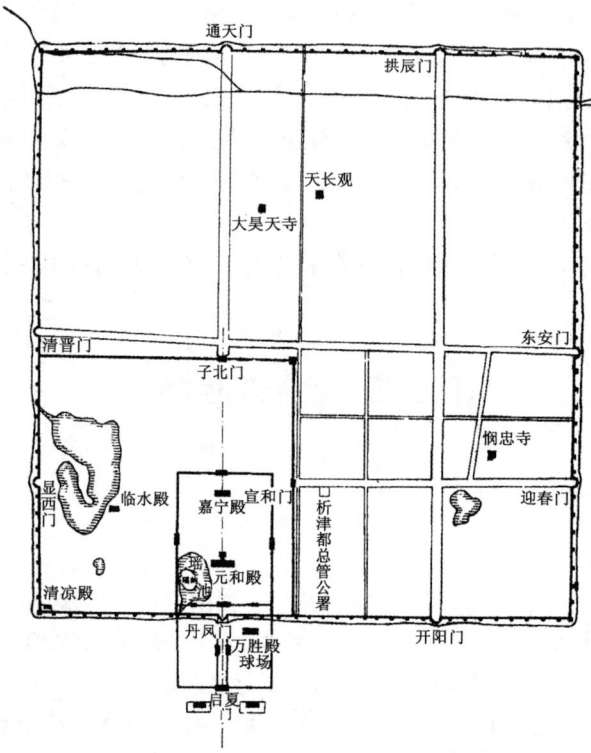

图 6-1　辽南京城平面示意图（引自周维权《中国古典园林史》）

二、夏——西夏王陵

（一）王陵陵位

西夏陵位于宁夏银川市西郊35千米处的贺兰山东麓山前洪积扇地带，南起榆树沟，北迄泉齐沟；东西宽约4.5千米，南北长约10千米，总面积近50平方千米；西傍贺兰山，东临银川平原，地势西高东低，平坦开阔，海拔1 130~1 200米。是"后有走马岗，前有饮马塘"的上吉之地。陵区内现存9座帝陵，为裕陵、嘉陵、泰陵、安陵、献陵、显陵、寿陵、庄陵、康陵，坐北面南，按左昭右穆（古代宗法制度，宗庙次序。左为昭，右为穆；父曰昭，子曰穆。）葬制排列，形成东西两行，有250余座陪葬墓。北端有一处三进院落建筑遗址，为陵邑；东部边缘有砖瓦窑、石灰窑遗址，为陵区窑坊。

王陵离西夏国都兴庆府数十里，便于后代祭奠。西夏陵的建造规模，是中国现存规模最大、地面遗迹保存最完整的帝王陵园之一。它的存在，成为西夏王朝曾经在中国西北这块土地上兴盛过的象征，其宏大而气势磅礴的陵园建筑，显示出西夏王朝特有的时代气息和风貌。它不仅是西夏皇权的象征，而且凝结着中华民族的伟大创造。1988年1月和8月，西夏陵被国务院公布为全国重点文物保护单位和全国重点风景名胜区。

（二）王陵营建始末

《宋史·夏国传》载："（李元昊祖父李继迁）景德元年正月二日卒，年四十二，子德明立。祥符五年，德明上继迁尊号曰应运法天神智仁圣道广德孝光皇帝。元昊追谥曰神武，庙号太祖，墓号裕陵。"李元昊追谥祖父墓号最早的时间在1038年称帝后，此时西夏陵址已确定，并开始建设，应有陵台筑于贺兰山下。《宋史·夏国传》记有西夏自太祖李继迁至襄宗李安全9个陵号。20世纪70年代开始，宁夏考古工作者经过4次调查，最后确认帝陵9座，与历史记载吻合。后三主即神宗遵顼、献宗德旺、末主李睍，史书不见有陵号记载。至少在末帝李睍继位的1227年之后西夏陵停止建筑。末帝李睍在蒙夏战争失败投降时，被蒙古斩杀，不可能有陵园。其他两主也死于战争的非常时期，无力、无暇建筑相当规模的陵园是可能的。因此西夏陵的建设迄于蒙古灭西夏之前。但《宋史·夏国传》仅记载9个帝陵号，而不记其方位。至明代《嘉靖宁夏新志》卷之二载："李王墓，贺兰之东，数冢巍然，即伪夏所谓嘉、裕诸陵是也。其制度仿巩县宋陵而作。人有掘之者，无一物。"说明在明朝之前西夏陵已遭全面破坏。宁夏考古工作者曾对6号陵（显陵，李乾顺墓）正式发掘，只有零星破损建筑物残块、残片及铜甲片等遗物，其他帝陵也如此。

西夏帝陵遭破坏，何时被谁所毁，史书没有记载。首先遭蒙古军破坏是无疑的。自1205年至1227年，蒙夏战争22年，成吉思汗亲征4次，西夏采取一打就降、一撤就反的策略，使蒙军难以对付。蒙军在西征花剌子模时，曾要求西夏出军援助，被拒绝。相反，西夏却乘机联合漠北未被蒙古征服的部落蓄谋抗蒙。蒙军征服花剌子模后，1226年春，成吉思汗亲自挂帅领兵10万与西夏交战，遇到了西夏的顽强抵抗。在攻打外围各州的过程中，蒙古军损失不小，战争一直进行到1227年的夏天。蒙古军围攻兴庆府（今银川市），围困月余，多次猛攻不能得手，驻军城周围，并引黄河水灌城，城中居民淹死者无数，城墙即将倒塌之时，河水决堤四溢，蒙古军也被水淹。蒙夏战争进行得极为艰苦，成吉思汗本人也在战争中受伤，医治无效而亡。当西夏投降蒙古后，蒙古军大肆复仇，踏平西夏都城，砸碑、烧陵园是必然的。西夏亡后，陵园无人管理，屡遭盗挖。惟有高筑的黄土陵台仍默默地屹立于贺兰山下，成为西夏国曾辉煌的见证。

（三）王陵特点

一座座八角形陵台是西夏帝陵的标志，俗称东方金字塔（图6-2）。每座帝陵陵园均是一个完整的建筑群体，占地面积在10万平方米以上。陵园坐北朝南，平地起建。高大的阙台犹如威严的门卫，耸立于陵园最南端。碑亭位于其后，这里曾置放着用西夏文、汉文刻制的歌颂帝王功绩的石碑。碑亭后是月城，南墙居中为门阙，经门阙入月城，这里曾置放有文官、武将、勋臣、贵戚的石刻雕像。月城之北是陵城，陵城南神墙居中有门阙，经门阙入陵城，陵台偏处陵城西北，

图6-2 西夏陵遗址（陵台）

为塔式建筑，八角形，上下分为五级、七级、九级不等，外部有出檐，为砖木瓦结构。陵台为夯土实心砖木混合密檐式结构，这在中国史无前例，是党项族的创造。陵台前有献殿，用于供奉献物及祭奠。陵台至献殿有一条鱼脊梁封土，封土下为墓道。帝陵墓室在墓道北端，位居陵台南10米处，为三室（主室，左右耳室各一）土洞式结构，墓室四壁立护墙板，墓内有朽棺木，为土葬。陵城神墙四面居中有门阙，神墙四角有角台，表明了陵园的地界。有的帝陵还圈有外城，有封闭式、马蹄形式和附有瓮城的外城。基本格局仿宋陵而作。

1. 裕陵

考古调查称1号陵。位于西夏陵区最南端，陵主李继迁，庙号太祖，墓号裕陵，系西夏开国皇帝李元昊的祖父。生于963年，卒于1004年。党项族平夏部落首领，西夏王朝

奠基者。

2. 嘉陵

考古调查称2号陵。位于裕陵之西北部约30米处。陵主李德明，为李继迁之长子，李元昊之父。公元1032年，宋封为夏王，同年卒。子元昊追谥（shì）为光圣皇帝，庙号太宗，墓号嘉陵。

3. 泰陵

考古调查称3号陵。位于西夏博物馆西南，这是整个陵区中规模最大的一座王陵。陵主李元昊，庙号景宗，墓号泰陵，俗称"昊王坟"。此陵历经千年，地面建筑虽遭受严重破坏，但陵园的阙台、陵台基本完好。陵城神墙、门阙、角台大部尚存，布局清晰可辨。整座陵园从南到北遗存的有：

（1）阙台：位于陵园南端，于中轴线两侧对称排列，东西相距120米，由黄土筑成。阙台正方形，边长8米，高7米，上部内收，顶部有一小台基，其上散有残砖瓦，推测为原有建筑。阙台是王陵区别于陪葬墓的特征之一。

（2）碑亭：位于中轴线两侧，东西对称，阙台北34米，东西两碑亭相距80米。1987年考古工作者已正式发掘东碑亭，台基呈圆角方形，四壁呈三级台阶式。台基地边长21.5米，顶边长15.5米，高2.35米。四壁台阶以绳纹砖包砌，石灰勾缝，局部砖尚存。花纹砖图案有莲花、忍冬，富有佛教色彩。绳纹砖中部多在凹槽内有一汉字，如李、牛、言、五等。有三个人像石座出土（应为四座，存三毁一）；还出土有西夏文残碑360块，残片文字最多的仅5字；还有瓷、铜、铁碎片及泥塑残块等。

（3）月城：位于碑亭北，呈东西长方形，东西距120米，南北距52米，墙基宽约1米，高0.7米，占地约10亩，北与陵城南墙相贴。城如月牙露出，故名月城。月城南墙正中有门，神道两侧有石像生基址，可以想见武士文官森严肃立的气氛。

（4）陵城：四面城墙（俗称神墙）环绕，呈南北长方形，南北相距180米，东西相距160米。城墙墙基宽3米，用黄土分段夯筑，各段如须弥座状，故又称须弥座式神墙。陵城四周城墙正中辟门为门阙，门址宽约12米，每个门阙由3个圆锥形夯土基座组成，从地面散布的瓦片、脊饰残件推测，曾建有门楼。城墙四角各有角台，角台有砖瓦残存，想见原有角楼建筑。在南神门内约25米偏西处，有一用黄土垫实的台基，直径20米，高0.7米，其上建筑无存，周围地面残存大量青砖灰瓦及琉璃构件，此为献殿。陵园北矗一个塔形高约20米的棱锥形夯土台，用黄土密实夯筑而成，八面七级，夯土台有橼洞。陵台周围地面散有大量瓦片、瓦当、滴水等建筑物残块。献殿与陵台之间有一条南北走向形似鱼脊的用沙石填成的墓道封土，墓道长50米。北端为一盗坑，直径20米，深约5米。

4. 安陵

考古调查称4号陵。位于泰陵西约2千米的贺兰山山脚下。墓主谅祚，李元昊之子。陵园东、西、北三面环山，面积10万平方米，坐北朝南。陵台八面五级，高15米。陵园布局与泰陵相同，由阙台、碑亭、月城、献殿、陵台、墓道等部分组成。现遗存碑亭一座。

5. 献陵

考古调查称5号陵。位于泰陵（3号陵）北2.3千米，面积10万平方米。陵主李秉常（1061—1086年），为毅宗谅祚之长子。此陵破坏严重。陵城方形，边长183米，陵台夯土已被后人取作他用。该陵有碑亭3座，西边一座，东边南北两座，南小北大。西碑亭出土西夏文残碑63块，东碑亭出土汉文残碑26块。

6. 显陵

考古调查称 6 号陵。位于献陵西 650 米处。陵主李乾顺（1083—1139 年），为惠宗李秉常之长子。谥圣文皇帝，庙号崇宗，墓号显陵。此陵紧依贺兰山脚，西北两面环山。独特之处有马蹄形外城，南面开口，东西墙前端至月城终止，其余陵园的阙台、碑亭、月城、献殿、陵台、墓道等布局与其他皇帝陵园相同。

1972—1975 年，宁夏文物工作者正式发掘显陵，墓室为多室土洞式，由墓道、甬道、中室、东侧室、西侧室组成。墓道全长 49 米，南窄北宽，下窄上宽；最深处 24.6 米，在墓道填土内发现少量碎砖、瓷片、一件石螭首。从墓道入口起，在墓道东西两壁各有两排与墓道坡平行的柱洞。靠近墓道的甬道两壁处的白灰墙上绘有武士像壁画。武士身着战袍，双手叉腰，臂着护甲，腰下佩剑，背后飘带飞舞，头顶绘有火焰纹。墓室内出土有甲片、铜泡饰、铜铃、瓷片、铁钉、珍珠。发掘前此墓多次被盗，出土遗物不多。

7. 寿陵

考古调查称 7 号陵。位于献陵北 3 公里，陵园面积 8 万平方米。陵主李仁孝（1124—1193 年），为崇宗乾顺长子，庙号仁宗，墓号寿陵。陵园已被现代建筑破坏，仅剩阙台、碑亭、月城、陵城部分神墙、陵台。

8. 庄陵

考古调查称 8 号陵。位于 7 号陵西北，相距 500 米，紧靠山脚。庄陵墓主李纯祐（1177—1206 年）为仁宗仁孝长子。母罗氏，西夏乾祐二十四年（1193 年）即位，时年 17 岁。西夏天庆元年（1194 年）初金册封为夏国王。李纯祐是西夏历史上"能循旧章"的"善守"之君，竭力奉行对内安国养民，对外附金和宋的方针。但此时蒙古突起于漠北，严重威胁西夏国的安全。西夏国内上层统治矛盾重重，1206 年，其侄李安全在纯祐母罗太后的支持下，"废纯祐自立"，纯祐"死于废所"，年 30 岁，在位 14 年。谥昭简皇帝，庙号桓宗，墓号庄陵。

9. 康陵

考古调查称 9 号陵。位于 7 号陵东北。陵主李安全，为仁宗仁孝弟越王仁友之子，崇宗乾顺之孙，谥敬穆皇帝，庙号襄宗，墓号康陵。地上建筑除陵台外其余建筑无存，陵台已坍塌过半。

西夏陵区内现有陪葬墓约 250 余座。墓园坐北朝南。有黄土夯筑冢，形状分山形、圆锥形、圆台形；有沙土堆积冢，还有积石冢。其中有的墓园有碑亭，碑亭往北依次有月城、墓城、门址、照壁、墓道封土、墓冢；个别大的还有阙台、献殿；少数墓城门址前有石刻；有的只有墓冢。墓葬方式有合葬，即在同一墓域内有一域双墓、一域三墓，陪葬墓区遗迹有：残碑块、残砖瓦（素面砖、绳纹砖、花卉纹砖）、白灰泥皮、筒瓦、板瓦、槽心瓦、瓦当、滴水。有的墓室中出土有鎏金铜牛、铁狗等金属制品，还有石马、石狗等石雕及大量家畜、家禽的骨架。

在广阔的陵区最北端，有一处鲜为人知的建筑遗址，它发现于 1972 年，对于它的用途，至今还是考古界争论的课题，我们暂称它为陵邑。1986 年、1987 年先后进行两次发掘，遗址为一平面布局呈长方形的建筑群体，坐北朝南，东西宽约 200 米，南北长约 300 米，总面积约 6 万平方米。现存各类建筑遗迹 10 余处，遗迹残高 1~2 米，围墙、院落、殿堂等布局清楚，遗迹现象历历可辨。遗址最外围是一土筑墙垣，南墙正中辟门，因现代施工，门址已被掩埋，北墙不甚规则，从东向西向外斜出约 10 度，西墙北部似开有一门，并筑有瓮城。

墙垣内建筑分为3部分。第一部分在南端,由两个东西对称的四合院建筑组成,四合院呈长方形。南部已被掩埋。东院东面和西院西面为墙垣,其余三面皆为房基,中间形成长方形天井。第二部分在中部,约占遗址总面积的一半,由三座四合院组成。三座院落均呈长方形,两小一大,相互连接,在东院中还有水井一口。西院与东院相同,只是院中没有水井。中部偏北是一长方形殿堂遗址,是整个遗址的中心建筑。第三部分在北端,也是一个殿堂遗址。这座遗址的发掘资料证明,西夏建筑基本上继承中原汉族建筑的传统,形制大体与唐宋建筑相仿。

西夏陵的建造是一项宏大的工程,无论是富丽堂皇的献殿、宗庙建筑,还是角台、碑亭,都需要大量的砖瓦和装饰构件。这些建筑材料都是由距西夏陵不远的缸瓷井窑烧造而成的。

夯土是西夏陵建筑采用的重要工程技术。西夏陵的建筑多属象征性建筑,而陵墓的神墙也多采用夯土。据粗略估计,一座陵园,夯土工程约占工程总量的50%;其次是砖瓦工程,约占35%;其他工程,如木作、石作等在15%上下。西夏陵建筑的夯土部分,是陵墓各类建筑中保存最好的部分。西夏9座帝陵的陵台,除5号陵、9号陵近年遭人为破坏以外,其余7座陵台保存基本完好。有一半以上夯土建筑的角台、阙台、门阙、角阙尚存。还有部分陵园的神墙仍直立于地。另外,大多数陪葬墓的墓冢,仍然保存较好。这些建筑的夯土历经数百年风雨与洪水的侵蚀而仍如此坚固,主要决定于西夏较成熟的夯土工程技术。

西夏陵的夯土主要原料为黄土,辅助原料是砾石,以及木棍、树枝的碎段。黄土是经过筛选的黏黄土,土质纯净,颗粒均匀细腻,轻碾后成细粉状,土色纯黄,黏性好,不易透水;砾石的磨圆度一般,粒度大者在10~12厘米,小者在1~2厘米。这些黄土和砾石按一定的比例掺配后使用,具有坚硬、牢固、基础稳定的优点。同时为解决黄土夯筑的土墙防雨水和潮湿的问题,其防护措施一是包砖技术,即在夯土的外层包砌条砖;二是涂敷技术,即在夯土的外表涂敷一至二层赭红泥皮和白灰等保护层。

为增加夯土的强度和整体性,西夏陵的夯土中采用木骨的技术。即在夯土内夹筑圆木或方木,所用木骨的选材,一般是未经加工的圆木,直径10~30厘米。也有少数半圆木、五边形木,其作用类似于现代钢筋混凝土中的钢筋。这种木骨有竖直木骨和水平木骨两种,竖直木骨起垂直支撑作用,水平木骨起水平拉力作用。这两种木骨一般组合使用,最终达到加强夯土整体结构的作用。

在西夏陵的建筑中,墙体砌筑方法有3种:一是单砖墙,即墙体以单砖平砖错缝顺砌,以石灰勾缝;二是砖坯墙,即四面以砖坯建筑,砖坯立砖丁砌,外层涂以白灰,墙体中心以黄土夯实;三是包砖夯土夹墙,其结构为墙的外侧以单砖平砖错缝顺砌,白灰勾缝,内以黄土夯实。

西夏陵是一处重要的西夏遗址。1972年以来,对陵区先后进行了4次考古调查,并发掘帝陵1座,陪葬墓4座,清理各处碑亭15座。1986年开始了系统清理陵邑遗址的工作。通过多年辛勤的工作,西夏陵园发现了一批珍贵的西夏文物。这些文物从各个侧面反映了西夏社会的生产能力、生活习俗、艺术风格和技术水平。

三、金

(一) 上京——会宁府

金上京称会宁府,在黑龙江阿城县。呈南北向长方形,周围12里,有4门,每面各一门。城内东西向有一道中墙,将城隔成南北二部。南城区的西北隅建有宫城,周围 5 里。宫城的正门向南和外城的南门相对,宫城中央有工字形排列的三大殿,在大殿的左右排列着近 20 处殿屋。据《大金国志》记载:"规模曾仿汴京,然十之有二三而已。"南城区内除宫城以外,尚有各衙属和储庆寺等许多庙宇。北城区主要是居民里坊,尚有铁、陶等手工艺作坊,阿什河从西南向东北,又从北城区穿过,东城墙之外有河流和起伏的地貌,可能是园池风景所在地。

(二) 中都——北京

金王朝灭辽和北宋之后,海陵王于公元 1150 年由上京会宁府迁都南京,命右丞相张浩仿照北宋东京的规制扩建南京城,改名"中都"。从此,中都成为金王朝的首都。中都城沿袭北宋东京的三套方城之制。金中都外城近方形,周围近 33 里,东西宽 3.8 千米,南北长 4.5 千米,共有城门 13 座,南、东、西墙各设城门 3 座,北墙设城门 4 座。皇城在外城的中部偏西,宫城在皇城的中部偏东,呈长方形,周围 10 里,每面各一门。金中都也在北京广安门外,在辽南京城的基础上向西、向南扩充 3 里,宫城在辽南京城的基础之上向南、东、北 3 个方向扩充 200 步左右,整个金中都较辽南京城扩大了一倍以上。城市供水的来源有三:一是从古代洗马沟水(今莲花池)发源东流围绕辽南京旧城西部及南部,曾作为南京西、南、东三面的城壕。二是从钓鱼台(今玉渊潭)向东南流入北城壕,经水门进入城内,流经中都城北部,再从东城墙的水关流出城外。三是从中都城正北方的高梁河南行之水,经南北向之大水渠导入北城壕。宫廷御苑湖泊的供水,亦由绕旧辽南京城西方及南方之河流引入,汇成瑶池等池沼。城内道路呈井字形分布,中轴很明显。中城门有 3 洞通 3 条道,中间为御道。以各城门相对应的东西、南北 6 条大道为主干,再分出街和巷。居住区仿照东京的坊里制,外城的西南、西北、东南、东北共有 62 坊。

宫城前应天门呈凹形,还有宣阳门,过石桥两侧有千步廊。大安殿和仁政殿建在高台之上,宫殿后正对天宁寺高塔。道路直对城门,严正规整。宫城内中心有三大殿,周围各宫殿数十处极其豪华。宫城内四处遍布着从艮岳运来的太湖石。

金中都城规划严整,辉煌壮丽,左宫右苑、前朝后市,且在东、西、南、北建有四坛,在历代都城规划的基础之上又有新的发展,为以后元代大都城的建设做出了范例,尤其是对后来太液池和琼花岛的开发和建设打下了基础。南宋使臣访问归来撰写的笔记文章多有描述它的市面繁荣、宫苑壮丽的情况。

在宫城西部利用和新建了一部分御园。特别是金世宗大定以后,在城内、近郊和远郊新建多处皇家园林。金章宗在位时建了西苑、东苑、南苑、北苑、兴德宫等多处园林,是金代皇家园林建设的全盛时期。其中有著名的芳园、南园、北园、熙春园、琼林苑、同乐园、广乐园、东园等"中都八苑"(图 6-3)。

(三) 西苑

又名西园,位于皇城西部,包括皇城内的同乐园和宫城内的琼林苑两部分。园中有许多大小湖泊、岛屿,并建有瑶光殿、鱼藻殿、临芳殿、瑶池殿、瑶光台、瑶光楼、琼华阁等殿宇。湖泊也称太液池,包括鱼藻池(亦名瑶池)、浮碧池、游龙池。池中有岛,如琼华岛、瀛屿等;用从寿山艮岳运来的太湖石在琼花岛叠石山以像蓬莱,并建有万宁宫;还有果园、竹林、杏林、柳庄等以植物成景的景区以及豢养禽鸟的鹿园、鹅栅等。周有围墙,这是中都最好的一所大内御苑,也是金帝日常宴集臣下的地方。

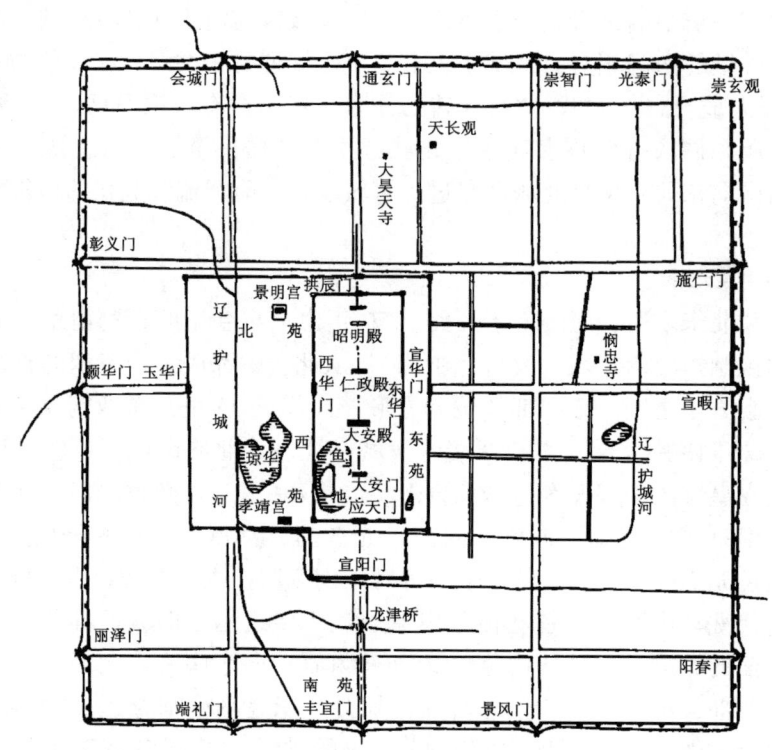

图 6-3 金中都平面示意图

(四) 大宁宫

位于皇城东北郊（图6-4），大定十九年（公元1179年）始建。建成不久即更名寿宁宫、寿安宫，明昌二年（公元1191年）更名万宁宫。这里原来是一片湖沼地，上源为高梁河。

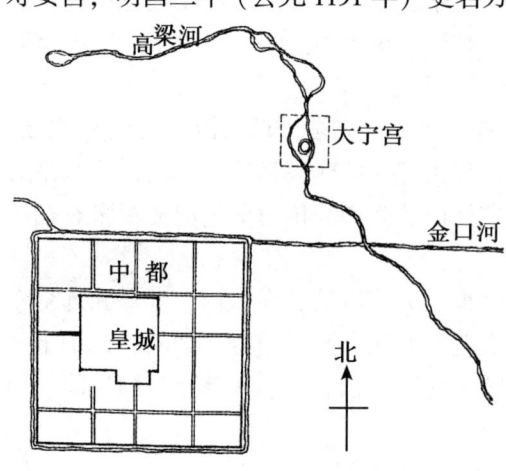

图 6-4 大宁宫位置示意图

大宁宫是一座规模较大的离宫御苑，水面辽阔，湖中筑大岛名琼华岛，岛上建广寒殿。宫内共建有殿宇90余所。在金章宗时的"燕京八景"中，大宁宫占两景：琼岛春荫、太液秋波。以艮岳为蓝本在大宁宫中堆筑琼华岛的山体形象，其假山石也是东京的旧物。宋徽宗为了追求一己享乐而大起"花石纲"，把江南的奇花异石运至东京修造艮岳，转眼之间，国破家亡，徽宗本人也成为俘虏，客死五国城。他所搜刮得来的珍玩，包括这些玲珑奇特的太湖石，又都成了金国的战利品。

(五) 玉泉山行宫

中都城北郊的玉泉山，金章宗时在山腰建芙蓉殿，章宗多次临幸避暑、行猎。玉泉山有泉眼五处，泉水出石隙间，潴而为池，再流入长河以增加高梁河之水量，补给运河和大宁宫园林用水。

玉泉山行宫是金代的"西山八院"之一，也是燕京八景之一的"玉泉垂虹"。

大宁宫和玉泉山行宫同为金代中都城郊的两处主要的御苑，后来北京的历代皇家园林建设都与这两处御苑有着密切的关系。

城北郊还有玉泉山，山嵌水抱，湖清似镜，湖畔林木森然。

金章宗时，有"燕京八景"的景题，它们是居庸叠翠、玉泉垂虹、太液秋风、琼岛春荫、蓟门飞雨、西山晴雪、卢沟晓月、金台夕照，可见当时中都城景色之繁华。

四、元

（一）上都——开平

元上都开平（在内蒙古多伦西北滦河上游）是在蒙古地区第一个规划的都城，它的规划对以后建设的元大都颇有影响，是公元1250年忽必烈命刘秉忠建造的。上都分外城、内城和宫城三部分。外城周18里，城门7座，城周有壕，内城周11里，在外城的东南部。内城的东面和南面的城墙是和外城共用的，东二门和南一门也即是外城门，宫城的西二门和北一门都和东面和南面的城门相对。宫城在内城的正中偏北，周7里，只南中有一门。宫城内大殿居中，呈工字形排列，其他宫殿散布周围。内城南部御道两侧多为官属及寺庙占用。外城的南部（即内城西墙外）为民居所用。外城北部基本为御苑之地，面积很大，除供皇族日常游憩之外，各地王宫大臣也可来此竞技骑射，意大利人马可波罗来元为臣时，居于上都城内。上都的规模虽不如后来的元大都宏大壮丽，但比成吉思汗的政治中心——喀拉和林要繁华得多了。

（二）大都——燕京（北京）

元灭金后，即筹划把都城从塞外的上都迁移到中都。当时的金中都城经元军攻陷后，大半被毁（图6-5），而地处东北郊的大宁宫却幸得保存。至元四年（1267年）遂以大宁宫为中心另建新的都城"大都"，这就是北京城的前身。琼华岛及其周围的湖泊再加开拓后命名"太液池"，包括入大都的皇城之内而成为大内御苑的主体部分。

1　　　　　　　　　2　　　　　　　　　3

图6-5　元大都遗址（土城）

公元1367年，忽必烈命刘秉忠规划大都城。大都城略呈方形，城周60里，有纵横两条明显的中轴线相交于中心阁，并建有钟鼓楼，构成全城的中心点。纵轴南起外城的丽正门，穿过御道正对皇城的灵星门，向北又正对宫城的崇天门，进入崇天门就是大明殿，其北是宫城的厚载门，过万宁桥正对中心阁。横轴就是东边的崇仁门到西边的和义门之间的大道，其间也交汇于中心阁。城为三重环套配置形制：外城、皇城、宫城。外城东西6.64千米、南北7.4千米，共有11个城门。皇城位于外城之南略偏西，周围约20里。皇城中部为太液池，池之东为宫城即大内，周围9里，有6门，宫城南面正门为崇天门，左右各有一门。北面为厚载门，东面有东华门，西有西华门。大内的朝、寝两大殿呈工字形，建于高台之上，正殿为大明殿，前殿左右有10多组大殿排列两侧，后殿两侧有东宫和西宫10余组殿阁

（图 6-6）。大都城的总体规划继承发展了唐宋以来皇都规划的模式——三套方城、宫城居中、宫轴对称的布局，但不同的是突出了《周礼·考工记》所规定的"宫城居中，前朝后市，左祖右社"的古制：社稷坛建在城西的平则门内，太庙建在城东的齐化门内，"后市"即皇城北面的商业区。

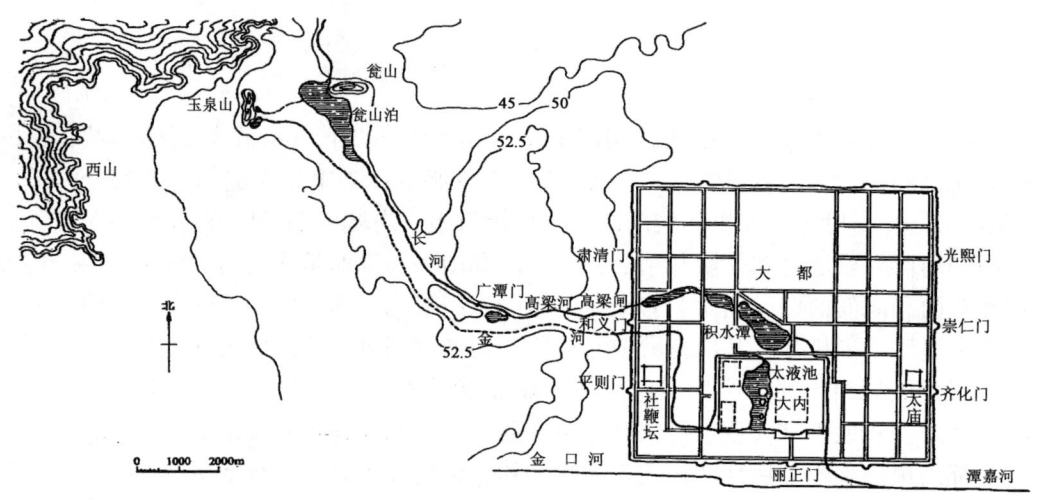

图 6-6　元大都及其西北郊平面图

据文献记载，全城纵横干道各有 7 条，呈井字形排列或丁字形排列，大都外城由纵横的街道和胡同划分为 50 坊。里坊内小路多为横向分布，马可波罗说元大都是"划线整齐，有如棋盘。"城中设 3 个主要的市：北市、东市、西市，也就是 3 个最大的综合性商业区。城市商业网点的规划类似南宋的临安，除 3 个"市"之外，还有各种专业性行业街市和集市，分布在城内外。城内各街的两侧，散布着各种店铺、货摊以及茶楼、酒肆等，十分繁荣。大街的两边排列着"胡同"，居民的住宅区即沿着胡同建置。

原中都的莲花池水源有限，随着城市不断发展，尤其是大量粮食输入京师的漕运任务大增，莲花池水系已难于承担，加之连年战乱的破坏，于是决定另择新址。在大都建设的同时，另择水量较丰富的高梁河水系作为城市水源。由郭守敬全面主持引水工程规划，彻底解决了大都城的供水和漕运。大都的引水工程巨大，供水河道有两条：其一是引城西北郊的玉泉山的泉水，经过"金河"，从和义门南之水门导入城内，流经宫城而注入太液池，以供应宫苑用水。金河是皇家宫廷的专用水道，独流入城而不与它水相混。其二用大运河的上源补给以利漕运，引城北 60 里外的昌平神山白浮泉水，西折而南注入瓮山南麓的西湖（瓮山泊），在西湖南端开辟一条平行于金河的输水干渠"长河"连接于高梁河，从和义门北之水门流经海子（积水潭），再沿宫城的东墙外南下注入通惠河，以接济大运河。当时，南方来的漕运粮船，可以直达积水潭码头。海子与太液池之间虽然距离很近，却是完全断流（图 6-7）。

元大都的御苑，在宫城北门之外有大片的御苑（相当于景山一带）。《萧录》记载："后院中有金殿，殿楹窗扉皆黄金为裹。四外尽植牡丹一百余本，高可五尺，西有翠殿，又有花亭毡阁，环以绿墙兽皮。绿障觥窗，左右分布，异卉参差映带，而玉床宝座，时时如浥流香，如见扉影，如闻歌声，出户外若度云霄，又何异人间天上耶。苑后重绕上庑，庑后出内墙，东连海子，以接厚门。"从这段文字中可以看出，内苑虽小，但装饰极其豪华，种植也

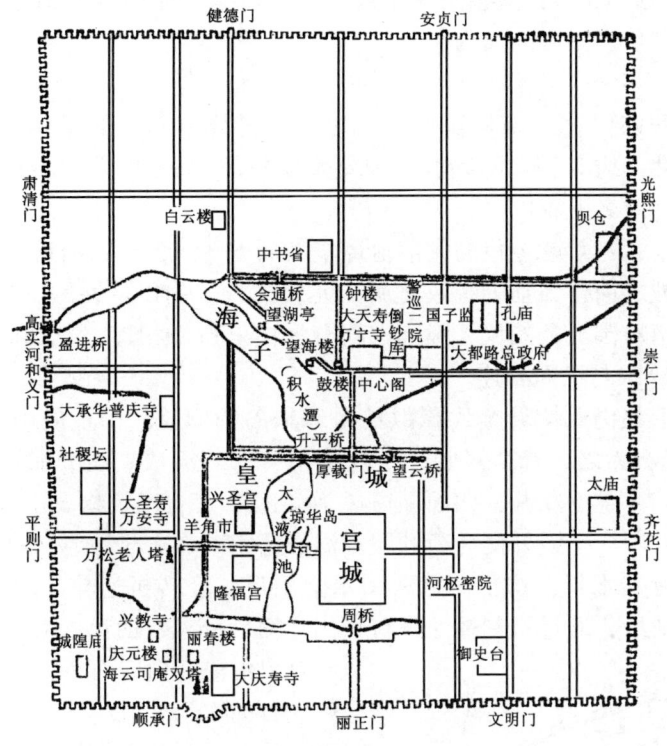

图 6-7　元大都平面图

有特点，如绿墙绿障，既有蒙古包式的毡阁，又有内地式的诗歌娱乐之所，所以，大内宫苑实际上是集蒙古和汉风格于一处的典型（图 6-8）。

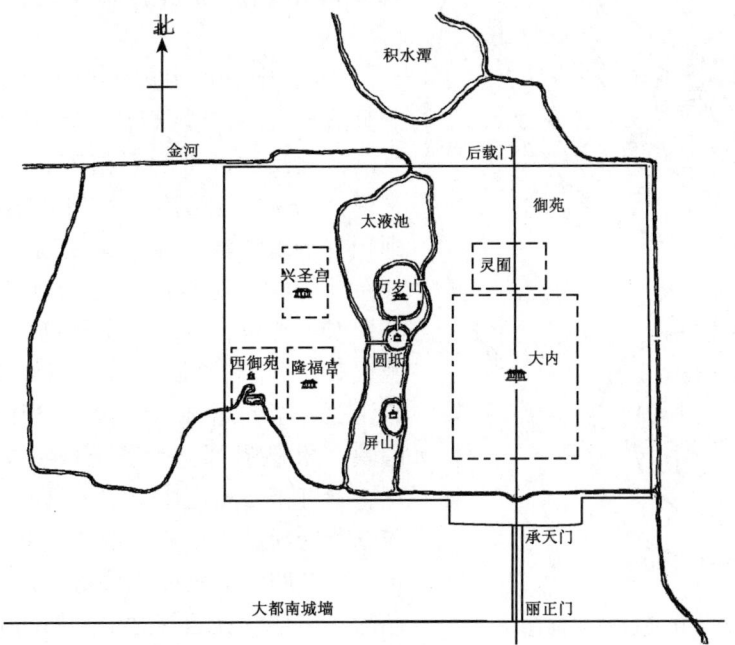

图 6-8　元大都皇城平面示意图

元王朝统治时间近90年，皇家园林建置不多，均集中在皇城范围之内，其主要的一处是在金代大宁宫的基址上拓展的大内御苑。

（三）太液池

太液池，元人陶宗仪在《南村辍耕录》中言之甚详：园林的主体为开拓后的太液池，池中三个岛屿呈南北一线布列，沿袭着历来皇家园林的"一池三山"传统模式。最大的岛屿即金代的琼华岛，改名万岁山。

元代忽必烈在至元八年就金代的太液池琼华岛而增建，万宁宫改广寒殿。广寒殿在忽必烈还未建成大内正殿之前作为临朝听政之所。元代的万岁山以广寒殿（7楹、高50尺）为中心，高踞山顶。南对圆坻上的仪天殿，中间有汉白玉石桥相连（长200余尺），山东也有石桥（长76尺），跨水与灵囿相连。

万岁山的地貌形象仍保持着金代摹拟艮岳琼华岛的旧貌。山上的山石堆叠仍为金代故物。"其山皆叠玲珑石为之，峰峦隐映，松桧隆郁，秀若天成。"山顶建有广寒殿，是摹拟仙山琼阁，面阔七间，重阿藻井，四面琐窗，为岛上最大的建筑物。山南坡居中为仁智殿，两侧为介福殿和延和殿。二殿外侧为荷叶殿和温石浴室。有若干厅堂、亭和辅助建筑等点缀其间。山上有一处特殊水景，仿艮岳之法引水上山后，经转机运斗，汲水至山顶石龙口注池，再伏流至仁智殿后，通过石刻蟠龙昂首喷出，而后分东、西流入太液池。

万岁山前有白玉石桥，直达仪天殿后。桥北有玲珑石拥木门，五门皆为石色。门内隙地，有对立日月石。桥西有石棋枰和石坐床。万岁山左右有登山小路，萦纡于万石中。洞府出入，宛转相连。山东有石桥，半为石渠以载金水，流到山后以汲山顶。山东还有灵囿，内有珍奇异兽（图6-9）。

《元氏十三世祖记》说："至元二十二年秋七月造温石浴室瀛洲西。汤池后有万丈井。深不可测。此汤池即似温石浴室。"《元氏掖庭记》又说："荡碧池旁有一坛曰香泉潭，至上已上，则积香水以注池，池中又置温玉猊猊、白晶鹿、红石马等物，妃嫔沐浴之余则骑以为戏或执兰蕙、或击球筑，谓之水上迎祥之乐。"明代五直曾记载："山皆奇石叠成，相传金人取宋艮岳之石为之，至元增饰加结构。"当时万岁山，峰峦隐映，松桧隆郁，秀若天成。左右皆有登山之径，萦纡于万石之中，出入洞府，婉转相迷，幽芳翠草纷纷然于松桧，茂树上下荫映，隐然仙岛也。山东跨水有灵囿，珍禽异兽充满其间，鹿鸣鹤啼之声悠扬在云气之中，如同仙境，加之山西有汤泉沐池，还有温室浴室设备，妃嫔作香水

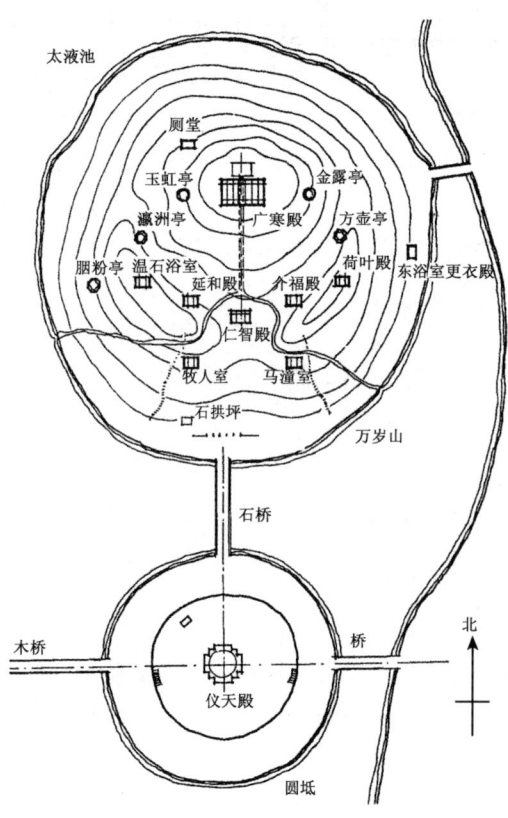

图6-9 万岁山及圆坻平面图

戏，如同仙女下凡，这种绿树金瓦的山岛，落于宽阔的池水之中，确有东海蓬莱的形象。不过当时的万岁山也同样保留着一些蒙古的传统风格，如牧人之室或庖室、马湩等。

元时太液池很大，万岁山坐落在池中。太液池中的另外二岛"圆坻"和"屏山"较小，圆坻为夯土筑成的圆形高台，其上建有仪天殿"十一楹，高三十五尺，围七十尺，重檐"。北面为通往万岁山的石桥，"东为木桥，长一百二十尺，阔二十二尺，通大内之夹垣。西为木吊桥，长四百七十尺，阔如东桥。"两桥相接处有船架坊楼，可移动。"屏山"最小，在圆坻之南，"上植木芍药"。太液池内遍植荷花，沿岸有殿堂建置。池之西，北为兴圣宫，南为隆福宫，是皇太子和皇后的寝宫。宫内庭院建有许多亭廊，并有水池与太液池相通，院中假山置石较多。隆福宫御苑内还建有流杯池和流杯亭等。隆福宫之西另有一处小园林，叫做"西御苑"。沿太液池的岸边还有万春园等，其中有殿阁廊桥多处，特别是起于水中的两个圆殿，宛若水晶宫（用玻璃装饰），桥头对立二石高二丈，有诗赞曰："临水亭台似九江"，说明元代苑园极力模仿唐宋的风格。

《元氏掖庭记》说："已西仲秋之夜，武宗与诸妃嫔泛舟于太液池中，月色射波，池光映天，绿荷含香，鱼鸟群集。帝乃开宴张乐，使宫女披罗曳縠，前为八展舞，歌贺新乐一曲。"可见，太液池是供皇帝和宫女们作水上游乐之所。

（四）私家园林

金、元在各地园林基本上保持着宋的水平，新建园池也很有限，不过居于各地的贵族官僚对宋代的园池移为新主后，进行了维护和改造，这种宋朝风格的园池不在少数。金中都近郊的"崔氏园亭"和"赵园"；金都城内的"趣园"和礼部尚书赵秉文的"遂初园"；绛守居园在山西绛州（图6-10）；南园在绛州；成趣园在山西虞乡县；胡相别墅在长安樊川；廉相泉园在樊川杜曲；赵氏别墅在樊川杨坡；玉泉园在山西澄城；牡丹园在山西杜城；狮子林在苏州吴县；乐隐园在江苏太仓；万花园在海州如皋。

图 6-10 山西新绛州大堂

下面重点介绍狮子林和西园寺。

1. 狮子林

狮子林是吴中古老的名园之一，位于今苏州城东北园林路23号，占地16.7亩，始建于元代至元二年（1336年）。狮子林原为寺庙园林，系天如禅师维则之弟子在吴门"相率出资，买地结屋，以居其师"。维则为中峰入室之弟子，元代的文学家，是当时著名的僧侣，曾隐于松江九峰10余年。因中峰和尚原住浙江天目山狮子岩，为纪念佛徒衣钵，师承关系，取佛经中佛陀说法称"狮子吼"，其座为"狮子座"之意。狮子林为该寺的后花园，其地原为宋代废园，多林竹怪石，状如狮子，故而得名狮子林，又称"狮林寺"。

狮子林以湖石假山而著称，以洞壑幽深、曲折盘桓、内如迷阵，是藉假山洞壑为特色，虽历经沧桑，仍得以保存，并为世人瞩目称道。洪武六年，书画家倪云林过狮子林，绘了一幅"狮子林图卷"，并题字、作诗，遂使此园蜚声江南。清代康熙、乾隆帝多次来游，还在北京长春园和承德避暑山庄中仿建。

狮子林平面东西略宽长方形，中部为池，在池的东和南两角掇石为山，主要建筑布置在山池东和北面，环池临水和点缀于石林群峰之中的有指柏轩、燕誉堂、荷花厅、真趣亭、湖心亭、问梅阁、见山楼、石舫、暗香疏影楼、五松园、卧云室等精致的厅堂楼阁庭园，四周贯于长廊，环境优雅，景色宜人。

正厅——指柏轩，面对峰峦起伏的假山，凭轩南眺，石峰石笋林立，古柏挺翠，这是全园的主景区。迎面一座石桥驾于小池之上，假山中央平地有一楼，名为卧云室。卧云室周围密布不同状态狮子状的奇峰怪石，这是此园的独特之处。

远视之有的如狮子吼，有的如狮子舞，有的如狮子斗，有的如狮子滚，最高处石峰为狮子峰，于卧云室赏景，有如置身于石林之中。

狮子林假山之下，石洞曲折迷离，如一座叠石迷宫，游人至此都要试钻一下巧布的石宫。奇迷的是两人同时进山分两路走，有时只闻其声而不见其人，有时隔洞相遇，可望而不可及，有时相向而来忽又相背而去，一会登上山峰一会又深入洞穴，好半天也绕不出来。相传，乾隆二十七年（1762年），清帝弘历，御巡江南，游狮子林，在一亭中观赏园景，见石峰重叠，路转峰回，十分奇妙；树木葱翠，连枝交柯，非常秀丽；一弯池水，几曲平桥，无不精巧，感到新奇有趣，一时兴起，御题"真有趣"三个大字加以赞赏，其中，"有"字赐给了状元黄熙，留下"真趣"两字做了匾额，悬于石舫旁的"真趣亭"中（图6-11）。

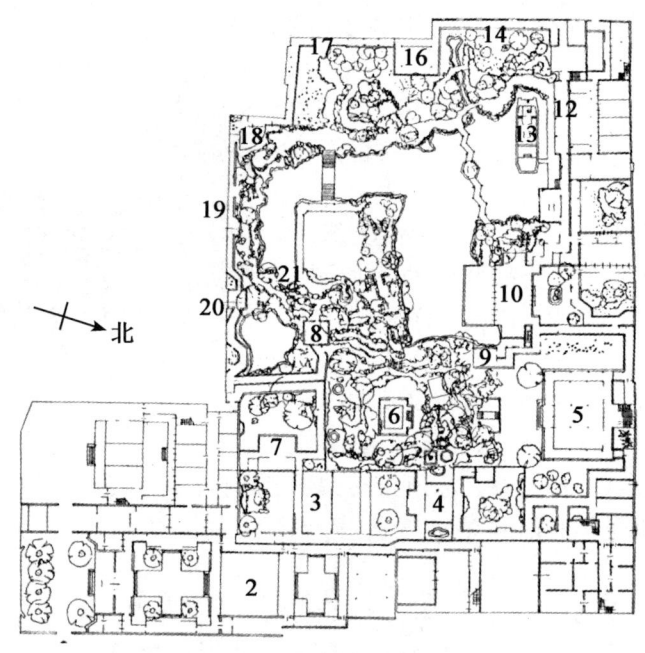

图 6-11　苏州狮子林平面图

1. 门厅　2. 祠堂　3. 燕誉堂　4. 小方厅　5. 指柏轩　6. 卧云室　7. 立雪堂　8. 修竹阁
9. 见山楼　10. 荷花厅　11. 真趣亭　12. 暗香疏影楼　13. 石舫　14. 飞瀑亭　15. 湖心亭
16. 问梅阁　17. 双香仙馆　18. 扇面厅　19. 文天祥碑亭　20. 御碑亭　21. 小赤壁

狮子林石峰奇巧，竹树阴森，有山有水，山水竞秀，僧维则曾作《狮子林即景十四首》，记述当时的园景与生活。

狮子林回廊曲槛，由东到西，自南而北，环绕园西南两面，四周廊壁嵌有60余块石刻，撰有宋代苏轼、黄庭坚、米芾等名家的书法艺术，以供游人鉴赏。

清帝乾隆有诗云："一树一峰入画意，几弯几曲远尘心"。狮子林是以其洞壑盘旋，蜿蜒曲折，出奇入巧，嵌空奇绝。虽掇山不高，凿池不深，其峻奇多姿，布局紧凑，使人看去，岗峦起伏，水波粼粼，林木葱郁，富有"咫尺山林"之意境，也反映了狮子林的塑造艺术，独具匠心，无愧为吴中名园。

2. 西园寺（西园）

西园寺又名西园，位于苏州市内正西，为江南著名古刹。此园始建于元代至元年间（公元1271—1294年），原名归元寺。随历史演变而更名多次：明嘉靖年间，太仆徐太建东园（后称留园），将此园收为别墅和宅园，易名为西园；其子徐溶舍园立寺，又回称旧名归元寺，明崇祯八年（公元1635年），茂林和尚将此园改名为戒幢律寺，俗称西园寺。

此园于公元1860年毁于战乱，现存的罗汉堂石拱门为明代所筑，余为清代所建。

西园寺布局严整，殿宇雄伟，门前牌楼高大，山门内金刚殿壮观。庙院古木参天，大雄宝殿气宇非凡。殿内正中有释迦牟尼大佛坐像，侧立24位诸天护法神。后壁上有海岛观音群塑，观音脚踏鳌鱼头，手持甘露宝瓶，眉宇慈善，围有近百位小佛，构思奇特，造型生动。

大殿西侧是广阔的罗汉堂，三进48间的堂以四大名山为中心，排成田字形，其间泥塑着形态各异的五百罗汉[①]和千手观音、济公和疯僧等，这是印度雕塑艺术与我国传统技艺相结合在佛教艺术上的具体体现。罗汉堂正中的疯僧和济公的塑像造型最为杰出、最为奇特、独具匠心。据传，是两位塑师班头师兄弟[②]比美制作，传说秦桧陷害岳飞之后，去杭州灵隐寺烧香拜佛，一个烧火疯和尚大骂秦桧陷害忠良，卖国求荣，后人为纪念他有胆有识，造像加以供奉。

师兄所塑疯僧，一手拿着吹火筒，一手拿着扫帚，潇洒自如，师弟看了师兄的杰作也不甘示弱，所塑济公歪戴破草帽、身披旧袈裟、手持破芭蕉扇，面部似笑非笑、似愁非愁，啼笑皆非，眼睛炯炯有神，无论从何处看，两眼都盯着你，把不畏强暴、戏弄达官贵人的形象活现出来。

罗汉堂的千手观音形象，高四丈，为整块香樟木雕刻而成，又四个面像，故称四面千手观音。又因每个手心上各有一个眼睛，故称千手千眼观音，工艺精湛、技艺高超，此罗汉堂为江南仅存者。

堂西为西花园，正是明徐泰时西园遗址。有放生池，池面宽大，池中建有湖心亭，池中有大鼋，为明所蓄老鼋之后代，活了300余年。有九曲桥横贯两岸。西园寺之美，有古诗赞曰："九曲红桥花影浮，西园池水碧如油，劝君且莫投香饵，好像神鼋自在游"。

第三节　园林特色

一、园林发展

（1）辽、夏、金、元是漠北或东北寒冷地区的民族，长期习惯于游牧生活，生产和文化都比较落后，依靠强悍的武力维持对中原的统治。但尽力吸取汉族的文化，尽力继承宋代的园林风格，局部地区有所发展。

（2）辽、金、元在燕幽的都城，是按照汉唐宋的长安、洛阳、汴京的建制，宫城居中、前朝后市、左庙右社、前宫后苑的模式相承继，其中保留一点本民族的传统痕迹。而发祥地的都城也反映着内地的都城传统，但都尽量保留本民族的特点。

（3）元大都皇城在中南部以太液池为中心，宫城放在两侧，东为大内宫城，西为隆福和兴圣两个附属宫城，居民市肆放在北、东、西三面。元大都的规划为后来的北京城奠定了基础。

（4）元代对万岁山太液池禁苑的建设，远远超过了金代的规模。发展了一池三山的传统格局，作为皇城内的园林超过任何前代。为后来明清开发三海西苑打下了良好的基础。

（5）元代万岁山在运用太湖石堆山构洞方面穷其技巧，艺术造型也很独特，有实物保持至今。当时还有汲水上山的工程很是奇妙。石景方面有立石孤赏。万岁山太液池是人工再现自然山水的典范，为北方皇家园林创立了楷模。

（6）金元时期，对保护前代皇家园林和私家宅第园林方面有所贡献。

二、园林创新

（1）西夏王陵，其陵墓中的陵台造型奇特，人称东方金字塔，前所未有。其陵墓的结构也非常独特，实属创新。

（2）元代在局部园林建筑和装饰中有所创新，如吊桥、万岁山上的介福殿、延和殿外侧分别为荷叶殿和温石浴室；在元大都中有绿障鱿窗、花亭毡阁、环以绿墙兽皮、玉床宝座，时时如浥流香，如见扉影，如闻歌声；太液池中有两个用玻璃装饰的圆殿，宛若水晶宫，填补前代空白。

注释：

① "五百罗汉"：为佛经中记载的得道和尚。
② "塑师班头师兄弟"：师兄为鲍子云，师弟为吴晓芳。

第七章　我国明清时期的园林

从公元1368年到1911年，为明清时期，历时543年。我国诗情画意的山水园进入大规模、高档次、高质量、全面发展阶段。我国园林进入鼎盛时期。

第一节　历史史略

一、明

(一) 历时

公元1368年，朱元璋开国建明，在位30年，传16帝，到末帝崇祯。公元1644年被李自成灭。明朝统一全国共历时276年。

(二) 史略

元朝末年，顺帝荒于朝政，阶级矛盾和民族矛盾加剧，农民起义风起云涌。在起义队伍中，最大的队伍是郭子兴领导的红巾军，后有安徽濠州的朱元璋积极响应。郭子兴死后，朱元璋继续坚持起义，得到了各地的支持，于1368年推翻元朝统治，建立明朝，定都金陵（今南京），年号洪武。

朱元璋废丞相制，加强中央集权，封二十四子为王，镇守各地。不久太子先亡，朱元璋之孙（朱允炆）继位，但镇守大都北平的燕王朱棣手握军政大权，用兵持重。公元1403年起兵南下废侄，自称祖皇帝，迁都北京，称顺天府，原都城金陵改为陪都。

朱棣在位后平了藩乱，巩固政权。在位21年，以仁治国，政策宽松。他减租税，奖儒学，加强对外联络，巩固边防，积极发展经济，使得国力大增。后又经仁宗、宣宗二帝的进一步整治，整个国家政策明、纲纪好，国富民强，史称"洪宣之治"（洪熙、宣德）。

明朝为阻挡北方少数民族的骚扰，用了近200年的时间修长城，东起辽东，西至嘉峪关（现今所见的长城多为明朝所建），全长6 000多千米。派戚继光在东南沿海平倭寇，边防得到巩固。派郑和7次下西洋，加强对外联络。文化上推行科举制度八股文[①]。工商业繁荣，其中徽州商人、陕晋商人和"苏杭大贾"，分布之广独步当时，国民经济不断发展。涌现了思想家王夫之，小说和文学家罗贯中、施耐庵、吴承恩等，医学家李时珍，农业科学家徐光启，造园家计成、张链，园林美学家文震亨，造园名师张南垣父子，画家唐寅、仇英、祝枝山、沈周、戴延等。他们对山水园林的发展起到了极大的推动作用。

明武宗（11帝），即公元1506年之后，帝王只顾安乐，享受太平，宦官魏忠贤专政，迫害异己，朝政开始混乱。税金苛捐，连年灾害，加之对朝作战，又败于日本，国力大衰，各地起义。起义中最大的一支就是李自成的队伍。公元1644年李自成打到西安，号称大顺国，挥师东进，威逼北京。明崇祯帝，一看大势已去，逃出后宫，自缢于煤山（今景山公园）。明代传17帝，历时276年，宣告终结。

二、清

(一) 历时

公元1644年，顺治帝入关，开国建大清，在位18年。1662年康熙继位，在位61年，雍正13年，乾隆60年，共传9帝，至末帝溥仪，于公元1911年被孙中山所领导的辛亥革命所推翻。清统一全国共历时267年。

(二) 史略

攻入北京的李自成有闯天下之力，无治国之道。结果明末镇守山海关的总兵吴三桂，投降清朝，引清兵入关，赶走了李自成，清朝坐收明朝天下。

清朝先祖，为东北的女真族，公元1616年，爱新觉罗·努尔哈赤建后金国，自立为汗，先都老城（今辽宁新宾县），后迁到辽阳，又定都盛京（今沈阳）。1627年其子皇太极继位，不久取得了东北全境，改国号为清。皇太极梦想入关，但没有机会，至多尔滚辅佐顺治帝时，正赶上李自成灭明，吴三桂投清，机会来了。1644年，顺治很顺利入关，打败了李自成，进入北京，坐收了明朝天下。清王朝随即迁都北京，并收复了台湾，加强对西藏的管辖，实现了全国统一。

清统一后，运用了统治术，"以汉治汉，文武兼备"，大兴文字狱[2]，按明朝之法，哲理制定了建国方略。皇帝尊儒好学，体恤民情，重科举，起用汉人为官，鼓励民族融合，奖励学艺，振兴武备。科技文化、农业、工业、园林大发展。经康熙61年，雍正13年，乾隆60年，三代130余年的整治，使大清王朝进入盛世。史称"康乾之治"，国泰民安。清代涌现了民族英雄郑成功，思想家顾炎武、黄宗羲，科学家宋应星，观赏植物专著家陈淏大和汪灏等。画家有四僧[3]、扬州八怪[4]、王时敏、王鉴、王后祁、王石谷等。还有伟大的文学家曹雪芹。

乾隆晚年，安享祖业，闭关自守，倦于朝政，过于奢华，致使清朝鼎盛时期开始滑坡，国力渐衰，出现了北俄南侵，割地赔款，各地纷纷起义。道光20年（1840年）爆发了鸦片战争，1851年开始，与洪秀全所创的太平天国打了14年，又有慈禧听政50年，使清朝元气大伤。外国资本主义武装入侵中国，内忧外患，丧权辱国到了极点，到公元1911年，被孙中山所领导的革命武装推翻。历时267年的清王朝宣告灭亡。

三、时期特点

明末之际，经过长期战乱，经济残破，土地荒废，人口锐减。清朝确立全国统治之后，吸取明灭亡的教训，为了稳定和巩固统治，采取各种措施使经济得到了恢复和发展。清朝前期总结了中国历史上统治的经验教训，决策施政，经过深思熟虑而审慎从事，威权专一、令出法随，取得了重大治绩。在政治上制定了各项典章制度，阶级矛盾相对缓和，秩序比较稳定，国力臻于鼎盛。清朝国家机器较长时间维持正常运转，皇权集中，统治巩固。困扰着中国历代王朝的母后、外戚、宦官、权臣、朋党、藩镇等祸患减小到了最小程度。在经济上，奖励垦荒，减轻赋税，兴修水利，进行赋役制度改革。手工业和商业也得到了很大的发展。清代手工业无论生产规模、雇工数量、分工细密、技术水平、产品质量方面都达到了中国封建社会历史上的最高水平。但清政府的"抑商"政策却防碍手工业的自由发展，中国和当时先进的西欧国家相比仍存在着很大的差距。

清代，作为一个少数民族当皇帝的统一多民族国家，理所当然也加强了域内兄弟民族的文化联系。明清的换代却并没有造成文化艺术传统的中断，就美术各门类而言，园林建筑不仅在程式化与规范化的总的趋势下继承了前代的传统，而且获得一些前所未有的成就。绘画方面，人物、山水、花鸟等都取得了长足进步，如清初四僧（弘仁、髡残、石涛、八大山人）的绘画笔意高远、画风苍劲，很具有革新精神；清中叶"扬州八怪"（汪士慎、黄慎、金农、高翔、李鱼单、郑燮、李方膺、罗聘），他们师法自然、风致高逸、随意挥洒、不构成格，极富情趣。清代虽标榜崇文兴学、纂修典籍、优遇文士，但钳制言论、禁毁书籍、屡兴"文字狱"，造成知识界不敢议论政治、研究现实的沉闷局面，文人醉心于园林的更多。清初李渔（1610—1680年）著继《园冶》之后的园林理论力作《闲情偶寄》，主张造园要出于眼，不落窠臼，并对借景、框景、品石叠山等阐述了独到的见解，影响甚广。并亲手经营过"伊园""芥子园""层园"，可惜这些均没能留下来。

明清中前期，社会安定、科技发达、商业兴旺、经济繁荣，对外联络加强，各行各业名家辈出。古典园林艺术臻于鼎盛和升华的阶段，不仅表现为空前未有的数量，也表现空前未有的质量。皇家园林、私家园林、寺庙园林三大类型园林已完全具备中国风景式园林的特点，并由成熟进入到鼎盛期，全面、明确地在造园艺术上体现出来。

明清时期，园林美学思想趋于成熟。在这个时期，出现的园林理论著作从数量和质量上都超出前代，并涌现出一批各具理论个性的园林美学思想家和著作，如王世贞著有《古今名园墅编》、计成著有《园冶》、文震亨著有《长物志》、邹迪光著有《愚公谷乘》、李渔著有《闲情偶寄》、叶燮著有《滋园记》等等，使得中国古代园林美学丰富多彩。文人写意画达到高峰，画上题跋蔚然成风，建筑的楹联也开始盛行，文人广泛参与造园，特别是私家园林题名写意风愈演愈烈。如明代王世贞的弇（yǎn）山园，其中景点题名近两百多个。

明朝政治、经济和文化更加活跃。明代皇家园林，造园艺术水平已日益完善，更加显示出皇家气派，其规模之大和建筑的富丽堂皇是前代所无法相比的，而从另一个角度也反映出明以后绝对君权的集权政治的日益发展。由于佛教禅宗盛行，寺庙园林造园也更加突出，寺观园林由世俗化更加进一步公开开放，任人游览，使其更多发挥城市公共园林的职能，成为庶民百姓进香游览之地。明中期，资本主义生产方式的萌芽，导致私家园林造园活动和市民园林的兴盛，民间造园活动频繁，造园理论和实践都取得丰硕成果。在江南地区涌现出一大批杰出的造园家，如计成、张南垣、张然[⑤]父子等。在园林叠山的技艺方面，明代出现许多流派，极大地丰富了造园艺术的内容，形成园林创作活泼的生动局面。所以，明代是我国造园史上的一个重要时期。

清朝是我国历史上造园最多的时期，皇家园林和私家园林都是中国古代后期园林发展史的两个高峰。清代所建皇家园林苑囿之多、规模之大、内容之丰富、建筑之华丽是历史上任何时代都所不及的。特别是乾隆年间，清王朝统治巩固，建园活动极为兴盛，新建、扩建一系列大小园林，分布皇城、宫城、近郊、远郊、畿（jī）辅等地，并大量吸取江南园林精华，引进欧洲及其他地方建筑风格，使皇家园林处于鼎盛时期。随着国际、国内形势变化，中西园林文化开始有所交流，西方的造园艺术被引进皇家宫苑，如圆明园中的西洋园。同时，当时欧洲宫廷和贵族也掀起一股"中国热"，首先在英国促进其后期风景式园林的发展，形成独特的"英中式"风格，并风靡法国和德国，成为冲击当时流行于欧洲的规整式园林的一股潮流。清代的私家园林亦进入它的鼎盛期，一方面，都城的王侯宅第园林兴建极多；另一方面并非建于都城或并非属于王侯的宅园也大量出现，特别是江南的苏州、扬州、杭州等几个非常著名的园林之城，各具特色的宅第园林争芳斗艳，与相对规模宏大且富丽堂皇的北方皇家园林形成鲜明的对比。

第二节 经典园林

一、明

(一) 都城——应天府 (建康、金陵、南京)

应天府 (今南京),濒临长江南岸。明太祖丙申年三月称南京为应天府,洪武元年八月建都于此,洪武十一年称为京师。永乐元年 (公元1403年) 仍改为南京。南京自古以来曾有很多名称,如金陵、秣陵、建康、集庆等。

南京城的修建历时达21年,洪武十九年始告完工。由于地形条件的限制和防卫的需要,南京城平面呈南北长,东西窄的不规则形。城垣高度一般为14~21米。基宽14米,顶宽4~9米,城墙内有藏兵洞13个,可供3 000名士兵驻守。都城外围所建的外郭城,大都依天然地形以土垒成。皇城以南北中轴线为主干,自洪武门至承天门筑有大街,东侧为礼、户、吏、兵、工五部,西侧为五军都督府。宫城内依中轴线建奉天、华盖、谨身三殿和乾清、坤宁二宫,是帝王举大典处理朝政及居住的场所。城中心建有钟楼、鼓楼。在鸡笼山和聚宝山分别设有观象台,鼓楼东南有国子监,玄武湖湖心设岛,并建有库房存放明代全部黄册。

南京城内建宫城,称紫禁城。朱元璋很重视天象,《大明孝陵神功圣德碑》记载他"审天象,作地志"。朱元璋生前对他住居的皇宫精心设计,称之为紫禁城,其"紫"即取自天宫的紫微星。紫禁城共设6座门,与天象对应,正南方的门为午门,其左有左掖门,右为右掖门。东方的门称之为东安门,西为西安门,北为北安门。宫城的外门是:正南方之门称为洪武门,东西方的门称为长安门,东方北面的门称为东华门,西方北面的门称为西华门,北方的门称为玄武门。皇城外面的城称京城。京城周围9 614里,共有13座门。南方的门称为正阳门,其西为通济门,再向西为聚宝门。西南方的门称为三山门,叫做石城。北方的门称太平门,北方西面的门为神策门、金川门、钟阜门。东方的门称为朝阳门。西方的门称为清凉门,西方北面的门称为定淮门、仪凤门。后来堵塞了钟阜门和仪凤门,只剩下11座城门。外部是洪武二十三年四月建成的,周围180里,有16座门。东有姚坊门、仙鹤门、麒麟门、沧波门、高桥门、双桥门,南有上方门、夹冈门、凤台门、大驯象门、大安德门、小安德门,西有江东门,北有佛宁门、上元门、观音门。

京城之内为上元县治和江宁县治。上元县旧治的东北有钟山,山南有孝陵卫,孝陵卫是洪武三十一年设置的。北面有覆舟山。西北方有鸡鸣山、幕府山,东北方有摄山,东南方有方山。北滨大江,东南有秦淮河。秦淮河向北流,流入南京城中,再向西流,出了南京城,流入大江中。江宁县治位于南边,其南有聚宝山和牛首山。其西南有三山、烈山、慈姥山。西临大江。东北有靖安河。西南有大胜关、江宁镇。东南有秣陵关。著名的莫愁湖位于三山门外,古时称为横塘。该处有胜棋楼、曾公阁,是游人品茗休息的地方。

(二) 都城——北京

明成祖继位以后,把都城由南京迁往北京,改南京都城为陪都。永乐十八年 (1420年) 在元大都的基础上建成新的都城北京,放弃都城北的一部分,将南城墙往南移,为内城。内城面积比大都略小。宫城即大内,也称紫禁城,位于内城的中央,南北960米,东西长760米,周长3 420米,城外围绕护城河——筒子河,共开四门:正南是午门;向东的称东华门；向西的称西华门；向北的叫玄武门。大内的主要朝宫建筑为三大殿，最后为御花园。整个宫城呈"前朝后寝"的规则。园林建设重点放在大内御苑，其中少数建置于紫禁城的内廷，大部分都建在紫禁城以外，皇城以内的地段，与紫禁城却相距不远，以便皇帝游幸。北京西郊，早在元代就已成为公共游览的风景名胜区。

紫禁城格局严整，宫殿雄伟，金碧辉煌。其周围环绕有52米宽的护城河。城四角各有一座角楼，结构精巧，造型秀丽。紫禁城占地72万多平方米，9 000多间宫殿沿着一条南北向的中轴线排列，并向两旁展开，南北取向，左右对称。这条中轴线不仅贯穿紫禁城，而且南达永定门、北至鼓楼、钟楼，贯穿了整个城市，极其雄伟、壮观。

皇宫内总体布局分外朝和内廷两大部分。外朝以皇极殿、中极殿、建极殿三大殿堂为中心，是皇帝处理政事、举行朝会的场所。内廷以乾清宫、交泰殿、坤宁宫三大宫为中心，是皇帝起居、处理日常政务及家眷居住的地方。其前三殿后三宫以全城中轴线为轴左右对称，气势雄伟壮观，是世界上现存规模最大、布局最完整的宫殿建筑群（图7-1）。

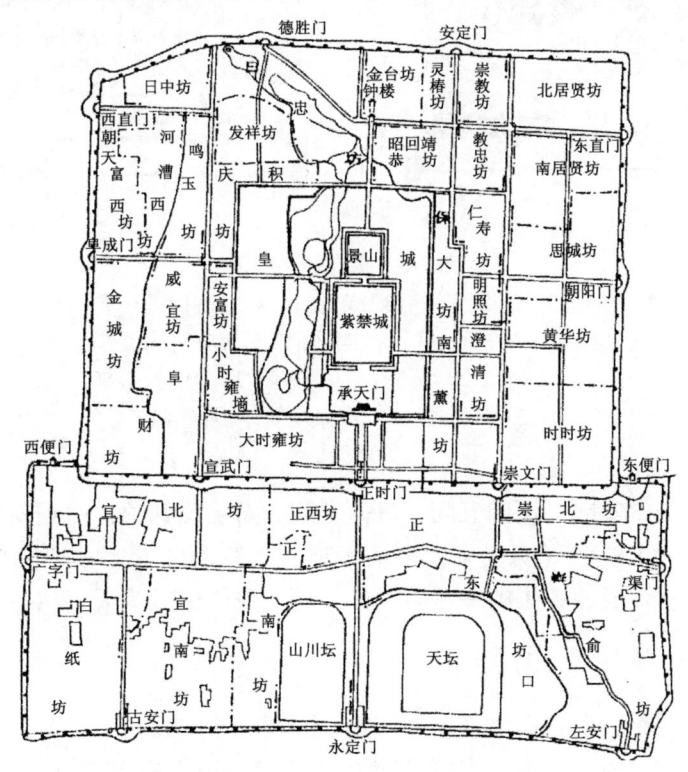

图7-1　明北京城平面示意图

明代皇家园林建设重点在大内御苑，主要有六处：位于紫禁城内中路、中轴线北端的御花园；位于紫禁城内廷西路的慈宁宫花园；位于皇城北部中轴线上的万岁山；位于皇城西部的西苑；位于西苑之西的兔园和位于皇城东南部的东苑。此外，还有北果园、南花园、玉熙宫和远郊的上林苑南海子等。

（三）御花园

御花园在内廷中路坤宁宫之后，又称"宫后园"、"后苑"，体现"前宫后苑"的传统布局。始建于明永乐十五年（1417年）。它的平面略成方形，面积1.2公顷，园中景物大致分为中、东、西三路。建筑面积约占全园面积的1/3，山池花木只作为建筑的陪衬和庭院的点缀（图 7-2）。

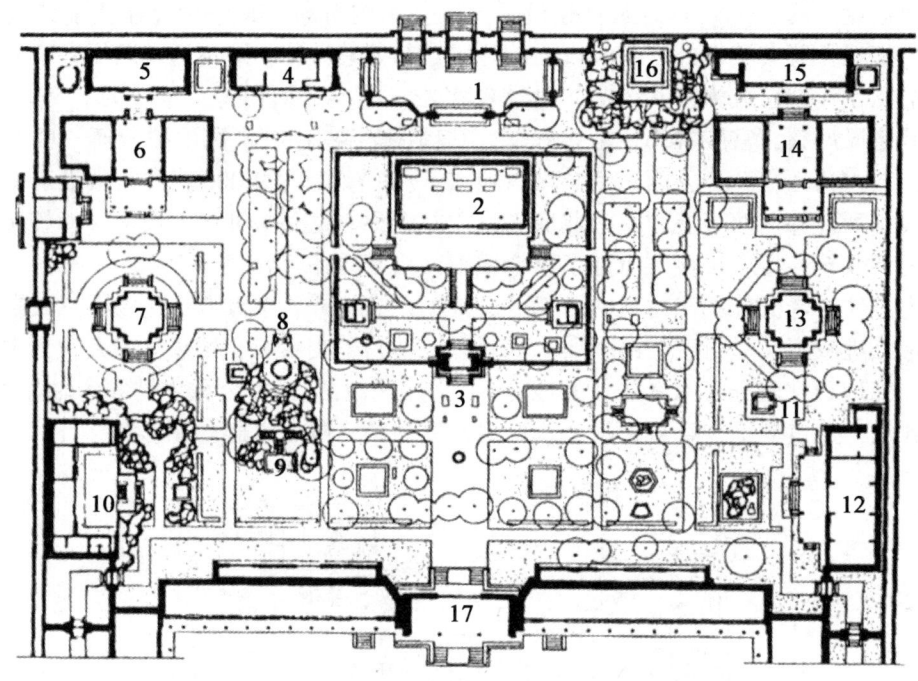

图 7-2　御花园平面图
1. 承光门　2. 钦安殿　3. 天一门　4. 延晖阁　5. 位育斋
6. 澄瑞亭　7. 千秋亭　8. 四神祠　9. 鹿囿　10. 养性斋
11. 井亭　12. 绛雪轩　13. 万春亭　14. 浮碧亭
15. 摛藻堂　16. 御景亭　17. 坤宁门

1. 中路

花园居中偏北为钦安殿，面阔五间，进深三间，黄琉璃瓦顶，中顶安渗金宝瓶，殿前有二方亭，殿内供元天上帝像（明代皇帝多信奉道教，故供奉着道教神像），钦安殿东、西、南三面有低矮垣墙，形成园中央的一座独立的院落。花园中后为天一门，其古竹参天，左右红墙黄瓦低垣与门相接。

2. 东路

钦安殿东稍北，有太湖石倚墙堆叠的假山"堆秀山"，山下有洞穴，左右有蹬道，山顶建小四方亭御景亭，亭内设宝座，可登临眺望紫禁城。山上有蓄水池，以"水法"引水下山，从石蟠龙口喷出。山东有面阔五间的摛藻堂。堂前有长方形水池，池上有跨桥亭浮碧亭，池南有金碧辉煌、光彩夺目的万春亭（在西侧有对称的千秋亭）。御花园东南处有绛雪轩，轩前多种植海棠（今已不存在），并砌有方形琉璃花池，种有牡丹、太平花，池中设有太湖石，好像一座大型盆景，降雪轩南为琼苑东门，门西有一古龙爪槐，阴覆近 80 平方米。

3. 西路

钦安殿西稍北倚宫墙是清望阁（今延辉阁），与清望阁相对的是四神祠，西为位育斋，斋前的水池亭桥及其南的千秋亭均与东路相同，池旁是漱芳斋，可通内廷东路，千秋亭之南为养性斋（明朝为乐志斋），斋东北面有一假山，南面即是琼苑西门。

钦安殿的南、东、西三面空地上均布置有大小不一的方形花池，种植牡丹、海棠、太平花等名贵花卉，并有石笋、太湖石等点缀，园路铺装的花样亦很多，有雕砖纹样，以瓦条组合成的花纹及五色石子镶嵌的各种图案。

（四）东苑

位于东华门外东南，东至皇城根，西至太庙及筒子河，北达银闸马圈，南抵菖蒲河（即今南、北池子）。入园，"夹路皆嘉树，前至一殿，金碧焜耀。其后瑶台玉砌，奇石森耸，环植花卉。引泉为方池，池上玉龙盈丈，喷水下注。殿后亦有石龙，吐水相应。池南台高数尺，殿前有二石，左如龙翔，右若凤舞，奇巧天成"。它的旁边，另有一个景观全然不同的景区：小桥流水，游鱼轫跃，厅、堂、亭、榭均以原木为之，不加处理，顶覆以草，四周围编竹篱，篱下皆蔬茄匏瓜之类，明宣宗时，东苑建筑物不多，且很简素，一派草舍田园风貌。皇帝经常偕同文武大臣、四方贡使到此处观看"击球射柳"之戏。英宗复辟后增置许多殿宇。于重质宫的西面建承运库、洪庆宫、重华宫，南面建皇家档案库"皇史宬"、"御作坊"等。这十余所宫殿楼阁仍仿照紫禁城内廷的中、东、西三路多进院落制，此时的东苑已不再是原来的幽静田园，而成为皇城内的另一处具有完整格局的宫廷区——"南城"。其具体情涌福阁，旧名澄辉阁，俗云骑马楼也。迤东沿河再北则吕梁洪东安桥，北有亭居桥上，曰涵碧。又北则回龙观，殿曰崇德，观中多海棠，每至春深盛开时，帝王多监幸焉。河东又有玩芳亭、桂香馆、翠玉馆、撷秀亭、聚景亭，以及含和殿、秋香馆左右漾金亭，盖皆为南城离宫云。可见，明代南城曲折小桥、流水叠石、山洞与亭阁楼馆之繁密。

（五）西苑（三海御苑）

西苑位于北京城内故宫和景山的西侧，由北海、中海和南海所组成，合称为三海，明、清时期称为西苑。它是中国现存历史悠久、规模宏大、布置精美的宫苑之一。

西苑经营的历史，可上溯到辽代。以后迭经金、元、明代的改建与扩建，形成了一定的规模。进入清代，对西苑又进行了许多新建和改建。重要的营建有两次：清代崇信喇嘛教，顺治八年（1651年）拆除了琼华岛山顶上的主体建筑广寒殿和四周的亭子，修建了巨型喇嘛塔和佛寺，并将万岁山改名为白塔山。乾隆年间，除了对北海琼华岛的大部分建筑物进行重修以外，在北海东北岸、北岸营造了许多建筑。在明朝时期比较富于自然景色的南海南台（即今瀛台）以及中海东岸地区修建了宫殿楼阁和庭院幽谷。现在整个三海的格局和园林建筑，主要是乾隆时期完成的（图7-3）。后来虽屡有修葺，只是个别地方有所增减。

三海的规模自明代开辟了南海以后，就形成了一个纵贯皇城的南北长2 000多米，东西宽200米左右的长袋状水域。以水域（又称太液池）上的两座石桥把水域划分为三个水面：金鳌玉𬟽（dōng）桥以北为北海，蜈蚣桥

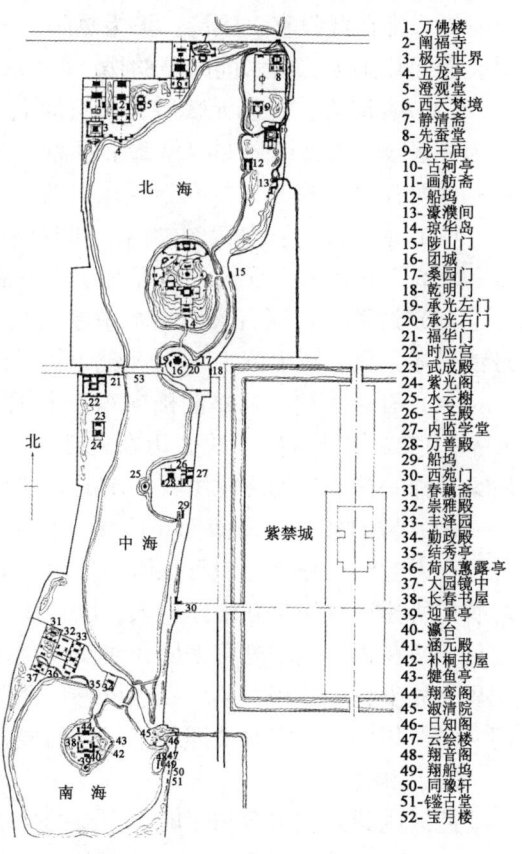

图7-3 乾隆时期西苑平面图

1-万佛楼 2-阐福寺 3-极乐世界 4-五龙亭 5-澄观堂 6-西天梵境 7-静清斋 8-先蚕坛 9-龙王庙 10-古柯庭 11-画舫斋 12-船坞 13-濠濮间 14-琼华岛 15-陟山门 16-团城 17-桑园门 18-乾明门 19-承光左门 20-承光右门 21-福华门 22-时应宫 23-武成殿 24-紫光阁 25-水千圣殿 26-水法 27-内监学堂 28-万善殿 29-蚕池口 30-西苑门 31-春藕斋 32-崇雅殿 33-丰泽园 34-勤政殿 35-荷风蕙露亭 36-大园镜中屋 37-长春书屋 38-长春仙馆 39-迎董亭 40-瀛台 41-涵元殿 42-补桐书屋 43-健鱼亭 44-翔鸾阁 45-淑清院 46-日知阁 47-云绘楼 48-云翔绘图楼 49-翔船坞 50-同豫轩 51-镂古堂 52-宝月楼 53-宝月楼

以南为南海，两桥之间为中海。清乾隆帝在他的一首《悦心殿漫题》的诗中写道："液池只是一湖水，明季相沿三海分。"几百年来，三海和西苑两个名称一直并用。中海和南海常合称为中南海。

三海总体布局继承了中国古代造园艺术的传统：水中布置岛屿，用桥堤同岸边相连，在岛上和沿岸布置建筑物和景点。全园面积167公顷，水面占到一半以上，景观比较开阔。琼岛耸立于北，瀛台对峙于南，长桥卧波，状若垂虹。湖中碧水、岛上山石与各种建筑物交相辉映，组成一个整体。许多景点高低错落，疏密相间点缀其中。下面对各区景点分别作一简介。

1. 南海景区

南海主要景物分布在三面环水的圆形岛屿——瀛台上。台上为一组殿阁亭台、假山、廊榭所组成的水岛景色。重要的建筑物有翔鸾阁、涵元殿、香扆（yǐ）殿、藻韵楼、待月轩、迎薰亭等。岛上林木蓊郁、殿宇辉煌，交相辉映，远远望去，如同仙境一般，故有"瀛台"之名。

（1）翔鸾阁：翔鸾阁是瀛台的正门，坐南朝北，位于白石桥南端的四十级台阶之上。阁高二层，宽七间，左右两侧伸延出双层回抱楼，各十九间。阁后西楼名瑞曜，东楼名祥辉。

（2）涵元殿：翔鸾阁后有涵元门，过门即涵元殿，南向，是瀛台岛上的正殿，原名香扆（yǐ）殿，乾隆六年（1741年）改为现名。此处是清皇室在瀛台活动的主要场所。康、乾时期，常在此设宴、赋诗，极为热闹。自从光绪被囚后，才冷落下来。光绪皇帝即死于此殿。涵元殿东为二层六间的藻韵楼，西为对称的绮思楼。

（3）香扆殿：在涵元殿后，该殿原名蓬莱阁，只因北门上挂了原香扆殿的旧匾，故亦名为香扆殿。阁南门还照旧是蓬莱匾额。殿东有北向的"溪光树色"及西向的"虚舟"二室；殿西有北向的"水一方"及东向的"兰室"二房。

（4）南台旧址：蓬莱阁之南，即明代南台旧址，东有春明楼，西有谌虚楼，两楼之间有一块高2.6米的木变石，是黑龙江将军福僧阿贡品。

（5）迎薰亭：瀛台最南端水中建一亭，有桥与瀛台相连，称迎薰亭。亭联曰"相于明月清风际，只在高山流水间"。该亭隔海与宝月楼（今新华门）相望。

（6）补桐书屋：从藻韵楼向东，太湖石山上有一小院落，南屋名补桐书屋，北屋名随安室。1724年身为皇子的弘历在此读书。当时院中有两株老桐树，其中，一株因病枯死，后又补种一株。枯死之树用其材制成四琴存在屋中。

（7）宝月楼：南海南面正门新华门，原是宝月楼，建于乾隆二十三年（1758年）。楼二层，广七间。登楼北望可见海中仙山，南望可见长安大街之繁华市景。传说此楼是为乾隆之香妃所建。香妃是新疆回族人，因久居皇宫不见家园的风土人情而思念家乡。乾隆建此楼之后，又在楼南皇城外移来回族居民（地名回子营），又建清真礼拜寺等回族风格建筑。香妃思念故土，可登楼一望，以慰乡愁。民国初年袁世凯任大总统时，把宝月楼改为总统府大门，名新华门。原宝月楼即新华门之门楼，沿用至今。

2. 中海景区

此区内景点主要分布于毗邻南海的横堤与东、西湖岸之上，主要建筑如下。

（1）流水音：从西苑门西行不远，可见右边一座山石环绕的小庭院，院内流水潺潺，亭阁映辉，山上为"日知阁"，山下路边的亭子额曰"曲涧浮花"，为康熙所题。亭内流水九曲，是帝王们享受"曲水流觞"之乐的地方，俗名流杯亭。亭中"流水音"匾额系乾隆所题，人们遂把此亭亦称作流水音。

(2) 勤政殿：从流水音西行，过白玉石桥（蜈蚣桥），路北院落即清代勤政殿故址。勤政殿曾是中南海的正殿，面阔五间，是慈禧在颐和园未修复之前驻苑听政的地方。光绪执政期间亦常把这里作为他办公的地点。

(3) 丰泽园：勤政殿西有方亭，名为结秀亭，过亭即到丰泽园。"丰泽园"三字系乾隆手书，建于康熙年间。当年园内有稻田十亩，其中一亩三分是清朝皇帝演耕的地方。清王朝最后一次演耕是光绪十四年（1888年）二月二十七日。

(4) 颐年殿：颐年堂在丰泽园庭院内，是丰泽园中主体建筑。东厢房额曰"出山画"，西厢房额曰"烟雨图"。二匾均为慈禧手笔。颐年殿清初称崇雅殿，慈禧时改为颐年殿。民国初年把殿改为堂。在颐年殿东面，有一个十分清幽典雅的小庭院——"菊香书屋"。康熙书联："庭松不改青葱色，盆菊仍霏清净香。"

(5) 静谷：丰泽园西有荷风蕙露亭，亭对面有一小门，门额刻"静谷"二字，北面石额刻"云窦"二字，均为乾隆手笔。静谷是一个独立完整的院落，园内屏山镜水，竹柏葱茏，为园中之园。园内有长廊、纯一斋、春耦斋等建筑。

(6) 春耦斋：春耦斋是静谷园中主要建筑，地面铺以紫绿石，斋前仿苏州狮子林堆叠山石。据说斋内曾藏有唐朝韩滉的《五牛图》真迹及明代项圣谟、清代蒋廷锡临摹稿2卷，共15牛。斋前原有戏台，常演出宫戏。辛亥后，这里曾是袁世凯、段祺瑞等人召开会议的地方。

(7) 居仁堂：春耦斋之南有植秀轩，之北有居仁堂。居仁堂原名海宴楼，是慈禧时所建，专为招待女宾之用。门外陈列着12生肖兽首人身像。1911年，袁世凯曾在此殿恫吓隆裕，迫使清帝退位。后来袁将该殿改名为居仁堂。

(8) 怀仁堂：怀仁堂在中海西门内，原是慈禧的寝宫仪鸾殿。1900年该殿成为联军统帅瓦德西的统帅部。1901年4月19日仪鸾殿起火，烧死一名德国提督。1902年慈禧回京，立即重修仪鸾殿，改建为西式楼房，更名佛照楼。辛亥后，改名为怀仁堂。

(9) 紫光阁：宝光门北有紫光阁，明代叫平台。台高数丈，上建琉璃小殿，左右各四间。清代沿用紫光阁旧名，门前种植桃杏。乾隆二十五年（1760年）重修。阁内绘一百武功臣图，其中50人由乾隆亲笔写赞。乾隆四十一年（1776年），平定大小金川后，又绘一百功臣图于阁内，还收藏得胜灵纛及俘获之兵器等。

(10) 万善殿：是中海东岸建筑，。进西苑门沿湖北行一里即到万善殿。其西与紫光阁隔湖相望。原是明代崇智殿（又名蕉园、椒园）旧址，清顺治年间改名万善殿，内供三世佛。这里是皇宫内中元节设盂兰盆会的道场。

(11) 水云榭：万善殿西面有亭建于水面，叫水云榭，亭内竖乾隆手书的"太液秋风"石碑，为燕京八景之一。这里云光映水，小亭如出水之莲，披波之燕，加上昔日的荷花四漫，无比绮丽。

3. 北海景区

北海景区主要景物以白塔山（琼华岛）为中心。岛上布置了白塔、永安寺、庆霄楼、漪澜堂、阅古楼等建筑和许多假山、邃洞、回廊、曲径。有清乾隆帝所题燕京八景之一的"琼岛春荫"碑石和摹拟汉代建章宫设置的仙人承露铜像。北海的东、北岸有画舫斋、濠濮间、静心斋、天王殿、五龙亭、小西天等园中园和佛寺建筑。其南为屹立水滨的团城，城内葱郁的松柏丛中有一座规模宏大、造型精巧的承光殿。

（1）琼华岛（白塔山）：琼华岛（图 7-4、图 7-5）位于北海湖面的东南部，周长 880 米，高 45 米。岛上集中了园内的主要建筑，布满了太湖石、岩洞、殿塔轩榭、楼阁亭台。清代在岛山顶上建了白塔，始称白塔山，并进行了大规模建设。

图 7-4　北海琼华岛

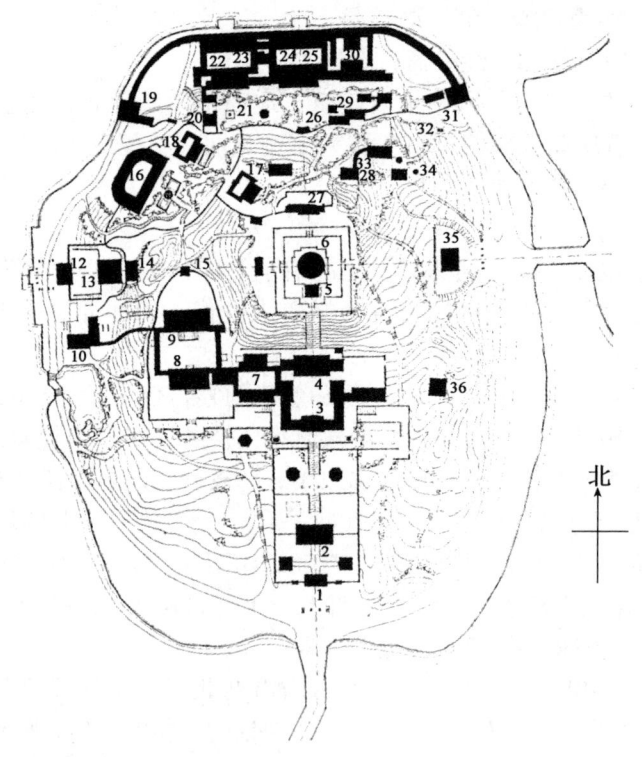

图 7-5　北海琼华岛平面图

1. 永安寺山门　2. 法轮殿　3. 正觉殿　4. 普安殿　5. 善因殿　6. 白塔　7. 静憩轩　8. 悦心殿　9. 庆霄楼　10. 蟠青室　11. 一房山　12. 琳光殿　13. 甘露殿　14. 水精域　15. 揖山亭　16. 阅古楼　17. 酣古堂　18. 亩鉴室　19. 分凉阁　20. 得性楼　21. 承露盘　22. 道宁斋　23. 远帆阁　24. 碧照楼　25. 漪澜堂　26. 延南薰　27. 揽翠轩　28. 交翠亭　29. 环碧楼　30. 晴兰花韵　31. 倚晴楼　32. 琼岛春阴碑　33. 看画廊　34. 见春亭　35. 智珠殿　36. 迎旭亭

①白塔。白塔山山顶有藏式白塔，是顺治八年（1651 年）在广寒殿旧址上建起的。塔高 35.9 米，由塔基、塔身和宝顶三部分组成。塔基为砖石须弥座，座上有三层圆台。塔身系砖、石、木结构。塔身南面是由红底黄字组成的藏文图案，叫"眼光门"，有吉祥如意之意。白塔是全岛、也是全园的制高点，为全园的景色增加了层次感与秩序感，是北海一带的

标志建筑物。

②善因殿。善因殿在白塔之前，是一座木结构琉璃砖瓦建筑，建于乾隆十六年（1751年）。殿檐两层，外墙有琉璃佛俑，白伞盖及绿度母佛像455尊。殿内原供一尊铜质镏金大威德金刚，有36支手和36只眼，俗称千手千眼佛，文革中被毁。

（2）团城：团城位于北海大桥东侧，北海与中南海之间。是一座由砖砌的圆形城垛式建筑，城高4.6米，周长276米，面积约4 500平方米，北有永安桥与琼华岛相连。这里原是太液池中的一个小岛——圆坻，明代以土填平了岛的东部，变成了半岛，并把元代所建的仪天殿改建为乾光殿。清代重修乾光殿，更名为承光殿。乾隆年间还增建了玉瓮亭、古籁堂、敬跻堂、余清斋、镜澜亭等。

①承光殿。是团城中的主体建筑，坐北朝南，正方形大殿，双重檐，黄琉璃瓦，绿剪边，四面有抱厦，南面有正方形月台，其建筑形式颇似故宫角楼。殿内供一尊嘉庆时西藏进贡的玉佛，高1.5米，用一整块玉石雕刻而成，全身洁白光润，袈裟及顶冠上镶以宝石。

②玉瓮亭。位于承光殿前庭院中，是一座蓝顶白玉石亭，亭中的石莲花座上有一个大玉瓮，该瓮以"渎山大玉海"闻名。大玉瓮是由数十名工匠花费长达5年的时间将一块整墨玉雕琢而成，这些能工巧匠利用玉石的自然凹凸和深浅的斑纹而在外壁上雕刻出鱼兽腾云驾雾般出没于波涛之中的生动形象。大玉瓮起先置于琼华岛广寒殿中，后广寒殿倒塌拆除，大玉瓮流落到西华门外真武庙里，直至乾隆十年（1745年）方才迁入现址。

4. 东岸景区

北海东岸原来景物不多，乾隆年间两次挖湖，将泥土堆成东岸的连绵土山。后来山上植树栽花，随山置景，景物逐渐多起来。

（1）濠濮间：是一组始建于明代的小园林。嘉靖十三年（1534年）初建凝和殿。乾隆二十二年（1757年）增建。中心建筑为水榭，三面环水，四周石山。水从浴蚕河流经画舫斋蜿蜒至此。水池上有一座雕栏九曲石桥，桥北头有一小石坊，两面镌有额联（图7-6）。水榭南有曲廊延至山顶，廊东为崇椒室。据说慈禧在夏季常来此听评书。

（2）画舫斋：画舫斋在濠濮间北，是一座三进院落的殿堂，四面回廊环绕，总称为春雨林塘院，中间建有方塘，塘北即画舫斋（图7-7）。清代常有名画家进园作画，又因该斋外形像一只浮在水面的船舫，故称画舫斋。门前曾是清帝检阅射箭之处，现在这里除举办书画展览外，还是旅游商品销售部。

图7-6 北海濠濮间

图7-7 北海之画舫斋

（3）古柯庭：古柯庭在画舫斋东北角，是一组附属小院，同治、光绪幼时曾在此读书。全院面积不大（20米×23米），但安排得体，曲廊回抱，粉墙漏窗，具有江南情趣，是庭院布局不可多得的杰作。该院以其中有一古槐（唐槐）而得名。

(4) 先蚕坛：先蚕坛在画舫斋北面一座碧瓦红墙的大院内。此坛建于乾隆七年（1742年），是清代后妃们祭祀蚕神的地方。

5. 北岸景区

北海北岸是北海内陆地面积较大的地区，因而这里的建筑比东岸多，但是由于遭受了严重破坏（尤其是西北隅一带的建筑），所以目前所存，或为重修者，或只留遗址。

图 7-8　北海静心斋

(1) 静心斋：北岸最完美之建筑群莫过于静心斋，原名镜清斋，建于清乾隆二十二年（1757年），面积4 700平方米，原是乾隆皇帝读书的地方，后来作为皇子读书处。帝后们去北海"西天"拈香，常在此休息。慈禧在光绪十一年（1885年），挪用海军经费将此园大修。光绪二十六年，日军在此斋设司令部，掠走古玩，破坏了古迹。静心斋可分为三部分。进大门为第一部分，主要由方池和该园的主体建筑镜清斋组成。以斋后的一条小河分界，后院为第二部分。院内有叠翠楼、罨画轩、曲桥、玉带桥、沁泉廊、石山及山上的枕峦亭、长廊等。东院为第三部分。院内也有一池清水，东有韵琴斋，北有抱素书屋。1981年对该园进行了全面修整，1982年5月15日正式对外开放（图7-8）。

(2) 天王殿：在静心斋西，是一座寺庙建筑，明代的经厂，即翻译和印刷藏经的地方。乾隆二十四年（1759年）扩建后，改名西天梵境。后来徐世昌当了大总统，将山门"西天梵境"改为天王殿。山门外的须弥春琉璃坊也叫般若祥云牌楼。

(3) 九龙壁：北海的九龙壁是我国现有三座九龙壁中最有特色的一座，两面有龙，升降各异，互不雷同。该壁建于乾隆二十一年（1756年），高5米，厚1.2米，长27米。两面各有由琉璃砖烧制的红黄蓝白青绿紫七色蟠龙9条。再加上五脊、筒瓦、陇罩、斗拱等处的小蟠龙，九龙壁上共计有龙635条。如此精制的九龙壁原是一座庙宇——大园镜智宝殿山门前的照壁。九龙壁北边地下的石基础即真谛门基址。

(4) 澄观堂：澄观堂原是明代泰素殿的一所太监值房。清乾隆年间，改为皇帝游憩的别馆。乾隆四十四年（1779年），为保护快雪堂法帖，在澄观堂又增一院，即快雪堂。1900年日、法、俄在此设联军指挥部，文物遭到破坏。后来蔡锷曾居此。1922年改为松坡图书馆。整座建筑三进院落，第一进澄观堂，第二进浴兰轩，第三进快雪堂。

(5) 五龙亭：五龙亭原是明代泰素殿旧址。殿前有亭，名会景龙，嘉靖二十一年（1543年）改名龙泽亭，又在两侧各新建二亭，遂成五亭（见封底彩图）。中为天象（圆形亭），两侧为地象（方形亭）。五亭名称，东起滋香、澄祥、龙泽、涌瑞、浮翠。这里是帝后们钓鱼看焰火的地方。

(6) 阐福寺：乾隆时做过先蚕坛的蚕馆。乾隆十年（1745年）其生母孝圣太后下令改为喇嘛庙，赐名阐福寺。正殿三层，供全身嵌满珍宝的金丝楠木大佛，其价值超过雍和宫大佛。庚子年，大佛身上珍宝被日法俄军盗挖一空。1919年由袁世凯卫队改编成的消防队，在殿内做饭引起火灾，全寺烧尽。

(7) 万佛楼：阐福寺西原有一座万佛楼，是乾隆三十六年（1771年）为其母八十大寿而建的。殿内供三世铜佛三尊。琉璃砖壁上布满大小佛洞一万个，密如蜂房。

(8) 观音殿：俗称小西天，始建于清乾隆三十八年（1773年），方亭型建筑，边长35.3米，面积1 246平方米。亭内原有一座象征南海普陀山的雕塑，上面塑有观音像和500罗汉像，以及假山丛林、海水古刹等景观，颇具仙境气氛，犹如西天极乐世界，故称小西天。

三海的艺术价值在中国现存古代园林中是第一流的。辽、金以来一千年连绵不辍地经营，历史文献记载丰富，而且现在大多数尚有遗迹可寻。清代乾隆时的建筑、山石和园林布局，现在还基本保存完整（仅中南海有较多的改变），是其他宫苑以至私家园林所少见的。金代琼华岛的艮岳遗石，元代广寒殿里的巨大玉瓮，明代的团城，以及树龄八九百年的苍松翠柏等，是北京城发展史的可贵见证。三海的园林艺术继承了中国的传统造园技艺并有所发展和创新。园中有园、园内外借景等布局手法都有巧妙的应用。园中栽植的花草树木除翠柏青松之外，还有岸柳、池莲、海棠、牡丹、芭蕉、竹、悬葛、垂萝，名花奇果，品类繁多。这些花草树木都和假山池岸、殿阁楼台相互结合成景，体现了中国园林的艺术水平。

（六）万岁山（景山）

万岁山位于紫禁城玄武门外北侧，皇城的中轴线北端，是一座以人工堆砌的土山为主体，并缀以亭台、楼阁、殿宇等建筑及花草树木的御苑。明代称万岁山，俗称煤山，相传其下埋煤以备闭城不虞之用，实际上是永乐年间修建禁垣时利用挖浚筒子河的土方堆筑而成。因是元朝延春阁的旧址，意在镇住前朝，故又称"镇山"。万岁山于明永乐年间营建，永乐十六年（1418年）与紫禁城宫殿同时落成。园四周缭以宫墙，四面设门，南门"北上门"正对紫禁城的玄武门。

万岁山上植被郁葱，鹤鹿成群。中峰之顶设有石刻御座，两株古松覆阴如华盖。每到重阳节，皇帝和六宫中的嫔妃到万岁山登高远眺，以求消灾免祸，长寿万岁。山南建有毓秀、寿春、长春、玩景、集芳、会景诸亭，平地有百果园。山北的平地上，建有寿皇殿、永寿殿、观德殿。观德殿前的开阔地是皇帝练习骑射的地方。

（七）慈宁宫花园

慈宁宫建于嘉靖十七年（1538年）七月，位于紫禁城内廷西路的北部，是皇太后、皇太妃的居所。花园毗邻于宫的南面，呈对称规整布局，主体建筑是"咸若馆"，馆前有池，池上有一亭名"临溪亭"。

皇城之内，除了大内御苑的园林外，凡是沿河的开阔地带，主要道路两旁，空旷地段，一般都进行了绿化，如紫禁城筒子河，绕禁城行，夹道皆槐树，十步一株。又如皇城之东御河北段，"河之两岸，榆柳成行，花畦分列，如田家也。"此外，寺观、坛庙以及内廷宫殿的庭院亦广植花木、松柏，其中，有不少保留至今，成为北京城的古树古木。

（八）明十三陵

明太祖虽然定都南京（金陵），但其生涯大部分都在戎马间度过，没有进行大规模的营建工程，仅在南京建了紫禁城和在南京东郊修建了自己的寝陵"孝陵"。

明孝陵位于南京东郊紫金山麓独龙阜玩珠峰下，茅山西侧。是明太祖朱元璋与马皇后的合葬陵幕。始建于1381年，至永乐十一年（1413年）才最后完工，历时三十余年。

十三陵位于北京昌平县境内天寿山下，明代十三位皇帝的陵墓，就分布在这方圆四十平方公里的山麓台上（图7-9）。这一带山地属燕山支脉，东西北三面环山，群峰层叠，如屏

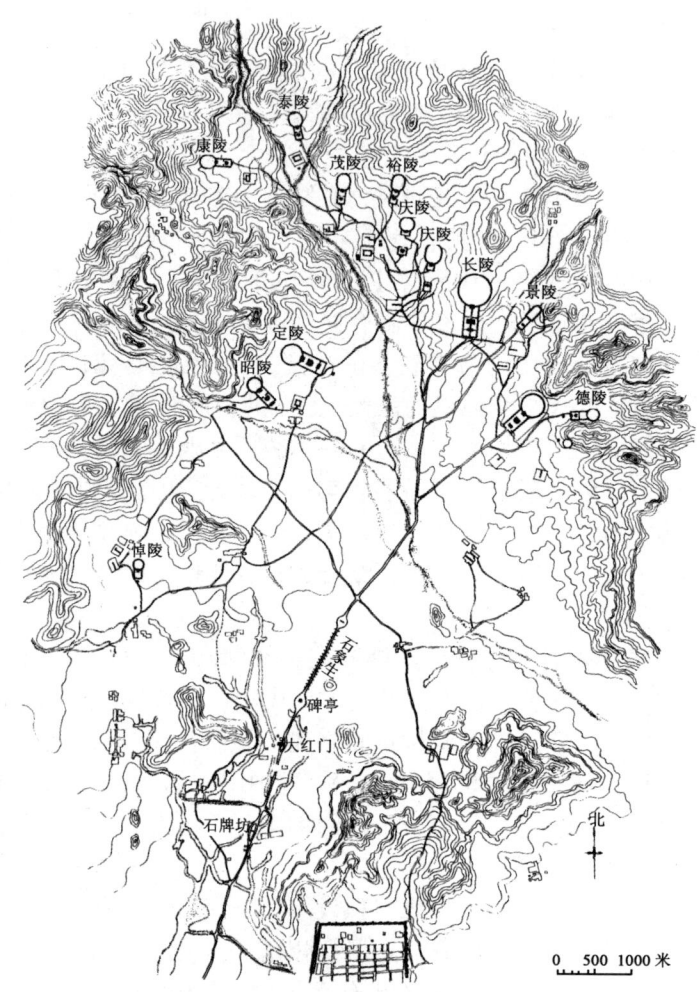

图 7-9　明北京十三陵平面图

似障，向南有一处山口，两侧有龙山、虎山峙立，形成天然门户。明成祖朱棣看中了这块山水宝地，选为陵区。从明永乐七年（1409年）营建成祖长陵伊始，到清顺治元年（1644年）修建明末崇祯皇帝朱由检的思陵为止，历经235年，共修帝陵十三座。陵区山环水绕，自然景色十分优美，四周建有围墙，设十二道关口，在山口和水口处分别建关城和水门口。大红门外建石牌坊，门内到长陵有长约七公里的神道作为全陵的主干道，由南而北，神道后段分若干线，蜿蜒曲折通向各陵寝。沿神道依次建有石牌坊、下马碑、大红门神功圣德碑、神道柱、石像生、棂星门等。各陵建筑布局大同小异，平面呈长方形，从前面的白石桥起，依次建置有陵门、碑亭、祾恩门、祾恩殿、棂星门、石五供、明楼、宝城等。明楼内立石碑，上刻皇帝庙号谥号。明楼后为宝城，中填黄土，下建埋葬皇帝的地宫。每陵各设有监，作为守陵太监住所，现已成村落。又有神马房、祭礼署等建筑物，今只存遗址。陵各有园，种植瓜果，以供祭祀。十三陵按年代先后依次是长陵、献陵、景陵、裕陵、茂陵、泰陵、康陵、永陵、昭陵、定陵、庆陵、德陵、思陵。长陵最大，且保存最完整，基本上保持五百多年前的原貌，思陵最小，十三陵中以长陵、永陵和定陵最著名。定陵已经挖掘建成博物馆。

古老的十三陵陵园古木参天，芳草如茵，苍翠幽静，陵区内曾有苍松翠柏几十万株，四季浓阴蔽日，一片宁静。殿宇亭榭，错落有致，富丽森严；地下宫殿宏伟宽敞，光泽晶莹。

其天然景物与古建筑群融为一体，既奇宏雄伟，幽雅秀丽，又一派肃穆庄重，别具园林之趣。每当红日西斜，傍于峰巅，但见"辇路石人斜向日，殿庭金柱冷含烟"，故有"明陵落照"之景名，明十三陵现已是我国重点风景名胜区。

1. 长陵

长陵坐落在陵区北部天寿山中峰之下，是明成祖朱棣的陵墓，内葬朱棣和徐皇后。陵墓建于永乐七年（1409年）至永乐十一年（1413年），建筑布局为前方后圆，面积10万平方米，周围有围墙，分三进院落。第一进院落从龙凤门到祾恩门，院内原有神厨、神库各五间和一座无字碑亭。由祾恩门至内红门为第二进院落，祾恩殿为院中主体建筑，殿内有三十二根金丝楠木明柱，最大的高14.3米，直径达一米多，梁、柱、檀椽、斗拱等均为楠木。由内红门至明楼为第三进院落，由南至北，依次设有牌楼门、石五供、宝城、明楼等。其中部分建筑现已无存。

2. 献陵

位于天寿山西峰下，距长陵西北一里，是明第四位皇帝高炽和张皇后的合葬墓。明仁宗洪熙元年（1425年）建成，历时三个月，除思陵外，其建制最简单。据《昌平山水记》载："自北五空桥北三十余步，分西为献陵神路，至殿门可二里。有碑亭一座，重檐四出陛，内有碑，龙头龟趺，无字。亭南有小桥，门三道，榜曰祾恩门。无甬门殿五间，单檐，柱皆朱漆，直椽，阶三道，其平刻为云花，石栏一层，东西有阶，两庑各五间，余如长陵。殿后有门，为短檐，属之垣，垣有门。垣后有土山，曰玉案山，故辟神路于西殿。玉案山之右，有小桥，前数步又一小桥，跨沟水，沟水自陵东来过桥下，会于北五空桥。山后桥三道，皆一空。又进为门三道，并如长陵，而高广杀之。甬道平宝城，小冢半填，榜曰献陵，碑曰大明仁宗昭皇帝之陵。余并如长陵。山之前门及殿，山之后门及宝城各为一周垣，旧有树，今亡。十二陵制，献陵最朴。"

3. 景陵

地处天寿山东峰黑山脚下，距长陵东北一里半，为明代第五位皇帝朱瞻基与孙皇后的合葬墓，建于宣德十年（1435年），是前十二座皇陵中最小的一座。据《昌平山水记》载："自北五空桥南数步，分东为景陵神路，至殿门三里。碑亭门庑如献陵，殿五间，重檐。阶三道，其平刻为龙形，殿有后门，不属垣，殿后门三道，并如献陵。甬道平宝城，长而狭，榜曰景陵，碑曰大明宣宗章皇帝之陵。周垣如长陵，宝城前有树十五株，冢上千株"。宝城的形状因地势建得比较修长。

4. 茂陵

坐落于裕陵西一里的聚宝山，为明代第八位皇帝宪宗朱见深与王皇后、纪皇后、邵皇后的合葬陵墓，建于成化二十三年（1487年），建制如裕陵。

5. 裕陵

坐落于献陵以西1.5千米的石门山，为明代第六位皇帝朱祁镇与钱皇后、周皇后合葬陵墓，建于天顺八年（1464年）。里面有金井宝山、城池、照壁、明楼、花门楼、云龙五彩贴金朱漆殿等陵寝建筑。

6. 泰陵

坐落于史家山，距茂陵西北1千米，为明代第九位皇帝朱祐樘与张皇后葬墓，建于弘治十八年，建制如茂陵。

7. 康陵

坐落于莲花山，距泰陵西南约 1 千米，为明代第十位皇帝武宗朱厚照与夏皇后合葬陵墓，建筑形制如泰陵。莲花山山高谷深，怪石林立，形状各异，如莲花瓣。陵区内松柏滴翠，景色幽雅。

8. 永陵

坐落于距长陵东南 1.5 千米的杨翠岭下，是明代第十一位皇帝世宗朱厚熜与陈皇后、方皇后、杜皇后的合葬墓，建于嘉靖十五年（1536 年）至嘉靖二十七年（1548 年），历时十二年。永陵结构精细，但规模不及长陵。祾恩殿七间，东西配殿各九间。明楼保存较为完好。其墙垛用花斑石砌造，斗拱、飞椽、檐椽、额枋等均为石雕。宝城垛口和两侧通道也用石砌。外罗城两道，比其他陵墓多筑一道。祾恩殿残基上一块陛石，上刻龙凤，栩栩如生，为明代石雕艺术精华。永陵是十三陵中保存最完好的一座。

9. 昭陵

坐落在大峪山，距长陵西南 2 千米，是明代第十二个皇帝朱载垕的陵墓，孝懿皇后李氏、孝安皇后陈氏、孝定皇后李氏等合葬，其规制如康陵，明楼早毁。

10. 定陵

坐落于长陵西南大峪山下，距昭陵北一里，为明代第十三位皇帝神宗朱翊钧与孝端、孝靖两位皇后的合葬墓。建于万历十二年（1584 年）至万历十八年（1590 年），历时六七年，规格仅次于长陵，其工程精细为十三陵之冠。据《昌平山水记》载："自昭陵五空桥东二百步分为定陵神路，长三里，路有石桥三空。陵东向，碑亭东有桥三道，皆一空，制如永陵。其不同者门内神厨库各三间，两庑各七间，三重门旁各有墙，墙有门，不升降中门之级，殿后有石栏一层，而宝城从左右上。榜曰定陵，碑曰大明神宗显皇帝之陵"。其主要建筑有陵门、祾恩门、祾恩殿、宝城、明楼，宝顶外有地下宫殿。定陵是十三陵中第一个被发掘的皇陵，1956 年开始挖掘，出土大量的珍贵文物，1959 年 10 月，将其地下宫殿建立为定陵博物馆。

11. 庆陵

坐落于天寿山西峰右侧，距献陵西北一里，是明代第十四位皇帝光宗常洛与郭、王、刘等皇后的合葬陵墓。此处为代宗景泰七年（1456 年）朱祁钰所建景泰陵园，英宗复位，代宗被废，死后以王礼葬于西山金山口，此陵长期荒芜。光宗即位只有一月即殡天，仓促间只得葬于景泰废陵，是为庆陵。

12. 德陵

坐落于天寿山潭子峪，距永陵东北一里，为明代第十五位皇帝熹宗朱由校与懿安张皇后的合葬墓，建制如同景陵。据《昌平山水记》中记载："德陵在擅子峪，距永陵东北一里。自永陵碑亭前分北为德陵神路。陵西南向，碑亭前有桥三道，皆一空，制如景陵。平刻龙凤，殿柱饰以金莲，殿无后门。榜曰德陵，碑曰大明熹宗悊皇帝之陵"。

13. 思陵

原为崇祯田贵妃陵园，崇祯十五年（1642 年）建。崇祯十七年（1644 年），李自成起义军攻占北京，朱由检吊死于景山寿皇亭，因无现存陵墓，农民军只得将崇祯皇帝和周皇后一并葬入田贵妃陵园。清朝入关定鼎北京后，为了缓和民族矛盾，便降旨建碑亭、修亭殿，定名"思陵"。与其他十二陵相比，思陵显得简陋、悲穷。

（九）潞简王陵墓

潞简王陵墓坐落在河南省新乡市北郊13千米处的凤凰山（系太行山余脉）南麓。推断此墓建于万历四十年（1615年），其赵妃墓建于万历三十年（1605年）。距今已有近400年的历史。

潞简王陵墓依山据岭，四周泉壑幽深，人称"头枕凤凰山，脚蹬老龙潭，左手揣着金灯寺，右手托着峙儿山"，景色十分秀丽宜人，是我国目前保存现状最好，占地面积最大的一座明代藩王陵墓（图7-10）。墓区的最前部分为一座二龙戏珠为主体纹饰的石牌坊（图7-11）。上额刻楷书"潞藩佳城"，两侧并列放着两座5米余高的云龙图案浮雕的石华表。高浮雕牌坊之后为200余米长的青石神道，神道两旁分别排列着石雕翁仲和各种石兽16对，有狮子、狻猊、獬豸、角端、麒麟、骆驼、马、羊、象及神化了的怪异瑞兽，然后通过一座汉白玉石砌成的御河桥，便到了巍峨壮观的高大的石城门——"潞藩佳城"。

图7-10 明潞简王陵墓

图7-11 明潞简王陵墓前石牌坊

城垣内占地80余亩，有四进院，所有建筑几乎全用青石垒砌或雕凿而成（人称中原石头城）。城门以北依次建有裬恩门、裬恩殿（举行祭祀的享殿）、东西配殿，明楼（内有高大的墓碑）、宝城和地下宫殿（潞王葬所），四周是高大的青石围墙，神密而又威严，建筑装饰多为高浮雕的龙飞狮舞，手法细腻严谨，尽显皇家风范。

潞简王墓正西百米处，另有一处与其布局、形制、规模基本相似的陵墓，这就是潞简王爱妃赵娘娘之墓，两墓东西并列，坐北朝南，共占地157 205平方米，其建筑形式之恢宏同北京十三陵中的定陵相仿（神宗万历皇帝之墓），营造布局大大突破了制度等级森严的明王朝陵寝规定。

岁月沧桑，几处高大巍峨的木结构建筑已毁，其内大量珍贵文物早被洗劫一空，但雕、碑和石砌建筑仍蔚为壮观，在我国明代藩王陵墓中独占鳌头。1996年12月被国务院正式批准为国家级重点文物保护单位。

（十）天下第一关——山海关

山海关位于河北省秦皇岛市内东部，是明长城秦皇岛地段的东起点（老龙头）。山海关城由明代大将徐达于明洪武十四年所建。

天下第一关是山海关城的东门，又名镇东楼，城楼为箭楼式。城台（下有拱形城门）高12米，为石条和砖结构。楼高13.7米，东西宽10.1米，南北长19.7米。城楼为双层建筑，其第一层高5.7米，第二层高8米，歇山顶，顶脊呈双吻对称，砖木结构，四角飞檐，饰有各种异兽，造型美观。双层楼的北东南三面有箭窗68个，城楼上下内外悬挂三块木质白底黑字的雄厚苍劲的"天下第一关"五个大字的匾额，此字为明代成化八年（1472年）

进士书法家肖显所书。匾额长 5 米，高 1.5 米，每个字有 1 米左右（图 7-12）。

山海关城楼的南北近处，另建有靖边楼、牧营楼、临闾楼。城东北有威远堂，东城外有东罗城。山海关城的四座城门外，另建有瓮城。山海关城楼上有明代崇祯十六年（1643 年）铸造的大炮，炮身长 2.7 米，内径 10 厘米，重量为 2 500 公斤，炮身上篆刻有"神威大将军"的字样。

城东二里处，还有威远城，相传是明代山海关总兵吴三桂在此处叩拜清摄政王多尔滚引清兵入关的地方。

图 7-12　天下第一关

图 7-13　长城入海处——老龙头

登上"天下第一关"城楼，南望渤海，犹如烟波浩渺，长城跨平原直入渤海，气势磅礴（图 7-13）；北眺长城，似虎踞龙盘，气壮山河；宏观全城，仿佛耳闻战鼓雷动，大有身临古战场之感。

（十一）私家园林

明朝是中国园林发展史上的一个重要时期，宫苑园林和私家园林都取得了空前的发展，特别是私家园林，五侯宅第和文人商贾的宅园都兴建极多。江南就出现了几个引人注目的著名园林之城，如苏州、扬州等。

1. 影园

这是扬州名园之一。在旧城西城墙外的护城河——南湖中长岛的南端，由当时著名的造园家计成主持设计和施工，造园艺术当属上乘，也是明代文人园林的代表作品。影园的面积很小，大约只有 5 亩左右，但选址却极佳。据郑元勋自撰的《影园自记》记载，影园入口向东，隔湖即南城墙脚。这里遍植桃柳，俗称"小桃源"。入园门，"山径数折，杉形密布，高下垂荫，间以梅、杏、梨、粟。山穷，左荼蘼架，架外丛苇，渔罟所聚。右小涧，隔涧疏竹百十竿，护以短篱。"过虎皮石围墙，取古木虬根者为小二门。入门，梧桐十余株夹径。再入，门上嵌董其昌题"影园"二字。门内转入窄径，穿柳堤，柳尽过小桥折入"玉勾草堂"。堂下有蜀府梅棠二株，堂之四面皆池，池中种荷花。池外堤上多高柳，外水长河。河南通津，临流为"半浮阁"。由曲板桥穿过柳径至一门，门上嵌"淡烟疏雨"四字。入门为曲廊小庭院，庭室三楹，乃园主人读书处。室左上阁，登之可望江南诸山。庭前多奇石，室隅作雨岩，岩侧启扉，有一亭临水，题"菰芦中"三字。亭外为桥，桥上有亭，名"湄荣"。亭后径二，一入方窦，室三楹、庭三楹，名"一字斋"为课儿读书处。湄荣亭之后，径之左，通疏廊，即阶而升可达"媚幽阁"。此阁三面临水，一面石壁，壁上植剔牙松二。壁下为石涧，涧引池水入，哇哇有声。涧旁皆大石，石隙俱五色梅，绕阁三面至水而止。一石孤立水中，梅亦就之。阁后对草堂一座，全园之游览乃竟于此。

2. 瞻园

明魏国公徐达死后谥号中山王，长子留在南京，世袭魏国公，其余子孙多在南京都督府锦衣任职。其家园建园多处，有名的是瞻园。瞻园位于江宁县大功坊，在明魏国公徐达赐第之内。取自苏东坡诗句："瞻园玉堂，如在天上"的意思。瞻园有南园、万竹园、东园、西园、西圃等。

（1）南园：位于赐第的对街，有堂五楹，极为宏壮。堂前有月台，台上置有石峰和种植花卉。右面又有堂三楹，堂四周都是廊子，廊的后面建有一座楼，楼前有一池，池的三个方向均是石头叠成。池中养有红色的鱼一百余尾，每当投以食饵，鱼都聚集过而，就如一片缋绵似的。从左侧而下，有馆榭亭台阁宇等许多建筑和怪石奇树，向右侧而下，有新建的一轩，轩的一边在水上。西面和南面则有峰峦百叠，状如猊攫（jué）猊饮。

（2）万竹园：与瓦官寺为邻。有堂三楹，堂前建有一月台，高数丈，台上建一座红楼，极为宽敞壮观。整个园子不曾有水景，似是个遗憾。

（3）东园：是一个规模较大的游憩园，又称为"太傅园"，距宝门（今中华门）不远。一进园子，则可见一片空地，栽植着许多榆树、柳树，其余则是一片麦田，向右行约二百步，有心远堂，堂前有月台，台上面筑"小蓬山"并栽种有枝叶密茂的古树，建有榭之类的建筑物。山下有两株大柏树，枝干交叉相合连接如同拱门，故名"柏门"。这一带以竹树为主，宜于遮阳纳凉。从右边穿过竹树林，有一五开间的"一鉴堂"，堂前有一大水池并建一朱漆平桥，水中央有一亭与平桥相连，亭后岸上有一片老树，透过树林可借景城墙雉堞。园右面有一石砌危楼，左面是一溪，通过溪流水门，乘游船可直达秦淮河。明武宗南幸时曾在该处钓鱼为乐，直到日落仍不回去，就是在这个亭旁的溪边。

（4）西园：又名凤台园，位于郡城之南稍偏西，离聚宝门三里。从小路进入园中，可见凤游堂，堂前有月台，台上有奇峰古树，右边有一古栝子松，高达三丈，直径三尺，相传这棵树是宋仁宗亲手所植，赐给陶道士的，已有四百余年历史。古松下面有两块古石，一块称作紫烟，最高三仞，颜色苍白，另一块称作鸡冠，宋朝梅挚刻的诗和马光祖写的铭文于石上。明代朱之蕃题有"六朝松石"四字赞誉古松石。手秀阁前有一株古榆树，树枝下垂于芙蕖沼中，沼宽十余丈，水非常清澈，沼南岸建有一台，遍植高大树木。北岸尽植修竹和奇花异木。

（5）西圃：魏公第中西圃建于赐第中门之外。赐第西面开着两座门，并建有复堂，堂后又有门，由此可望见西圃。入园向右方折而上行，沿小径石磴可观赏到各种古木奇花异草。当初赐第时建有织室和马厩，但时久已荒废，后来太保又把这里重新整修，并从洞庭的武康玉山采来石材，从四川运来大木料，从吴会取得花草树木，经过营建，才建成如此景观。后面建有一堂，堂前面一叠石假山，其高度在群峰之上，山顶建有一亭，尤为秀丽。园中种植着许多梅、桃、海棠之类的果树，到春天果树开花季节，一片灿烂。

3. 锦衣东园

大功坊东尽头处有锦衣东园。一进园门后，转向东南而行，见一堂修建得甚为华丽，堂的前面有月榭，堂的后面有一室，挂着珠帘，堂左右两旁有小庭耳堂列于两侧。折而向西走，就走到一座门前，则见广庭廊落，前面也建有月榭。前面又有群峰，一峰可比刘公石，嵌空玲珑，莫可名状，据说是故吴郡之物。北边有一座高楼，台阶有20多层。登在楼上向前方看，即可见报恩寺的塔当窗耸立，日光照射时发出耀目的金光。大司寇陆公看见此景，叫绝称奇。北面有华轩三楹，朝向北方，以承诸山之景。顺着石阶向上攀登，顿觉中路委伏，不胜窈窕。向上走如同登上空中一般，下面则是深渊，好像将坠落渊中。有亭轩之类的建筑物约十所，都是整丽明洁，背向得所，桥梁建筑更令人惊绝。有石洞三轩，窈深冥远不可窥测。因为洞中漆黑，所以虽在正午也挂着两盏角灯，以便为游人指路。走进洞中，从缝隙处一看，就像看见数点明星一般。还有水洞，清流冷冷，旁建一亭。水晶莹清澈，可以见底。池中养着朱鳞鱼数百尾，如果投以食饵，这些鱼可上游跃聚集而来，映照着波光闪闪，就如同刀光剑影相似。山周的广度不过50丈，所走的路几乎一里有余。

4. 北京清华园

清华园位于今北京西郊海淀北京大学西校门的对面。园主是明神宗的外祖父武清候李伟，他在海淀镇以北的低地上，构筑了一座周围十里的花园，名"清华园"，这个清华园与现在清华大学所在的"清华园"同名而异地。

清华园规模宏伟，风景佳丽，被誉为"京国第一名园"。它是一座以水面为主体的水景园，水面以岛、堤分隔为前湖、后湖两部分，主体建筑物大体上按南北中轴线成纵深布置，南端为两重的园门，园门以北即为前湖，湖中养金鱼。前后湖之间为主要建筑群"挹海堂"之所在，这也是全园风景构图的重心。堂北为"清雅亭"。亭的周围广植牡丹、芍药之类观赏花木，一直延绅到后湖南岸。后湖中心有一岛屿与南岸架桥相通。岛上建"花聚亭"，环岛盛开荷花。后湖的北岸有高大假山，山畔水际建高楼一幢，楼上有台阁可以观赏园外西山玉泉山的景色。

园林的理水，大体上是在湖的周围以河渠构成水网地带，便于因水设置。河渠可以行舟，既作水路游览之用，又解决了园内运输的交通问题。《帝京景物略》中记载"园内水程十数里，舟莫或不达"。

园内的叠山，除土山外，使用多种的名贵山石材料，其中有产自江南的。山的造型奇巧，有洞壑，也有瀑布。如《帝京景物略》云："剑铓螺矗，巧诡于山，假山也。维假山也，则又自然山也。"

植物配置方面，花卉大片种植的比较多，而以牡丹和竹最负盛名。园林建筑有厅、堂、楼、台、亭、阁、榭、廊、桥等，形式多样，装修彩绘雕饰都很富丽堂皇。

清华园建成于万历十年（1582年），李伟以皇亲国戚之富，经营此园可谓不惜工本，在当时有"李园钜丽甲皇州"之说。清华园对于清初的皇家园林有一定的影响。

5. 梁园

梁园位于和平门外梁家园胡同一带，园主人梁梦龙是明嘉靖年进士，官至兵部侍郎、尚书、加太子太保，晚年住在梁园著书。梁园朴实无华而富于野趣。据《春明梦余录》载："梁氏园今京师西南五六里，其外有旧城，旧城者唐藩镇辽金别都之城也，元迁都稍东，于是旧城东半遂入于朝市间，全无迹可见，而西半犹存，号为萧太后城，即梁氏园所在也。"明朝修补外城前这一带均称李家庄，是京师南郊，直至嘉靖二十三年（1544年）筑城包京城南面、转包东南角楼之后，这里始成为外城的内城。梁家园即是在修筑外城之后不久建成的，引凉水河入园创为大湖，傍湖临水建正厅"半房山"，后有"疑野亭"、"警露轩"、"看云楼"、"晴云阁"、"朝爽楼"等建筑物掩映于花木丛中，园内牡丹、芍药在当时的北京也很有名气。前对西山，后绕清波，极亭台花树之盛。梁家园曾一度是达官贵人，文人骚客的饮宴之所，至清代逐渐荒废。

6. 芍园

芍园位于今北京大学未名湖一带。据《日下旧闻考》卷七十九记载："淀水滥觞一芍，明时米仲诏浚之，筑为芍园。李戚畹构园于其上流，是芍园应在清华园之东。今其园不可考，海淀之东有米家坟在焉。"可知，芍园在清华园之东面、下游。建于明万历三十九年至四十一年（1611—1613年），由著名文学家、书法家、画家米万钟精心治理，自命为"芍园"，又叫"风烟里"，晚年曾把芍园的景物亲自绘成《芍园修禊图》传世。

芍园比清华园小，占地百亩，四周筑有围墙，北有门，门额题"风烟里"三字，门内南面辟有一座水池，上架板桥，高于屋顶，取名"缨云"。下桥后迎面有屏墙一堵，墙上镶嵌着一块刻有"雀滨"二字的巨石。从此折而北行，有"文水陂"大水池。过水池有一书斋，常称"定舫"。西面的高坡，取名"松风水月"，登坡至尽头，有"透迤梁"曲桥。曲桥的北面筑有高堂，就是著名的"芍海堂"，堂前庭院，遍立怪石，括子松在其间，四周水池布满白莲。堂右架有曲廊，有屋如舫，取名"太乙叶"。堂的东面，茫茫翠竹一片，竹旁立有石碑一方。竹林里还有"翠葆楼"，又叫"翠葆榭"。楼的西北有高阁，曰"色空天"，内供一尊大士像。这里还陈置一只长方形大木船，又叫"海桴"，游人可荡舟园中，赏花游湖。芍园间有长堤大桥，幽亭曲榭，路穷乘舟，舟停有廊，廊过达堂，高柳成阴，一望无垠。

从芍园的布局可以看出，总体规划看重在因水成景，水是园林的主题。芍园也是一座水景园，充分利用堤、桥将水面分隔为许多层次，成堤环水抱的形势，建筑物配置成若干群组，与局部地形和植物配置相结合，形成各个特色的许多景区，景区之间以水道、石径、曲桥、廊子为联络；建筑物外形朴素，像江浙农村的民居，又多临水。芍园的山石不多，植物也无名贵品种。从芍园的布局还可以看出，明代北方园林充分吸收江南园林的造园手法，而芍园摹拟江南之所以如此惟妙惟肖，与园主人宦游江南多年饱览江南名园胜景和北京北郊的地理环境优势有很大关系。

芍园虽然在规模和富丽方面比不上清华园，但它的造园艺术水平却稍胜清华园一筹。当时有"李园（清华园）壮丽，米园曲折；米园不俗，李园不酸"的说法。

二、清

（一）都城——北京

清朝入关后，仍以明朝的北京为都城，且整个城市的形制与布局全部沿袭明制，只对部分宫殿、建筑进行了改建增建或易名，如增建了城东北的雍和宫，将皇城的承天门改称天安门，大明门改为大清门等。

北京城市人口在明末已近百万，清代人口继续增加，超过了100万人。

清朝虽对都城北京未作大的改动，但在离宫别苑等皇家园林方面较前代加大了改建、扩建、重建、增建的力度，在数量、规模和质量上大大超过了前代。

（二）静明园

静明园在北京西北郊玉泉山，东与清漪园（今颐和园）近邻，西与静宜园遥遥相望。玉泉山系北京西山支脉，呈南北走向，山形秀丽，洞壑迂回，流泉密布，泉水晶莹如玉，因此而得名"玉泉山"。从辽代起就在这里建起了北京西北郊最早的皇家园林——玉泉山行宫。金代时又建芙蓉殿行宫。元朝时，忽必烈在山上建昭化寺，明英宗又建上、下华严寺。清康熙十九年（1680年），将原有行宫、寺庙彻底翻修一新，总名澄心园，后又改称静明园。乾隆时又投入巨款大加扩建，把玉泉山及山麓周围的河湖地段全部圈入宫墙之内。并亲自将全园的景致定为"十六景"，每景以四字命名，并各赋诗一首（图7-14）。

静明园南北长1350米，东西宽590米，面积65公顷左右。乾隆时期园内共有大小建

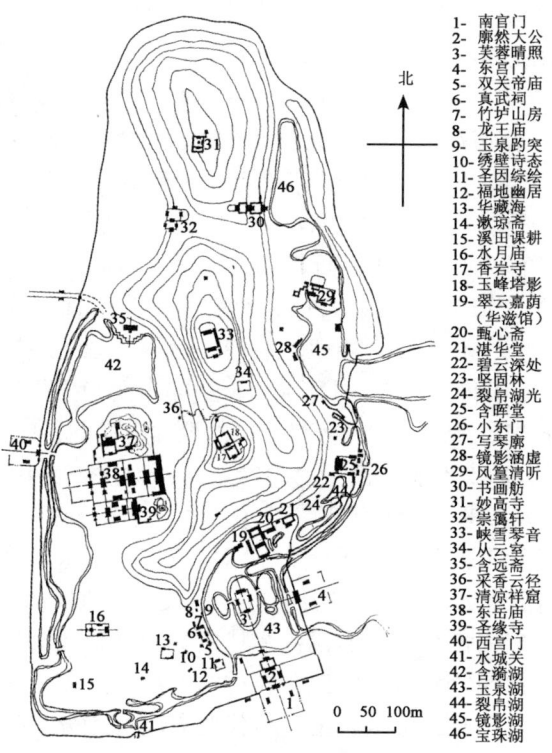

图 7-14 静明园平面图

1- 南宫门
2- 廊然大公
3- 芙蓉晴照
4- 东宫门
5- 双关帝庙
6- 真武祠
7- 竹炉山房
8- 龙王庙
9- 玉泉趵突
10- 绣壁诗态
11- 圣因综绘
12- 福地幽居
13- 华藏海
14- 漱琼斋
15- 溪田课耕
16- 水月庙
17- 香岩寺
18- 玉峰塔影
19- 翠云嘉荫（华滋馆）
20- 甄心斋
21- 湛华堂
22- 碧云深处
23- 坚固林
24- 裂帛湖光
25- 含晖堂
26- 小东门
27- 写琴廊
28- 镜影涵虚
29- 凤篁清听
30- 书画舫
31- 妙高寺
32- 崇覆轩
33- 峡雪琴音
34- 从云室
35- 含远斋
36- 采香云径
37- 清凉禅窟
38- 东岳庙
39- 圣缘寺
40- 西城宫门
41- 水城关
42- 含漪湖
43- 玉泉湖
44- 裂帛湖
45- 镜影湖
46- 宝珠湖

筑 30 余组，其中仅寺庙就有 10 余座。山上建有 4 座不同形式的佛塔，又被外国人称之为塔山（图 7-15）。下面将园中几处主要景点作一简介。

1

2

3

图 7-15 静明园佛塔

1. 裂帛湖

进小东门有正殿"含晖堂"，面阔五间。循南可见高山之下有池水碧波荡漾。这就是著名的裂帛湖。湖水从围墙根下的闸口流出，由高而下，嘶嘶作响，犹如撕裂绢帛之声，裂帛湖即由此得名。湖北岸静立着三间"清音斋"，湖西岸有"龙王亭"，池下巨大顽石上刻有乾隆手书"裂帛湖"三字。沿湖东岸南行有一小桥，这里松柏参天，浓阴蔽日，山径曲幽，十六景之一的"裂帛湖光"指的就是这里。

2. 玉泉趵突

由南宫门往北过宫廷区后,是一个略近方形的大湖——玉泉湖。湖中三岛鼎列,是皇家园林"一池三山"的传统格局。中间大岛上有"芙蓉晴照"一景,传说为金章宗所建芙蓉殿遗址,故有此景名。湖的西岸有"玉泉趵突"景点,为著名的玉泉泉眼所在之处。金章宗曾将此景命名为"玉泉垂虹",作为燕京八景之一。而乾隆经多次观察后,认为泉水是从石缝中流出的,并没有形成瀑布,不能称为"垂虹"。而泉水"喷雾如珠",很像济南的趵突泉,由此改名为"玉泉趵突"。据说乾隆曾专门命人比较了全国各地用水的水质,认定玉泉之水水轻、质甘、气美,特定为清宫御用专水。并在泉旁立碑两通,左侧碑为御书"天下第一泉"五个大字,右侧碑上刻《玉泉山天下第一泉记》全文。

3. 华藏白石塔

玉泉山南端侧峰之巅有华藏海佛寺,寺后有座七级八面的汉白玉石塔,每级塔壁均刻有佛像,雕工精细。1900年被八国联军凿毁数处。

4. 玉峰塔

玉峰塔位于玉泉山顶,一向作为颐和园的借景而闻名。塔矗立在中部山巅,塔身七级,进塔沿石墩盘旋而上,可达塔顶。各层铜龛内供铜佛,均有乾隆所题额联石刻。从各层窗门外望,可尽览京都名山胜景。塔下原有香严寺,已无存。塔后的山峰上还有妙高寺和妙高塔。

5. 华严寺

在玉泉山山腰,明代有两座华严寺,即上华严寺和下华严寺。到清代只存一座上华严寺。曾于1934年重修。寺内佛殿三间,供三座金身佛坐像。

6. 上华严洞

华严洞也有两个。上华严洞在华严寺东坡,纵深三丈,面宽两丈,洞高一丈有余。洞内陈列精美的汉白玉佛龛,龛柱上刻有乾隆的对联,正中供石刻观音像一尊。四周洞壁及洞顶满刻佛像,坐、卧、立、倚,各有妙姿。每尊佛像都有佛名,其数达千,故又名千佛洞。

7. 华严寺下三洞

这三洞指伏魔洞、水月洞、罗汉洞。明清两代封关公为伏魔大帝,因而伏魔洞内曾供奉关公像。东下坡为水月洞,内供佛像一尊。外额为乾隆手书"得大自在"四字,内额为"水月洞"三字。罗汉洞又在水月洞的东下坡,是明代的下华严洞,洞门左右各置高大石神一尊,面目狰狞,令人生畏。

静明园以山景为主,水景为辅,前者突出天然风致,后者着意园林经营,山光水色,庙塔楼阁,相映增辉,不愧是一处风格独具的园林胜地。

(三) 畅春园

康熙二十三年(1684年),康熙皇帝首次南巡后,对江南秀丽的风景和精美的园林印象很深。归来后便在北京西北郊原明朝皇戚李伟的别墅"清华园"的废址上,引来丹棱沜(pàn)之水,"依高为阜,即卑成池",兴建楼阁,凿池堆山,种树植花,规划并修建了清初第一座离宫御苑——畅春园。

建成的畅春园(图7-16)东西宽约600米,南北长约1 000米,面积约为60公顷。宫廷区位于园的南部偏东,外朝为三进院落:大宫门、九经三事殿、二宫门,内廷为两进院落:春晖堂、寿萱春永。其中九经三事殿为正殿,是康熙皇帝听政之处。内廷部分主要是供皇太后及妃嫔寝居之用。

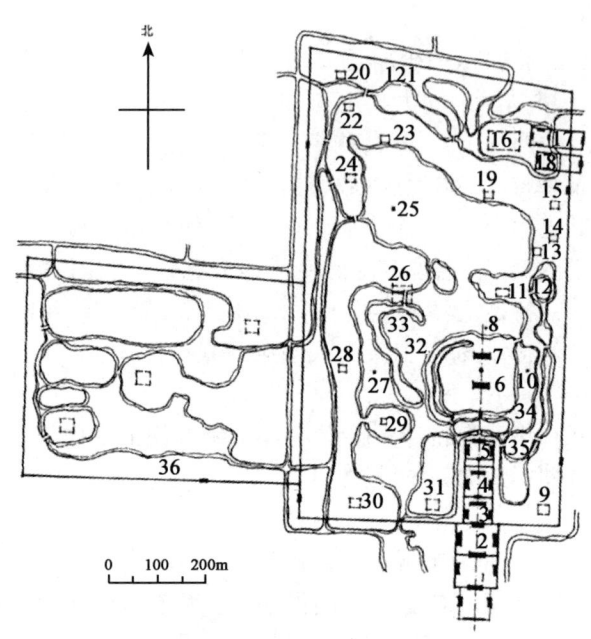

图 7-16 畅春园平面图

1. 大宫门　2. 九经三事殿　3. 春晖堂　4. 寿萱春永　5. 云涯馆　6. 瑞景轩
7. 延爽楼　8. 鸢飞鱼跃亭　9. 澹宁居　10. 藏辉阁　11. 渊鉴斋　12. 龙王庙
13. 佩文斋　14. 藏拙斋　15. 疏峰轩　16. 清溪书屋　17. 恩慕寺　18. 恩佑寺
19. 太仆轩　20. 雅玩斋　21. 天馥斋　22. 紫云堂　23. 观澜榭　24. 集凤轩
25. 蕊珠院　26. 凝春堂　27. 娘娘庙　28. 关帝庙　29. 韵松轩　30. 无逸斋
31. 玩芳斋　32. 兰芝堤　33. 桃花堤　34. 丁香堤　35. 剑山　36. 西花园

苑林区整体可看是一个水景园。水面以岛堤划分为前湖和后湖两个水域，外周环绕溪流河道，组成一个完整体系，游人可乘船游览玩赏。园中建筑及景点的安排，按纵向左、中、右三路布置。

中路相当于宫廷区中轴线向北的延伸。其中，位于前湖洲岛上的延爽楼，面阔5间，高3层，是全园之中最高大的主体建筑物，登楼可通观园内外景色。楼北的前湖后部水面开阔，遍植荷花。湖中有水亭曰"鸢飞鱼跃亭"，是观鸟赏鱼的好地方。稍南有水榭"观莲所"。

东路南部的主要建筑为澹宁居，其前殿邻近外朝，是康熙御门听政、议事之所。后殿为乾隆年幼时的读书屋。

园中前湖的东、西两岸筑有两条大堤，各长数百步。东堤南接澹（dàn）宁宫，堤岸遍植丁香花，故名丁香堤；西堤满种兰草，故称兰芝堤。兰芝堤之外，又筑"桃花堤"。这一带花木繁盛，"花光水色，互相映带，园外诸山环拱如屏障"，令初临此地的人"见所未见"（清张文贞：《赐游畅春园至玉泉山记》）。

东路的北端为一组四面环水的建筑群——清溪书屋，是康熙平日静养居息之地。东北角还建有两座佛寺：恩佑寺和恩慕寺。两寺的山门至今尚在，是畅春园仅存的遗迹。

西路南端有"无逸斋"，是一座自成体系的小园，正殿为5间。康熙年间曾赐给理密亲王闲住，待理密亲王移住西花园后，这里又改作皇子、皇孙的书塾。由此往北，前湖西岸的凝春堂是西路的主要景区，与东岸的渊鉴斋遥遥相对。凝春堂位于河湖与两堤的交汇处，建筑物多为河厅、水榭形式，布局上极富江南水乡情调。

西花园在畅春园以西，是畅春园的附园。园内大部分为水面，穿插以大小岛堤。主要建筑物只有讨源书屋和承露轩，且"临清溪，面层山，树木蓊郁，既静以深"（《日下旧闻考·卷七十八》）。也是一处风景胜地。

（四）静宜园

静宜园位于北京西北郊的香山，是清代的一座以山林为基础建成的行宫御苑。香山是北京西山系的一部分，这里丘壑起伏，林木繁茂，南、北侧岭的山势自西向东延伸、递减，略呈环抱之势，境界开阔，可俯瞰东面的广阔平原。

金大定二十六年（1186年）在香山首建金山寺，元、明时期也都有营建，但均未作大的扩展。清代康熙皇帝开始修缮佛殿，并建立"香山行宫"。乾隆十年（1745年）投入巨大的人力物力，于山间林隙增置了殿台亭阁，设立了宫门朝房，围起了一道长5千米多的外垣，成了规模宏丽的皇家园林，并改名为"静宜园"。这座以自然景观为主，具有浓郁的山林野趣的大型园林，包括内垣、外垣、别垣三部分，占地面积约153公顷。最盛时园内大小建筑群有50余处，经乾隆皇帝命名题署的有"二十八景"（图7-17）。

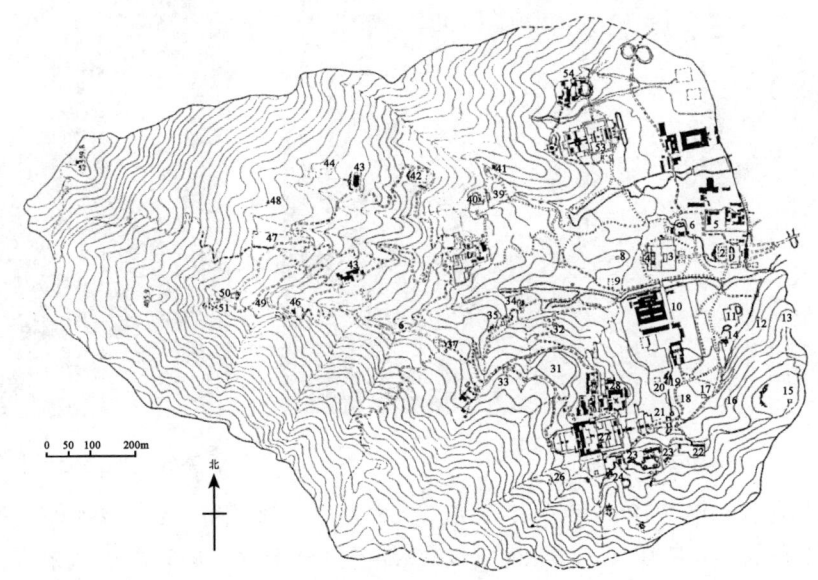

图7-17　静宜园平面图

1. 东宫门　2. 勤政殿　3. 横云馆　4. 丽瞩楼　5. 致远斋　6. 韵琴斋　7. 听雪轩　8. 多云亭　9. 绿云舫　10. 中宫　11. 屏水带山　12. 翠微亭　13. 青未了　14. 云茎苔菲　15. 看云起时　16. 驯鹿坡　17. 清音亭　18. 买卖街　19. 璎珞岩　20. 绿云深处　21. 知乐濠　22. 鹿园　23. 欢喜园（双井）　24. 蟾蜍峰　25. 松坞云庄（双清）　26. 唳霜皋　27. 香山寺　28. 来青轩　29. 半山亭　30. 万松深处　31. 宏光寺　32. 霞标磴（十八盘）　33. 绚秋林　34. 罗汉影　35. 玉乳泉　36. 雨香泉　37. 阆风亭　38. 玉华寺　39. 静含太古　40. 芙蓉坪　41. 观音阁　42. 重翠亭（颐静山庄）　43. 梯云山馆　44. 洁素履　45. 栖月岩　46. 森玉笏　47. 静室　48. 西山晴雪　49. 晞阳阿　50. 朝阳洞　51. 研乐亭　52. 重阳亭　53. 昭庙　54. 见心斋

内垣区接近山麓，为园内主要建筑荟萃之区域。各种类型的建筑物等都能依山就势，成为天然风景的点缀。"二十八景"中有20景在内垣之中。

外垣是静宜园的高山区，占地面积最大。但建筑物的分布却很疏朗，"二十八景"中的8景散点在这里。各景点以自然景观为主调，且借着开阔、高峻的地势，可纵览园内外的丰富景色。

别垣内有见心斋和昭庙两处较大的建筑群。

图7-18 见心斋

见心斋是一个建于明朝嘉靖年间（1522—1566年）的园中之园，清嘉庆元年（1796年）重修。庭院内以曲廊环抱半圆形水池，池西有三开间的轩榭，即见心斋（图7-18）。斋后山石嶙峋，厅堂依山而建，松柏交翠，环境优雅，极富江南园林情趣。昭庙是一处大型藏式喇嘛庙（图7-19），全名为"宗镜大昭之庙"，乾隆四十七年（1782年）专为接待西藏班禅来京而建。该庙坐西朝东，山门之前为高大的琉璃牌楼，庙后矗立一座造型秀美、色彩华丽的七层八角琉璃塔（图7-20）。

图7-19 昭庙

图7-20 昭庙七层八角琉璃塔

静宜园于清咸丰十年（1860年）和光绪二十六年（1900年）两次遭到外国侵略军的焚掠与破坏。现原有的建筑物除见心斋和昭庙外，都已荡然无存。但它的山石泉水，奇松古树所构成的自然景观，依然美不胜收。春夏之际，林木葱郁，群芳怒放，泉流潺潺；秋高气爽时，漫山红叶，层林尽染，引人入胜。

（五）圆明园

圆明园在北京西北郊，是清代北京西北郊五座离宫别苑即"三山五园"（香山静宜园、玉泉山静明园、万寿山清漪园、圆明园、畅春园）中规模最大的一座，面积210公顷（如包括长春园、万春园两座附园，面积达347公顷）。咸丰十年（1860年），英法联军侵入北京，先是劫掠，继而放火烧毁了这座旷世名园，只留下残壁断垣，衰草荒烟。

圆明园始建于清康熙四十八年（1709年），是在康熙皇帝赐给皇四子胤禛的一座明代私园的旧址上建成的。胤禛登位为雍正皇帝后，扩建为皇帝长期居住的离宫。乾隆时期再度扩建，乾隆九年（1744年）竣工。

圆明园全部由人工平地起造。造园匠师运用中国古典园林掇山和理水的各种手法，创造出一个完整的山水地貌作为造景的骨架。园中之景都以水为主题，因水而成趣。利用泉眼、泉流开凿的水体占全园面积的一半以上。大水面如福海宽 600 多米；中等水面如后湖宽 200 米左右，众多的小型水面宽 40~50 米，作为水景近观的小品。回环萦绕的河道又把这些大小水面串联为一个完整的河湖水系，构成全园的脉络和纽带，并可供荡舟和交通之用。叠石而成的假山，聚土而成的岗阜，以及岛、屿、洲、堤等分布于园内，约占全园面积的 1/3。它们与水系相结合，构成了山重水复、层叠多变的数十处园林空间（图 7-21）。这些人工创造的山水景观，既是天然景色的缩影，又是烟水迷离的江南水乡风物的再现。

图 7-21　圆明园鸟瞰图

乾隆皇帝六次到江南游览名园胜景，凡是他所中意的景致都命画师摹绘下来作为建园的参考。因此，圆明园得以在继承北方园林传统的基础上广泛地汲取江南园林的精华，成为一座具有极高艺术水平的大型人工山水园。

圆明园内有类型多样的大量建筑物，虽然都呈院落的格局，但配置在那些不同的山水地貌和树木花卉之中，就创造出一系列丰富多彩、格调各异的大小"景区"。这样的景区总共有近 70 处，主要的如"圆明园四十景"，都由皇帝命名题署。园内的建筑物一部分具有特定的使用功能，如宫殿、住宅、庙宇、戏院、藏书楼、陈列馆、店肆、山村、水居、船埠等，但大量的则是供游憩宴饮的园林建筑。除极少数的殿堂、庙宇之外，一般外观都很朴素雅致、少施彩绘，与园林的自然风貌十分谐调。下面按不同区域简介园内的主要景区。

1. 宫廷区

在紧接园的正门内建置了一个相对独立的宫廷区，包括皇帝上朝的殿堂，帝、后的寝宫、大臣的朝房和政府各部门的值房等，是北京皇城大内的缩影。

（1）大宫门：宫门 5 间，南向，门前有大型月台，东西各有朝房五间。在东西朝房后，另有曲尺状的转角朝房各 27 间，作为各省、部衙署的值房。

（2）正大光明殿：进出入贤良门，是圆明园的正殿，殿上悬雍正手书"正大光明"四字匾额。殿堂 7 间，东西配殿各 5 间。乾隆很欣赏这个布局，他在《御制诗序》中写道"不雕不绘，自得松轩茅舍意。屋后峭石壁立，玉笋嶙峋，前庭虚敞。四望墙外，林木阴湛，花时霏红叠紫，层映无际。"这里是皇帝在园内举行朝会、接见外使的正衙。功能类似故宫太和殿、保和殿。1860 年 10 月英法联军蹂躏圆明园时，此殿是侵华头目的临时指挥部，随后被纵火烧毁。

（3）勤政亲贤殿：位于正大光明殿以东，殿堂5间。皇帝在这里批览奏章，召对群臣，作用相当于故宫的养心斋。殿东有芳碧丛，由青松茂密而得名。

（4）九洲清宴：位于前湖北岸，北临后湖，南与正大光明殿隔湖相望，是园中规模最大的建筑组群之一（图7-22）。中轴线上有"圆明园殿"、"奉三无私"、"九洲清宴"三座大殿。中轴东有"天地一家春"，是后妃的住所；西有"乐安和"，是皇帝的寝宫。"九洲清宴"的命名，不仅是借《尚书·禹贡》国分九州的寓意，而且按九州之数，环后湖用水面划分成九座洲渚，更形象地表示国家的中心地位。

2. 后湖景区

后湖是位于圆明园宫廷区后面的一个较大的水面。后湖沿岸周围九岛环列，每一个岛都是一处景点。隔开200米左右的湖面，欣赏对岸的景色，刚好在清晰的视野范围内。所以，彼此的借景及对景更增加了景观的丰富多彩。

（1）镂月开云：位于后湖东南角，原名牡丹亭（图7-23）。建筑木料大都使用楠木。康熙六十一年（1722年），带领皇子皇孙观赏牡丹时，特降旨赐予他最喜爱的孙子弘历（乾隆）。乾隆即位后，改名"镂月开云"。乾隆三十一年（1766年），又亲题"记恩堂"三字匾额，表示对康熙的感恩戴德。院内种植着各色品种的牡丹数百株，四周布满苍松翠柏，奇花异草。

图7-22 九洲清宴

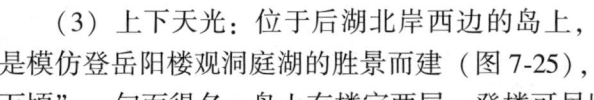

图7-23 镂月开云

（2）天然图画：这组建筑在后湖东岸，镂月开云以北（图7-24）。是仿照杭州西湖苏堤春晓而建的。岛上南部凿池，北部为院，南北气氛不同。但由于庭院南部临池布置了带抱厦的五福堂和漏窗花墙，大大密切了建筑群和水池的联系。这里风景处处如画，乾隆非常得意，他在《御制诗序》中说"亭前修篁万杆，与双桐相映，风枝露梢，历历奔赴，殆非荆、关笔墨能到。"

图7-24 天然图画

（3）上下天光：位于后湖北岸西边的岛上，是模仿登岳阳楼观洞庭湖的胜景而建（图7-25），从范仲淹《岳阳楼记》"上下天光，一碧万顷"一句而得名。岛上有楼宇两层，登楼可尽览后湖天光水色。

（4）杏花春馆：在上下天光以西。馆舍东西两面临湖，西院有杏花村，植有文杏树，馆前有菜圃。这里的布局别具一格，远近一片田园风光。

（5）坦坦荡荡：在后湖西岸。是仿杭州"玉泉鱼跃"之景而建，而未用其名。岛上四周建置馆舍，中间开凿大水池，为圆明园中特设的观鱼区。乾隆特别欣赏这个鱼池，他在《御制诗序》中写道："凿池为鱼乐国，池周舍下，锦鳞数千尾，喁唼拨剌于荇风藻雨间，四环泳游，悠然自得"。

（6）万方安和：坐落于杏花春馆以西。在碧波如镜的水面上，矗起一组33间、平面成"卍"字形的大型殿堂楼宇。这组建筑精巧绮丽，布局美观，有我国南方园林中户外室的特点，水上建阁，冬暖夏凉。

（7）山高水长：在坦坦荡荡以西。为一所西向的两层楼房，上下各九间。前环小溪，后拥连岗，中间地势平坦，是专门设宴招待外藩的处所。平时由侍卫驻守，经常在这里举行比武、赛箭。

3. 后湖以北小园聚集区

后湖景区以北分布着很多相对独立的园林小区。除游憩类景点之外，许多专用设施（如寺观庙宇、藏书楼、戏楼、买卖街等）也建立在此区内。

图7-25　上下天光

图7-26　武陵春色

（1）武陵春色：位于万方安和之北。是一处摹写陶渊明《桃花源记》艺术意境的园中园（图7-26）。建于康熙五十九年（1720年）前，初名桃花坞。乾隆帝为皇子时，曾在此地居住读书。盛时此地山桃万株，东南部叠石成洞，可乘舟沿溪而上，穿越桃花洞，进入"世外桃源"。

（2）坐石临流：位于后湖东北。原是一座重檐三开间敞亭，仿自浙江绍兴古兰亭"曲水流觞"意境，建于雍正初年，时称流杯亭。乾隆初年题额"坐石临流"。此亭后于乾隆四十四年（1779年）改建为八方形，并换成巨型石柱，每柱各刻一册历代著名书法《兰亭帖》，是为兰亭八柱帖。该亭被英法联军烧毁后，八根兰亭帖柱今存北京城里中山公园。

（3）安佑宫：位于圆明园西北隅，又称为"鸿慈永祜"。是仿故宫文庙的制式建造的。无论是地形规划、建筑布局、山水的意境，都力求端庄而严肃，且"周垣乔松偃盖，郁翠于霄"，令人望之"起敬起爱"（乾隆《御制诗序》）。殿中供奉已故清帝的遗像。

（4）水木明瑟：位于本区中央，乃仿扬州水竹居而建。内设一靠水力转动的土风扇，徐徐凉风，缓缓而过，是盛夏避暑的好地方。

（5）舍卫城：城址在水木明瑟以东。是座典型的佛教建筑，俗称佛城。供奉城隍爷、关帝君、三世佛、弥勒佛等。每月初一、十五，或逢佳节时令，皇帝至此拈香拜佛，并有首领太监充当僧人上殿念经。据称此城布局仿建古代印度乔萨罗国都城。逢皇帝、皇太后寿诞，王公大臣进奉各种精美佛像也存放于此，年复一年竟达数万尊。在城前，专门开辟了一条贯穿南北的买卖街。由太监扮作商人，开市叫卖。就如同北京传统的庙会集市，热闹非凡。皇帝以此来调剂自己的生活。

（6）文源阁：位于水木明瑟以北。是仿照宁波"天一阁"形式建造的藏书楼，专以收藏大型丛书《四库全书》。

（7）西峰秀色：在本区的东北部。其布局和形式乃摹自江西庐山景色。后垣的"花港观鱼"，是杭州西湖同名景观的仿制。这里峰峦别致，景色宜人，有彩棚珠盒之胜。每年七夕，都在这里摆设巧宴盛会。

（8）四宜书屋：在廓然大公东北。殿堂5间，正殿称"安澜园"。乾隆南巡时，对浙江海宁陈姓的隅园非常喜爱，特赐名安澜园。回京后，将四宜书屋改建，也取名安澜园。

（9）北远山村：在大北门内偏东。这里稻田遍布，各房舍的题名都与农事有关，呈现一派浓郁的水乡风光。

4. 福海景区

位于圆明园东部，是以福海为中心的一个大景区，面积约占全园的1/3。福海景区辽阔开朗，造园时意在模拟神话中的"东海"，将一座座仙山琼阁式建筑构建在这一区域。近似方形的大水面，长宽约为600米，中央建蓬莱三岛，周围10岛环绕，岗阜穿错，溪流潆（yíng）回，分布着10多处景点。园盛时，福海端午龙舟竞渡，皇帝率王公大臣在西岸"望瀛洲"亭观阅，皇太后及后妃内眷则在蓬岛瑶台欣赏。

图7-27　方壶胜境

（1）方壶胜境：位于福海东北海湾岸边（图7-27）。此区中、后部的9座楼阁中供奉着2 000多尊佛像、30余座佛塔，建筑宏伟辉煌；前部的3座重檐大亭及白石崇基，呈"山"字形伸入湖中。西部为"三潭印月"，乃仿自杭州西湖同名景色。

（2）接秀山房：位于福海东岸南部。此处前俯巨湖澄碧，远望西山秀色。本景区建筑的命名曾有改变；正殿接秀山房后改悬"云锦墅"额。最南部的院落于嘉庆二十二年（1817年）改建成三卷大殿"观澜堂"。

（3）别有洞天：位居福海东南隅山水间，是座亭台错落、环境幽雅的园中园。雍正时期曾在此处开炉炼丹，乾隆、嘉庆二帝常在此园居住。

（4）蓬岛瑶台：建于雍正三年（1725年）前后，时称蓬莱洲，乾隆初年定名蓬岛瑶台。蓬岛瑶台一景，是仿照李思训〔唐代著名画家（651—716年）〕的"一池三山"画意建造的。在福海中央作大小三岛，岛上建筑为仙山楼阁之状。

（5）平湖秋月：位于福海北岸西部，仿杭州西湖同名景色而建。东侧五孔桥外之重檐高台四方亭，额曰"两峰插云"，亦取自杭州西湖景名。本景西南临湖庭院，在嘉庆十六年（1811年）前后改建成为一处三卷大殿，并增悬匾额"镜远洲"，嘉庆帝屡有题咏。

（6）廓然大公：位于福海的西北角。又叫双鹤斋。主体建筑北濒大池，园内景色倒映水中，一立一浮，犹然两景，殿东的临河画就寓意于此。园中的诗咏堂、菱荷深处等景点，也非常美丽。

圆明园内的近70处组建筑群都各具特色，大多数可称之"园中之园"。它们之间均以筑山或植物配置作障隔，又以曲折的河流和道路相联系，很自然地引导游人从一景走向另一景。园中有园是中国古典园林中的一种独特布局形式，圆明园在这方面可算是典型佳例。

圆明园不仅在当时的中国是一座最出色的离宫别苑，乾隆皇帝誉之为"天宝地灵之区，帝王游豫之地，无以逾此"，并且还通过传教士的信函、报告的介绍而蜚声欧洲，对18世纪欧洲自然风景园的发展曾产生一定的影响。

（六）长春园

长春园位于圆明园东侧，两园仅隔以狭道，并有门相通，是圆明园的附园。园的总体近似方形，面积70多公顷，始建于乾隆十年（公元1745年）前后。长春园总体布局的骨干也是水系，由于岛屿洲堤的布列，北部形成几个较大的水面，南部水体可看成是屈曲的河湾，园的四周为陆岸。全园中有园中园和建筑景群约20处。

长春园的正门（大宫门）位于园的南面。进门后，居中的正殿称"澹怀堂"，左右各建有配殿。这组建筑以东有"如园"，是乾隆皇帝南巡回来后，仿照江宁（今南京市）明代大将徐达的瞻园建造的园中之园；大宫门西面也有一座园中称"倩园"。这一堂两园成为南宫墙内陆岸上的三个主要景区。从澹怀堂后过桥，即是全园的中心大岛。岛上的淳化轩是全园的主体建筑群。一共有四进院落，并带有东西跨院，两廊的墙上嵌有144块"淳化阁帖"的刻石，由此而得"淳化轩"之名。淳化阁帖搜集了历代名家99人的真迹，淳化轩因此成为当时北京地区的著名碑林。这组建筑物向北，与隔湖相望的泽兰堂、山后再北的远瀛观，形成了长春园中路的轴线，使得全园布局上清晰、有序。

淳化轩东邻的水面中央有一岛，岛上的一组建筑名为"玉玲珑馆"。西邻的大水面上，南边为一四角外伸的方形岛，上有建筑"思永斋"；北边是一座水上楼宇，名为"海岳开襟"。其台基呈圆形，上下两层，周边围以汉白玉栏杆。台上楼宇三层，下层名为"海岳开襟"，南檐题"青瑶屿"三字；中层名为"得金阁"，题有"天心水面"四字；最上层题"乘六龙"三字。台的四面各设一座牌楼。楼阁整体瑰丽、豪华，远远望去，犹如海市蜃楼一般。

长春园北边陆岸，最东部是一处园中园——"狮子林"。乾隆南下游览苏州狮子林时，非常喜爱该处景色，令从人绘制成图。返京后，即仿建于长春园中。先建8景，嘉庆年间又续建8景，总称为"狮子林十八景"，成为美丽别致一处景区。北陆岸中部的"泽兰堂"一带，前临阔湖，后倚高岗，掇山置石，构成诸多佳作。从此往西，有"宝相寺"、"法慧寺"，法慧寺中的琉璃塔，八面七级，高达七丈。

北陆岸最西边是一座欧式建筑——谐奇趣（图7-28）。

图7-28 谐奇趣

谐奇趣连同整个北宫墙内东西条状地带里分布的建筑群，都是按西方18世纪中期流行的巴洛克式风格构建的，一般称做"西洋楼"。

西洋楼主要部分的设计图样，是由当时在清廷如意馆供职的外国传教士蒋友仁（Mchael Benoist，法国人），郎世宁（Giuseppe Castiglione，意大利人）和王致成（Jenn Dennis Atliret，法国人）等绘制的。他们是画家又是建筑师，能参酌中西画法，注意透视和明暗，布局细致。

从乾隆十年（1745 年）到乾隆二十四年（1760 年），用了 14 年的时间，完成了西洋楼的建筑工程。西洋楼景区有 6 座建筑物，自西至东依次为谐奇趣、蓄水楼、养雀笼、方外观、海晏堂和远瀛观（图 7-29、图 7-30、图 7-31）。

图 7-29　远瀛观

图 7-30　观水法正立面

全部为承重墙结构，立面上的柱式、檐口、基座、门窗以及栏杆扶手均为欧洲古典主义式样。坡屋面不起翘，但在屋脊布置中国的鱼、鸟、宝瓶等花饰。外檐的雕刻细部也采用了不少中国式的纹样，雕琢十分精美，充分显示了中国石雕工艺的水平。

人工喷泉当时叫做"泰西水法"或"水法"，西洋楼中共有 3 组。第 1 组在谐奇趣南面弧形石阶前和北面的双跑石阶前，由蓄水楼供

图 7-31　海晏堂

水。第 2 组在海晏堂西大门前，由堂内的蓄水箱供水，沿门外两旁的"水扶梯"（Water Stair）下注于地面水池。水池两侧各排列 6 只铜铸喷水动物，象征十二生肖。每只动物依次按时喷水，每次 2 小时（一个时辰），起到计时的作用。第 3 组在远瀛观南面，是最大的一处喷泉，故当时称为"大水法"，由海晏堂蓄水箱供水。

西洋楼主要的园林设施有三处：一处在谐奇趣以北、长春园西北隅的"万花阵"，是按欧洲古典园林中常见的迷宫（迷篱）仿建的。但万花阵不用绿篱而代之以雕花青砖砌成矮墙，中部建亭台。皇帝常命宫女、太监在花阵中捉迷藏，自己坐在亭上取乐。另外两处在大水法以东：一处是"线法山"，类似于欧洲中世纪园林中的"庭山"，介于两座牌坊之间，山顶建八角亭。皇帝经常环山跑马，故又叫"转马台"。另一处为线法山东面的长方形水池（名为"方河"）及东岸上的"线法墙"。线法墙为南北分别砌筑的平行砖墙 5 列，墙上张挂风景建筑的油画，利用透视原理来加大景深，很像现代的舞台背景。有时在方河之中安置威尼斯城的模型，皇帝坐在线法山上东望，犹如一座举世闻名的水上威尼斯城在对面浮现。建筑物以外的植物配置也是规整式排列，如整齐的绿篱、成型的树木、地毯式的花坛等。

西洋楼是自元末明初欧洲古典主义建筑传播到中国以来的第一个具有群组规模的完整作品，也是把欧洲和中国这两大建筑与园林体系相互结合的首次创造性尝试。在中西文化艺术交流史上，具有一定的历史意义。

西洋楼以南的景区，建筑分布比较疏朗，整体的山水布局、水域划分均很得体，尺度合宜，可称得上是北方园林中的上品之作。在造园艺术上，比圆明园要高出一等。

1860 年，丧心病狂的英法侵略军将长春园与圆明园等名园一同焚毁。长春园中西洋楼

残迹至今犹在，是那场暴行的记录与标志（图7-32、图7-33）。

图7-32 西洋楼遗迹

图7-33 西洋楼遗迹全貌

（七）颐和园

颐和园在北京的西北郊，是利用昆明湖、万寿山为基址，以杭州西湖风景为蓝本，汲取江南园林的某些设计手法和意境而建成的一座大型天然山水园，占地约290公顷，是我国保存得最为完整的一座离宫御苑。

颐和园原名清漪园，始建于清乾隆十五年即1750—1764年竣工，历时15年，共动用白银448万两。颐和园是清代北京著名的"三山五园"（香山静宜园、玉泉山静明园、万寿山清漪园、圆明园、畅春园）中，处于中心位置的最后建成的一座皇家园林。咸丰十年（1860年）被英、法侵略军焚毁。光绪十二年（1886年）开始重建，光绪十四年，改名颐和园。光绪二十一年工程结束，是慈禧太后挪用海军经费修建的。光绪二十六年又遭八国联军破坏，翌年修复。全园可分为宫廷区和苑林区两大部分（图7-34）。

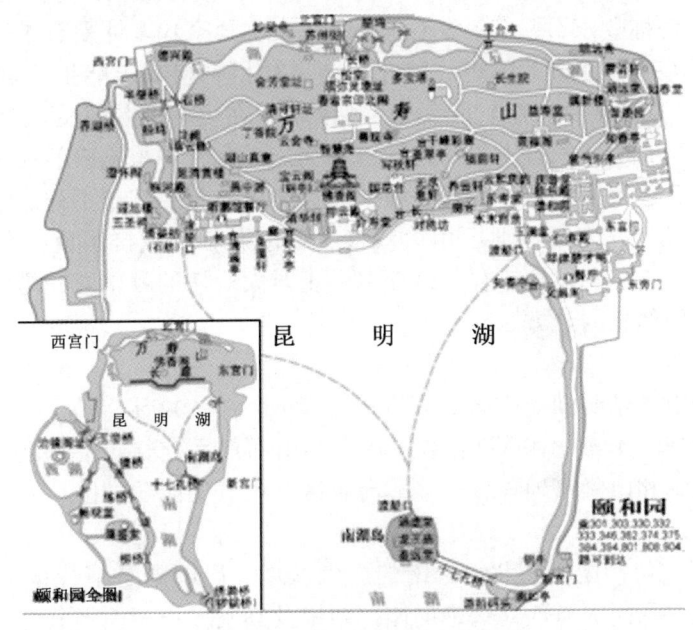

图7-34 颐和园各区分布图

1. 宫廷区

颐和园是当时"垂帘听政"的慈禧太后长期居住的离宫，兼有宫和苑的双重功能。因此，在进园的正门内建置一个宫廷区作为接见臣僚、处理朝政及寝居的区域。宫廷区是由殿堂、朝房、值房等组成多进院落的建筑群，占地不大，相对独立于其后的面积广阔的苑林区，二者既分隔又有联系。宫廷区的主要景点如下。

（1）东宫门：东宫门坐西朝东，是颐和园的正门。门檐下是光绪皇帝御笔题写的"颐和园"匾额。宫门为五洞，三明两暗。正中设三个门洞，中门叫御路门，是慈禧太后和皇帝、皇后进出专用门；两旁门洞供王公大臣出入。太监、差役只能行走两边的罩门。

（2）仁寿门：在东宫门以内，是一座牌坊式门楼。该门匾额用汉、满两种文字写成。门前两旁各陈列有一块青石，一块象猴，一块似猪，俗称猪猴石，象征孙悟空和猪八戒守卫着皇家大门。院内南北两侧配殿为南北九卿房，是九卿六部的内值班房。

（3）仁寿殿：位于仁寿门内，坐西朝东，有正殿七间，是园内最主要的政治活动场所。仁寿殿原名勤政殿，建于乾隆时，后来毁于第二次鸦片战争中的英法联军之手。光绪皇帝时重建，并取《论语》中"仁者寿"语句，意为施仁政者长寿，将勤政殿更名为仁寿殿。

（4）玉澜堂：位于仁寿殿西南，是一座临湖的三合院建筑。这里是光绪皇帝在园中居住以及后来被囚禁的地方。正殿玉澜堂坐北朝南，东配殿霞芬室，西配殿藕香榭。"戊戌变法"失败后，慈禧太后将光绪皇帝囚禁起来，并将玉澜堂四面的门窗都堵死，又砌筑了许多道墙壁，使光绪皇帝完全与外界隔绝。这些墙壁虽然大部拆除，但仍留有当时的遗迹。

（5）宜芸馆：位于玉澜堂后，是光绪皇帝的皇后——隆裕在园中的住寝之处。院南的垂花门名叫宜芸门，门内两侧廊中嵌有10块乾隆临摹古代书法家的真迹碑石。

（6）乐寿堂：位于昆明湖东北岸，前轩临湖，是慈禧太后的寝宫。乐寿堂之名取自《论语》中"知者乐，仁者寿"语句。院内北堂七间，是乐寿堂正殿。阶上左右分列铜鹿、铜鹤、铜花瓶，取意"六和太平"。堂前种植玉兰、海棠、牡丹等，名花满院。院内还有一块长2.4丈、宽6尺、高1.2丈，重约20吨的巨石，名叫青芝岫，石上还残留有乾隆写的《青芝岫诗》。此石俗称败家石，400多年前，明代大诗画家米万钟爱石成癖，他在北京南部大房山群峰中发现了这块巨石，曾想收藏它，结果耗尽家财却未能把它运抵他的芍园（今北京大学院内），遗弃在良乡。100多年后，乾隆皇帝在去河北易县为其父雍正扫墓时在良乡发现了它，因为该石的体积过大，为把此石运往乐寿堂，不得不破门而入。为此，乾隆皇帝的母亲孝圣皇太后还大怒过，说此石先败米家，又破我门，其石不祥。败家石因此得名。

（7）德和园：位于仁寿殿以北，由大戏楼、颐乐殿和看戏楼组成。大戏台的舞台规模壮观，共有上下三层，分别以福、禄、寿命名。正对大戏楼的颐乐殿，是帝后看戏之处，内设慈禧的宝座和供她休息的地方。

2. 苑林区

苑林区以万寿山、昆明湖为主体。万寿山东西长约1 000米，高约60米。昆明湖水面广阔，约占全园面积的4/5，湖的西北端绕过万寿山西麓而连接于北麓的"后湖"，构成山环水抱的形势，把湖和山紧密地连成一体。苑林区又可分为昆明湖区、万寿山前山区、后山后湖区三大部分。

（1）昆明湖区：包括昆明湖北缘以南的广大区域。昆明湖是清代皇家诸园中最大的湖泊，湖中一道长堤——西堤自西北逶迤向南。西堤及其支堤把湖面划分为三个大小不等的水域，每个水域各有一个湖心岛。这三个岛在湖面上成鼎足而峙的布局，象征着中国古老传说中的东海三神山——蓬莱、方丈、瀛洲。由于岛堤分隔，湖面呈现层次变化，避免了单调空疏。西堤以及堤上的六座桥是有意识地摹仿杭州西湖的苏堤和"苏堤六桥"所建，使昆明湖益发神似西湖。西堤一带碧波垂柳，自然景色开阔，园外数里的玉泉山秀丽山形和山顶的玉峰塔影排闼（tà）而来，被收摄作为园景的组成部分（图7-35）。从昆明湖上和湖滨西望，园外之景和园内湖山浑然一体，这是中国园林中运用借景手法的杰出范例。湖区建筑主要集中在三个岛上。湖岸和湖堤绿树阴浓，掩映潋滟水光，呈现一派富于江南情调的近湖远山的自然美。此区内的主要景点有8处。

图7-35　自水木自亲西望玉泉塔

①西堤六桥。西堤上自北向南建有风格迥异的六座石桥，依次是：界湖桥、豳风桥、玉带桥、镜桥（图7-36）、练桥、柳桥。其中玉带桥为六桥之冠，用大理石和汉白玉石雕砌而成。桥拱高而薄，形如玉带故而得名为玉带桥（图7-37）。

图7-36　西堤镜桥

图7-37　昆明湖玉带桥

②南湖岛。位于昆明湖的东南部，占地1公顷多，是昆明湖中最大的岛屿。周围用条石砌岸，以青白石雕栏围护。岛上北部为叠石假山，山上建涵虚堂，是岛上的主体建筑。岛的东部是龙王庙；南部为鉴远堂。另外还有澹会轩、月波楼等。这里是帝后赏月的地方，清末也曾在这里举行过水师表演。

③十七孔桥。是连接东岸廓如亭与南湖岛的一座长桥，桥长150米，宽8米，由17个孔券组成，是园内最大的石桥。十七孔桥建于乾隆时代，仿照北京的卢沟桥和苏州宝带桥的特点而建。桥的望柱上有544只神态不同的石狮，让人联想到"卢沟桥石狮数不清"的民谣。桥额北面书"灵兽偃月"，南面书"修炼凌波"。

④廓如亭。位于十七孔桥东端，是一座八角重檐亭，又叫八方亭。该亭建于乾隆年间，其面积达130多平方米，是园内40多座亭子中最大的一座。据说，远远看去，廓如亭（头）、十七孔桥（颈）和南湖岛（背）连接成一只乌龟的形状（图7-38），象征着统治阶级的长寿。

⑤铜牛。位于东堤中部。铸于乾隆二十年（公元1755年），取意于大禹治水的故事。相传四千年前大禹治水时，每当治理好一处，就要铸造铜牛投放水底，以镇水患。乾隆皇帝

图 7-38　南湖岛、17 孔桥、廊如亭

开发昆明湖时，仿照大禹，在紧邻廊如亭的位置设置了一个巨大镇水铜牛，乾隆皇帝有时也把铜牛称为金牛（古时有这个习惯）。这只铜牛形态逼真，双目炯炯，昂首凝眸，栩栩如生，牛身下面是一个雕有海浪纹的青白石座，牛背上刻有乾隆皇帝题写的《金牛铭》。

⑥知春亭。位于东堤西面一个小岛上，是观赏颐和园全景的最佳地点之一。亭是重檐四方亭，有桥和堤相通，四面临水。小岛遍植桃柳，每当春季伊始，柳绿桃红，"知春"二字便源于此景。

⑦文昌阁。与知春亭相邻，建于乾隆时期，为城关式建筑。高三层的阁楼中层供奉有一尊文昌帝君铜像，左右侍立童男童女各一名；还设有文昌帝君乘坐的铜马匹。相传文昌帝君主宰人间功名利禄，所以极受仕途者信奉。

⑧清晏舫。位于万寿山西麓的昆明湖边，又称石舫，是园中著名的水上建筑。石舫体长 36 米，由大理石雕砌而成。原建于 1755 年，1893 年重建。取"河清海晏"之意，将其命名为清晏舫。新建成的石舫将以往仿翔凤火轮式样改为西洋式楼阁，并配以彩色玻璃窗，船侧还加了两个石雕的机轮（图 7-39）。

图 7-39　清晏舫

（2）万寿山前山区：万寿山的南坡（即前山）濒临昆明湖，湖山联属，构成一个极其开朗的自然环境。这里的湖、山、岛、堤及其上的建筑，配合着园外的借景，形成一幅幅连续展开、如锦似绣的风景画卷。前山接近园的正门和帝、后的寝宫，游览往返比较方便，又可面南俯瞰昆明湖区，所以，园内主要建筑物均荟萃于此。造园匠师在前山建筑群体的布局上相应地运用了突出重点的手法。在居中部位建置一组体量大而形象丰富的中央建筑群，从湖岸直到山顶，一重重华丽的殿堂台阁将山坡覆盖住，构成贯穿于前山上下的纵向中轴线。这组大建筑群包括园内主体建筑物——帝、后举行庆典朝会的"排云殿"和佛寺"佛香

阁"。后者就其体量而言是园内最大的建筑物，阁高约 40 米，雄踞于石砌高台之上，在园内园外的许多地方都能看到，气宇轩昂，凌驾群伦，成为整个前山和昆明湖的通关全局的构图中心。与中央建筑群的纵向轴线相呼应的是横贯山麓、沿湖北岸东西逶迤的"长廊"。前山其余地段的建筑体量较小，自然而疏朗地布置在山麓、山坡和山脊上，镶嵌在葱茏的苍松翠柏之中，用以烘托端庄、典丽的中央建筑群。此区内的主要景点有如下。

①长廊。沿万寿山南麓、昆明湖北岸构筑，又称千步廊。东起乐寿堂的邀月门，西至石丈亭，全长约 728 米，共 273 间，其间有留佳亭、寄澜亭、秋水亭、逍遥亭穿插其间，象征着春、夏、秋、冬四季。是中国、也是世界古典园林中最长的游廊（图 7-40）。透迤的彩绘长廊上绘有图画 1.4 万余幅，均为传统故事或花鸟鱼虫。内部枋梁上绘有精美的西湖风景及人物、山水、花鸟等苏式彩画 8 000 多幅，因之素有"画廊"之美称。

②排云殿。位于万寿山前山的中轴线上，殿内设有宝座、围屏和宫扇等。殿前有排云门与二宫门，两边分列 4 座配殿，分别名为紫霄、玉华、芳辉和云锦。正殿两侧有耳殿 21 间。全部用黄琉璃瓦盖顶，是颐和园内最为壮观的建筑群。慈禧太后在颐和园内贺寿时，就在此殿接受贺拜。

图 7-40　长廊

③佛香阁。位于万寿山前山，是颐和园中的主体建筑。佛香阁建筑在高 21 米的方形台基上，阁高 40 米，有 8 个面、3 层楼、4 重屋檐（图 7-41）；阁内有 8 根巨大的铁梨木擎天柱直贯顶部。佛香阁的建筑结构相当复杂，为古典建筑中的精品。佛香阁上层榜曰"式延风教"，中层榜曰"气象昭回"，下层榜曰"云外天香"，阁名"佛香阁"。内供接引佛（阿弥陀佛）。每月的初一、十五，崇信佛教的慈禧在此烧香礼佛。

④智慧海。位于万寿山之巅，是一座两层仿木砖石结构的殿堂，由纵横相间的拱券结构组成，拱顶全用砖石砌成，没有一根支撑物，其极高的技术水平令人对这样一座不设支撑物的大殿倍感赞叹，因之又名为无梁殿。该殿通

图 7-41　颐和园远望佛香阁

体用五色琉璃砖瓦装饰，殿内供奉乾隆时所造的观音像。殿外墙壁上饰有琉璃佛像 1 008 座。殿前有一座琉璃牌坊。牌坊的两面枋额和无梁殿的前后殿额，均为三字，连起来读，正是佛家偈语："众香界，祇树林，智慧海，吉祥云"。

⑤转轮藏。位于佛香阁东侧山上，是一组木结构建筑，环抱于一座高大石碑的东、西、南三面。这座石碑高达 9.87 米，造型宏大，刻工精美，是典型的民族风格。正面刻乾隆手书"万寿山昆明湖"六个大字。背面刻有乾隆手书《万寿山昆明湖记》，记叙了扩建昆明湖的目的和经过。

⑥宝云阁。位于佛香阁西侧，全部用铜铸而成，是一座著名的铜亭。建于 1755 年，高

达 7.55 米，共用铜 207 吨。亭阁上的花纹采用传统的拔蜡法制造，工艺水平相当高超。这里是喇嘛们为帝后祈福求寿的念经祈祷之处。

⑦听鹂馆。位于长廊西部，原是慈禧太后的小戏院。由大戏楼、颐乐殿和看戏楼组成，慈禧太后就在这里看戏。馆内有供宫廷演出的两层戏楼一座。现在听鹂馆已被辟为"听鹂饭庄"。

⑧景福阁。位于万寿山东部山顶，前后各五楹，皆南向，有宽敞的敞厅。慈禧太后每年中秋节都在此赏月，九月九在此登高。夏天阴雨日，慈禧在此赏雨。1903 年后，慈禧太后曾数次在这里接见和宴请外国使节。

⑨画中游。位于万寿山西南坡，是一座亭台楼阁式建筑。当中是八角形两层楼阁，东西有两亭两楼，以爬山廊相连接，西为"爱山"，东为"借秋"。此地风景如画，漫步游廊，仿佛置身于画中，所以得名为"画中游"。

（3）后山后湖区：万寿山后山的景观与前山迥然不同，是富有山林野趣的自然环境，林木翁郁，山道弯曲，景色幽邃。除中部的佛寺"须弥灵境"外，建筑物大都集中为若干处自成一体，与周围环境组成精致的小园林。它们或踞山头，或倚山坡，或临水面，均能随地貌而灵活布置。后湖中段两岸，是乾隆时摹仿江南河街市肆而修建的"买卖街"遗址（近年已进行了重建）。后山的建筑除谐趣园和霁清轩于光绪时完整重建之外，其余都残缺不全，只能凭借断垣颓壁依稀辨认当年的规模。

后湖的河道蜿蜒于后山的山麓，造园匠师巧妙地利用河道北岸与宫墙的局促环境，在北岸堆筑假山障隔宫墙，并与南岸的真山脉络相配合而造成两山夹一水的地貌。河道的水面有宽有窄，时收时放，泛舟后湖给人以山复水回、柳暗花明之趣，成为园内一处出色的幽静水景。此区内的主要景点有 3 处。

①四大部洲。位于后山中轴线上，是乾隆皇帝推崇藏传佛教所建的一组藏式建筑喇嘛庙。在主体建筑香岩宗印之阁的四角筑有象征佛教世界的四大部洲，即南瞻部洲、东圣神洲、西牛贺洲、北俱卢洲。原来的庙宇于 1860 年被英法联军焚毁，仅有一座五彩琉璃多宝塔得以幸免。现在所见的是后来按原来的模式重新修建的。

图 7-42 苏州街

②苏州街。位于后湖两岸，是仿苏州水乡以水当街、以岸作市的买卖街。苏州街全长约 300 米，原有各式店铺数十家，皇帝游幸时开始"营业"，店员均由太监、宫女扮装。这处买卖街后被侵略军焚毁。1987 年，为适应旅游需要，仿照苏州街原样进行了重建（图 7-42）。

③谐趣园。位于万寿山东麓，始建于乾隆十六年（公元 1751 年），原名惠山园，是摹仿无锡惠山寄畅园而建成的一座园中之园。此园小巧玲珑，结构精致，四季有景，妙趣横生。公元 1811 年重建，乾隆的儿子嘉庆皇帝"以物外治静趣，谐寸田之中和"之意改名为谐趣园。全园以水面为中心，以水景为主体，水面三亩。有不同形式的桥 8 座，长的 10 米多，短的不足 2 米，其中最引人入胜的是"知鱼桥"⑥。环池布置清朴雅洁的厅、堂、楼、榭、亭、轩等建筑，曲廊连接，间植垂柳修竹。池北岸叠石为假山，从后湖引来活水经玉琴峡沿山石叠落而下注于池中。流水叮咚，以声入景。此园有

各种书法、碑刻，有妙趣横生的对联，有数百幅手法洗炼的苏式彩画。更增加这座小园林的诗情画意（图7-43、图7-44）。

图 7-43　谐趣园澄爽斋

图 7-44　谐趣园洗秋、饮绿

颐和园集中了中国古典建筑的精华，容纳了不同地区的园林风格，堪称园林建筑博物馆。联合国科教文组织于1998年批准将其作为人类文化遗产列入《世界遗产目录》。

（八）万春园

万春园也是圆明园的附园，位置在圆明园东南，长春园南面，面积比两者都小。该园在同治朝以前称做绮春园。绮春园于乾隆三十四年（1769年），由若干私家园林合并而成，其中也包括皇室成员缴回的赐园。嘉庆年间又将含晖园和西爽村并入，构成了绮春园西路，并大事修葺，形成了御制"绮春园三十景"。

万春园的大宫门在园的东南部。门前建有影壁和东西朝房。进宫门，渡桥就是万春园东南部的大岛。进二宫门以内，是正殿"凝晖殿"，东西有配殿各五间，正殿后又有一殿，名"中和堂"。这组建筑群之后，还有"集禧堂""天地一家春""蔚藻堂"和其他院落。这里是清代自道光朝起皇太后居住的地方，也作为其他妃嫔的住所。在这个大岛的西南有较大的水面，水中有方形石岛，岛上有亭曰"鉴碧亭"。此水面的西部又为一岛，岛上有一组寺庙，称"正觉寺"。西南大岛以北也是较大水面，水中以桥相连的圆形双岛称"凤麟洲"，仅靠船渡才可达岛上。大岛的西北有数洲并列，形状各异。各洲上均建有一组或数组建筑，如"涵秋馆""展诗应律""春泽斋""生冬室"等。往西有"四宜书屋"，再往西就是西爽村的"清夏堂"等。

万春园的西南角是"小南园"，这个园可以规制特殊的"沉心堂"所在的岛为构景中心。其东北有一岛相呼应，环水的东部平岗回合，散有轩亭；南岸有"点景房"一组小建筑和"河神庙"；西部有南北两岛：南岛上有"畅合堂"，北岛上有"绿满轩"；西北角是"含晖楼"（联辉楼）建筑组。含晖楼南为横向葫芦形河，河中还有葫芦形小岛，上面建有"流杯亭"。

万春园的风格与圆明园和长春园相比较，比较秀丽，婉约多姿，无论水面或岗阜均曲折有致，因势穿插点景亭榭轩斋或小建筑物，比较疏朗，没有过度堆筑之感。

（九）承德避暑山庄

避暑山庄，又名承德离宫、热河行宫，是清代皇帝夏天避暑和处理政务的场所。位于承德市区以北、武烈河西岸一带狭长的谷地上，距离北京230千米。始建于康熙四十二年（1703年），历经康熙、雍正、乾隆三朝，耗时约90年建成。与北京紫禁城相比，避暑山庄以朴素淡雅的山村野趣为格调，取自然山水之本色，吸收江南塞北之风光，成为中国现存占地最大的古代皇家园林。1994年，河北承德避暑山庄及周围寺庙以独特的风采被联合国教科文组织列入《世界遗产名录》。

当年康熙皇帝在北巡途中，发现承德这片地方地势良好，气候宜人，风景优美，又是满清皇帝家乡的门户，还可俯视关内，外控蒙古各部，于是选定在这里建行宫。康熙四十二年（1703年）开始在此大兴土木，疏浚湖泊，修路造宫，至康熙五十二年（1713年）建成36景，并建好山庄的围墙。雍正朝代暂停修建。乾隆六年（1741年）到乾隆五十七年（1792年）又继续修建直至完工，建成的避暑山庄新增加了乾隆36景和山庄外的外八庙，宫墙之内约占地564公顷，其规模壮观，为后人留下了珍贵的古代园林建筑杰作（图7-45）。

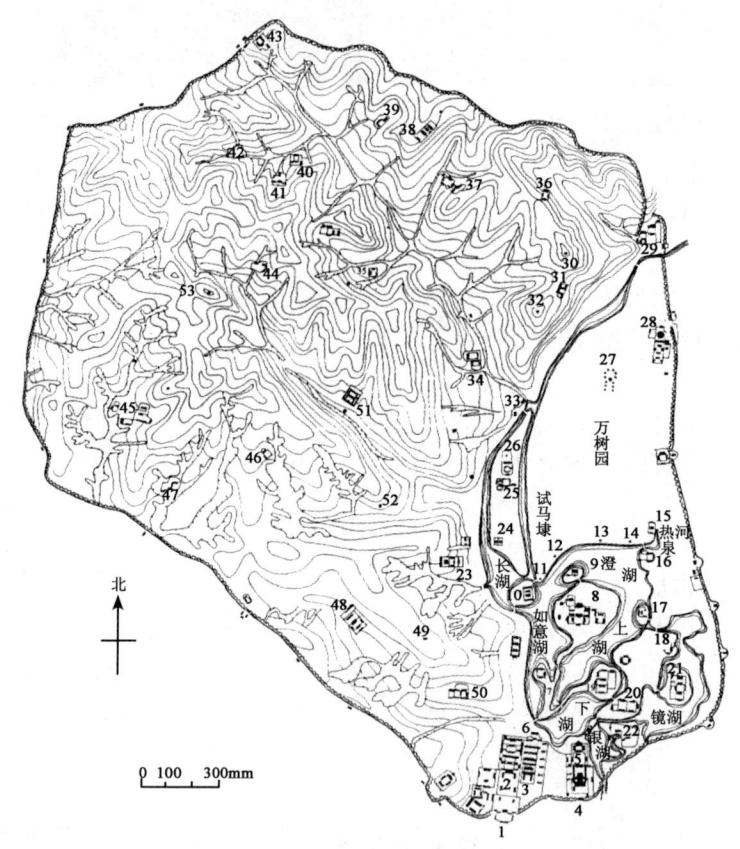

图7-45 避暑山庄平面图

1. 丽正门　2. 正宫　3. 松鹤斋　4. 德汇门　5. 东宫　6. 万壑松风　7. 芝径云堤　8. 如意洲　9. 烟雨楼　10. 临芳墅　11. 水流云在　12. 濠濮间想　13. 莺啭乔木　14. 莆田丛樾　15. 苹香沜　16. 香远益清　17. 金山亭　18. 花神庙　19. 月色江声　20. 清舒山馆　21. 戒得堂　22. 文园狮子林　23. 殊源寺　24. 远近泉声　25. 千尺雪　26. 文津阁　27. 蒙古包　28. 永佑寺　29. 澄观斋　30. 北枕双峰　31. 青枫绿屿　32. 南山积雪　33. 云容水态　34. 清溪远流　35. 水月庵　36. 斗老阁　37. 山近轩　38. 广元宫　39. 敞晴斋　40. 含青斋　41. 碧静堂　42. 玉岑精舍　43. 宜照斋　44. 创得斋　45. 秀起堂　46. 食蔗居　47. 有真意轩　48. 碧峰寺　49. 锤峰落照　50. 松鹤清越　51. 梨花伴月　52. 观瀑亭　53. 四面云山

避暑山庄分宫殿区、湖洲区、平原区、山岭区四大部分，另外还有外八庙。

1. 宫殿区

按照前宫后苑的规制，宫殿区位于山庄南部，是皇帝处理朝政、举行庆典和生活起居的地方。由正宫、松鹤斋、万壑松风和东宫四组建筑组成。这些建筑的布局都是对称、严整、封闭的宫廷体制。但为了突出"山庄"这一主题思想，建筑风格与历代帝王的苑林迥然不同，它既不用琉璃瓦、大理石装潢，也不加彩画油饰。而是采用朴素简洁的北方民居形式，青砖灰瓦，古朴典雅，随和自然。为了消除传统民居的呆板单调气氛，在艺术处理上，采取了在庭院增加自然气氛，利用建筑物的布局、形体组合和空间对比，在严整中求协调，在封闭中求疏朗的手法，以获得层叠错落、闭而不塞，有变化、有风韵的空间扩大感。

（1）正宫：正宫在宫殿区的西侧，平面呈南北为长边的长方形，四周有围墙，形成一个封闭的四合院式的院落。建筑布局严整、对称。主要建筑"丽正门"、"避暑山庄门"、"澹泊敬诚殿"、"四知书屋"、"烟波致爽"、"云山胜地"等，前后按顺序排列在一条中轴线上。

①丽正门。是正宫一组建筑的大门，也是山庄的正门。建于乾隆十九年（1754年）。迎门有高大的红色照壁。两旁有两个神态凶猛的大石狮。城楼之下并列三门，中门上方用满、藏、汉、维、蒙五种文字题"丽正门"三字。按照清代规定，只有皇帝与他们的父母才可以由中门进出，文武官员和各少数民族王公贵族只能从侧门出入。

②避暑山庄门。是正宫门，因悬康熙题"避暑山庄"匾而得名。清代皇帝常在这里阅射、会见官吏和外国使者。门前分立一对铜狮，昂首蹲踞在有雷纹的石台上，雕刻精细，神态雄猛而善良。门两侧墙上有乾隆诗刻石。进宫门是七进院落的正宫。

③澹泊敬诚殿。是正宫的正殿。皇家各种隆重的大典，一般都在这里举行。这是一座坐北朝南、面阔七间的卷棚歇山式建筑。大理石铺地。它的全部木构件由贵重的楠木制成，因而又称为楠木殿。不施彩绘，保持本色。古朴清雅，芳香浓郁。棂窗、隔扇、天花板都有精致的雕刻图案。特别是那些天花板心，每块都有万字、蝙蝠、卷草等深浮雕纹饰，做工玲珑纤巧，图案浮凸生动。殿前古松苍翠，掩映着殿堂，不仅避免了视线的一览无余，而且使建筑与自然融合，室内景与室外景相互因借，造成了清幽典雅的环境，烘托出"非澹泊无以明志"的意境。此殿建于康熙四十九年（1710年），乾隆十九年（1754年）使用楠木改建，耗费大量人力、物力。其中仅从川贵运楠木一项费用就达白银一万三千两。

④四知书屋。建于康熙四十九年（1710年），四周绕有回廊，把庭院的有限空间，化成若干小空间。通过空廊，使廊子两侧空间景物彼此衬托，各自成为对方的远景或背景。多层次的纵深，有效地加强了庭院清旷、幽深的空间层次感，使人产生庭院深深的联想。清帝常在这里举行便宴，招待各少数民族王公贵族。"四知"源于《易经》的"知微、知彰、知柔、知刚"（图7-46）。

图 7-46 四知书屋

⑤"烟波致爽"殿（寝宫）。是后寝部分的主体建筑，建于康熙四十九年（1760年）。康熙说这里"四围秀丽，十里平湖，致有爽气"。这是一座面阔七间的建筑，当中两间设宝座，两间设佛堂，最西一小间是皇帝的寝室。嘉庆和咸丰

两个皇帝就死在这里。寝宫的东西各有一个小院,有侧门相通,称为东、西所,是皇帝后、妃居住的地方。慈禧就曾住在这西小院里。

⑥"云山胜地"楼。在烟波致爽殿的后面。建筑玲珑轻盈,通达开敞。楼前点缀小巧的假山,登假山可循级上第二层,北望湖光山色。此楼和烟波致爽的封闭式建筑形成疏密对比。在封闭式建筑群中,放进高敞洞达的楼阁,有助于在有限的空间内获得无限的视野,有助于封闭空间的突破。它既是正宫的终点,也是高视点,起着正宫与万壑松风两组建筑、正宫与苑林两个景区的转换和引导作用。

(2) 松鹤斋:松鹤斋在正宫东面,两者有侧门相通,曾是乾隆母亲的住所。建于乾隆十四年(1749年)。当时庭中养鹤并遍植古松,风致清雅。乾隆有诗写道"常见青松蟠户外,更欣白鹤舞庭前"。乾隆以松鹤延年、长生不老之意取名"松鹤"。

松鹤斋有大殿七间,后改"含晖堂"。斋后是"继德堂""畅远楼"。楼后有垂花门与"万壑松风"相通。当年慈禧太后垂帘听政,篡夺王位的丑剧就是在这里开场的。

(3) 万壑松风:在松鹤斋后面,石筑墙垣。有"万壑松风"殿(记恩堂)、"鉴始斋"、"静住室"等建筑。主要建筑万壑松风殿是康熙皇帝读书、批阅奏章和接见官吏的地方。乾隆皇帝为纪念其祖父将其改为记恩堂。南面的鉴始斋是乾隆皇帝少年时读书的地方。这组建筑踞岗临湖,布局参错,灵活多变,具有南方园林建筑艺术特点,与前面严整的四合院建筑风格迥然不同。

(4) 东宫:在松鹤斋的东面,地势比正宫和松鹤斋低。东宫的前面宫墙上另辟大门,称德汇门,形制与丽正门相仿。进入德汇门后,中轴线上的主体建筑依次有门殿七间、正殿十一间、清音阁、福寿阁、勤政殿、卷阿胜境殿等。

①清音阁。俗称大戏楼。与北京圆明园同乐园中的戏台同名,与现存故宫畅音阁、颐和园中德和园大戏楼形式相近。阁高三层,外观雄伟。结构精巧,阁内布景逼真,音响效果很好。清音阁的三层楼,上层称"福台",悬挂"清音阁"三字御制匾额;中层名"禄台",额题"云山韶渣";下层曰"寿台",额题"响叶钧",取"福禄寿三星吉祥"之意。

②福寿阁。清音阁东西两侧,为上下各九间的二层群楼,群楼往北,与坐北朝南的福寿阁相通。福寿阁中间面阔五间,东西两侧四间,与南北走向的群楼连接。福寿阁上层是当年皇帝后妃听戏的御座楼,一楼和两侧的群楼是外国使节,满、蒙、汉大臣,少数民族王公贵族听戏的地方。

③勤政殿。福寿阁北有面阔五间的勤政殿,是乾隆三十六景第二景。是皇帝接见群臣,发布政令的地方。殿面南有匾,题"正大光明";面北有匾,题"高明博"。东西有配殿各三间。

④卷阿胜境殿。位于勤政殿北面,是东宫最后一座建筑。面阔五间。乾隆年间,乾隆经常在这里同皇太后用膳,并赐宴少数民族首领和王公贵族茶点,并可坐览湖区风光。1945年,东宫失火被烧毁。仅存基址。现在的卷阿胜镜殿为1979年重建。

2. 湖洲区

湖洲区在山庄东南部,宫殿区以北,面积较小,仅占据山庄总面积约14%(建筑面积占山庄的50%以上)。这里湖光变幻,洲岛错落,景色优美迷人。山庄中著名的七十二景,多数分布在这一区里。整个湖面总称为塞湖,湖面广阔,波光粼粼。由于数个洲岛的分隔,塞湖又被分成了澄湖、如意湖、长湖、镜湖、银湖、上湖、下湖等七个水面,其间又有长堤、桥梁连接,造成了曲折、深远、含蓄的意境。主要的景区景点有:水心榭、芝径云堤、文园狮子林、天宇咸畅（又称金山亭）、月色江声、如意洲、烟雨楼等。下面作一简要介绍。

(1) 水心榭：是湖区东路风景的起点。湖上架石为桥，桥分三段，南北两段之上各有一亭，中段上是三座重檐水榭（图7-47）。建筑紧凑，尺度匀称，明快轻盈，四面洞朗。建于康熙四十八年（1709年），康熙皇帝题名"水心榭"。站在桥上，极目远眺，南望罗汉峰、僧帽山；东北对金山亭；西北遥望南山积雪亭；西与万壑松风隔湖相望，四周皆成画景。水榭之下，为水闸八孔，俗称"八孔闸"。水闸具有调节两侧湖中水位的作用，外低内高。每当清晨或黄昏，霞光映红湖水，水心荡漾，倒影成趣，水心榭犹如一只精雕细刻的游船，令人心旷神怡。

图 7-47　水心榭

(2) 文园狮子林：位于水心榭东，银湖中的一个岛上，乾隆题名文园狮子林。是仿我国元代著名大画家倪瓒（字云林）画的《狮子林图卷》和苏州狮子林景观而建造的。乾隆皇帝南巡时，曾游览苏州名园狮子林，喜爱万分，命画师绘图北归。他下旨以《狮子林图卷》为样本和仿苏州狮子林的意境，在北京长春园及避暑山庄各修了一座同名建筑。

避暑山庄的文园狮子林建于乾隆三十九年（1774年），完成于乾隆四十三年（1778年），共耗白银七万六千三百七十九两。乾隆皇帝仿苏州文园题了十六景：狮子林（门殿）、虹桥、假山、云林石室、蹬道、占峰亭、纳景堂、清淙阁、藤架、清淑斋、水香幢、延景楼、探真书屋、画舫、横碧轩、水门，还有邻近的枕烟亭、刎鱼亭。这些景点是乾隆读书、游览的主要去处。在这些景观中，亭阁别致，石林参差，怪峰嶙峋，亭台错落，水绕洞行，结构精巧，布局灵活。乾隆皇帝亲临此地，感到如游图画中，对十六景曾即兴吟诗题词，夸耀这处仿南方造园艺术的精华和别具一格的风趣。可惜的是文园狮子林在热河被军阀占据时被毁。1994年承德市人民政府多方筹资，经过四年多时间，现已把大部分景观恢复了原貌。目前已对游人开放。

(3) 月色江声：水心榭北行，过桥是一个椭圆形的洲岛，名月色江声岛。岛上有四进四合院式建筑一组：门殿面南，康熙题额"月色江声"，面阔五楹，两梢间前设槛窗；中三间置门扇。二进有殿七楹，名静寄山房，前后设廊，是皇帝读书之所，建于康熙四十三年（1704年），是山庄内最早的建筑之一。再北有殿七楹，名莹心堂，规制与静寄山房略同。后殿名湖山罨（yǎn）画，硬山单檐，面阔五楹，前后设廊。殿前有东、西配殿，院内植松柏、梅桂，堆假山，小环境幽雅清静，亲切宜人。出湖山罨画后门，东北临溪，溪边铺石，名鱼矶，清帝常于此模仿隐士垂钓。

月色江声，取材苏东坡前、后《赤壁赋》"月出于东山之上，徘徊于斗牛之间，白露横江，水光接天"、"江流有声，断岸千尺，山高月小，水落石出"的意境。每当玉兔东升，锤峰朗照的夜晚，皎皎白月映照湖水，山庄万籁俱寂，可听下湖之水漫过三榭亭水闸，发出江涛之声；身临其境，便可领悟《赤壁赋》的画意诗情。

(4) 芝径云堤：在"万壑松风"之北，系仿杭州西湖苏堤掘池积土而成（图7-48）。建于康熙四十二年（1703年）。长堤逶迤，径分三支，东北通月色江声岛（云朵洲），中间通如意洲，偏西通往采菱渡（芝英洲）（图7-49）。

宛如一株灵芝仙草，洲岛如芝叶，长堤为芝茎，又酷似互相连缀的云朵，康熙取名为

图 7-48 芝径云堤

图 7-49 采菱渡

"芝径云堤"。此堤穿湖而行,为湖区主要风景观赏线。堤岸平沙似席,芳草如茵,垂柳夹道,青杨映水,湖光波影,胜趣天成;湖中游鱼戏水,堤上驯鹿往来,令人目不暇接。

(5)如意洲:从环碧北行,过桥即达塞湖中最大的洲岛,该岛形状颇似如意,故名如意洲。如意洲西南接芝径云堤,南与月色江声相连。康熙五十年前,如意洲是宫殿区,是清帝接见文武大臣和少数民族王公首领、批阅奏章、处理朝政的地方。正宫落成后,此处成了苑林区的重要景区,分布有山庄康乾七十二景中的十二景。洲上建筑较多,也较完整。其中主要风景区为康熙题名的"无暑清凉"。这里长廊环抱,红莲满塘,长堤曲径,绿树掩映。由前往后为,"无暑清凉"、"延熏山馆"、"水芳岩秀"。延熏山馆是清帝在湖洲区接待蒙古王公贵族的别殿。水芳岩秀,乾隆时为祈祷皇太后长寿,改称"乐寿"。盛夏,清帝在此召集词臣儒官作赋吟诗,一唱一和,颇为热闹。

洲南有一方亭"观莲所",亭北是"金莲映日"。此处是因在庭前种植旱金莲而得名。当时湖面和地上,遍布金莲花,"日光照射,精彩映目,登楼下观,直作黄金布地观"。新修复的"沧浪屿",古色古香,原为康熙题词。四周石墙,前后假山,中部水池,水中建阁,被誉为岛中岛,园中园。水雾如绿云浮空,格外壮观。

在无暑清凉以东,尚有两景区,一是二层楼"一片云",是清帝宴请少数民族王公和文武官员看戏的地方;一是"般若相"(法林寺)。这两组建筑,在风和日丽,湖平如镜时,与蓝天白云,辉煌的金山,巍峨的磬锤峰,共映入湖,构成一幅壮丽的图画。

(6)烟雨楼:在如意洲西北青莲岛上。是乾隆四十六年(1781年),仿浙江嘉兴烟雨楼形制在岛上修建的一组建筑,也命名烟雨楼,为山庄内最晚的建筑之一(图7-50)。

门殿三楹,中为通道。门殿北有围廊,与主楼四面围廊相通。主楼五楹两层,进深两间,梢间为楼梯,周围廊。北、西廊外湖中起台、置汉白玉望柱。顶层檐下悬乾隆御题"烟雨楼"云龙金匾,另挂楹联"百尺起空蒙碧涵莲岛,八方临渺弥澄印鸳湖。"楼后临湖有石栏望柱,这里是清帝与后妃消夏赏景之处。门殿西有殿三楹,名对山斋。斋北为一独立小院,白墙青瓦,有月门出入。斋南堆假山,洞府之上起六角翼亭。主楼东隔墙有殿,名青阳书屋,面阔三楹,是清帝的书房之一。

烟雨楼布局紧凑,庭院古松挺拔;院外遍植荷、苇、蒲、菱。庄严、素淡形成对比。附属建筑设计颇见匠心,一高一低,一远一近,一洞一院,一山一水,既调剂了精神气氛,又丰富了整体内容。假山洞府给青莲岛以幽静,翘檐松枝赋烟雨楼以飞动,白墙月门增添秀气,回廊曲径表现含蓄。山雨迷蒙、风卷云低之时,烟雨楼湖山尽洗,雨雾如烟,水天一色，天地无分。

(7) 金山：在如意洲以东，两岛隔湖相望，是湖洲区最高望视点。仿江苏镇江金山寺意境而建造（图7-51）。

图7-50 烟雨楼

图7-51 金山

乾隆因其状似紫金浮玉，题名"金山"。它三面环湖，一面溪水，山石堆叠，峭壁悬崖，层层斜上。下有洞府，上为平台。平台上建筑高低错落，参差有致。主体建筑为三层的"上帝阁"，俗称"金山亭"。第一层匾额"皇穹永祜"；第二层匾额"元武威灵"，祀真武大帝；第三层匾额"天高听卑"，供奉玉皇大帝。阁前是"天宇咸畅"殿，阁北是"芳洲亭"，阁西建"镜水云岑"殿，周围爬山廊随山上下，依势而曲，环如半月，波光岩影，瑰丽异常。朝霞沐浴下的金山景色最佳。那卷棚歇山灰瓦，如春燕展翅的殿阁翼角，玲珑剔透的雕栏，廊檐下蓝绿色的彩画，都与金光融为一体，放出夺目光彩。望澄湖，金波粼粼；登金山，一面一幅画；攀高阁，更是一步一层天。

(8) 热河泉：在金山北凸出的港湾内，曲径幽堤，林木葱茏。港湾中一泓碧水，深达丈余，泉心不时喷出一串串水泡，在湖面上悠然地散去，泛起层层涟漪，这里就是"热河泉"。它是山庄内湖水的主要来源之一，与山间的瀑布和溪流汇合，形成了宽阔的湖区；这里一年四季胜景不衰。春，泉水清清，澄弘见底，游鱼戏水；夏日浮萍点点，清香不绝；秋时湖中荷花同秋菊寒梅争艳，翠盖临波，朱房含露；等到了严冬季节，山庄被冰雪覆盖，湖面结冰盈尺，而热河泉处，碧水涟漪，春意盎然，堪称奇观。热河泉旁的峰石上刻有"热河泉"三个大字。《大英百科全书》称它为世界上最短的河流，泉一时天下闻名。实际上，热河原为武烈河之别名，并非指此泉。泉北侧设有"东船坞"，停放帝后的游船，其南建有"香远益清"，北为"萍香泮"。泉周亭台楼榭疏密有致。

3. 平原区

山庄平原区，在湖洲区以北，西部山岭以东，形状近似三角形，面积占山庄总面积的近1/10。这一片也分三部分。东边称万树园，这里生长有数百年的古榆、古柳、古槐，树种繁多，枝叶茂密，飞雉、野兔、狍、鹿来此就食，是步行围猎的好场所。西部为试马埭，绿草如茵，放马奔驰使人心旷神怡。北部为寺庙和建筑。平原区东部原有三组大型重要建筑：春好轩，永佑寺，澄观斋。其中，澄观斋仅剩基址，春好轩、永佑寺于近年复建。平原区西部有以文津阁为主的大型建筑组群。下面依次进行扼要介绍。

(1) 万树园：这里古树参天，芳草凄凄，乾隆年间正式命名"万树园"。清代有二十八架蒙古包散置期间，是清帝举行政治活动的重要场所。康熙、乾隆、嘉庆时期，曾经多次在这里会见、宴请少数民族王公贵族及东南亚和欧洲的使节（图7-52）。

(2) 试马埭：在万树园的西南部，立有石碑一块，乾隆题写"试马埭（dài）"。是清代皇帝赴木兰围场举行"秋狝大典"之前,精选良马的地方。试马埭的驰马道,是按蒙古草原风貌和西北少数民族的习俗开辟的。《热河志》载:"进柔地旷,驰道如弦,云锦成群,腾骧沛艾。大驾巡幸,于兹考牧。"

从这段话可以看出,每年去木兰围场举行秋狝大典时,由北京御马圈选定的御马,从蒙古各旗选送的良马,还有蒙古王公台吉敬献的骏马便聚集在此,供皇帝考牧之用。然后随围的皇子和蒙古诸王公进行试马、骑射。按射中者的优劣,皇帝给予赏赐。另外,皇帝还在此观看火戏、灯戏、马戏、摔跤比赛等。

图 7-52　万树园

(3) 文津阁:坐落山庄西北部南山积雪脚下。是乾隆三十九年(1774年),仿浙江宁氏天一阁而建。这里是清代的藏书楼。原曾珍藏《古今图书集成》和《四库全书》各一部。《古今图书集成》是康熙时召集朝臣编纂的一部大型图书,耗时十年,清康熙年间陈梦雷等原辑,后陈梦雷得罪了皇上,于是特命蒋延锡等重编,全书共一万卷。《四库全书》于乾隆二十八年(1773年)开始编纂,四十七年(1783年)宣告编成。也历时十年。全书分经、史、子、集四大部分,故称"四库"。它是我国历史上最大的一部丛书,也是世界罕见的巨著。

文津阁建在虎皮墙环绕的院落中心,坐北朝南,外观两层,实三层,中间夹层,光线幽暗,以藏书籍。阁前假山怪石堆叠,环抱一池碧水清澈见底,既可防火又起到美化环境的效果,不仅如此,在这里还可看到天下奇观"日月同辉"的景象。站在阁前,向池中望去,只见一弯新月在水中轻轻抖动;抬头仰望,天上丽日高悬,真是名副其实。原来是在假山洞穴处打一缺口,形像弯月,光通过缺口折到水中即形成此景。

图 7-53　永佑寺

(4) 永佑寺:永佑寺位于万树园东侧,建于乾隆十六年(1715年)是山庄内九处寺庙之中规模最大的一处。它坐北朝南,沿中轴线依次排列山门、牌坊、天王殿、正殿、后殿、舍利塔及御容楼等建筑。原殿中供奉弥勒、三世佛、八大菩萨和无量寿佛等。御容楼是专门供奉清代已亡皇帝画像的地方,康熙皇帝死后,他的画像即供于这所楼上。每年,乾隆到山庄的第一项活动,就是到这里祭拜。后来雍正和乾隆的画像也供奉于此。现永佑寺除舍利塔及四座石碑外均已无存(图 7-53)。

永佑寺舍利塔是仿南京报恩寺塔和杭州六和塔建造的,八角九层,材料选用石料,斗拱采用了琉璃饰件,塔高为65米,包括基座、塔廊、楼阁、宝顶四部分。塔身雕释迦故事的图案或法器以示纪念。

(5) 春好轩:万树园东南宫墙边有一处建筑,南有门殿三间,二门为垂花门,周围粉墙环绕,墙中设什锦窗,外表朴素无华,院内假山耸立自然。牡丹、海棠遍植成片,满园春晖,是清帝的御花园。主殿五间名"春好轩",左右有配殿各三间。用曲形围廊边接,院后有重檐八角棚攒尖亭，名"巢翠"。站在亭中可看到"四周锦簇霜枝丽，一院芳含秋卉新。春好轩前风露好，居然八月有三春"的景色。这组建筑于1984年重建。

（6）绿毯八韵碑：此碑坐落在澄湖北岸，万树园的南端。通高254厘米，其中碑首高74厘米，碑高82厘米，碑身高98厘米，宽198厘米，厚40厘米。面南额首上雕有祝寿图，碑上刻有八仙。这些人物雕刻得形状飘逸，神态潇洒，眉目传神，颇有呼之欲出之感。面北额首上雕刻的蝙蝠姿态逼真，碑上雕刻的鹿神态自若。碑上整幅图案象征着福、禄、寿。碑身面南镌刻七言诗《绿毯八韵》一首，面北镌刻五言诗《平旦》一首。两首诗的字迹清晰，结构严谨，风格秀丽。

4. 山岭区

位于山庄西部和北部，是一片层峦叠嶂、沟壑纵横的山地，占山庄总面积的4/5。高耸的山岭如天然屏障阻挡了西北寒风的侵袭，对调节山庄气候发挥了非常重要的作用。山区主要由四条峪组成，由南而北依次为榛子峪、松林峪、梨树峪、松云峡。山区内依山就势建筑了宇、阁、轩、斋和庵、观、寺、院等共达40余处。各建筑组群之间互相借景。避暑山庄作为一个完整的群体又通过山区的几个高峰"南山积雪"、"北枕双峰"、"锤峰落照"、"四面云山"等与外八庙建筑群之间取得了空间的联系，使山庄与外八庙互相借景，从而形成完整的整体。山区原有建筑大多不存，现仅就几处主要景点作一简介。

（1）锤峰落照：是一座歇山卷棚顶的大型敞亭，位于山庄西南部的山上（图7-54）。

它与武烈河东岸山巅之上的磬锤峰遥遥相对。早在康熙年间，康熙皇帝就常在傍晚时分，登上锤峰落照亭，欣赏上大下小、状若磬锤的磬锤峰矗然倚天，披满金碧色的晚景。乾隆皇帝也曾登亭赏景。

（2）四面云山：为方形双排柱攒尖亭，耸立于全园的最高峰上，上有康熙题额"四面云山"。楹联为"山高先得月，岭峻自来风。"站在此亭，虽入伏暑，凉爽如秋，放眼眺望，四周

图7-54　锤峰落照

群山如惊涛骇浪，奔腾于白云烟岚间，令人心旷神怡。近览湖光山色，亭台楼阁，尽收眼底。乾隆特别喜欢登四面云山，常率王公、大臣到此登高，以狍子肉野宴，留有四面云山诗五十余首。亭内悬匾一面，镌乾隆诗一首：绝预平临北斗齐，座中惟觉众山低。林禽馈客争衔果，涧鹿迎人浅印泥。

（3）南山积雪：东北山峰上有一座亭，康熙皇帝题"南山积雪"。塞北地高气寒，秋未有时降雪，积雪期长，到春天仍然不化。登亭远眺，山庄之南复岭环拱，岭上积雪经久不消。康熙题诗：图画难成丘壑容，浓妆淡抹耐寒松。水心山骨依然在，不改冰霜积雪冬。

（4）北枕双峰：北山之巅有双排柱攒尖方亭，康熙题名"北枕双峰"，南与南山积雪亭相对，东与磬锤峰相望，是山庄东北的制高点，也是山庄主要借景点之一。是专门欣赏山庄以北百里之遥的黑山、金山而设。乾隆题诗："欲排云雾叩仙关，咫尺罗天即此山。却喜晴明聊纵目，滦河如带一湾湾。"

5. 外八庙

位于山庄东部和北部。清康熙和乾隆皇帝为了加强各民族的团结统一，用近70年的时间修筑了12座藏传佛教寺庙。其中有8座属内务部管辖，称为外八庙。另在山庄内东北方向也有寺庙16座。

承德外八庙是我国重点文物保护单位。它瑰丽雄伟，闻名于世，是我国著名的佛教圣地。下面介绍几个主要的寺庙。

（1）溥仁寺：康熙五十二年（公元1713年），蒙古族各王公贵族为康熙六十年诞辰，请求建庙。此庙坐落在武烈河东岸滩地之上，其布局和建筑形式同于汉民族的佛教寺庙。主要建筑有三大殿：天王殿、正殿和后殿。

图 7-55　普宁寺全貌

（2）普乐寺：位于溥仁寺之北，建于乾隆三十一年（公元1766年）。全寺分东西两部分：西部为汉式伽兰七堂，东部为碑亭和藏式阁（dǔ）城。西山门乾隆题"普乐寺"匾额，入门有天王殿，其内供布袋尊者（大肚弥勒佛），两旁有四大天王。第二层院正中为宗印殿，供三世佛⑦，左右为八大菩萨，北有配殿，供护法金刚。东半部为巨大经坛——藏式阁城，分三层，正门为乾隆御笔刻有"普乐寺碑记"。第二层院内有8座喇嘛塔，象征释迦牟尼八大成就的功德语。第三层中有旭光阁，仿北京天坛祈年殿而建，中央有大型立体"曼陀罗"。曼陀罗中央供上乐王佛（欢喜佛）。旭光阁装饰精美，雕刻细腻，艺术价值很高。

（3）普宁寺：位于山庄东北5里狮子沟，为乾隆二十年（公元1755年）建。清政府为平定厄鲁特蒙古准葛尔部达瓦齐叛乱，祝愿边陲人民"安其居，乐其业，永永普宁"而建（图7-55）。

该寺规模宏大，分前后两大部分：前部为汉式寺庙建筑格局，后部为仿西藏三摩耶庙的建筑格局。从南向北建筑有：天王殿、内供布袋尊者⑧。其后为大雄宝殿，内供三世佛。东西主殿称大乘之阁，仿西藏三摩耶庙主殿之乌策殿，阁中供奉四十二臂、千手千眼木雕观音菩萨佛，高22.28米。阁旁建有象征太阳月亮的日月殿，有白、绿、黑、红4座喇嘛塔。还有代表东胜神州、南瞻部州、西牛贺州、北俱卢州重太殿庑式建筑，另有8座白塔，代表四小部州和四分天（图7-56）。

大乘之阁的东面，为汉式四合院建筑，称"妙严室"，是乾隆观礼时休息之处，阁西是"讲经堂"。

（4）普陀宗乘之庙：位于山庄正北狮子沟北坡，占地22万平方米，是外八庙中最大的一座庙宇。该庙始建于乾隆三十三年（公元1767年），为庆祝乾隆六十大寿和其母八十诞辰，接待信奉喇嘛教的蒙古王公祝寿而建。历时四年半，仿达赖喇嘛在西藏的住所——布达拉宫的式样（图7-57）。

（5）须弥福寿之庙：位于山庄北狮子沟北山，始建于乾隆四十五年（公元1780年）。乾隆七十大寿时，为接待万里跋涉来京祝寿的西藏政教领袖班禅额尔德尼六世而专建。

该庙是仿班禅六世在西藏日喀则的住所扎什伦布寺的形式，作为班禅来京时的住处，因

图 7-56 佛塔

图 7-57 普院宗乘之斋

"扎什伦布"藏语之意是吉祥的须弥山,所以命名为"须弥福寿之庙"。

此庙占地 3.79 万平方米,平面布局和主要建筑似扎什伦布寺,是典型藏式寺庙,但局部建筑和装饰细节为汉族风格。南北中轴线明显,但总平面不严格对称。寺正中为大红台,以台将寺分成前后两大部分:前为碑亭,后为琉璃万寿塔。庙前有五孔石桥、石狮、山门、碑刻等。四周有围墙,墙上有墩台,墩台上有城楼式建筑,远看似一座宫城(图 7-58,图 7-59)。

图 7-58 塔门

图 7-59 碑亭

避暑山庄的湖洲区具有浓郁的江南情调,平原区代表了塞外景观,而山岭区则象征北方的名山,可谓移天缩地、荟萃南北风景于一园之内。蜿蜒起伏于山岭间的宫墙犹如万里长城,园外众星捧月般分列的外八庙则象征了国家的团结。在造园艺术上,其水景山景的构思和境界的创造方面都有独到之处,首次把全国园林艺术的精华向北推进到塞外,是一处可游可居又充满政治、宗教色彩的皇家园林。

(十)清东陵

清朝自定都北京后,共统治 267 年,历经 10 个皇帝,除末代宣统皇帝没建陵外,9 个皇帝分别葬于河北遵化的清东陵和易县的清西陵。

清第一个皇帝顺治在一次狩猎时偶然来到河北省遵化市,发现昌瑞山下风景优美,于是就选此作为自己的陵址,死后藏于此,这就是清东陵的开始。清东陵有帝陵 5 座,后陵 4 座,妃园寝 5 座。先后埋葬了 5 个皇帝(顺治、康熙、乾隆、咸丰、同治)、14 个皇后、106 个妃嫔。是我国现存规模宏大、保存比较完整的古陵寝建筑群。

清东陵的陵区位于河北遵化市马兰峪以西,始建于清康熙二年(1663 年)。当时陵区南北

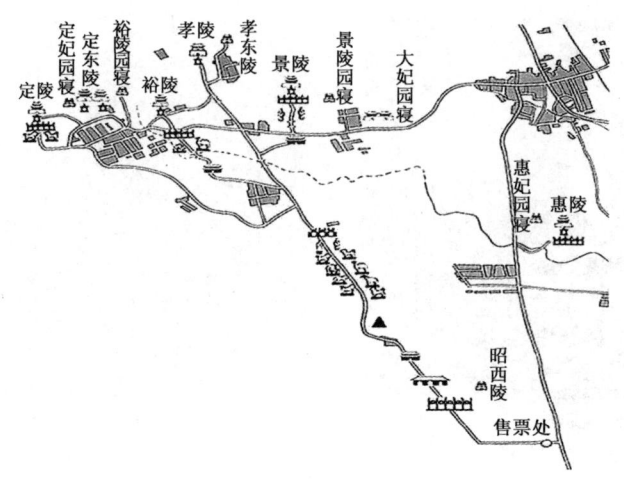

图 7-60 东陵陵寝分布图

长 125 公里，东西宽 20 公里，总面积 2500 平方公里。地处气势雄伟、景色秀丽的昌瑞山南麓，东临蜿蜒起伏的丘陵，西傍山峦叠翠的黄花山，正南有天台山和烟墩山东西对峙，形成了一个天然的门户——龙门口。四周群山起伏，中部原野坦荡，山水清秀，气象万千（图 7-60）。

清朝入关后第一个皇帝福临（顺治）的孝陵，建于昌瑞山主峰下。其余陵寝各依山势，分布于孝陵东西两侧的昌瑞山南麓之中（图 7-61）。其中，顺治皇后的孝东陵，康熙皇帝的景陵及景妃园寝和双妃园寝位于孝陵的东侧；而乾隆皇帝的裕陵及裕妃园寝，咸丰皇帝的定陵及其慈安、慈禧两皇后的定东陵和定妃园寝位于孝陵的西侧。另外，同

图 7-61 孝陵小碑楼后景色

治皇帝的惠陵及惠妃园寝位于陵区的东南部，而最有名的皇太后，顺治皇帝的母亲孝庄文皇后（皇太极的皇后）的昭西陵位于大红门外的东侧。

建筑布局上，各陵均以顺治孝陵为主，其建制也最为完备。孝陵前起龙门口内的金形山，北止昌瑞山主峰下的明楼宝顶，全长 11 华里，以一条宽 3.6 丈的砖石神道贯穿于石牌坊、大红门、圣德神功碑楼（俗称大碑楼）、石望柱、石象生（石人石兽）、龙凤门、七孔桥、五孔桥、神道碑亭（俗称小碑楼）等一系列附属建筑物，构成一条约偏 15 度的中轴线。由孝陵主干大神道分出支道，通往各陵。

自神道碑亭往北为陵院前广场，东西朝房、班房分立广场两侧（图 7-62）。隆恩门是院落的大门，陵院内的建筑从南往北依次为东西焚帛炉、东西配殿、隆恩殿、陵寝门、二柱门、石五供、方城、明楼、宝城、宝顶。陵院周围均绕以红墙。

隆恩殿也叫享殿，位于配殿之北，是举行祭祀时的主要场所。隆恩殿为重檐歇山顶，面阔 5 间，进深 3 间，周围绕以汉白玉石栏，月台内设铜鼎、铜鹿、铜鹤各两个。大殿内暖阁 3 间，中间供奉死者的神牌。

方城为正方形建筑，三面建有雉堞，正中为重檐歇山顶的明楼，明楼内须弥座的碑砆之上为朱砂碑一统，碑身用满、蒙、汉三体字样刻"某某皇帝之陵"字样。明楼之北为大宝

顶。宝顶即坟头，是用三合土夯筑而成的。宝顶下面就是青白石拱券而成的地宫了。

景陵、裕陵、定陵和惠陵，自小碑楼以北的建筑与孝陵大体相同，但具体布置与规模也存在差别（图7-63）。如石象生，孝陵是18对，裕陵是8对，景陵和定陵各5对。惠陵没有神道和石象生。定陵和惠陵也没有大碑楼。隆恩殿之中以定东陵中的慈禧陵最为豪华。慈禧陵原与毗邻的慈安陵同时建造。待慈安死后，慈禧利用独揽大权的条件，下令重建自己的陵寝。重建后的隆恩殿和东西配殿的内壁，全是中间五蝠捧寿，四角盘环万字不到头的雕砖图案。而斗拱、梁枋、天花板上的彩绘以及雕砖部位，全部贴金。殿内的明柱，皆为半立体金龙盘绕。隆恩殿前的龙凤彩石上还刻有凤在上龙在下的"凤引龙"，石围栏柱上刻有飞翔的凤，而柱身上刻有两条龙盘玉柱，这就是"一凤引双龙"⑨。整个殿内外金碧辉煌，光彩夺目。这是一般陵寝中见不到的。

图 7-62　孝陵明楼俯视

图 7-63　裕陵明楼

地宫（地下宫殿）位于宝顶之下，全部为石砌结构，其中安放着死者的棺椁及陪葬品等。裕陵、慈禧陵、裕妃园寝中纯惠皇贵妃及容妃（香妃）的地宫，解放前均遭盗掘。现已经过清理整修，对外开放。其他陵寝的地宫尚待发掘。

裕陵地宫进深54米，由4道石门和3个石堂（室）组成，象征地宫中的"三大殿"（图7-64）。建筑形式为拱券式。8扇石门上各浮雕一尊菩萨立像。第一道石门洞两侧刻有四大天王坐像。各个图像均线条流畅，形态生动多姿。最后一个堂称为金券，建有石棺床（宝床），正中放置着乾隆皇帝的棺椁，左右分别放着他的两个皇后和三个皇贵妃的棺椁。所有的大理石墙面和券顶，布满了佛教题材的雕刻装饰和用梵、藏两种文字镌刻的经文，布局周密，技艺精湛。是一座别具风格的地下宫殿，也是一座罕见的地下石雕艺术宝库。慈禧陵的地宫规模较小，进深为24.81米，两道石门。在装饰上，除第二道石门上月光石的雕刻图案外，其余部分全是用未经雕刻的汉白玉石材筑成，自然纹理明显，独具一格。

清东陵是我国古代劳动人民血汗与智慧的结晶，是了解清代文化与历史的难得的教材。联合

图 7-64　裕陵地宫

国科教文组织世界遗产委员会已于 2001 年准批将其列入《世界遗产目录》。

(十一) 私家园林

清代私家园林在乾隆、嘉庆年间,多集中在江南扬州,有"扬州园林甲天下"之称。同治、光绪年间,园林集中地转到苏州,有"江南园林甲天下,苏州园林甲江南"的美称。

扬州园林建筑独具风格,装饰精致,花木品种繁多。在《扬州画舫录》中载:"扬州以名园胜,名园以叠石胜"。嘉庆时,叠石大师戈裕良集前辈大师如计成、张南垣等人的精华,再创新技,如美似发卷的石钩带联络之法,所造叠山,胜似真的洞壑,使园林风景如画。

苏州自古以来有"人间天堂"的美称,山光水色,令人陶醉。正如唐代大诗人白居易诗:"日出江花红似火,春来江水绿如兰"、"吴酒一杯春竹叶,吴娃双舞醉芙蓉",意大利旅行家马可·波罗称到"东方威尼斯"。

此外,北方私家园林、岭南私家园林也颇具丰采。总之,清代的私家园林,一是多,二是美。下面介绍几个代表作品。

1. 拙政园

拙政园位于苏州市东北街,是著名的苏州四大名园之一。1961 年定为全国重点文物保护单位,1997 年定为世界文化遗产。

明嘉靖时(公元 1522—1566 年)御史王献臣被贬后在大宏寺的部分废址上建成了别墅,这是此园的开端。以后迭经易主,现在见到的大体是清末的规模。"拙政"一词来源于晋代潘岳《闲居赋》中"筑室种树,灌田鬻(yù)蔬,是亦拙者之为政也"之句,表示了园主对官场的厌恶与清高自赏的情怀。

现全园面积约 4.2 公顷,可分为东区(原归田园居)、中区(原拙政园)和西区(原补园)三部分(图 7-65)。

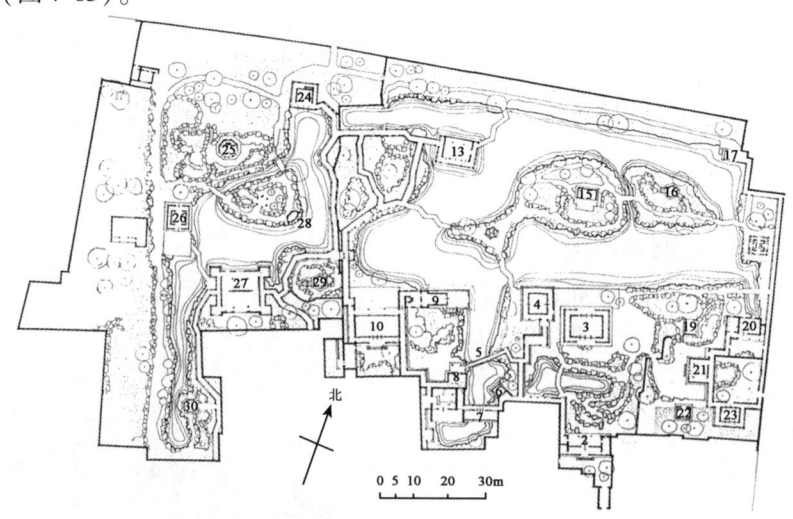

图 7-65 苏拙政园中部及西部平面图

1. 园门 2. 腰门 3. 远香堂 4. 倚玉轩 5. 小飞虹 6. 松风亭 7. 小沧浪 8. 得真亭 9. 香洲 10. 玉兰堂 11. 别有洞天 12. 柳荫曲路 13. 见山楼 14. 荷风四面亭 15. 雪香云蔚亭 16. 北山亭 17. 绿漪亭 18. 梧竹幽居 19. 绣绮亭 20. 海棠春坞 21. 玲珑馆 22. 嘉宝亭 23. 听雨轩 24. 倒影楼 25. 浮翠阁 26. 留听阁 27. 三十六鸳鸯馆 28. 与谁同坐轩 29. 宜两亭 30. 塔影亭

拙政园中区是全园的重点景区，面积约 1.2 公顷，其中水面占约 1/3（图 7-66）。有分有聚的水面是本区景色布局的中心，绝大部分的楼馆堂榭等建筑物临水而建。文征明在《王氏拙政园记》中说："郡城东北界娄齐门之间，居多隙地，有积水亘其中，稍加浚（jùn）治，环以林木。"由此可知，当初园主设计建园时巧妙地利用了地形地势。位于园中部的远香堂是园中的主体建筑物，该堂是单檐歇山面阔三间的四面厅，四面长窗通透，环览周围景色犹如欣赏长幅画卷（图 7-67）。

图 7-66　自倚玉轩东北望山池

图 7-67　远香堂

远香堂南面与园门相对的黄石假山，是为游人入园前障景所设，形体不大，但叠石自然有致，是黄石山中较好的作品之一。山上的林木配置错落有致，与堂前的广玉兰扶疏相间，有一泓池水相衬托，使厅前园景丰富多样。

远香堂北，临水建有宽敞的平台。池水清澈、广阔，池中以土石构成东西两座岛山，两山间有溪流相隔，但有平桥相连。西岛上建长方形的"雪香云蔚亭"，东岛则设六角形的"待霜亭"（又称"北山亭"），使两者有所变化（图 7-68）。两岛山体结构以土为主，石为辅。向阳一面黄石池岸起伏错落，背面则主要是土坡苇丛。漫山遍植树木，种类以落叶树为主，间植常绿树，四季景色应时而异。山间曲径两侧丛竹乔木相掩，浓阴蔽日，颇显江南山林气氛。岸边散

图 7-68　苏拙政园雪香云蔚亭

植藤蔓灌木，低枝拂水，更增水乡情趣。在西岛的西南部另有"荷风四面亭"，可欣赏满池荷花。这里西、南两面架桥，西桥通"柳荫路曲"（图 7-69），转北至"见山楼"（图 7-70）；南桥与"倚玉轩"衔接。

远香堂西接倚玉轩。北部池水自倚玉轩分出一支向南延展，直至墙边。这一带水面以幽曲取胜。廊桥"小飞虹"与水阁"小沧浪"皆东西横跨水上（图 7-71，图 7-72）。两侧亭廊棋布，围成水院，环境恬静。其北则有旱船"香洲"与桂丛一区。从小沧浪凭栏北眺，透过小飞虹，遥见荷风四面亭，以见山楼作远处背景，空间层次深远。香洲与倚玉轩隔水相对，旱船内有大镜一面，可折射对岸倚玉轩一带景物，是一种增加景深的方法。

远香堂东面另有土山一座，叠以黄石，山上建绣绮亭。山南即枇杷园。此山与远香堂所处的假山以石壁和石坡相互穿插，并利用枇杷园的云墙使两山在构图上组成有机整体。山南侧的枇杷园一区，院内建筑物不多，布置简洁。山东侧的"海棠春坞"庭院中，有海棠数棵，榆一株，竹一丛。重点突出，配置得体。建筑物之间有曲廊相接，不大的面积内分隔成

图 7-69　柳荫路曲

图 7-70　见山楼

图 7-71　小飞虹

图 7-72　小沧浪水院

几个空间，通过漏窗、洞门又相互联系一起。枇杷园北侧云墙上的圆洞门名"晚翠"，自此门南望，以嘉实亭为主体构成一景。若从枇杷园内透过此门北望，以掩映于林木中的雪香云蔚亭为主体又构成一景，是园中对景的佳例。

中区的拙政园是典型的多景区、多空间复合的大型宅园，园林空间丰富多变，大小各异。有以山水为主的开敞空间，有山水与建筑相间的半开敞空间，也有建筑物围合的封闭空间。各个空间既有分隔也有联系，相互承转、过渡有序、自然，游人置身其中往往产生变幻无尽与小中见大之感（图 7-73）。

柳荫路曲的南端有半亭"别有洞天"，由此西行便进入了园的西区。其总体布局也是以水池为中心。水池呈曲尺状，西南角有一分支向南延伸。池北为假山，山上及傍水处建有亭阁。池西北小岛的东南临水处，有扇面状小亭"与谁同坐轩"，该名取自宋代文人苏轼"与谁同坐？明月、清风、我"的名句。此亭形象别致，具有很好的点景作用（见彩图）。同时也是很好的观景点，凭栏可眺望三面之景，并与西北山顶上的"浮翠阁"构成对景。南岸的三十六鸳鸯馆为主体建筑，由住宅经曲廊可到达馆内。馆的平面为方形，采用的鸳鸯馆形式，馆内空间用隔扇分作南北两半，北半厅称"三十六鸳鸯馆"，南半厅称"十八曼陀罗花馆"。厅的四隅各建耳室一间，为往日侍人等居候之用。馆南有小院，墙下植有 18 株山茶花（曼陀罗花），现存 15 株。由于鸳鸯馆形体硕大，北墙向北挑出水上，使得池面有被挤之感，影响了水面的辽阔之势。馆西部的溪流旁有"塔影亭"，其北还有"留听阁"，昔日

图 7-73 拙政园中部全景

此处水面遍植荷花，借唐代诗人"留得残荷听雨声"诗意而得名。馆东叠石为山，山上有亭，自亭中既可俯瞰西区景物，又可借观中区景色，故取名为"宜两亭"（图 7-74）。自此亭往北，沿池有水廊与东北隅的"倒影楼"相接。水廊曲折起伏，凌水若波，构筑别致。倒影楼与宜两亭隔水互为对景，绮丽的倒影映照在清透的水面上，是西部景色最佳之处。

拙政园的东区为原"归田园居"旧址，旧有景观已荡然无存。现在景物是根据旅游需要新建的，这里从略。

2. 留园

留园位于苏州市阊门外留园路，是苏州四大名园之一。1961 年被定为全国重点文物保护单位，1997 年与拙政园、网师园及环秀山庄一起

图 7-74 别有洞天半亭与宜两亭

被联合国科教文组织列为世界文化遗产。这里是明中叶为太仆寺卿徐泰时的"东园"，清嘉庆年间为刘恕所重建，因园内多白皮松，故名"寒碧山庄"，俗称"刘园"。光绪初年归盛康所有，又加以扩建，并改名"留园"。全园面积约 2 公顷，可分为中、东、西、北四区（图 7-75）。其中，中区和东区是园中精华之处。

留园的入口处是一座古朴典雅的大门，入门后经过曲折的长廊和两重小院，到达"古木交柯"，透过北墙上形状各异的一排漏窗，园中的山池亭阁隐约可见。往西行至"绿荫轩"，满园景色便豁然开朗，步入了留园的中区。

中区的总体布局，以水池为中心，西、北面为山体，东、南面主要是建筑组群。这种"前厅后山，隔池相望"的布置，为苏州大型古典园林中所多见。园内有银杏、枫杨、柏、榆等高大乔木，有的树龄已达百年以上。曲溪楼前的枫杨、绿荫轩处的青杨，婀娜多姿，使园林中增添了幽深、自然的气氛。临水的山体是用太湖石间以黄石堆筑的土石山。西北向有一条溪涧破山腹而出，使人觉得池水有源。涧上有石板桥连通山径，从山后透过涧壁隐约可

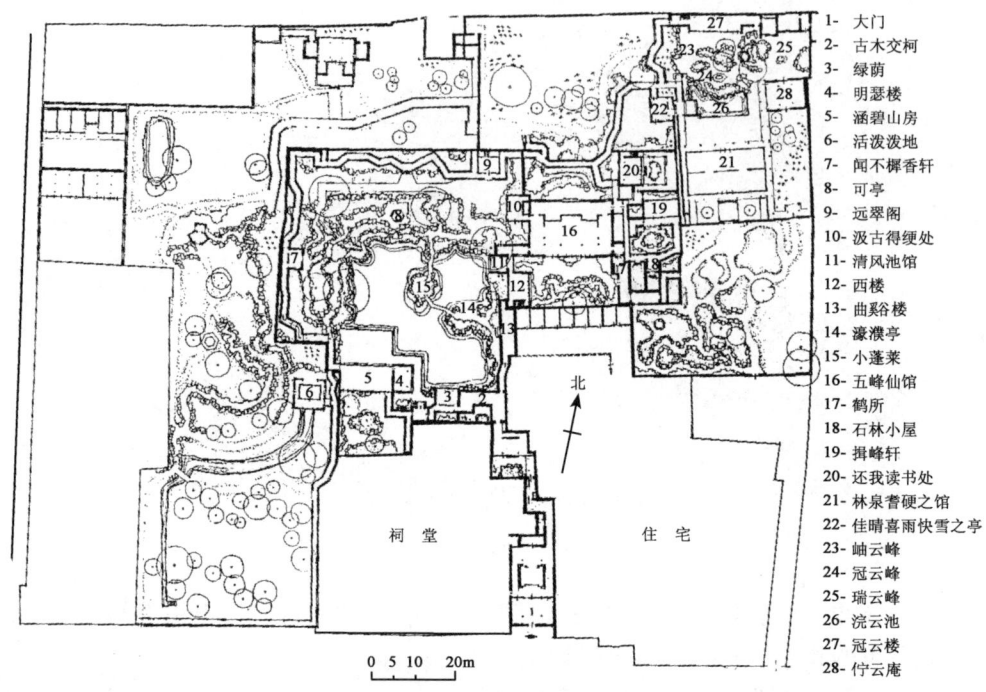

图 7-75 留园平面图

1- 大门
2- 古木交柯
3- 绿荫
4- 明瑟楼
5- 涵碧山房
6- 活泼泼地
7- 闻木樨香轩
8- 可亭
9- 远翠阁
10- 汲古得绠处
11- 清风池馆
12- 西楼
13- 曲谿楼
14- 濠濮亭
15- 小蓬莱
16- 五峰仙馆
17- 鹤所
18- 石林小屋
19- 揖峰轩
20- 还我读书处
21- 林泉耆硕之馆
22- 佳晴喜雨快雪之亭
23- 岫云峰
24- 冠云峰
25- 瑞云峰
26- 浣云池
27- 冠云楼
28- 伫云庵

窥见池东岸的建筑物，从而构成一景。假山上草木丛生，山石嶙峋，山径蜿蜒起伏，令人至此犹如置身山野之中。西山多植桂树，有爬山廊通至山巅的"闻木樨香轩"，驻足俯视，园中景色尽收眼底。北山上有六角形小亭"可亭"作山景的点缀，同时也是居高临下的观景处所。

图 7-76 留园南岸景色

水池的东、南面为高低错落、连续不断的建筑物所环绕。南岸建筑群的主体是"明瑟楼"和"涵碧山房"（图 7-76），它们与北山上的可亭隔水呼应，结成对景。涵碧山房前临池为宽敞的月台，房后的小庭院中，植有牡丹、绣球等花木。从这里进爬山游廊，顺空廊沿西墙逶迤北上，再折而向东，直到中区东北隅的"远翠阁"，又往东与东区的游廊相接。这是留园外围一条最长的游览线。池东岸的主要建筑有清风池馆、曲溪楼等，高低错落，虚实相间，造型优美，色彩素雅明快，再配上散落点缀的花木奇石，有如一幅美丽的画面（图 7-77）。

园的东区以建筑与庭院为主,是当时园主进行各种园居活动的场所。其中,"五峰仙馆"与"林泉耆硕之馆"为两处重点建筑群。五峰仙馆是一座面阔五间的大型厅堂。厅内装潢考究,梁柱构件皆使用名贵的楠木为材料,故又称为楠木厅。其前后都有庭院,且均叠以山石、点缀花木。前院的大假山上有五峰突起,意在模拟庐山五老峰,颇具山野之趣,馆也因之得名。五峰仙馆之西邻有"汲古得绠(gěng)处"小屋一间。其名系出自唐代诗人韩愈"汲古得修绠"诗句,表明这里是读书治学的地方。五峰仙馆之东邻有"还我读书处"与"揖峰轩"两个小院。院落之间绕以回廊,间以砖框。院中散置佳木修竹,萱草片石,均精巧得体,富有生机(图7-78)。由揖峰轩再东即为"林泉耆硕之馆",面阔也是五间,鸳鸯厅结构,有前后二厅。庭北为水池"浣云沼"。再北就是此区的主景——著名峰石"冠云峰",该石峰高5.6米,是苏州诸园中最高的湖石峰,相传为宋代花石纲遗物,外形有瘦、透、皱、漏的特点(见彩图)。其左右又有"岫云"、"瑞云"二峰相衬,使其更增风韵。冠云峰北有冠云亭、冠云楼。冠云楼高二层,登楼可一览园内外景色。

图7-77 清风池馆一带

图7-78 揖峰轩前院石林小院

园的西区有南北向的土山,全园的最高处即在这里。山上建有小亭两座,可遥望虎丘、天平、上方等山。山坡之上枫树成林,晚秋时节,红叶一片,美丽喜人。

北区原有建筑解放前已全毁,现植有竹、李、杏树等,并辟有盆景园。

留园的景观有两个突出的特点:一是丰富的石景,山势自然,峰石奇秀;二是变化多样的空间处理艺术,空间的高低、虚实、明暗、收放等手段的运用恰到好处,令人回味无穷。

3. 瘦西湖

原本是扬州保障河中的一段河道,位于冶春园到署岗平水堂之间。只因这段河谷宽瘦闭合不一、清瘦秀美、蜿蜒多姿,加上桥、岛的妙置,自然而景,经清代诗人汪沆诗赞:"垂柳不断接残芜,雁齿虹桥俨画图。也是销金一锅子,故应唤作瘦西湖。"从此,瘦西湖名闻天下(图7-79、图7-80、图7-81)。

乾隆三十年(公元1765年),也是乾隆第四次南巡时,扬州瘦西湖园林群景处于盛世,这是私人园林荟萃之地。此处园林多为一园一景,少为一园多景。园名也是景名,有的是以园主的姓氏命名。群景沿湖岸连续展开,构成蜿蜒多姿的长形画卷。乾隆二十八年(公元1763年),在《浮生六记》中赞道:"虽全是人工,而奇思幻想,点缀天然。即阆(làng)苑瑶池,琼楼玉宇,谅不过如此。其妙处在十余家之园亭,合而为一,连终至山,气氛俱贯。"

全园有主景二十四处:卷石洞天、西园曲水、虹桥揽胜、冶表诗社、长堤春柳、荷蒲熏风、碧玉交流、四桥烟雨、春台明月、白塔晴云、三过留踪、蜀岗晚照、万松叠翠、花屿双泉、双峰云栈、山亭野眺、临水虹霞、绿稻香来、竹楼小市、平岗艳雪、绿柳城郭、香海慈云、梅岭春深、水云胜概。因内容太多,下面仅介绍其中的两个。

图7-79 下棋亭

图7-80 观月楼

(1) 卷石洞天：原为郧园，后为洪征治有，称"小洪园"，以怪石、老树取胜。水中有两个小岛，全部用太湖石叠成，似两座浮在水面上的"九狮图山"。山上有"阳红半楼亭"。园门在东，入门，经"驿玉山房"至"薜萝水榭"，沿水榭西山，入竹柏林。林中嵌"黄石壁"，壁高十余丈，有屋数十间。东有"契秋阁"，西有"委宛山房"。湖岸置有围栏，有太湖石点缀。石隙间突见古杏一株，横卧水面。其西有"修竹丛桂堂"，后有红楼、曲廊抱山，其下有"丁溪"水榭，傍有码头。其后有"射圃"。整个园颇具野趣。

图7-81 凫庄

(2) 西园曲水：位于卷石洞天西面，此园正处于河道的转折处。原为张氏故园，后多易其主，乾隆时为徽州大盐商鲍成所有。全园近方形，分东西两部分：东部以叠山建筑为主，南临水，为"觞永楼"，前有码头，后有"濯清堂"，西北山高处有"西园曲水"楼，是全园的正厅。可居高临下，一览全园。西部以水池为主，水中植荷花，其北岸有"水明楼"，楼后有园门，东岸有"新月楼"。

全园的建筑物均以游廊和爬山廊相连接。廊墙通透，可借湖景。湖岸设小栏，有太湖石点缀，空隙处植松柳。

4. 耦园

位于苏州城东小新桥巷。园分东西两处：东园原为清初保宁太守陆锦所筑，时称"涉园"。光绪年间，由安徽巡抚、署两江总督沈兼成购得，在整修中又扩建了西园。

耦园地处曲径幽深的小巷，宁静优美。园内的大厅、正宅处于中轴线上。大厅东，有客厅、小院，再东有东花园。东花园以山池为中心，有主体建筑"重檐楼厅"，其内有三处小院，中有厅堂三间，称"城曲草堂"，楼前有"黄石假山"、"受月池"。池东有"双照楼"、"爱吾亭"和"听橹楼"等，外可借古城墙和内外护城河景色，登楼可览全园景色。池南有水榭，称"山水阁"；西花园在宅西，以书斋为中心，分成前后小园。宅后有山石树木和凹形书楼。

"黄石假山"独用黄石叠成，是东园建筑独特之处，其山势峭拔雄伟，自然逼真。

此园更有意思之处是，在设计构思中，为反映出园主所要表达的意境，还特请了一位姓顾的画家参加，起名"耦园"。"耦"字寓指夫妻感情真挚，隐居归田，双双耕耘于世外桃源之意。一切设计也都围绕此意进行，如"城曲草堂"喻以夫妻不羡官场"花堂锦幄"的豪华生活，而甘于城边"草堂白屋"的清贫生活；"织帘老屋"和藏书楼，寓意这对夫妻双双在山林深处一起织布，一起读书，在"双照楼"边影相怜；在"听橹楼"上聆听护城河上船夫摇橹打桨的声音；在"爱吾亭"中共赋陶渊明的"众鸟欣有托，吾亦爱吾庐"的诗篇，共赏护城河上船夫摇橹打桨的声音。

5. 怡园

位于苏州市中心。原为清代名士顾文彬的花园，始建于1875年。园名据说是取自《论语》"兄弟怡怡"。取名后，规划设计出于顾文彬之子，名画家顾承之手，顾承设计时，又邀了好友绘画大师仁伯年参加。建成后，由清代文学家俞樾作《怡园记》，记中称"顾氏以颐性养寿，曰怡园"（图7-82、图7-83）。

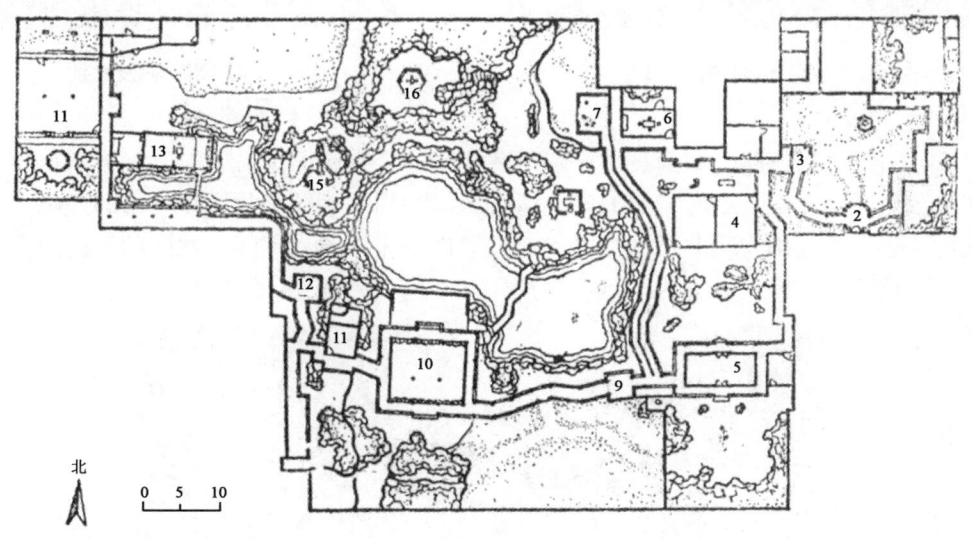

图7-82 怡园平面图
1. 大门 2. 玉延亭 3. 四时潇洒亭 4. 坡仙琴馆 5. 拜石轩岁寒草庐 6. 石舫 7. 锁绿轩 8. 金栗亭 9. 南雪亭 10. 藕香榭 11. 碧梧栖凤 12. 面壁亭 13. 画舫斋 14. 湛露堂 15. 螺髻亭 16. 小沧浪

此园虽小（仅为拙政园的1/8），但它以多湖石、多花木、多书法而著称。它博采众长，吸取名园的精华，别具一格，使其身居闹市之中，不用出城便可获"山水之怡，林泉之趣"。

怡园也分东西两部，东部原是礼部尚书吴宽的旧宅，西部为顾文彬扩建。据传，顾氏花了二十万两白银，用了七年的时间才建成，可见用心之极。怡园东西两部之间隔一复廊。复廊是仿沧浪亭的临水建筑，廊窗精致美观，廊壁图案各异，壁上有米芾、唐寅等的书法，故有怡园法帖之称。透过漏窗可见全园景色，更觉曲折幽深。东部以庭院建筑为主，进门经曲廊南行，就是"玉延亭"和"四时潇洒亭"，周围种植翠竹、松梅，四时常青，且其间峰石巧布，有"坡仙琴馆"和"拜石轩"相对。据传，"坡仙琴馆"曾藏苏东坡的古琴，取宋书法家"米颠拜石"之意。西部是此园的风景区，以山水布局。其荷花池是仿网狮园而建，近椭圆形，池周有峰石、花木点缀。洞壑仿狮子林，曲折盘旋，趣味万千。俞樾赞此园为"极湖石之胜"。池北假山仿双秀山庄而建，全用精品湖石叠成，有翘角飞檐的四方厅，是此园的主体建筑，内作鸳鸯厅，南半厅称"锄月轩"；北半厅称"藕鱼轩"，前有平台，可供夏季赏荷。假山洞上有螺髻亭，山下有慈云洞。此园现保存完好（图7-84）。

图7-83　怡园入口　　　　　　　　　　　图7-84　藕香榭及水池

6. 环秀山庄

位于苏州市区景德路，原为吴越广陵王钱元璙的金古园旧址。宋时，先为景德寺，又为学道书院。明时为大学士申时行的旧宅。清代时又为尚书毕源和相国孙补山的住宅。嘉庆十二年前后，孙氏请叠山大师戈裕良在书厅前叠假山一座。道光年间，此园归汪氏所有，改为耕荫义庄，重修东花园，改称为"环秀山庄"，又名"颐园"（图7-85）。

图7-85　环秀山庄庭院

此园前部以厅、堂、院等建筑为主，后部以池、水、假山为主。前厅名为"有谷堂"，堂后筑"环秀山庄"。

此园以假山堆叠奇巧而著称。全园面积虽只3亩左右，但假山洞壑就占去了1/3。其假山的长度虽短于狮子林的假山，但由于叠山大师在极有限的空间内，运用了高远叠石技巧，以少量叠石叠高山深壑之山，"咫尺山水"再现湖光山色，在江南园林中独树一帜，故有"独步江南"的美誉。山庄假山，外观峥嵘，变化万千，其内洞壑深幽，宛如真山绝古。池东为主山（高池水面7米），池北有小山，池水缭绕于两山之间。

此园的游山起点在水池西南方的三曲桥，从主山旁的蹬道行进，经石洞而转入曲折幽深的谷中。洞旁岩石峻拔。谷内有洞、屋、潺潺流水。过石板山梁，达到山的顶峰，突然见人处于高山绝壁之上，俯首观望，洞壑深幽、气象万千。下主峰，便是平岗短阜，可见"半潭秋水——房山亭"，亭旁立有一棵古柏，雄干苍枝，树下成阴。亭下有临溪的"补秋山房"。其西有"角隅石壁"，假山虽小，但精巧别致，与主山呼应，石壁上刻有"飞雪"二字。其下有"飞雪泉"，泉水涌涌，清澈透底。泉旁有"问泉亭"，四面临水，与"半潭秋水——房山亭"东西相对，宛若"一亭浮水，一亭枕山"。蹬边楼，便可一览全园（图7-86）。

图 7-86　问泉亭及假山

7. 半亩园

位于北京内城弓弦胡同，始建于康熙年间，是贾胶侯的宅园，后屡易园主。道光二十一年（1841年），被大官僚麟庆购得，命长子聘良工重修，一切图纸烫样亲自审定，重建完工后，影响极大，成为当时京城有名的私家园林。震钧曾评价："纯以结构曲折、铺陈古雅见长，富丽而有书卷气，故不易得"（图7-87）。

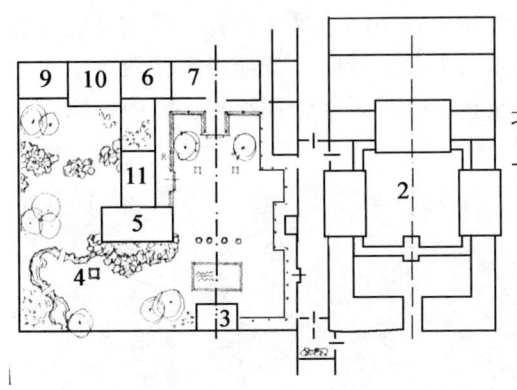

图 7-87　半亩园平面图
1. 园门　2. 住宅　3. 玲珑池馆　4. 留客亭　5. 退思斋　6. 进光阁　7. 云荫堂　8. 曝画廊　9. 拜石轩　10. 嫏嬛妙境　11. 海棠吟社

此园于邸宅的西侧，占地0.4公顷，因小而命名"半亩园"，分为东、西两区。西区是此园的主体，正厅云荫堂前出抱厦，堂前庭院为长方形，中间陈设日晷、石顺、盆栽等小品，南端为长方形的小荷池。东厢做成随墙的曲折游廊，设两个出入口通入宅邸。一设于夹道之南，正对小荷池，是外客的入口（图7-88）；一设于夹道之北，可直接进入邸宅，是园主和内眷的入口。西厢为"海棠吟社"和"曝画廊"，南端连接书斋"退思斋"。曝画廊和退思斋的平屋顶做成"台"的形式，命名"蓬莱台"，台的北端为二层楼房"近光阁"。退思斋的南外墙和墙前的假山巧妙结合。假山设有石洞、蹬道，沿蹬道登临蓬莱台，既可登高赏月，又可远眺紫禁城宫阙、北海白塔、景山等。东区于变化中含有严整的意味，利用房屋的平屋顶结合假山叠石作"台"这种北方园林常见的处理手法（与北京民居多有可上人的平屋顶有关），体现了浓郁的北方宅园性格。绕过退思斋前的假山即进入西区，迎面一亭为"留客亭"。亭之西是一湾与假山相衔的溪水，溪上度石桥通往"玲珑池馆"，往北又是一组青石大假山，山上建六角亭。穿过假山的拱门是一个安静的小庭院，为园主日常读书、赏石的地方。正厅为"嫏嬛妙镜"，面阔三间，为园内的藏书室，藏有麟庆毕生搜集的宋元珍本和近世典籍八万五千余卷，轩内有楹联"万卷藏书宜子弟，一家终日在楼台"。娜嬛妙镜东西各为"近光阁"和"拜石轩"，近光阁下层是书斋，上层与屋顶平台连接，是蓬莱台的一部分。拜石轩陈列着麟庆所搜集的各种奇石。园内叠山多用土石山，所用的青石均产自北京西山，青石成片块形，形象刚健，多横向叠砌，充分显示了阳刚之美，颇有"幽燕沉雄"的气度。北京城内水源贫乏，半亩园水体虽小，但假山结合完美，于咫尺间表现了大自然的山水。

8. 余荫山房

位于广州市郊番禺县南村，始建于同治年间，是粤中的四大名园⑩之一（图7-89）。余荫山房园门设在东南角，入门是一个天井，左植腊梅一株，右穿过月洞门为一壁雕，形成对景。折而北有两门，门上对联"余地三弓红雨足；荫天一角绿云深。"点出园名。此园有南北和东西两条轴线。园东区南端有"临池别馆"，中间为一方形水池，池北为正厅"深柳堂"，形成南北轴线。深柳堂堂前月台左右各种炮仗树一株，又有古藤缠绕，花开似景。水池的东面开通一条水

图7-88 园门

渠，与东面的八方形水池相连。水渠西端上横一条带状游廊，廊当中跨一座拱形亭桥。八方形水池中央建八方形四面开敞的"玲珑水榭"，为东区的主体建筑。拱形亭桥与玲珑水榭相对应，构成东西向的中轴线。此园的东墙和南墙前对有小型的英石假山，并配置竹丛，犹如画卷。园东北角有跨水小亭"孔雀亭"（图7-90）和贴墙半亭"来薰亭"。水榭西北有平桥接连游廊，迂曲蜿蜒到达西部。余荫山房的方形水池和一些园林小品如栏杆、雕饰及建筑装修多运用了一些西洋的做法；建筑雕饰非常丰富，尤以木雕、砖雕、灰雕最为精致，主要厅堂的露明梁上均饰以百兽图、百子图、百鸟朝凤等通花木雕。因地处亚热带，园内植物四季常绿，繁华似锦。

图7-89 假山与石径

图7-90 孔雀亭

第三节　园林特色

一、园林发展

（1）明清园林作为中国园林发展史上一个极其重要的发展阶段，它向上秉承两宋及元代园林建设的某些特点，同时又有其本身的发展和创新。由于不同的经济时代和历史背景，明清园林无论从其所属类别还是时代特色均有其独到之处。

（2）除保留了汉代以来的一池三山的传统格局之外，明清以来，一方面，皇家园林无论在数量上、规模上，还是质量上都发展很大，仅清代就在全国兴建行宫 80 余处，每处多建有小型公苑式的园林，最著名的是北京西苑和北京西山的三山五园，皇家气派更见浓郁；另一方面，皇家园林吸收江南私家园林的养分，保持大自然生态的"林泉抱素之怀"，尤其是清代的离宫御苑中，融糅江南民间园林的意味、皇家宫廷的气派、大自然的生态环境的美姿三者于一体。

（3）大型人工山水园采用化整为零、集零为整，即大园含小园、园中又有园的"集锦式"的规划方式，如圆明园便是如此。而对于大型天然山水园，则是通过精心加工、刻意筹划，对山水的比例、连属、嵌合关系进行调整，突出地貌景观的幽邃、开旷，保持并发扬山水植被所形成的自然生态环境的特征，并力求把我国传统的风景名胜区的那种自然景观之美而兼具人文景观之胜的意趣再现到大型天然山水园林中来。同时，突出建筑形象的造景作用，通过建筑个体和群体的外观、群体的平面和空间组合来显现。匠师们也因势利导，利用园内建筑份量的加重而更有意识地突出建筑的形式美的因素，作为造景和表现园林的皇家气派的一个手段。园林建筑形式多样化，几乎包罗中国古典建筑的全部个体、群体的型式。

（4）建筑布局很重视选址、相地，讲究隐、显、疏、密的安排，务求其构图美得以协调、亲和于园林山水风景之美，并充分发挥其"点景"的作用和"观景"的效果。凡属园内重要部位，建筑群的平面和空间组合，一般运用严整的轴线对位和几何格律，个体建筑则多采取"大式"的做法，以此来强调园林的皇家肃穆气氛。其余地段，建筑群因就局部地貌作自由随宜的布局，个体一律为"小式"做法，则又不失园林的婀娜多姿。

（5）皇家园林全面引进江南的造园技艺，包括引进江南园林的造园手法，再现江南园林的主题，或者以江南著名园林为蓝本，具体仿建名园。最后，皇家园林采取复杂多样的象征寓意，跟历代皇家园林一样，借助于造景而表现天人感应、皇权至尊、纲常伦纪等象征寓意，比以往的范围更广泛、内容更驳杂。园林里的许多"景"都是以建筑形象结合局部景域而构成五花八门的模拟。此外，还有多得不胜枚举的借助于景题命名等文字手段而直接表达出对帝王德行、哲人君子、太平盛世的歌颂赞扬。

（6）私家宅园则更具代表性，既有历史的继承性，又有时代的特色。私家景观小巧化、精致化、诗意化和普及化。如苏州明代和清代宅园的布局，都具有共同的特点，即在较小面积的园地里表现不同的山水风光，都是写意山水园，在风格上基本相同。但由于时代的不同，社会的变化和风尚的差别，园林中所表现的思想情调和艺术形式却有显著的变化。

（7）乾隆初期、中期的宅园，虽然就时间来说是清代，但从布局和手法来看，基本仍继承了明代遗风，其后才开始有显著的变化。如苏州园林中，明清宅园创作艺术手法是多种多样的，其布局上的景区划分、水池处理、掇山叠石、园林建筑和植物题材的运用等方面都有其不同的时期风尚。如划分景区方面，明代以运用树丛山障为主，到了清代乾隆初期，运用廊、桥、漏墙等作为手段。在划分主题表现与风趣显著不同的大区时，通用实墙、复廊加以分割。乾隆中期以后，尤好以曲廊回抱构成格式各异的庭院。

（8）宅园在水池处理方面，明代的做法是在池的角隅突然伸成回水，倚角设平渡板桥，回水尽处要么设巉崖，或者转入溪涧。倚角的板桥往往低平接近水面，与桥后的巉崖峭壁相对照，既使水势感觉深远，又增加山态峥嵘。到了乾隆中期以后，风尚有所变化，常把水面分为大小、主次，尤喜以汀洲山岛来划分水面。嘉庆、光绪年间构园时，还用湖心亭、曲桥来划分水面。

（9）在园林掇山叠石方面，明代以带石土山为主，便于种植竹木，山上蹬道、夹石成径，山侧临水，叠石成崖，叠石构洞多用黄石。石纹劲直，可横可竖，石质朴质，且成块状，可层层垒立，很适宜用来表现断崖峭壁之势。叠掇石山时，横竖相间、连环斗透，有凹有凸、有进有挑。惠荫园小林屋洞是明代用湖石构洞（水假山）的首创作品。环秀山庄的池上理山，在数弓之地创作出层峦叠秀、峡谷幽深的意境可为成功之作，而在叠石手法上，则取多涡和皱褶的一面，自然脉络连贯，体势相称，巨石天成、浑然一体，必要处以瘦漏生奇。乾隆中期以后的宅园多喜在庭院筑厅山、壁山，在技法上有了新的发展。如墙前叠石成景和堆叠山体结构、完成一定形象的"堆石形体"也都较前有了更大的发展。靠墙或在庭中用块石围成种植坛，点以花木竹石，方式颇为新颖别致。

（10）在园林建筑方面，从明代到清中叶以前构筑的宅园，厅堂都是四面开朗，围以檐廊，便于眺望。拙政园的远香堂因水面势，沧浪亭的明道堂，因山面势，都是体积高显而成为园林中的主体建筑。以后的宅园，又把厅堂移至庭院建筑群中的主要位置，在厅堂内部用屏门隔扇分为前大半、后小半。如狮子林的燕誉堂、留园的五峰仙馆、林泉耆硕之馆、拙政园的三十六鸳鸯馆等。楼的位置，在明代大都位于厅堂之后，也有立于半山的，或近水际的。到了清代乾隆中期以后，园中构筑愈盛，厅堂移到庭院建筑群中，居于主要的位置，檐廊装上了隔扇。廊的运用更是突出。在廊院和曲廊所围成的小空地上，点以花木竹石，饶有情趣。临水阁楼台榭参差错落，并在池周绕以环廊，成为固定的公式。同时，漏墙、漏窗的对景洞门的运用也更趋发达。

（11）在园林植物题材方面，明代多用大片丛植来构成一个局部的意境，清代中叶后，多用少数几株的丛植或群植，借以欣赏树木的性情。此外，以粉墙为纸，点以蕉竹石树和围石成坛的方式，以砖框漏窗前配置植物成框景，也都富有画意。

（12）北京私家园林在设计思想上除了满足物质和精神的享受而建造"城市山林"外，还追求气派，显示政治地位。这和江南宅园追求超凡脱俗的意境有明显的不同。宅园布局受四合院和宫苑影响，园林空间划分数量少而面积大，常用中轴对称布局，赋予园林以凝重、严谨格调，如王府花园。园林以得水为贵，宅园的选址大多靠近水系的地方。城内宅园缺乏水源，一般仅挖小水池，所得土方堆土山，体量也不大，常模拟大山的余脉或小丘。造园、叠山一般都使用北京附近出产的北太湖石和青石，前者偏于圆润，后者偏于刚健，但都具有北方的沉雄意味，用以叠掇小品，偶得奇石就独立特置供欣赏。建筑物由于气候寒冷而封闭多于空透，形象凝重。植物也多用北方的乡土花木，形成北京园林不同于江南园林的地方风格特色。明代宅园风格继承了唐宋写意山水园的传统，着重运用水景和古树、花木来创造素雅而富于野趣的意境，因景而设置园林建筑，并巧于借景。清代乾隆以后，宅园中建筑增多，趋于繁琐富丽，和明代风格迥然不同。

（13）岭南园林，规模较小，且多为宅园，多是庭院和庭园的组合，建筑的比重较大。庭院和庭园的形式多样，其组合较之江南园林更为密集、紧凑，往往连宇成片。园亭体型简练，屋面构造简单，檐口和山墙多用硬面硬墙，翼角出翘的曲线柔和而简练，介于北方园亭翼角的凝重和江南园亭翼角的飘逸之间。平屋顶多做成"天台花园"的，既能降低室内温度，又可美化园林环境，其通透开敞胜于江南，其外观更富于轻快活泼。园林建筑的局部、细部很精微，尤以装修、壁塑、细木雕工见长，且多有用西方样式的，如栏杆、柱式、套色玻璃等，甚至整座的西洋古典建筑配以传统的叠山理水，亦别有风趣。此外，门窗还往往作为条幅挂屏或者斗方组合处理，格线窗心多用书法、山水、花鸟、人物构图，富于民族风格。

叠山是岭南庭园风格上最具特色的技法。常用姿态嶙峋、皱褶繁密的英石包镶，即所谓"塑石"的技法，因而山石的可塑性强，姿态丰富，具有水云流畅的形象。在沿海一带也有用石蛋和珊瑚礁石叠山的，则又别具一格。叠成的石景分为"壁型"与"峰型"两大类。还有用形象各异的单块石头的特置而构成石庭，与小型水体相结合而成的水石庭、水局，尺度亲切而婀娜多姿，乃是岭南园林之一绝。理水的手法多样丰富，不拘一格。

（14）明清时期，士流园林全面"文人化"。文人园林涵盖了民间的造园活动，使私家园林达到了艺术的高峰。而江南园林更是其代表，杭州、苏州、扬州已成为风景城市，有"江南山水甲天下"之称。明清时期"诗、画、文人、匠师"最多，观赏植物专著最多。一大批造园理论著作刊行于世。在某些发达地区、城市、农村聚落的公共园林已比较普遍。

（15）航海事业迅速发展，国外科技不断引入，自然形成的园林城市不断涌现，园林建筑技巧不断提高。

二、园林创新

（1）造园匠师的技术成就见之于笔端。

（2）叠石石材多样化，并且出现了不同地域风格和匠师的个人风格。

（3）园林艺术除了以往的全景山水缩移模拟以外，又出现了以山水局部来象征山水整体的更为深化的写意创作手法。尤其是明末造园家张南垣所倡导的叠山流派，截取大山的一角而让人联想到山的整体形象，即所谓"平岗小坂""陵阜陂陀"的做法，便是此种深化的标志，也是写意山水园的意匠典型。

（4）景题、匾额、对联在园林中普遍使用，意境表现手法亦多种多样，如状写、寄情、言志、比附、象征、寓意、点题等等。园林意境的蕴藉更为深远，园林艺术比以往更密切地融诗文、绘画情趣，从而赋予园林本身以更浓郁的诗情画意。

（5）观赏植物继宋代之后，刊行了许多专著，并形成了明显的地方风格。

（6）明清时代开创了宏大的陵墓园林群，如明十三陵，清东陵，清西陵等。

注释：

①八股文：明朝推行的科举制，文章必须是"破题、承题、起讲、入手、起股、中股、后股和束股"八个部分。

②文字狱：清时期，为控制反清思想而对文人采取的一种诛杀的制裁办法。康熙年间，戴名世写了一本书，有反清内容，杀了他和有关的人。康熙、乾隆年间最为严重。

③画家四僧：弘仁、髡残、石涛、八大山人。他们笔意高远，画风苍劲，富有革新思想。

④扬州八怪：清朝扬州的画家。有汪士慎、黄慎、金农、高翔、李鱼单、郑燮（xiè）、李方膺、罗聘。他们的作品师法自然、风致高逸、随意挥洒、不拘一格、极富情趣。

⑤张然：江南造园巨匠张南垣的第四个儿子，继父业技艺最高，成就也最大，曾参加北京西苑和玉泉山行宫等名园的营造，人称"山子张"。

⑥"知鱼桥"："知鱼"二字来自东周战国时两位哲学家庄子和惠子在水池边的一段辩语：

庄子：鱼儿在水中来去从容，多么快活。

惠子：你不是鱼儿，怎么知道鱼儿游得快活呢？

庄子：你不是我，你怎么知道我不知道鱼儿快活呢？

惠子：我不是你，故不知你，而你非鱼，你也不了解鱼之乐。

庄子：你问我怎么知道鱼之乐，既然知道我了解鱼之乐，何必还要再问我？

⑦"三世佛"：指佛中的东方药师佛，中方释迦牟尼佛，西方阿弥陀佛。

⑧"布袋尊者"：俗称大肚弥勒佛，名契比，五代时名僧，自称弥勒佛转世。佛徒们信他为弥勒佛化身，争相造像供奉。

⑨"一凤引双龙"：清同治皇帝5岁登基，其母慈禧太后垂帘听政。同治19岁驾崩后，慈禧选4岁的光绪作皇帝，继续垂帘听政。慈禧一生中控制两个皇帝，故称"一凤引双龙"。

⑩粤中四大名园：顺德的清辉园、东莞的可园、番禺的余荫山房、佛山的梁园。

第八章　外国古典园林概述

世界造园系统分为东方、西亚和欧洲三大系统。中国为东方系统的代表，主要特色是自然山水与园林，植物与人工山水，植物栽培与建筑相结合；叙利亚、波斯、伊拉克为西亚系统的代表，主要特点是花园和教堂园；埃及、意大利、法国、英国及俄罗斯为欧洲系统的代表，主要特色是规则式园林，以建筑布局为主，植物配置为辅。下面分别概述国外古典园林情况。

一、埃及园林

（一）园林史略

埃及是世界上最古老的国家之一，早在4000年前就进入了奴隶社会，它是欧洲文明的摇篮。19世纪中叶以来的史学家们，把自公元前3000年至公元前1000年之间的古代埃及分成三个大阶段：古王国时期、中王国时期、新王国时期。在埃及国土中央，尼罗河纵贯南北，每年7月到11月，定期泛滥的河水给两岸带来了肥沃的土壤，1/30的面积集居了90%以上的人口，使这里的居民过着丰腴的生活。然而这一自然条件却不适于树木的生长，有史以来，该地区仅在洪水不易淹没的高台地带有过少数森林。对于地处热带的埃及人来说，树木自然倍受珍视，由此也促成了埃及发达的园艺业。古王国时期的第四、第五王朝（公元前2613年至公元前2345年）及中王国时期的第十二王朝（公元前2000年至公元前1786年）都是园艺水平相当发达的时期，不少记载着当时有关树木、葡萄及蔬菜种植情况的资料在后世广为流传。许多墓室中的壁画也提供了极好的参考，画中描绘着用堰堤、水闸调节的运河网来疏导尼罗河水以及用桔槔将尼罗河水抽上来浇灌植物的情景。不过当时的树木园、葡萄园及蔬菜园等种植园仍然没有摆脱实用功能。

大约从新王国时期（约公元前1567年至公元前1085年），埃及的种植园开始从实用园向具有美的享乐与宗教意义的庭园方向转化。

（二）经典园林

1. 神苑

在埃及，宗教在整个社会生活中占有极其重要的地位。有人说宗教即是埃及生活的全部。埃及的最高统治者法老也是神的化身。在这种背景下，埃及出现了大量神庙及与宗教相关的建筑，并在其周围设置了神苑，即一种依附于神庙的树林，旨在使神庙具有神圣与神秘之感。在诸多神庙建筑中最著名的便是哈特舍普苏特女王（Queen Hatshepsut，约公元前1500年）时的德力·埃尔·巴哈里（Deir-el-Bahari）的神庙（图8-1）。这是一座颇为壮观的神庙。神庙的选址刚好躲避了尼罗河的定期泛滥。三层巨大的、有列柱

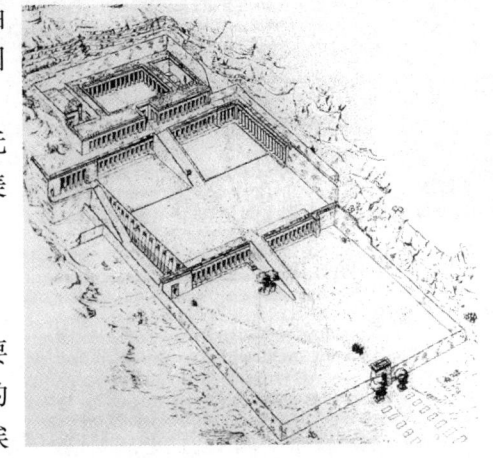

图 8-1　德力·埃尔·巴哈里神庙

廊装饰的露坛直接嵌入背后的岩壁，周围高大的树木一直延伸到河边，阻挡了炽热的阳光。神庙的线性布局充分体现了宗教的神圣与庄严：一条长长的笔直的通道从河沿一直通向神秘的神庙尽端，连接着三个台阶状的大露坛。入口处两排长长的狮身人面像、两侧似曾有过的洋槐林荫树、笔直且缓缓向上倾斜的道路、硕大的露坛构成神苑的基本形式，同时也创造出了神苑威严、神秘、崇高的气氛。

2. 墓园

墓园是古埃及园林的另一种类型。埃及人受宗教影响极大，相信人死后可以在另一个世界里继续"过活"，就像在植物冬季死去，来年可以再生一样。他们还认为现世成就之物在来世也能为灵魂带来慰藉，其结果致使他们希望在住房周围尽可能有庭园，以作为灵魂的安息之所。此外还在他们陵墓的四壁上造出庭园的浮雕及壁画等，以满足愿望。埃及庭园画大部分来自陵墓就是这个原因。公元前28—23世纪，古埃及已形成了以法老为政体的中央集权制，法老死后都要兴建金字塔作为王陵，在尼罗河下游西岸的吉萨高原上建有80余座金字塔，成为墓园。

金字塔是一种锥形建筑物，因外形似中国汉字"金"，故称金字塔。它规模宏大、壮观、工艺精湛，反映出了古埃及科学及工程技术已相当发达。如公元前2700年为第四王朝国王胡夫所造的金字塔（世界上最大的金字塔），位于开罗近郊吉萨，底座呈方形，高146米，边长232米，占地5.4公顷，用230万块石灰岩巨石砌成，平均每块重约2吨，有的达15吨。修砌它时，历时30年，动用10万名奴隶。砌筑的石缝非常严紧，无任何黏着物，刀片却插不进去。金字塔中轴有笔直的圣道，控制两侧的均衡，塔前设有广场，与正厅对应，四周栽植有对称的林木，造成了庄严肃穆的气氛（图8-2、图8-3）。目前，埃及共有80余座金字塔。

图8-2 埃及古金字塔

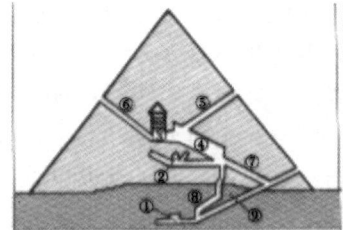

胡夫金字塔的内部结构：包括没有完工的两个墓室（1与2），安放法老尸体的墓室（3）要通过一道巨闸（4）才能进入，并设有两条通风管道（5与6），还有上升走廊（7）和下降走廊（8与9）

法老墓室剖面：顶由巨大的花岗石板构成，为减轻重压分成五个间隔，现在室顶仍被坚固

图8-3 埃及古金字塔内部结构

3. 私园

尽管有一些考古发掘，但有关埃及的住宅及所属私园的规划并不十分清楚，但从墓室中的壁画上可看出一些端倪。

古埃及的奴隶主挥霍无度，大造私园。肥沃的尼罗河谷地园艺很发达，有树木园、葡萄园和菜园。到公元前16世纪演变成具有一定审美价值的私园，内容丰富，除树木外，还有花草和动物，实用观赏兼备。园周有垣，园内挖池、渠道，用"桔槔（gǎo）"进行人工灌溉。私园多建在宅院附近，面积不断延伸。如底比斯阿米诺菲斯三世的某大臣墓中发现的墓壁画（图8-4），据说这幅壁画描绘的正是他自己的住宅及花园。由图我们可以看到该庭园呈方形，四周围着高墙，入口处埃及特有的塔门与远处的住宅建筑构成了全园的中轴线。庭园的其他部分均采用严格的中轴对称形式，园内成排地种植着埃及榕枣椰子、棕榈等庭园树木。矩形水池围在它们之中，池中种着莲之类的水生植物。正对庭园中心的塔门和住宅中部的区域由四排拱形葡萄架组成。这些都明显地反映出埃及特殊的气候条件对于造园的影响。

二、西亚地区园林

（一）园林史略

叙利亚和伊拉克位于亚洲的西部，是人类文明的发祥地之一。幼发拉底河和底格里斯河贯穿境内，形成了广阔、平坦、肥沃的美索布达米亚大平原。这里天然森林资源丰富，自然风景优美。早在公元前3500年就出现了高度发展的古

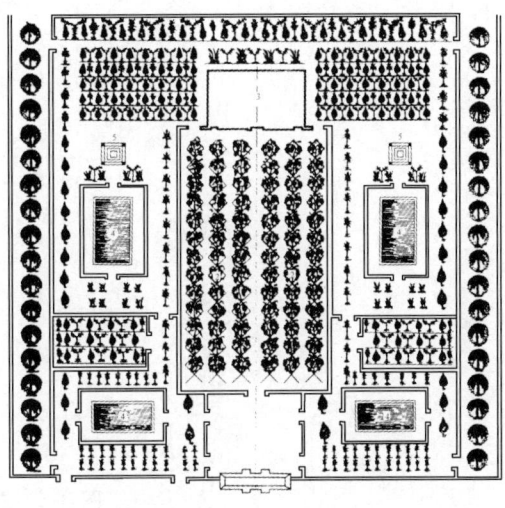

图 8-4　底比斯阿米诺菲斯三世的某大臣墓壁画

代文明，出现了城市、国家，实行奴隶主统治。奴隶主为追求物质和精神享受，在私宅附近建造各式各样的花园，并建造了许多祭拜诸神的神园和神苑。

（二）经典园林

1. 叙利亚的伊甸园

基督教《圣经》载："伊甸（Eden）意为喜悦、欢乐"，伊甸园（Garden of Eden）又称"天国乐园"、"天主乐园"、"耶和华之园"，位于首都大马士革城附近。

《旧约·创世纪》中载"……耶和华上帝在东方伊甸设了个园，把所造的人安置在那里。耶和华上帝让地上长出各种树木，既能令人悦目，果实又可充饥。园中还有生命树（枣椰子）、知善树（果不能吃）……有河从伊甸园流淌，滋润着伊甸园……"据传西方人类的始祖亚当和夏娃就生活在这里。

2. 古巴比伦的悬空园

当埃及的曙光初照之际，在美索布达米亚大平原上诞生了古巴比伦王国。其造园文化虽较埃及晚，但其所处的有益环境却促成了园林文化与埃及的园林文化相媲美。

"悬空园"直译为"悬挂园"，或依其景观译为"架空园"或"空中园"，它是一种依附在被称为是古代世界七大奇观之一的"巴比伦城墙"之上的庭园形式（图8-5）。关于这个庭园的筑造者众说纷纭，但流传最广的是"尼布甲雷撒说"，即认为该园是新巴比伦王尼布甲雷撒为出生在米底的王妃阿米娣娇建造的。传说王妃生于山区，国王为解其思乡之苦而建。而后来通过译解刻在砖上的楔形文字也证实了这一说法的正确性。

这个庭园遗构今已毁坏殆尽。关于它的规模与构造，我们只能从希腊、罗马历史家们的记载中略见一斑。他们普遍认为该园是由金字塔形的数层错落的露台组成，露台由厚墙支承。悬空园呈方形，高23米，每边宽23米。据说墙体是以沥青粘结砖块砌成。露台的外部是拱廊，内部则有大小不等的许多房屋、洞室、浴室等。四周的露台上堆置厚土，移栽着大大小小的各类树木和花草，层层叠叠，整体外观远望宛若森林覆盖的小山悬立在巴比伦平原的上空。关于庭园的灌溉方式也众说纷纭：一说用龙尾车从幼发拉底河引水灌溉；一说用人工从暗梯背上露台。

图 8-5　古巴比伦的悬空园

3. 古波斯的天堂园

波斯曾经是闻名世界的东方强国之一。公元前 6 世纪，波斯兴起于伊朗西部高原，建立了波斯奴隶制帝国，占领了小亚细亚、两河流域及叙利亚广大地区，文化非常发达。都城波斯波利斯是当时世界上有名的大城市，影响很大。波斯花卉发展最早，资源丰富，以后又传入世界各地，是西亚造园的发祥地。

波斯的奴隶主们的祖先经历过的生活和其娱乐方式有选地造园、畜养动物，作为游猎园，后又增加观赏功能，其中最著名的是天堂园。

天堂园的四周有围墙，其内有十字型的林荫路，构成中轴线。中轴线将园分割成四区，栽有花草。在十字型林荫路交汇点处设中心水池，以象征天堂，故名"天堂园"。

波斯地处高原，炎热干旱，因此对水的利用非常重视，有园必有水，且注重艺术加工，因而关于水景的创作便应运而生。利用沟渠定时将水直接浇灌到植物的根部，以防叶面水分在烈日下蒸发而被灼伤。植物种在巨大的有防漏水层的池中，确保水被植物根部慢慢吸收，园路由种植池的矮墙（高于池高）来支撑。

波斯的天堂园通常面积较小，外观显得比较封闭，类似建筑围合出的中庭，与人的尺度非常协调。庭园大多呈矩形，最典型的布局方式便是以十字形抬高的园路，将庭园分成四块，园路上设有灌溉用的小沟渠，或者以此为基础，再分出更多的几何形部分。由于面积不大，水又十分珍贵，因而园中往往仅采用盘式涌泉的方式，泉水几乎是一滴滴地跌落。在小水池之间，以狭窄的明渠连接。即使园址用地面积较大，园林也常由一系列的小型封闭院落组成，院落之间只有小门相通，有时也可通过隔墙上的栅格和花窗隐约看到相邻的院落。园内的装饰物很少，仅限于小水盆和几条坐凳，体量与所在空间的体量相适宜。在并列的小庭园中，每个庭园的树木尽可能用相同的树种，以便获得稳定的构图。尽管园中有一些花卉装饰，但是阿拉伯人更欣赏人工图案的效果。因为它们更能表达出人的意愿，所以园中更多的是用黄杨组成的植坛。

在装饰方面，与住宅建筑一样，彩色陶瓷马赛克在庭园中的运用也非常广泛，如贴在水盘和水渠底部、池壁及地面铺砖的边缘、装饰台阶的踢脚及坡道，甚至还大面积地用于坐凳的表面、园亭内部，围绕庭园的墙面上也有马赛克墙裙。这些色彩丰富、对比强烈的马赛克图案效果使得伊斯兰园林更加别具一格。

4. 阿拉伯的水法园

公元 8 世纪，阿拉伯帝国征服了波斯之后，承袭了波斯的造园艺术。阿拉伯地区的自然条件近于波斯，干旱少雨多沙漠，故把水看得更珍贵。阿拉伯是回教国，领主都有自己的回教园，把水看成是造园的灵魂。其水法创作和园林艺术，跟随回教军的远征而传到了北非和西班牙。到公元 13 世纪，又传到印度北部和喀什米尔。各地的回教园，充分发挥水的作用，对水的利用给予了特别的爱惜和敬仰，甚至神化起来，点点滴滴都要蓄积到大大小小的水池之中，或穿地道，或掘明沟，延伸到各处有绿地的地方。水法由西班牙传到意大利后，得到了发展，更加巧妙和壮观。

三、西班牙园林

（一）园林史略

西班牙位于地中海的西部，欧洲大陆的西南。公元 6 世纪，有希腊人移居，后又先后成为罗马和阿拉伯的居地。公元 8 世纪，随着摩尔人的入侵，又带来了西亚文化。西班牙的文化比较杂，但也形成了自己的特色。摩尔人在一些城市里建立了许多宏伟壮观、富有强烈伊斯兰艺术色彩的清真寺、宫殿和园林，形成了富有东方情趣的西亚伊斯兰风格的园林。如 1240 年，穆罕默德一世在西班牙南部纳达的阿尔罕布拉山（海拔 700 米）上建立了一座雄伟壮观的阿尔罕布拉宫苑（Alhambra Palace）。此苑原名"红城"[①]，几个世纪以来，宫苑中的一些建筑都用像砖一样的红色建筑材料建成，神秘而壮丽的气度使之成为伊斯兰建筑艺术在西班牙最典型的代表。

阿尔罕布拉宫不以宏大雄伟取胜，而以曲折有致的庭院空间见长。狭小的过道串联着一个个或宽敞华丽，或幽静质朴的庭院，穿堂而过时，无法预见到下一个空间，给人以悬念与惊喜。在庭院造景中，水的作用突出，从内华达山古老的输水管引来的雪水，遍布阿尔罕布拉宫，有着丰富的动静变化，而精细的墙面装饰，又为庭院空间带来华丽的气质。

（二）经典园林

公元 1333—1391 年，尤赛弗一世（Yusuf Ⅰ）和其子穆罕默德五世（Muhammad Ⅴ）建成了阿尔罕布拉宫的核心部分——桃金娘宫庭院和狮子宫庭院。

1. 桃金娘宫庭院（Patio dc los Arrayanes）

建于 1350 年。庭院东西宽 33 米、南北长 47 米，近似黄金分割比的矩形庭院。中央有 7 米宽、45 米长的大水池，水面几乎占据了庭院面积的 1/4。两边各有 3 米宽的整形灌木桃金娘种植带。庭院的东西两面是较低的住房，与南北两端的柱廊连接，构图简洁明快（图 8-6）。

南面的柱廊为双层，原为宫殿的主入口，从拱形门券中可以看到庭院全貌；北面有单层柱廊，其后是高耸的科玛雷斯塔。池水紧贴地面，显得开阔而又亲切；平静的水面，使四周的建筑及柱廊的倒影十分清晰。水池南北两端各有一小喷泉，与池水形成静与动、竖向与平面、精致与简洁的对比。两排修剪整齐的桃金娘篱，为建筑气氛很浓的院子增添了一些自然气息，其规

图 8-6　桃金娘宫庭院

图 8-7 狮子宫庭院

整的造型与庭院空间又很协调。桃金娘宫庭院虽有建筑环绕，却不感到封闭，在总体上显得简洁、幽雅、端庄而宁静，充满空灵之感。

2. 狮子宫庭院（Patio de los Leones）

是阿尔罕布拉宫中的第二大庭院，也是最精致的一个，建于 1377 年。庭院东西长 29 米、南北宽 16 米，四周是 124 根大理石柱的回廊，东西两端柱廊的中央向院内凸出，构成纵轴上的两个方亭。这些林立的柱子，给深入其境的游人以进入椰林之感，复杂精美的拱券上的透雕则恰似椰树的叶子一般。十字形的水渠将庭院四等分，交点上有著名的狮子喷泉，中心是圆形承水盘及向上的喷水口，四周围绕着 12 座石狮，由狮口向外喷水，象征沙漠中的绿洲（图 8-7）。

四、古希腊园林

(一) 园林史略

希腊位于埃及的北部，隔海（地中海）相望。希腊文化独具特色，建筑和雕塑对西方有很深的影响，是欧洲园林文化的发祥地之一。

公元前 10 世纪，盲人诗人荷马（Homer）的史诗《奥德赛》（0dyss-eia）中有大量的有关树木、花卉、圣林及各种各样所谓公园或花园的描述。诺曼·牛顿认为古希腊在造园方面把造园选址及建筑融入环境方面有突出成就。造园受到当时的数学、几何学、哲学家的美学观点以及人们的生活习惯影响较大，认为美是有秩序的、有规律的、合乎比例的、协调的整体，所以规则式的园林才是最美的。后来出现了体育公园、校园、圣林[②]寺庙园林等，对欧洲国家园林发展影响甚大。

(二) 经典园林

1. 阿尔喀诺俄斯王宫

这是一座荷马史诗《奥德赛》中提到的宫殿，它有树篱环绕的大庭园，其中的果树园内栽满了四季开花结果的梨、石榴、苹果、无花果、橄榄、葡萄等果树。规则齐整的花园位于庭园的尽端，园中两个喷泉，一个喷泉涌出的水流入四周的庭园，另一个喷泉喷出的水则通过前庭入口的下方流向宫殿一侧，供城里的人们饮用。虽然这个宫苑中也有喷泉之类装饰物，但庭园本身依旧是以种植果树和蔬菜为主，是生产色彩颇浓的实用园。

2. 中庭式庭园

在公元前 5 世纪波斯战争后，希腊进入了它的鼎盛时期。在那些和平的日子里，建造庭园、栽培花卉之风盛极一时。昔日的实用性庭园也开始向装饰性庭园转化。当时的普通住宅像迈西尼时代那样带有起居室式的中庭，在它的一侧还建有柱廊，再后来中庭便演变为所谓的列柱中庭，成为住宅的中心所在。这种列柱中庭大部分开始铺砌了地面，有了瓷陶雕像、盆栽及大理石的喷泉等装饰。随着城市生活水平的提高，人们在这些中庭上种植了各种各样的植物，希腊人尤爱种植芳香类植物。这大概就是其后罗马时代豪华的列柱中庭的前身。

3. 圣林

公共的开放空间是古希腊城市中重要的组成部分，圣林就是其中的一种形式。它不仅使神庙具有神圣与神秘之感，后来甚至被当作宗教礼拜的主要对象。圣林所用的树木与庭园不同，主要树种有棕榈树、榭树、悬铃木。在荷马史诗中也描写过许多圣林。但荷马时代的圣林只是作为墙壁围在祭坛的四周，以后才逐渐带有神苑的景观。如在著名的阿波罗神庙周围有长达60米到百余米的空地，人们认为这就是圣林的遗迹。最初在圣林里是不种果树的，后来也以果树来装饰神庙。在奥林匹亚附近，环抱着宙斯神庙的圣林中，除有许多祭神殿外，还在一些地方并排放置了不少雕像、瓮等，故称之为"铜像与大理石雕之林"。在这个宙斯神庙中，每隔四年便举行一次祭祀，届时还照惯例进行各类体育比赛，比赛名次优胜者还能赢得将自己的半身或全身塑像装饰在圣林中的殊荣（图8-8）。

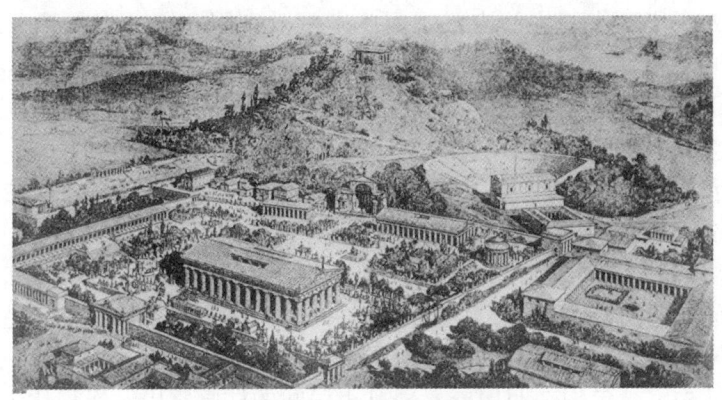

图 8-8 奥林匹亚祭祀场的复原图

4. 体育运动场

"健全的精神必然寓于健全的身体"。正是在这种思想的鼓动下，希腊各地都建起了供人们进行体育锻炼的体育场（gymnasium）。最早的体育场只是用来进行体育训练的一片空地，其中连一棵树也没有，后来一叫西蒙的人在体育场内种上了洋梧桐树来遮阴，从此，便有更多的人们来这里散步、集会，直至发展成公园或公共庭园（public garden）。与圣林一样，体育场原来也与祭祀英雄的神庙有关。雅典近郊塞拉米科斯著名的阿卡德弥体育场虽为柏拉图所创，但它却是从举行比赛以祭祀英雄阿卡德摩斯的圣地变化而来的，体育场也因此而得名。场内有洋梧桐林阴树以及夹在灌木之间、名为"哲学家之路"的小径，殿堂、祭坛、柱廊、凉亭、凳子等遍布场内各处，还有用大理石嵌边的长椭圆形跑道。

雅典、斯巴达、科林思诸城市的许多位于城郊的体育场不仅规模宏大，而且还占据了水源丰富的风景胜地。如佩尔加蒙的体育场，它是古希腊最大的体育场。这个体育场由三层大露台组成，各露台间的高差为12~14米。整座体育场被包围在高墙之中，墙的下方可能是摆放偶像的壁龛，墙顶有大柱廊。三层露台上都有建筑物。第二层露台似为美丽的庭园区，在最上层露台上有柱廊中庭。这座体育场是完整无缺的，它的四周建有起居室和卧室，中庭或许还施以优雅的造园装饰。但联系各层露台的台阶尚未被看作重要的部分。

五、古罗马园林

（一）园林史略

曾经称雄一世的罗马帝国，最初只是一个小的城市国家。后来，传说中的七位国王陆续登基，在他们贵族政治的统治下罗马逐渐发展起来。罗马城的规划气势雄伟，在奥古斯特时代，第一区位于中心，建筑密集；第二区位于一区外，建筑物较少；第三区位于城市外缘，建筑物为大别墅；第四区是城堡，是大权贵族的大别墅区。古罗马的别墅分田园型别墅和城市型别墅。

罗马文化受希腊文化的影响是十分深刻的，这种影响表现在各个方面，其中在建筑上，许多罗马建筑都是以希腊建筑为模式，并且多数取用希腊建筑的名称。造园也与建筑一样：园内装饰着整形的水体；雄伟的大门、洞府，直线和放射形的园路，两边是整齐的行道树；作为装饰物的雕像置于绿荫树下；几何形的花坛、花池、修剪整齐的绿篱、造型植物，以及葡萄架、菜圃、果园等，无不显露出受古希腊园林的影响，一切都体现出井然有序的人工美。在共和时代罗马征服希腊之后，这种希腊化倾向就更加明显。尤其是富裕阶级，开始竞相效法希腊和东方豪华奢侈的生活方式。因此别墅及别墅庭园的发展十分迅速。到帝政时代，罗马附近交通便利、风景宜人的地方便成了政要名流们的别墅区。

（二）经典园林

1. 庞贝城的宅园

庞贝城于公元79年因维苏威火山的剧烈爆发，而使整座城市完全埋在火山灰之下。自1748年开始，考古学家们有组织地发掘，使我们对这座城市的概貌才有了一个基本的了解。

庞贝城居民住宅最大的特点便是空间内向，且入口、天井、走廊、列柱中庭呈直线排布。住宅没有任何通向外界的视线，甚至没有临街的窗户。庞贝城晚期建造的住宅明显表现出希腊、埃及的影响，它们多为富裕市民所有。在这类住宅中有列柱中庭，这是一种希腊式的矩形中庭。列柱中庭被包围在四周连着一排小房间的柱廊之中，面积比天井大，通常不设硬铺装，当中只规则地装饰着美丽的花卉、雕塑、喷水、祭坛等。柱廊的地面用石铺砌成图案，其中安放了桌、椅、三脚台，但这些家具往往做得比较小，以使列柱中庭显得更大些。柱廊的墙面上描绘着风景或神话题材的庭园画，它所采用的透视画技法使这个狭小的区域显

图 8-9 维提府邸庭园

得比实际尺度更宽敞。外侧的天井用以接待宾客，里侧的列柱中庭则为家庭成员所使用，同时也是与挚友交谈及孩子们游玩的地方。一旦组成大家庭，在这个列柱中庭之后可能还设有第二个更大的列柱中庭。中庭围着围墙，有埃及式的鱼池、沟渠、园亭、进餐用的躺椅等设备。庭园中还有五点形栽植的花卉灌木丛及其他果树园、菜园。在炎热的地区，水永远是庭园中最重要的构成要素。列柱中庭中往往有一个或多个喷泉，有一些小的水渠或水池。也会有代表祖先或神灵的雕塑，即使是再小的庭园通常也会有供奉象征富饶、丰裕的神灵普利亚普斯（Priapus）的地方。此外还有庭园树木、灌木、花卉以提供庭荫及芳香。

卡萨·维提（Casa Vetti）府邸庭园（图8-9）是庞贝城中最美的、带有列柱中庭的庭园，是古罗马住宅庭园的一个范例。它的列柱中庭，其周围是由18根彩色柱顶的白色圆柱组成的柱廊。中庭长18米，宽10米。沿四周的列柱安放着12尊喷水雕像，其旁又设了8个接水的方水盘，还有大理石桌、盆及赫尔墨斯的雕像柱。在当时流行的波纹边黄杨花坛

中，种着常春藤、灌木及花卉。整个中庭是完全敞开的，阳光从上面直泻下来，室内外空间浑然一体。而这一点对于今天的设计，尤其是狭小空间的设计，具有很大的启发性。

2. 哈德利安别墅

哈德利安别墅属于贵族别墅，卢库鲁斯将军堪称是贵族别墅庭园的创始人，他的庭园为不少人所模仿。该庭园位于那不勒斯湾巴耶附近的米塞努姆海峡，建造之时开山削岩，耗资巨额，相传其壮观美景足以与东方王侯们的庭园媲美。这种将自然坡地先修整成规整的台地，而后布置景物的做法，是后来文艺复兴时期意大利台地园发展的基础。

另一位对于罗马别墅庭园的发展起到重要作用的人物便是著名演说家西塞罗，他研究希腊哲学，是个吸收了其思想与学说的启蒙折衷主义者，因而在造园方面也明显的表现出希腊化倾向。他的别墅的结构极似希腊的体育场，但罗马的别墅庭园中绝无进行体育比赛的设备。况且希腊末期哲学家也已开始将公共体育场变为私人庭园。从一些流传下来的文学著作中，我们可以看出当时这些别墅庭园的概况：流淌着的清澈的河水，河中屹立的小岛，河岸边洒满阳光的园路……一派充满自然风趣景象。另外，这些庭园中多数建有图书馆、博物馆、书斋、家禽所、柱廊、圆亭、瞭望台等各类建筑物以及水池、喷泉、瀑布、鱼池、散步小道、格子工艺等设施。

3. 哈德良别墅

是一座建在蒂沃利（Tivoli）山岗上的大型宫殿庭园。建造时间大约从公元118—138年，历时20年，占地面积约760英亩。据史料记载，哈德良大皇帝是一位杰出的人物，集士兵、侵略者、统治者、建筑师、艺术鉴赏家、收藏家于一身。因此，极有可能，哈德良别墅便是这位皇帝自己的杰作。而且，一些当代文章资料中也似乎没有提到过与此别墅相关的其他建筑师。哈德良本人又是一位狂热的旅行家及文物收藏家，这一点突出地反映在该别墅庭园中。在别墅园中，这位皇帝仿建了许多他的领地内或所到之处著名的地方或景点，并用一条延绵数英里的道路将它们连接起来。如为纪念希腊，他在别墅中建造了Hippodrome and Stoa Poikile，希腊剧场（Greek Theater），柏拉图学园（Academy），而Canopus和Temple of Serapis则是为了纪念埃及的亚历山大城而建。此外还有大小浴场、图书馆、体育场、罗马式建筑等，当然还有皇宫。靠近北面入口处是别墅中最早的建筑物——希腊剧场。剧场的舞台和座席至今仍清晰可辨。沿着舞台的后墙登上山岗，穿过成排的罗汉松树一直南行就是模仿雅典的波伊凯勒（Stoa Poikile，意思是"绘制的柱廊"）而建造的泊赛勒（Pecile）。这是一个柱廊围成的矩形庭园，中央造有大贮水池，东北角是"哲学家之家"的入口，那里有用雕像装饰的壁龛。Canopus是一处由柱廊围绕着的长方形湖池或水渠，其名字来源于罗马时期尼罗河流域一处著名的旅游、度假、朝圣地。Temple of Serapis可能是一处室外餐厅，或是一种特殊的罗马式建筑，一种内有能喷水的塑像或海神雕刻的洞室，或是纪念Antinous的地方。哈德良别墅突出的特征便是哈德雷恩别墅不愧是历史上罗马庭园的典范，今天我们仍能从残存的遗迹中感受到它当初的风貌以及它所体现的罗马别墅庭园的基本造园思想：无数的建筑物及其组成的室外空间，至今仍能使人感觉到的相互间强烈的视觉关联。穿过大厅、天井、走廊、水池、花园等一系列室内外空间的透视线，便是柏树、黄杨、月桂树、橄榄树、冬青造成的浓荫及清新。它是一种全然不同于普通住宅庭园的所谓能够浏览周围景色的开放的庭园，而哈德良别墅所处的位置及其延展的露台也刚好能使人环顾其周围乡村的全景画面。另外，哈德良别墅还利用大面积的水体来创造一种神奇的效果，也成为后来意大利文艺复兴时期庭园的重要特征之一。

4. 城市广场

庞贝城和奥古斯都大帝的罗马城，它们都堪称是古代城市规划的典范。尤其是被视为后世广场前身的古罗马公共集会用的广场（forum），作为市民进行社交和娱乐活动的场所。无论在城市规划还是在开放空间设计中，毫无疑问都是人类文明的丰硕果实，图拉真广场（Forum Trajan）就是最具代表性的一个。它表明古罗马在空间组织方面已经达到了一个相当专业、成熟的境地，简洁有序。一条长的透视将所有空间连接起来，每一个空间都十分清晰完整，但同时又都作为整体的一个有机组成部分，衬托着主体建筑。此外，整个广场还通过各空间的大小、明暗、开放与收缩、封闭与通透的不断变化，给人以序列感，从另一方面感染着游人，创造出令人难忘的印象。此外还有市场，它是与广场迥然相异之物。据亚里士多德说，广场是公共集会场所及美术品陈列所，不准奴隶、工匠、工人进入其间，而市场则是交易场所，一般的人都可以自由出入。

5. 巴西利卡寺院

欧洲各民族早已在罗马帝国的统治时代就已经接受了基督教，人民视基督教为国教，因此，其造园也深受基督教的影响。在战乱频繁之际，教会所属的寺院却很少受到干扰，这也许就是寺院庭园得以发展的一个主要原因。

早期的寺院多建在人迹罕至的山区，僧侣过着极其清贫的生活，既不需要，也不允许有园林与之相伴。以后，随着寺院进入到城市，这种局面才逐渐有了转变。基督教徒们最初是利用罗马时代的一些公共建筑，如法院、市场、大会堂等作为他们宗教活动的场所。以后又效法称为巴西利卡（Basilica）的长方形大会堂的形式来建造寺院，故而称为巴西利卡寺院。

巴西利卡寺院小建筑物的前面有连拱廊围成的露天庭院，称为"前庭"（attrium）。前庭的中央有喷泉或水井，供人们进入教堂时用水净身。这种前庭作为建筑物的一部分，虽然只是硬质铺装，但却是不久之后出现的寺院庭园的雏形。此外，由于实用而在僧侣们中间流传开来的园艺技术也为寺院园林的发展提供了条件。

从布局上看，寺院庭园的主要部分是教堂及僧侣住房等建筑围合成的中庭，面向中庭的建筑前有一圈柱廊，类似希腊、罗马的列柱中庭庭园，柱廊的墙上绘有各种壁画，其内容多是圣经中的故事或圣者的生活写照。稍有不同的是，希腊、罗马中庭周围的柱廊多是楣（méi）式的，柱子之间均可与中庭相通；而中世纪修道院内的中庭周围，柱廊多采用拱券式，并且，柱子架设在矮墙上，如栏杆一样将柱廊与中庭分隔开，只在中庭四边的正中或四角留出通道，起到保护柱廊后面壁画的作用。中庭内仍是由十字形或交叉的道路将庭园分成四块，正中的道路交叉处为喷泉、水池或水井，水既可饮用，又是洗涤僧侣们有罪灵魂的象征。四块园地上以草坪为主，点缀着果树和灌木、花卉等。有的寺院中在院长及高级僧侣的住房前还有私人使用的中庭。此外，还有专设的果园、药草园及菜园等。17世纪在瑞士圣·高尔教堂（St. Gall）的图书馆中发现的该教堂的规划图，可以让我们了解到该教堂当时的一些情况。

6. 圣·高尔教堂

于9世纪初建在瑞士的康斯坦斯湖畔，占地约1.7公顷，全院分为三个部分：一是中央部分，为教堂及僧侣用房、院长室等；二是南部及西部，为畜舍、仓库、食堂、厨房及工场、作坊等附属设施；三是东部，为医院、僧房、药草园、菜园、果园及墓地等。中央部分有典型的以建筑围合的中庭柱廊园，十字形园路当中为水池，周围四块草地，在医院及僧房、客房建筑间也有面积很小的庭园。此外，在医院及医生宿舍处有药草园，内有12个长条形畦，种植了 16 种草本药用植物，有的药用植物同时也具有观赏价值。墓地内整齐地种植了 15 种果树，有苹果、梨、李、花楸、桃、山楂、榛子、胡桃及月桂等，周围有绿篱围绕。墓地以南是排列着 18 个畦的菜园，其中种植了胡萝卜、莳萝、糖萝卜、荷兰防风草、香草、卷心菜等。

圣·高尔教堂的规划反映出教会自给自足的特征，同时，教会掌握着文化、教育、医疗大权，寺院里有学校、医院宿舍、病房、药草园等。在总体规划上功能分区明确，庭园则随其功能而附属于各区，显得井然有序。

另外，当时不同教派的修道院庭园也略有不同，有些教堂戒律极严，要求修道士过孤独、沉默的生活，因此，除中庭外，每一僧侣都有单独的小庭院，这里既是他们个人生活的小天地，又是他们管理花草树木的劳动场所。

7. 城堡

中世纪初期由于政权的分离及时局的动荡不安，王公贵族们带有防御工事的府邸城堡便是当时欧洲最显著的建筑形式。城堡多建在山顶上，周围是带有木栅栏的土墙及内外壕沟，当中为高耸的、带有枪眼的碉堡式中心住宅建筑。中央庭园与修道院中庭十分相似。11 世纪之后，实用性庭园逐渐具有了装饰和游乐的性质。十字军东征对这种变化无疑具有一定的影响。去圣地朝拜的骑士们在拜占庭和耶路撒冷等东方繁华的城市中，感受到了东方文化的精致和生活的奢侈。他们把东方文化，包括精巧的园林情趣，甚至一些造园植物带回欧洲。到 13 世纪法国寓言长诗《玫瑰传奇》(Le Roman de la Rose)，便有了对于当时城堡园林的描述，从中可以看出当时园林的布局：果园四周环绕着高墙，墙上只开有一扇小门，由墙及壕沟围绕的庭园里有木格子墙，散生着雏菊的草地中央有喷泉，水由铜狮口中吐出，落至圆形的水盘中；园内还有修剪过的果树及花坛。此外，还有一些小动物以增添田园牧歌式的情趣。

13 世纪之后，由于战乱逐渐平息和受东方的影响，城堡的结构发生了显著的变化，它摒弃了以往抑郁的形式，成为更加开敞、更适宜居住的宅邸形式。到 14 世纪末，这种变化更为显著，建筑结构更为开放，外观上的庄严性也减弱了。到了 15 世纪末期，这种建筑仅存其城堡的外观，且面积也扩大了。城堡内还有宽敞的厩舍、仓库、供骑马射击的赛场、果园及装饰性花园等。四角带有塔楼的建筑围合出方形或矩形庭院，城堡外围仍有城墙和护城河，城堡的入口处架桥，易于防守。庭园的位置也不再局限于城堡之内，而是扩展到城堡周围，但是庭园与城堡仍然保持着直接的联系。法国的比尤里城堡（Chateau Bury）和蒙塔尔吉斯城堡（Chateau Montargis）是这一时期比较有代表性的城堡庭园。

各种史料反映出的中世纪城堡庭园基本上都是布局简单，由栅栏或矮墙围护，与外界缺乏联系。除了方格形的花台之外，最重要的造园元素就是一种三面开敞的龛座，偶尔可以看到凉亭。泉池是不可或缺的。树木多修剪成各种几何形体，与古罗马的植物造型相似。此外还用低矮绿篱组成图案的花坛，图案或是几何图形，或是鸟兽形象及徽章纹样，在其空隙中填充了各种颜色的碎石、土、碎砖等（开放型结园 Open Knot Garden）；或种植色彩艳丽的花卉（封闭型结园 Closed Knot Garden）。过去用以种植蔬菜的菜畦也开始种植花卉。这类花坛所强调的已不是单枝花朵的形状、色彩，而是注重其整体效果。庭园面积不大，却很精致。在较大的庭园中，设有水池，放养鱼和天鹅。

六、意大利园林

(一) 园林史略

1. 初期

14 世纪末到 15 世纪初,宗教禁锢下的欧洲开始觉醒,人们睁开眼睛惊奇地发现,原来在高墙及森严的城堡之外,有一个崭新的丰富多彩的世界。于是古典文化重新复兴,人们开始更多地关注自身及周围的整个物质世界。新兴的资产阶级开始大力提倡人文主义思想,宣扬以人为衡量一切的标准,重视人的价值、人的自由意志和人对自然界的优越性。反对中世纪的禁欲主义和宗教观,摆脱教会对于人们思想的束缚,主张打倒作为神学和经院哲学基础的一切权威和传统教条。这就是始于意大利,后扩大到整个欧洲国家的新兴资产阶级思想文化运动——文艺复兴运动。文艺复兴主要表现为科学、文学和艺术的普遍高涨。一大批不朽的科学家、航海探险家、艺术家诞生了,如哥白尼、哥伦布、伽利略、但丁、薄伽丘、达·芬奇等。正是在他们不懈的努力下,欧洲终于冲破了中世纪的黑暗,迎来了文艺复兴的曙光。

佛罗伦萨堪称为文艺复兴运动的发祥地。14 世纪初期,这座以毛纺织业为主的工业城市便逐渐繁荣起来,新兴的工商业贵族势力不断壮大。1434 年美第奇家族掌握了佛罗伦萨政权,以君主的姿态荣登统治地位。这个家族中的科西莫·德·美第奇(Cosimo de Medici, 1389—1464 年)和他的孙子罗伦佐·德·美第奇(Lorenzo de Medici,约 1449—1492 年)对艺术情有独钟。他们经常将众多著名学者和艺术家聚集在一起探讨艺术问题。以后,美第奇家族中又相继出现了许多酷爱并保护艺术的人。因此在整个 15 世纪,佛罗伦萨一跃而为学者、文人、美术家们的活动中心,并且还涌现出不少倡导文艺复兴运动的人文主义者。他们推崇古人尊重人性的风尚,渴望具有古代先贤那样的完美人格,主张把人类从神的绝对权威的束缚中解救出来。不仅如此,人文主义者还发现了大自然的多姿多彩和观察大自然的正确方法,即观赏大自然本身的美。这些都唤起了人们的田园情趣以及由此而引发的对于别墅生活的向往。而佛罗伦萨郊外风景宜人,土地肥沃,正是充满了田野情趣的绝妙场所,所以,富裕的城市居民们接踵而来,一幢幢别墅拔地而起。与此相应,人们对园艺的兴趣也不断高涨,他们热切期望着进一步深化自己的园艺知识。因此,人们对古罗马的瓦罗、科隆梅拉等人所著的园艺著作、小普林尼的作品和维吉尔的《田园诗》爱不释手。这些书籍在赋予他们知识的同时,还唤起了他们对古罗马人别墅生活的憧憬。同时,以古罗马园艺著作为基础、又加入作者自己观察与主张,园艺及庭园设计书籍不断问世,这些都为别墅庭园的建设与发展提供了条件。

文人是促进别墅庭园发展的中坚力量。如竭力培植人文主义思想的三大文豪坦丁、彼特拉克、薄伽丘,对庭院都怀有非同寻常的爱好。薄伽丘在其成名作《十日谈》中就详细描述了佛罗伦萨丘陵地带别墅的华丽景致,如实反映了当时以此为人生舞台的佛罗伦萨人快乐别墅生活。从此,我们看到当时的庭院中已开始种有藤蔓、蔷薇、茉莉之类芳香植物。在庭院中央,绿油油的草坪上百花争艳。围绕在草坪四周的橘树、柠檬树新绿初绽,它们的花果散发着醉人的芳香。草坪中还有白色大理石水盘,从立于水盘柱顶的雕像中喷出的水柱直射天空,水盘中溢出的水则流向草坪下的水沟,再经过草坪四周人工开凿的壕沟,形成纵横交织的数条小溪穿庭而过,最后汇集在一起落入山谷之中。

15 世纪,建筑师阿尔伯蒂不仅赞美了西塞罗、贺拉斯、小普林尼等人及别墅生活,而且在 1434 年出版的《De Architectura》中，还以小普林尼的两个古罗马别墅庭园为依据论述了他所理想的庭园，并且包含了一些前所未有的特征。有些形式显然被后来的意大利庭园所沿袭。除进行局部的构思之外，阿尔伯蒂还把庭园与建筑物处理成密切相关的整体。为达此目的，他主张如果建筑物内设有圆形、半圆形部分，那么在庭园中也要尽量设置与之相呼应的部分。阿尔伯蒂还一反古人所偏爱的厚重感，除背景之外，他极少在园内采用灰暗的浓荫，从而使庭园获得一种明快感。由于当时尚无提出这类造园方针的人，所以，他被视为当之无愧的庭园理论先驱。他的造园方针对后来庭园的蓬勃发展产生了巨大的促进作用。

2. 中期

16 世纪，文艺复兴文化的中心开始从佛罗伦萨转移到了罗马，如同过去的美第奇家族曾保护过众多人文主义者、促进了文艺的发展那样，当时的教皇优里乌斯二世也将艺术巨匠们罗致于罗马，对他们加以保护和积极利用，从而使文艺复兴时期文化艺术达到了全盛。而文艺复兴式的别墅也蓬勃地发展起来，并形成了以托斯卡纳、罗马附近及意大利北部为中心的三大区域。在中世纪，修道院及城堡之类规模的建筑为数众多。文艺复兴开创了尊重个性的时代，建筑必定与设计建造它的建筑师之名连在一起。文艺复兴初期，由于意大利尚无职业的造园家，大部分造园作品都出于建筑师之手。而自阿尔伯蒂开始，意大利涌现出了如布拉曼特、拉斐尔等一大批既具有专业知识、又多才多艺的巨匠，使得意大利文艺复兴式的别墅庭园建筑达到了鼎盛。

3. 后期

16 世纪末到 17 世纪，出现了所谓的巴洛克式庭园。建筑的巴洛克风格同 16 世纪中叶学院派风格是针锋相对的。它的代表人物是米开朗奇罗。其主要特征即一反明快均衡之美，过分地表现杂乱无章及繁琐累赘的细部，喜用太多的曲线来制造出有些骚动不安的效果，装饰上大量使用灰泥雕刻、镀金的小五金器具、彩色大理石等，竭力显出令人吃惊的豪华之感。然而与建筑相比，庭园的巴洛克化不仅是时间滞后，而且也仅表现在细部特征上。如最早表现出巴洛克风格的局部构成是庭园洞窟、新颖别致的水景设施（水魔术、水剧场、水风琴、惊愕喷水、秘密喷水等）。此外，还有滥用造形树木，花坛、水渠、喷泉及其他细部的线条、曲线。

（二）经典园林

1. 喀累吉奥别墅（V. Careggio）

这是美第奇家族的别墅中最古老的一座，位于佛罗伦萨西北两英里处。1417 年柯西莫命米切罗兹设计、建筑的庭园。它清晰地反映了中世纪到文艺复兴初期别墅的变迁。该别墅内建筑开窗极小，具有中世纪城堡的外观，建筑多建在平坦地带，由于布置巧妙，从这里可以饱览托斯卡纳一带的美丽景色。据戈塞因记载，庭园自建成后，历经数个世纪的沧桑，除它的栽植发生了很大的变化而外，其他主要特征仍然如故。该别墅的主庭园在建筑物正面展开，并封闭在高大的锯齿形墙内。前面的花坛大概是由小墙壁和门等与大庭园分开的，可能还装饰着一些陶制花瓶。主庭园内还建有绿廊，其余各处植有果树，还栽着造型黄杨树，建筑内设有坐凳的园亭。别墅中植物的品种繁多，外观形若一座植物园。

2. 费索勒的美第奇别墅（V. Medici at Fiesole）

这座别墅是 1458—1461 年米切罗兹为柯西莫（Cosimo dei Medici）之子乔孔

(Giovanni)建造的，后几易其主，但始终维护的很好（图8-10）。

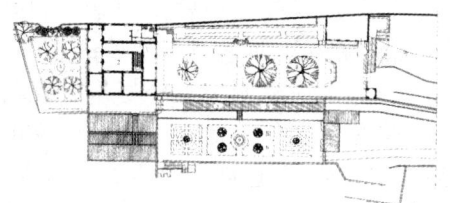

这座别墅建造在斜坡之上，土地整体造型巧妙，宛如天然自成一般。别墅的整个布局综合利用了绘画技巧与地形学方法，用平台将斜坡拦腰切断。在美第奇别墅中，我们还能看到意大利别墅所特有的那种巧妙的协调（Coordination），即各区域间既各有个性，又不是孤立分散的。建筑物与它的平台密不可分地结合成为一体，所有一切都布置得那么尽善尽美。这正是美第奇别墅获得巨大成功的真正原因。

别墅有一个供人出入的角门，角门外的道路一直通向山顶。车辆则要经过一条悠长、蜿蜒的道路方可达到别墅建筑入口，但透过浓密的柏树，别墅建筑及露台却始终隐约可见。最后通过一条橡树林阴道，便来到了主露台。主露台用砾石及草坪装

图8-10　费索勒的美第奇别墅

饰，砾石道边上摆放着种有柠檬和柑橘的赤陶花盆。主露台中央有两棵高大的泡桐树，它提供了浓荫，但也破坏了露台的空间感，所幸的是尚未影响向外的透景线。整个主露台由巨大的挡土墙支撑，加上主体建筑明亮的色彩，人们从很远的地方就能清晰地看到它。同时，主露台也是视野开阔的眺望场所。主露台的西端是简洁的砖结构主体建筑，宽大的屋檐悬出乳白色粉刷墙面。建筑的下层是一个常绿花园，并通过台阶与室内相连。别墅建筑的一角，有一个园门经过花园通向另一个隐蔽的露台。露台左侧连接着别墅建筑，右侧连接着下层的佣人房。主露台的挡土墙根下，是长满葡萄与玫瑰的朴素的凉亭，并通过另一个园门一直通向远处一条起伏的绕回入口道路的园路。凉亭下几英尺是最低的一层露台，从这个最低处，你可以清楚地看到三层的主体建筑及主露台四英尺高的挡土墙。底层露台外侧是大片的植物种植区。

诺曼·牛顿曾评价说：美第奇别墅的最大特点不在于它的建筑细部而是它的位置选择。它精巧简洁的设计为人们提供了一个极开阔的观览范围，而不会仅仅囿于它所拥有的那片场地，因此其周围远山美景的全部或最为精彩的小景都成了别墅自身的一部分。此外，下部的庭园和菜园都布置在视线以下，不形成对立因素，因而毫不妨碍人们的视线。从而使人在极目远眺时获得一种宁静，在这种心境下去审视自然之美也正是文艺复兴的精神所在。费索勒的美第奇别墅的大胆有序的手法、简洁的构造，使它成为后来意大利最为人工化的华丽别墅的典范。

3. 望楼

16世纪，意大利的罗马别墅建筑的发展始于罗马教皇优里乌斯二世（Julius II），他继位后策划了一系列建造项目：继续重建圣彼德大教堂，增建梵蒂冈宫，连接梵蒂冈宫与其北面一个叫"望楼"（Belvedere）的大凉亭。这些建筑是英诺森八世（Innocent VIII）16年前修建的，而所有这些项目教皇都委托给了当时已60高龄的建筑巨匠布拉曼特（Donato Bramante）（图8-11）。

布拉曼特是一位画家出身的建筑师。曾与列奥那多·达·芬奇结为至交，他曾潜心研究过罗马古代的遗址和艺术。1502年，布拉曼特为西班牙的费尔南德五世和伊莎贝拉建造了

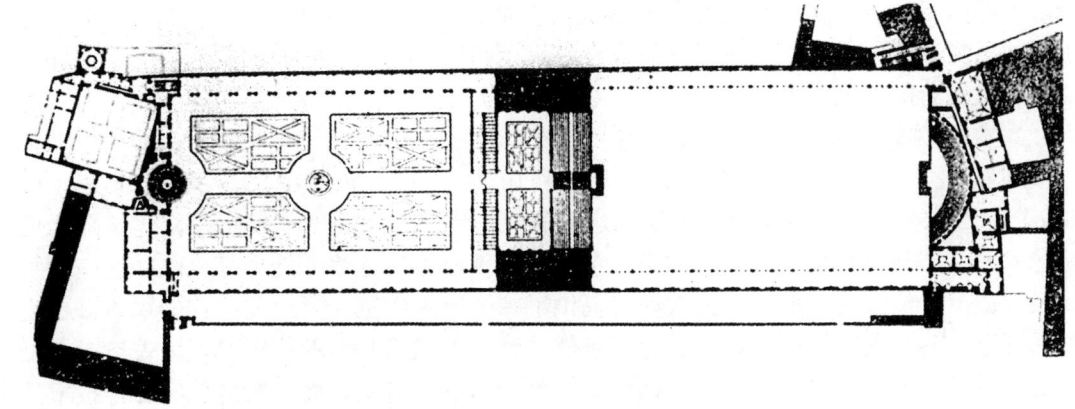

图 8-11　望楼平面图

著名的"坦比埃多"（Tempietto），这是一座围廊式圆形建筑物，在这个作品中布拉曼特仍然遵循着传统的风格，但也融入了他个人非凡的想象与创造。布拉曼特因此而被视为当时最富创造天才的建筑师。

"望楼"项目，是布拉曼特直接参与设计的部分，它极大地影响了后来别墅造园的发展，并且开创了文艺复兴时期罗马建筑的一个新阶段。"望楼"广场给予参观者的感受是全新的，十分明显的。它迥然不同于中世纪风格，但却带有明显的古罗马特征。布拉曼特在这个项目中还创造发展了一种露台建筑式造园样式。空间构造也不仅仅表现在边界的总体规划上，而且还表现在其内部。在"望楼"项目中由于整个广场被分成三层露台，在空间中相互呼应的水平面与垂直建筑边界、支撑露台的垂直面与挡土墙紧密相连的台阶，使得空间的几何感更加明显。这种处理墙体与台阶的技巧正是意大利乡村山地地形所必需的。因此这种特征便在许多作品中不断地反复地出现，并成为独具特征的意大利露台式造园风格。

4. 麦克玛别墅（Villa Macama）

这是一个以意大利露台式造园风格而闻名的别墅，是由拉斐尔（Raphael）为朱利奥·德·美第奇（后来的教皇克莱门七世）建造的。拉斐尔曾从师泼鲁琴诺学画，后又在佛罗伦萨受到达·芬奇和米开朗琪罗的巨大影响。1508年，25岁的拉斐尔应聘前往罗马，在那里为优里乌斯二世供职。拉斐尔与同乡布拉曼特交情深厚，学习了建筑艺术，热衷于古代艺术。年仅37岁就辞别人世的拉斐尔留下了不计其数的绘画作品。他设计的这座麦克玛别墅虽然未能完成，但却在文艺复兴造园中起到了重要作用（图 8-12）。

图 8-12　麦克玛别墅

别墅建在马利奥山上一片水量充沛、景致迷人的山腹地带。按着拉斐尔当初宏伟的总体规划，整个别墅由一条贯穿南北的主轴线和两条东西向的轴线组成。别墅的入口在南面。但遗憾的是别墅只建成了一小部分，而保存下来的更少。尽管拉斐尔的上述设计意图未能实现，但当时的人们都为这个别墅的设计方案的完美而惊叹。而它的历史意义还在于，主体建筑与周围环境的紧密结合,在于它完整的视觉联系。而这种原则也成为16世纪意大利文艺复兴式别墅的重要特征。如果该别墅仍然幸存,它无疑将是创造用于室内的生活与用于室外的观览空间有机融合的典范。

5. 埃斯特别墅庭园

该别墅建于1559—1580年,位于提沃利山顶,是建筑师皮洛·理高利奥(Pirro Ligorio)为红衣主教依珀利特奥·埃斯特建造的。皮洛·理高利奥不仅是一位建筑师,也是一位艺术家、园林设计师、古玩鉴赏家、考古学家。而他的这些才能也都反映在这座别墅的设计及建造上。绝妙的选址不仅为埃斯特提供了一个君主浏览他领地的绝佳的视线,也为充分展示别墅内各水景园提供了最佳的地形条件。整个别墅最基本的构图要素为古典时期倍受钟爱的简单几何形。同时,也受到哈第利安别墅的影响与启发。而无数的装有各种技术的水景、喷泉、雕塑等,连同着无数的寓言及象征意义,使得该别墅成为意大利文艺复兴式庭园所谓"个性风格"突出的代表(图8-13)。

别墅总面积为600英尺×800英尺(约1.4万坪),总体规划在明显的轴线控制之下(图8-14)。别墅的地形主体向南并稍向西倾斜。主体宫殿建筑位于最高层,大致向北。宫殿前是一系列的凉亭。从山顶可以清晰地看到主轴线。轴线并不完全与主体宫殿建筑垂直,沿着主轴线依次顺势向下为杯状喷泉(Bicchierone)、著名的"龙喷泉"及最底层的由无数喷嘴组成的环形空间。其他的一些水景,则隐藏在与主轴线相交的东西向的轴线上。如水风琴、源于公元1世纪的一部文学作品中的猫头鹰喷泉。他们不仅是绝妙的水景,也赋予极深的象征意义(图8-14)。

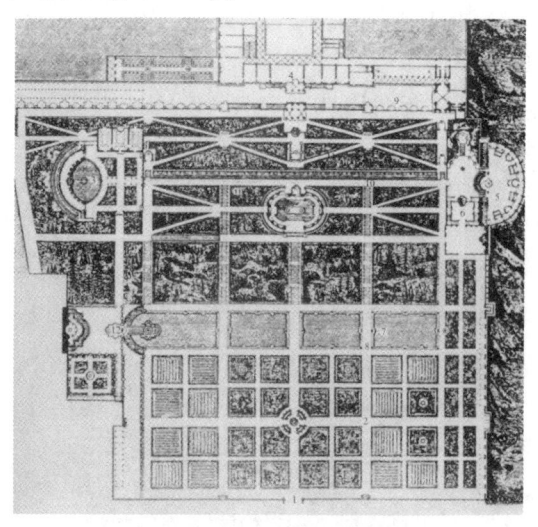

图8-13 埃斯特别墅庭园平面图

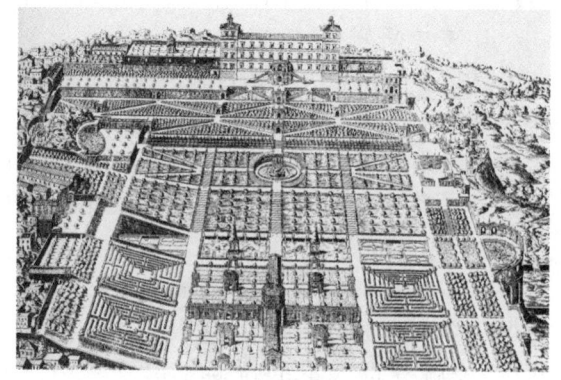

图8-14 埃斯特别墅庭园鸟瞰图

6. 伊素拉·贝拉别墅

这是波罗麦昂群岛的第二大岛上的一个庭园。该岛位于马乔列湖西岸的新特雷扎城的附近。1630—1670年,建筑师安格洛·克里弗里(Angelo Crivelli)为伯罗米奥(Borromeo)家族设计建造的。克里弗里最初的设计思想是,将宫殿建筑、庭园及整个小岛建成一艘大船,在远处黛色山峦的映衬下驶过平静的湖面,但并未完全实现。主体建筑像一个削去顶尖的金字塔,据称是仿造古巴比伦的"空中花园"。今天露台上茂盛的植物,使该岛原来如巨轮般的轮廓已经模糊不清，而看起来更像是"空中花园"（图 8-15）。

宫殿装饰采取了巴洛克式，毫无简洁洗练可言。因它完全是作为避暑别墅来设计的，所以主要房间都朝北。由于受制于岛的形状，故宫殿的视线和庭园的主轴线在平面图上并不成一直线，但两者中间的小院却完成了两者之间巧妙的过渡。园中巴洛克式的水剧场正对着宫殿的一侧，其中布满了壁龛和贝壳装饰品。石栏杆与角柱顶上也设有许多表现农业与艺术活动的雕像以及火神、战神的塑像。在水剧场的顶上饰有骑马雕像，四处耸立的尖塔使这里引人注目。

台地下方造有一个大贮水池，用水泵将湖水抽上来，再从这里送往庭园中的各个喷泉处。在露坛南侧的两个八角形凉亭中现还保存着一个这样的机械装置。

综上所述，我们可以看出，意大利的经典园林特点是：

一是意大利别墅庭园的设计者多为建筑师，他们善于以建筑设计的方法将庄园作为一个整体进行规划。他们认为建筑只是组成庄园的一部分，而花园通常被看作是府邸的室外延续部

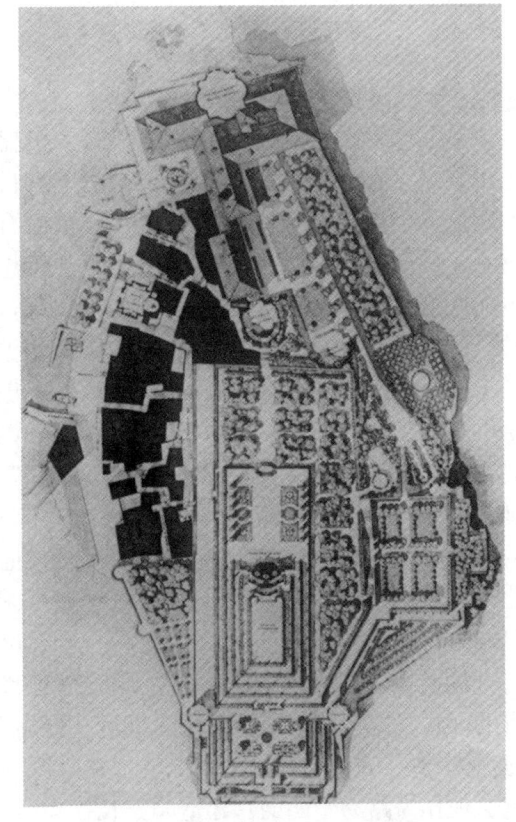

图 8-15　伊素拉·贝拉别墅平面图

分。总体布局充分反映了古典主义的美学原则——中轴对称、均衡稳定、主次分明、变化统一、比例协调、尺度适宜。最广泛采用的形式是以建筑物的轴线作为庭园的主轴线。早期的庄园中，各台层有自己的轴线，而无联系各层之间的轴线；至中期则常有贯穿全园的中轴线，并尽力使中轴线富于变化。轴线通常由各种水景，如喷泉、水渠、跌水、水池等，以及雕塑、台阶、挡土墙、壁龛、宝坎等装饰构成。在文艺复兴后期，受巴洛克风格的影响，往往在某一局部或景点上精雕细刻，使其绚丽夺目，然而也出现了忽视整体效果的倾向。

二是适应地形变化造成了意大利台地式园林突出的立面特征，但由于地形起伏较大，也使得园林的构图不能随心所欲。地形决定了园林中一些重要轴线的安排，也决定了台地的设置、花坛的位置与大小、坡道的形状等。建筑物的位置安排，也要考虑其与台地之间的关系。因此，台地园的设计方法，从一开始就是将平面与立面结合起来考虑的。一般愈接近城市，坡度愈缓，则台层相应较少，落差也不很大。距离城市愈远，则坡度愈大，也就需要设置更多的台层，其间的落差也较大。

三是就其色彩特征而论，意大利式庭园以常绿树木为主色调，其间又点缀了白色的各种石造的建筑物，多用色彩明暗对比的技术。

四是除主建筑外，庄园中也有凉亭、花架、绿廊等，尤其在上面的台层上，往往设置拱廊、凉亭及棚架，既可遮阳，又便于眺望。此外，在较大的庄园中，常有露天剧场、卡西诺（cosino）和迷园。

七、法国园林

(一) 园林史略

路易十四时期，法国专制王权进入极盛时期。路易十四大力削弱地方贵族的权力，政治上采取一切措施强化中央集权，经济上推行重商主义政策，鼓励商品出口。为此建立了庞大的舰队和商船队，成立了贸易公司，从而有力地促进了资本主义工商业的发展。文化方面，路易十四积极倡导体现着唯理主义哲学思想的古典主义文化，因此，在他的支持和资助下，古典主义的戏剧、美学、绘画、雕塑和建筑园林艺术等都获得了空前辉煌的成就。正是在这种历史条件下安德烈·勒诺特尔这位天才才得以脱颖而出。

安德烈·勒诺特尔1613年3月12日出生在巴黎的一个造园世家，13岁起便从师巴洛克绘画大师伍埃（Simon Vouet，1590—1649年）习画，在伍埃的画室里，他结识了许多来访的当代艺术家，其中著名的古典主义画家勒布仑（Charles Le Brun，1615—1690年）和建筑师芒萨尔（Franqots Mansa，1598—1666年）对他的影响最大。1636年，勒诺特尔离开伍埃的画室，改习园艺。在此后的许多年里，他一直与父亲一起，在丢勒里花园从事一般性的园艺工作。同时，他还学习了建筑、透视法和视觉原理。他受古典主义影响，研究过笛卡尔（Rene Descatres，1596—1650年）的唯理论哲学。这些在他后来的作品中都有所体现。

勒诺特尔的成名作是沃-勒-维贡特府邸花园。在这座花园中，由于他采用了一种前所未有的样式，以至于当路易十四参观后，便立即决定聘请他为自己建造更大的花园——凡尔赛宫苑。大约从1661年开始，勒诺特尔开始投身于凡尔赛宫苑的建造中。从那时起直到1700年去世，他作为路易十四的宫廷造园家长达40年，被誉为"王之造园师和造园师之王"（The Gardener of Kings，The King of Gardeners）。他设计或改造了许多府邸花园，表现出高超的艺术才能，创造了风靡欧洲长达一个世纪之久的勒诺特尔式（Style Le Notre）园林。他的主要作品除著名的凡尔赛宫苑、沃-勒-维贡特府邸花园外，还有枫丹白露城堡花园（1660年）等。勒诺特尔的才能和巨大成就，为他赢得了极高的荣誉和地位。路易十四本人对勒诺特尔非常赞赏，认为他"具有坦率、真诚和正直的性格，因此，而受到所有人的爱戴"。

(二) 经典园林

1. 沃-勒-维贡特府邸花园（Le Jardin du Chateau de Vaux-le-Vieomte）

是法国勒诺特尔式园林最重要的作品之一，它标志着法国古典主义园林艺术走向成熟。它使设计人勒诺特尔一举成名，而园主尼古拉福凯（Nicolas Fouquet，1615—1680年）却因此成为阶下囚。

沃-勒-维贡特府邸花园（图8-16）是路易十四的财政大臣福凯的府邸，位于巴黎南面约50千米一个叫"沃"（Vaux）的村庄。大约1650年，福凯请著名建筑师勒沃（Louis Le Vau，1612—1670年）为他建造了一座府邸，担任室内外装饰及雕塑工作的是17世纪法国最重要的古典主义绘画大师勒布仑。他早年在伍埃的画室学画时，曾与勒诺特尔交往甚密，因此，便向福凯推存勒诺特尔作花园设计。这样，一位理智的、有修养和想象力的庄园主和一流的艺术家会集一体，共同为世界园林艺术贡献了一个经典作品（图8-16）。

工程始于1656年，历时5年。整个府邸建在一块600米×1200米的矩形空地上，由于没有任何旧的构筑物成为设计的限定，因此设计师有一个极大、极自由的设计空间。这是任何其他项目很难具备的。该府邸花园采用严谨对称的古典主义样式，它迥然不同于中世纪的庭园——一个私人的、封闭的空间。相反设计者将它看成是一个人权利的象征。

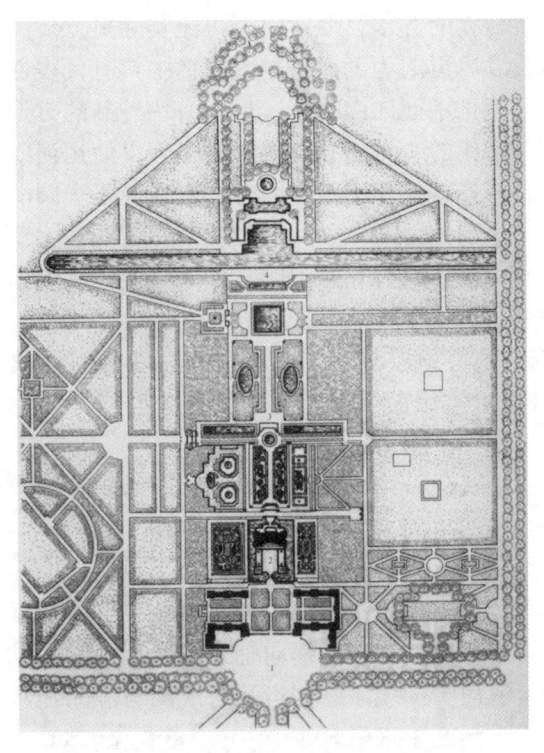

图 8-16 沃-勒-维贡特府邸花园平面图

图 8-17 沃-勒-维贡特花园

整座花园（图 8-17）控制在一条南北向的中轴线及一条东西向的主轴线下，花园中的每一部分都是主体宫殿建筑不可分割的组成。周围的各组成部分像一张巨大的地毯，从主体宫殿建筑沿中轴线伸展开去。主花园在建筑的南面，整体布局对称严谨，由北向南延伸，由中轴向两侧过渡。地势也是由北向南，缓缓下降。过了东西向轴线的运河之后，地势又上升成斜坡。南北轴线长约 1 000 米，两侧是顺向布置的矩形花坛、雕塑、喷泉，植物修剪的模纹花坛。花坛的外侧是茂密的林园，以高大的暗绿色树林，衬托着平坦而开阔的中心部分。南北轴线的尽端是"海格力士"（Hercules）的镀金雕像。

南北轴上采用三段式处理。第一段花园的中心，是一对刺绣花坛，紫红色砖末衬托着黄杨花纹，图案精致清晰，色彩对比强烈。花坛角隅部分点缀着整齐的紫杉及各种瓶饰。刺绣花坛的两侧，各有一组花坛台地，东侧地形原来略低于西侧，勒诺特尔有意抬高了东台地的园路，使得中轴左右保持平衡。第一段以圆形水池作为端点，两侧是长条形水池，长约 120 米，形成较强的、垂直于中轴的横轴。与之平行的有一条横向园路，其东端尽头地势稍高，顺势修筑了 3 个台层，正中有台阶联系。最上层两侧对称排列着喷泉，饰以雕塑，挡土上装饰着高浮雕、壁泉、跌水和层层下溢的水渠等。中轴路第二段花园的两侧，过去有注水渠，密布着无数的低矮喷泉，称为"水晶栏杆"，现已改成草坪种植带。其后是草坪花坛围绕的椭圆形水池。沿着中轴路向南，是方形的水池，因水面平静如镜，故称"水镜面"。由此向南望去，似乎运河对岸的岩洞台地就在池边，其实两者间隔 250 米。而由南向北望，则府邸的立面完全倒映在水中。

第二段花园东西两侧，各有洞窟状的忏悔室，从其上面的平台上，可以更好地观赏园景。走到花园的边缘，低谷中的横向大运河忽现眼前。从安格耶河引来的河水，在这里形成长近1 000米、宽40米的运河,宽阔的草地及后面高大的乔木,使运河显得比实际更宽。园中以运河作为全园的主要横轴,是勒诺特尔首创,以后也成为勒诺特尔式园林中具有代表性的水体处理方式。中轴处的运河上不仅没有架桥,而且水面向南扩展,形成一块外凸的方形水面,既便于游船在此调头,又形成南北两岸围合而成的、相对独立的水面空间,使运河既有东西延伸的舒展,又加强了南北两岸的联系,局部景观更加丰富,同时,也强调了全园的中轴线。

第三段花园坐落在运河南岸的山坡上,坡脚处理成大台阶。中轴线上有一座紧贴地面的圆形水池,无任何雕凿,但是从中喷出的水柱花纹十分美丽。登上台阶,沿着林阴路,可到达山坡上的绿荫剧场。半圆形绿荫剧场与府邸的穹顶遥相呼应。坡顶耸立着的"海格力士"的镀金雕像,构成花园中轴的端点。在海格力士像前,回头北望,整个府邸花园尽收眼底。

花园的三个主要段落,各具鲜明的特色,且富于变化。第一段紧邻府邸,以绣花花坛为主,强调人工装饰性;第二段以水景为主,重点在喷泉和水镜面;第三段以树木草地为主,增加了自然情趣。

花园三段落之间的过渡,循序渐进,独具匠心。第一段以圆形的小型水池结束,下几级台阶,两侧各有120多米长的横向水渠,与大运河相呼应,增强了横向轴线感。第二段以方形的大型水镜面结束,预示着大运河的临近。大运河边缘的飞瀑,与运河形成动与静的强烈对比。与飞瀑相对的岩洞中,饰有雕像喷泉,进一步活跃了水景气氛。

在花园边的园林中,也有笔直的园路,构成几何图形,与花园相协调。同时,在空间上,封闭的林园与开放的花园形成强烈的对比。高大的树木,形成花园的背景,构成向南延伸的空间。最后在花园的南端,围合成半圆形的绿荫剧场,透视深远。规则式花园,从侧面去观赏时,往往景观更富有变化。因此,在林园边布置绿荫园路,形成宜人的散步道,由此可欣赏花园景色。

沃-勒-维贡特花园的独到之处,便是处处显得宽敞辽阔,又并非巨大无垠。各造园要素布置得合理有序,避免了互相冲突与干扰。刺绣花坛占地很大,配以喷泉,在花园的中轴上具有突出的主导作用。地形经过精心处理,形成不易察觉的变化。中轴上依次展开的水景起着联系与贯穿全园的作用。同样,环绕花园整体的绿墙,也布置得美观大方。序列、尺度、规则,这些伟大时代形成的特征,经过勒诺特尔的处理,已经达到不可逾越的高度(图8-17)。

2. 凡尔赛宫苑(Versailles)

真正使勒诺特尔名垂青史的作品是凡尔赛宫苑(图8-18)。在这一巨作中,勒诺特尔不仅把古典主义造园原则运用得更彻底,将要素组织得更协调,使构图更为完美,从而体现一种庄重典雅的风格。更为重要的是,勒诺特尔成功地以园林的形式表现了皇权至上的主题思想。路易十四是欧洲君主专制政体中最有权势的国王,他提出了"君权神授"之说,自称为"太阳王"。因而凡尔赛宫苑的规划设计反映的正是以君主为中心的封建等级制度,是绝对君权专制政体的象征。如贯穿凡尔赛宫苑的主轴线上,除了阿波罗,只有其母拉托娜的雕像。宫苑的中轴线采取东西布置,宫殿的主要起居室和神驾马车、从海上冉冉升起的阿波罗雕像均面对着太阳升起的东方,以此来象征一种周而复始、统治永恒。因此,凡尔赛宫苑不仅使古典主义造园在路易十四统治时期发展到了顶峰,更成了强大的国家和强大的君主的纪念碑。

路易十四选择的凡尔赛,原是位于巴黎西南22千米处的一个小村落,周围是一片适宜狩猎的沼泽地。1624 年，路易十三兴建了一所简陋的狩猎行宫，为砖砌的城堡式建筑，四角有亭，围以壕沟，外观比较朴素，花园纯属 16 世纪末期的风格。路易十四像其父王一样喜爱狩猎，他 12 岁时初次来到凡尔赛，这里便给他留下了美好的童年回忆。

从造园至关重要的"相地"上说，选择凡尔赛这个被称为是"无景、无水，无树，最荒凉的不毛之地"建造宫苑，的确是很不明智的。然而，路易十四的决定也是不容更改的，他在回忆录中还十分得意地说，"正是在这种十分困难的条件下，才能证明我们的能力"。

除勒诺特尔外，法国 17 世纪下半叶最杰出的建筑师、雕塑家、造园家、画家和水利工程师等都先后在凡尔赛的建造工程中工作过。所以，凡尔赛宫苑的建造，代表着当时法国在文化艺术和工程技术上的最高成就。路易十四本人也以极大的热情，关注着凡尔赛宫苑的建设。

凡尔赛宫苑占地面积巨大，规划面积达 1 600 公顷，其中仅花园部分面积就达 100 公顷。园林从 1662 年开始建造，到 1688 年大致建成，历时 26 年之久，其间有些地方甚至反复多次，力求精益求精。

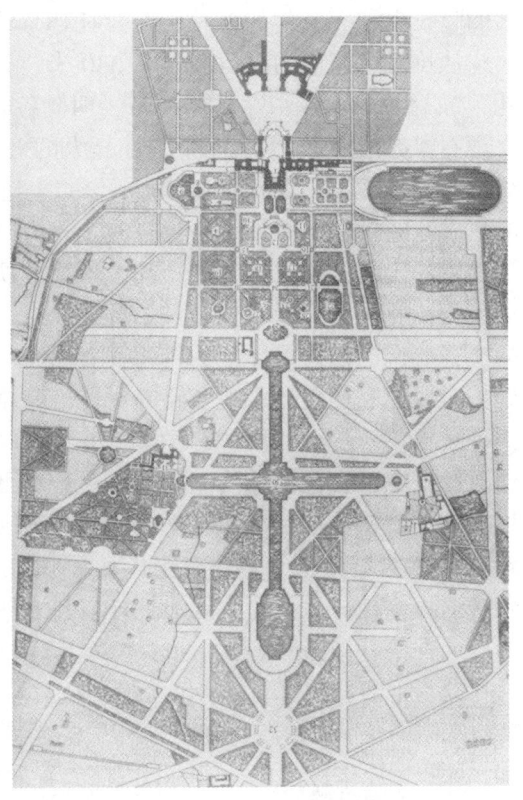

图 8-18　凡尔赛宫苑平面图

（1）总体规划：全园有两条轴线。主轴线为东西轴线，宫殿坐西朝东，由建筑围成的前庭正中有路易十四面向东方的骑马雕像。庭院东面的入口处有"军队广场"，从中放射出 3 条林荫大道向城市延伸。园林布置在宫殿的西面，近有花园，远有林园。宫殿二楼正中，朝东布置了国王的起居室，由此可眺望穿越城市的林荫大道，象征着路易十四自喻为太阳王，控制巴黎、控制法兰西，甚至控制全欧洲的雄心壮志。朝西的二层中央，原设计为平台，后改为著名的"镜廊"，好似伸入园中的半岛，又是花园中轴线的焦点。由此处眺望园林，视线深远，循轴线可达 8 000 米之外的地平线。气势之恢宏，令人叹为观止。

花园中首先建造的是宫殿凸出部分前的刺绣花坛，后又改成"水花坛"，由五座泉池组成，勒诺特尔打算以五彩缤纷的水流，描绘出花坛般的景象，但最终未能实现。现在的"水花坛"是一对矩形抹角的大型水镜面。大理石池壁上装饰着爱神、山林水泽女神以及代表法国主要河流的青铜像。塑像都采用卧姿，与平展的水池相协调。从宫殿中看出去，水花坛中倒映着蓝天白云，与远处明亮的大运河交相辉映。从水花坛西望，中轴线两侧有茂密的林园，修剪齐整的高大的树木。

花园中轴的艺术主题完全是歌颂"太阳王"路易十四的。起点是饰有雕像的环形坡道围着的"拉托娜泉池"，池中是四层大理石圆台，拉托娜（Latona）雕像耸立顶端，手牵着幼年的阿波罗（Apollo）[③]和阿耳忒弥斯（Artemis），遥望西方。下面有口中喷水的乌龟、癞蛤蟆和跪着的村民，水柱将雕像笼罩在水雾之中。

拉托娜泉池两侧各有一块镶有花边的草地，称为"拉托娜花坛"。中央是圆形水池和高大的喷泉水柱，草地的外轮廓与拉托娜泉池协调地嵌合在一起，使这一广场显得十分完美。

从拉托娜泉池向西行，是长330米、宽45米的"国王林阴道"（大革命时改称"绿地毯"），中央为25米宽的草坪带，两侧各有10米宽的园路。其外侧，每隔30米立一尊白色大理石雕像或瓶饰，共24个。在高大的七叶树和绿篱的衬托下，显得典雅素静。林阴道的尽头，便是"阿波罗泉池"。椭圆形的水池中，阿波罗驾着巡天车，迎着朝阳破水而出。阿波罗泉池的两侧，弧形园路上各有12尊在树木和绿篱衬托下的雕塑，既作为国王林阴道雕塑布置的延续，同时也装饰了阿波罗泉池所在的广场。

阿波罗泉池之后，便是凡尔赛宫苑中最壮观的呈十字型的大运河，它既延长了花园中轴的透视线，也是为沼泽地的排水而设计的。大运河长1 650米，宽62米，并在纵横轴交会处拓宽成轮廓优美的水池。路易十四经常乘坐御舟，在宽阔的水面上宴请群臣。

在水花坛的南北两侧有"南花坛"和"北花坛"。这两座花坛一南一北，一开一合，表现出统一中求变化的手法。南花坛台地略低于宫殿的台基，实际上是建在柑橘园温室上的屋顶花园，由两块花坛组成，中心各有一喷泉。由此南望，低处是柑橘园，远处是"瑞士人湖"和林木繁茂的山岗。瑞士人湖面积有13公顷，因由瑞士籍雇佣军承担挖掘工程而得名。这里原是一片沼泽，地势低洼，排水困难，故就势挖湖，在南面形成以湖光山色为主调的开放性的外向空间。

路易十四偏爱柑橘树。勒沃最初在宫殿的南侧建了一处柑橘园，园内1 250多盆柑橘完全来自福凯的花园。小芒萨在扩建宫殿的南翼时将勒沃的柑橘园拆毁建造了现在看到的新柑橘园，面积比原来扩大了一倍。园内摆放着大量的盆栽柑橘、石榴、棕榈等，富有强烈的亚热带气氛。新柑橘园比南花坛低13米，借助落差在南花坛地面下建了一座温室，有12个拱门，可容纳3万余盆植物越冬。园的东西两侧各有20多米宽、100级台阶的大阶梯联系上下。

与南花坛相对照，北花坛则处理成封闭性的内向空间。这里地势较低，也有两组花坛及喷泉，四周围合着宫殿和林园，十分幽静。它北面因水景处理十分巧妙而著称，从"金字塔泉池"开始，经"山林水泽仙女池"，穿过"水光林阴道"，到达"龙池"，尽端为半圆形的"尼普顿泉池"一系列喷泉引人入胜。金字塔泉池是金字塔形的四层水盘，由雕像支承着。山林水泽仙女泉池表现了狄安娜与山林水泽仙女嬉戏的情景。水光林阴道是穿越林园的坡道，两边排着22组盘式涌泉，各由3个儿童像擎着。龙池是一座圆形水池，池中是展翅欲飞的巨龙，周围四条怪鱼纷纷逃窜，4个儿童骑在天鹅身上，以弓箭袭击巨龙。尼普顿泉池虽不似瑞士人湖那么辽阔，但在幽暗和狭窄的空间对比之下，也显得十分壮观。南岸池壁上及水中装饰着雕像和喷泉，喷水或呈抛物线形射向池中，或向上直冲云霄，或从各种动物塑像口中喷出，水柱或粗或细、纵横交错，伴以喧闹的声响，使人目不暇接。尼普顿泉池与瑞士人湖，在横轴两端遥相呼应，又富有强烈的动与静的对比。

（2）小园林：凡尔赛宫苑是作为路易十四的纪念碑来建造的，因此，无论从平面构图还是从整体宏观效果上看，凡尔赛宫苑特别是中轴部分都会让人觉得宏伟庄严有余，而丰富变化不足。然而，当你进入国王林阴道两侧的林园之后，就会发现隐藏在大片林地之中的另一个世界。在林园中一般空间尺度都比较小且亲切宜人，因而堪称是凡尔赛宫苑中最独特、最可爱的部分，是真正的娱乐休憩场所。

林园的设计和建造倾注了勒诺特尔全部心血，由于国王不断产生新的要求，林园的形式也在不断变化。全园共有14处小园林，其中两处在水光林阴道路的两边，其余的布置在中轴两侧，以方格网园路划分成面积相等的12块。园路的4个交点上布置有4座泉池，池中分别有象征春天的花神、象征夏天的农神和象征冬天的酒神雕像，代表四季交替。每一处小园林都有不同的题材、别开生面的构思和鲜明的风格。路易十四非常喜欢邀请外国使节来凡尔赛宫苑，重点便是参观林园。但是，路易十四死后，许多小林园都改变了原来的题材和风格。

"迷园"是勒诺特尔构思最巧妙的小林园之一，取材于伊索寓言。入口相对而立的是伊索和厄洛斯的雕像，暗示受厄洛斯引诱而误入迷宫的人会在伊索的引导下走出迷宫。1775年"迷园"被毁后改成"王后林园"。

"沼泽园"是勒诺特尔为蒙黛斯潘侯爵夫人（Marquise dc Montespan，1640—1707，1667—1684年是路易十四的情人）兴建的一处十分精美的场所。园内方形水池的中央，有一座独特的喷泉，在一株逼真的铜铸的树上，长满了锡制的叶片，在所有枝叶的尖端，布满了小喷头，向四周喷水；水池边的"芦苇叫"则向池中心喷出水柱；池的四个角隅上的"天鹅"也向池内喷水。不同方向的水柱纵横交错，使人眼花缭乱、目不暇接。此外，在两侧大理石镶边的台层上，还设有长条形水渠，里面是各种水罐、酒杯、酒瓶等造型的涌泉。

"阿波罗浴场"位于"沼泽园"后，其中有大岩洞，主洞是海神洞，有巡天回来的阿波罗与众仙女的雕像，两个副洞有太阳神的马匹雕像。岩洞完全仿自然山岩，到处是层层跌落的瀑布。1776—1778年，阿波罗浴场改成浪漫式风景园林。

"水剧场"也是备受人们赞赏的小林园。在椭圆形的园地上，流淌着3个小瀑布，还有200多眼喷水，可以组成10种不同的跌落组合，在绿色植物的衬托下恰似优美的舞台景象。观众席环绕舞台呈半圆形布置，并逐层向后升起，上面铺着柔软的草皮。可惜毁于18世纪中叶，现存的是后建的"绿环丛林"。

"水镜园"建于1672年，水池的处理很简洁，倒映着树梢上的蓝天白云。水面与驳岸平齐，自然过渡到斜坡式草坪，与西侧的"帝王岛"（亦称"爱情岛"）合为一体。路易十八（Louis ⅩⅧ，1814—1824年在位）时期，帝王岛被改成英国式花园，称为"国王花园"。

"柱廊园"是树林环绕的大理石圆形柱廊，共32开间。粉红色大理石柱纤细轻巧，柱间有白色大理石盘式涌泉，水柱高达数米。当中为直径32米的露天演奏厅，中心是雕塑家吉拉尔东（Francois Girardon，1628—1715年）的杰作"普鲁东抢劫普洛赛宾娜"。柱廊园是凡尔赛中最美的园林建筑，是由小芒萨尔在1684年建造的。其做法与勒诺特尔以植物材料为主的创作手法大相径庭。

（3）工程技术：凡尔赛不仅在规划中体现了皇权至上的主题思想，也是当时最先进的科学技术的反映。凡尔赛的水源难以满足大运河和1 400多座泉池的用水，为此建造了大量的水工工程及机械，堪称当时的工程奇迹。但供水问题始终未能圆满解决。为了使林园尽快成林，施工中还发明了移树机移植成熟大树。凡尔赛宫苑可谓是雕塑林立，其主题和艺术风格十分统一。除了有杰出的画家勒布仑统一规划外，还于1666年在罗马专门设立法兰西艺术学院，培养了一大批优秀的雕塑家，他们在勒布仑的统一指挥下完成了全园的雕塑创作。

凡尔赛的建成，对当时整个欧洲的园林艺术产生了深刻的影响，成为各国君主梦寐以求的人间天堂。德国、奥地利、荷兰、俄罗斯和英国都相继建造自己的"凡尔赛"，然而，无论在规模上还是在艺术水平上都未能超过凡尔赛。

1715年路易十四死后，凡尔赛宫苑几经沧桑，渐渐失去17世纪时的整体风貌。规划区域的面积从当时的1 600多公顷，缩小到现在的800多公顷。虽然园林的主要部分还保留着原来的样子，却难以反映出鼎盛时期的全貌了。

3. 罗浮宫（卢夫宫、鲁佛尔宫）

法国罗浮宫，位于巴黎市中心。中世纪时，罗浮宫最初只是一个城堡，约在公元1 200年时，增加了塔形高楼和护城河，当时称为罗浮，主要当作监狱和军械库用。公元1 385年，罗浮改为王宫。法王查理五世将它改造成为哥德式建筑，成为国王宝物收藏之地。到法兰西斯一世时，罗浮宫才表现出王族风采。当时国王常到意大利旅行，收集了意大利文艺复兴时巨擘（bò），如达·芬奇和切利尼的名作，建筑样式也是符合文艺复兴时的，以便与收藏品相和谐。

罗浮宫曾是世界上最大的王宫，是最早展示文物的地方，艺术文物不断增加，终成为全世界的博物馆（图8-19）。罗浮宫有700多个展示间，储有3万多件艺术品。

图8-19　罗浮宫

亨利二世继续法兰西王的重建计划。公元1559年，亨利二世去逝后，其遗孀麦迪尔王后所住的托尼尔王宫迁至此，并希望在塞纳河畔有花园。亨利三世依母所愿，于公元1595—1607年，在罗浮宫旁兴建了杜伊勒花园。17世纪又新建了宫殿广场和东侧底部的廊柱。但在路易十四于1682年移居凡尔赛之后，罗浮宫建筑放缓。但却增加了镇宫之宝，如拉斐尔、提香（Titan）、鲁本斯（Rubens）、霍多拜因（Holbein）的作品。

18世纪罗浮宫似乎被遗忘了，曾作过校舍。1793年国立中央美术馆迁入……还曾储藏过拿破仑一世从世界各地夺来的部分宝物。拿破仑三世完成了罗浮宫的"伟大设计"，之后又不断改装成为现在的规模，占地约18公顷，主要设计人为莱斯科（P. Lescot 1515—1578年）。1793年起成为国家博物馆。

罗浮宫的主入口是贝聿铭设计的，由793块玻璃镶成的外形似金字塔的拿破仑广场。从此入口进去，可直达三大展区。许里区包括宫殿广场、塞纳河畔和黎塞留区。每个展区有四层楼，四楼通往地下购物中心和地铁站。

罗浮宫共有七大主题：即古东方、古埃及、古希腊罗马、美术工艺、雕刻、绘画和素描。在中地下楼有奥古斯都时代的建筑遗址。还有地牢、双塔地础和护城河上的吊桥。

在古埃及区里，二楼展品有5 000年前镶着象牙剑柄的匕首，还有木乃伊、写本、珠宝和雕刻古《书记坐像》。在古希腊罗马区里，有世界著名的用大理石雕刻的萨摩塔斯的胜利女神像。

在古希腊罗马区里二楼内有伽芭拿美术馆、玻璃制品和各种绘画、雕刻和查理三世马厩旧址及名震世界的大理石雕刻。在二楼丹依区的阿波罗厅中有 1380 年时的法国查理五世的黄金权杖，有路易十五和拿破仑的王冠，更有一颗于 1722 年路易十五所戴的镶在王冠上的号称全世界《摄政王钻石》。在北侧展厅中有荷兰和佛兰芒大师，像范·迪克、勃鲁盖父子、佛美尔等的画作和史诗作品。有意大利 15 世纪的壁画，有 1486 年达·芬奇的杰出画作——《岩下圣母》和 1510 年的《圣母、圣婴和圣安娜》，有 1515 年拉斐尔为朋友所作的画像。

在普杰馆中展示了普杰的最著名作品《克罗东的米洛》和米开朗琪罗的两部巨作《即使尚未完成》和《俘虏》。

八、英国园林

（一）园林史略

英国是一个海洋包围的岛国，气候湿润，5 世纪为罗马属地，长期为罗马教皇严格控制。欧洲文艺复兴运动的影响是从发源地佛罗伦萨传向罗马、意大利、法国等欧洲国家，也影响了英国。这种变化趋势也反映在欧洲园林的发展历程中。15 世纪属于佛罗伦萨，16 世纪属于罗马，17 世纪属于法国，而 18 世纪则是英国处于潮流的领导地位。纵观英国园林发展大致分为两个阶段。

1. 英国规则式园林阶段

中世纪一结束，英国就进入了都铎王朝时代（1485—1603 年）。当时的英国庭园可以说是中世纪庭园与形式上的文艺复兴式庭园的结合。都铎王朝的君主们毫不掩饰自己对花卉和庭园的喜爱，亨利八世也和法兰西斯一世一样，乐于在宫殿四周筑造漂亮的庭园。在伊丽莎白女王的肖像画中，也常常可以看到女王用鲜花束装扮的情景。

2. 风景式园林阶段

18 世纪英国自然式风景园的出现，改变了欧洲由规则式园林统治的长达千年的历史，这是西方园林艺术领域内的一场极为深刻的革命。当欧洲大陆兴起勒诺特尔式造园热时，英国虽然也受到影响，但影响程度明显小于其他国家。究其原因：一是由于英国人有保守特性；二是英国地形丘陵起伏，建平展的花园动用土方大；三是英国多雨潮湿，植物修剪整形成本太大；四是畜牧业明显地改变了英国的乡村景观和风貌。与此同时英国的文学、艺术等领域中出现的各种思潮以及美学观点，使文学家、艺术家们变得更加尊重自然，并将规则式花园看做是对自然的歪曲，而将风景园看做是一种自然感情的流露。加之对于东方园林的赞美与憧憬，英国风景式园林便在这种情形下产生并逐渐发展起来。这一阶段涌现出了大批对英国风景式园林产生巨大影响的文学家、艺术家及他们的作品，还有许多造园理论专著。其中，布里奇曼（Charles Bridgeman，？~ 1738 年）、朗斯洛特·布朗（Lancelot Brown，1715—1783 年）、雷普顿、威廉·钱伯斯（William Chambers）是众多造园家中最具影响力的几位。

布里奇曼是伦敦和怀斯的继任者，也是一位革新者，曾参与了著名的斯陀园（Stowe）的设计和建造工作。他首次在园中应用了非行列式的、不对称的树木种植方式，并且放弃了长期流行的植物雕刻。他是规则式与自然式之间的过渡状态的代表。

布里奇曼在造园中还首创了称为"哈哈"（ha-ha）的隐垣，即在园边不筑墙而挖一条宽沟，不仅有限定园林范围的作用，又可防止园外的牲畜进入园内。而在视线上，园内与外界却无隔离之感，极目所至，远处的田野、丘陵、草地、羊群，均可成为园内的借景。

威廉·肯特（William Kent，1686—1748 年）是真正摆脱了规则式园林的第一位造园家，也是卓越的建筑师、室内设计师和画家。

肯特初期的作品还未完全脱离布里奇曼的手法。不久就完全抛弃一切规则式的规划，创造出了一条新路，成为真正的自然风景园的创始人。他在园中摒弃了绿篱、笔直的园路、行道树、喷泉等，而欣赏树冠潇洒的孤植树和树丛。他还善于以十分细腻的手法处理地形。经他设计的山坡和谷地，高低错落有致，令人难以觉出人工刀斧的痕迹。他认为风景园的协调、优美，是规则式园林所无法体现的。肯特认为，新的造园准则即完全模仿自然、再现自然，而"自然是厌恶直线的"（Nature are abhors a straight line），这就是肯特造园思想的核心。据说，为了追求自然，他甚至在肯辛顿园中栽了一株枯树。

肯特的思想对当时风景园的兴起，以及对后来风景园林师的创作方法都有极为深刻的影响。他也为后人留下了不少园林及建筑作品，如海德公园的纪念塔、邱园的邱宫等。

朗斯洛特·布朗（Lancelot Brown，1715~1783年）是肯特的学生，也是继他之后英国园林界的权威。布朗曾随肯特一起在斯陀园从事设计工作，1741年被任命为总园林师。他是斯陀园的最后完成者，担任过汉普顿宫的宫廷造园师，他当年栽种的一株葡萄仍保留至今。

布朗原是蔬菜园艺家，后在伦敦学习建筑，再转为风景园林师。由于他所处的时代正是英国风景园兴盛之际，布朗正好成为这一时代的宠儿，由他设计、建造或参与改造的风景式园林约有200多处。由于他对任何立地条件下建造风景园都表现得十分有把握，并常有一句口头语，"It had great capabilities"，即"大有可为"之意，人们因而称他为"万能的布朗"（Capability Brown）。

布朗擅长处理风景园中的水景，他的成名作就是为格拉夫顿公爵设计的自然式水池。以后，他又在马尔勒波鲁公爵的布仑海姆宫苑（Blenheim Palace）改建中大显身手。此园原是亨利·怀斯18世纪初建造的勒诺特尔式花园，以后，由布朗改建成自然风景园，成为他最有影响的作品之一，也是他改造规则式花园的标准手法。他去掉围墙，拆去规则式台层，恢复天然的缓坡草地；将规则式水池、水渠恢复成自然式湖岸，水渠上的堤坝则建成自然式的瀑布，岸边为曲线流畅、平缓的蛇形园路；植物方面则按自然式种植树林、草地、孤植树和树丛；他也采用隐垣的手法，而且比布里奇曼和肯特更加得心应手。此外，他还对第九世布朗洛伯爵的伯利园（Burley）进行了改造，并在该园工作了很长一段时间，他所建的温室、水池、树林等保留至今。

布朗所设计的园林作品中，还有建于1751年的克鲁姆（Croome）府邸花园。此园，被认为是布朗在并不理想的平坦立地条件下出色地创造的一个美丽的自然风景园林代表作。1763年布朗改建了卢顿·胡（Luton Hoo）园。在这座旧园中，他将一条小河堵住，形成面积达2.6平方千米的湖泊。湖中有岛，岛上种树，陆地上有茂密的树林，还采用了隐垣的手法以扩大空间感。

布朗的作品如雨后春笋般出现在英国大地上，甚至有人称之为"大地的改造者"。他这种大刀阔斧破旧立新的做法，也引来了一些人的反对。反对者中主要有威廉·吉尔平（William Gilpin，1724—1804年）和普赖斯（Sir Uvedale Price，1747—1821年）。他们认为布朗毫不尊重历史遗产，也不顾及人们的感情，几乎改造了一切历史上留下的规则式园林。普赖斯特别反对他破坏古木参天、浓阴蔽日的林阴道。吉尔平认为林阴道和花坛是与建筑协调的传统布置方式，而布朗对伯利园的改造，与古建筑的风格不相适应，并且抨击他以一种狭隘、偏激的情绪改造旧园林。甚至有人说愿意自己比布朗早死，这样，还可以看到未被布朗改造过的天堂乐园。

与此同时，另一些著名的诗人、作家则对布朗大加赞扬，而真正赞赏布朗的是另一位杰出的风景造园家胡弗莱·雷普顿（Humphry Repton，1752~1818年）。许多名不见经传的造园家也追随布朗的足迹，创作了一些杰出的自然式风景园。

布朗设计的园林尽量避免人工雕琢的痕迹，以自由流畅的湖岸线、平静的水面、缓坡草地、起伏地形上散置的树木取胜。他排除直线条、几何形、中轴对称及等距离的植物种植形式。他的追随者们将其设计誉为另一种类型的"诗、画或乐曲"。

雷普顿是继布朗之后18世纪后期英国最著名的风景园林师。他从小广泛接触文学、音乐、绘画等，有良好的文学艺术修养。他也是一位业余水彩画家，在他的风景画中很注意树木、水体和建筑之间的关系。1788年后，雷普顿开始从事造园工作。

雷普顿对布朗留下的设计图及文字说明进行深入的分析、研究，取其所长，避其所短。他认为自然式园林中应尽量避免直线，但也反对无目的的、任意弯曲的线条；他也不像布朗那样，排斥一切直线，主张在建筑附近保留平台、栏杆、台阶、规则式花坛及草坪，以及通向建筑的直线式林阴路，使建筑与周围的自然式园林之间有一个和谐的过渡，愈远离建筑，愈与自然相融合；在种植方面，采用散点式、更接近于自然生长的状态，并强调树丛应由不同树龄的树木组成；不同树种组成的树丛，应符合不同生态习性的要求；他还强调园林应与绘画一样注重光影效果。

由于雷普顿本人是画家，他十分理解并善于找出绘画与造园中的共性。然而，雷普顿最重要的贡献却在于提出了绘画与园林的差异所在。他认为，首先，画家的视点是固定的，而造园则要使人在动中纵观全园，因此，应该设计不同的视点和视角，也就是我们今天所谓的动态构图；其次，园林中的视野远比绘画中的更为开阔；三是绘画中反映的光影、色彩都是固定的，是瞬间留下的印象，而园林则随着季节和气候、天气的不同，景象千变万化；此外，画家对风景的选择，可以根据构图的需要而任意取舍，而造园家所面临的却是自然的现实；并且园林还要满足人们的实用需求，而不仅仅是一种艺术欣赏。雷普顿的论点对于当时处于激烈争论中的风景园设计是十分重要的，甚至对今日的园林设计工作者也不无借鉴之处。

雷普顿确实可称为风景式造园的集大成者，作为造园家，他的工作在造园界取得了最辉煌的成就。他亲自创设及改造的庭园多达200个以上，业主遍及全英国，几乎包罗了各个阶层的人士。但雷普顿在造园界创下的功绩与其说是那些庭园作品，莫不如说是他的著作。可以说，他的著述提高了当时整个英国的造园水平。

在18世纪初叶到19世纪初叶的100年间，自然风景园风靡英国造园界，雷普顿是这一时代3个最杰出人物中的最后一个。人们认为最早的肯特造园虽少，但影响很大，是风景园的创始者；后来的布朗在约40年中，设计的园林遍布全英国土，经过他的手，有数千公顷的草地、沼泽地被改造成美丽的、景色宜人的林苑；而雷普顿则是风景园的完成者。

威廉·钱伯斯（William Chambersen）早年曾在东印度公司工作，因此有机会周游了很多国家，也曾到过中国的广州。但他并不热衷于商业，却对建筑有浓厚的兴趣，因此后来成为声名显赫的建筑师。从1758年到1759年，他担任了邱园的建筑官员，在那里建了许多中国式建筑，其中中国塔和孔庙（House of Confucius）最为著名，它们至今还残留着，成为诉说当时中国热的极好的纪念物。除此之外，园中还有许多各式各样的添景物，如希腊式庙宇、罗马式废墟等，它们打破了单调的气氛，为庭园增添了活力，后来这个庭园因建筑物过多而备受责难，但它在欧洲大陆庭园中仍是无与伦比的。从建成开始，这个庭园中就栽种了为数不少的外国植物,尤其是美国产的蔓生类植物、松柏等,在19世纪远近闻名,现在成为欧洲首屈一指的植物园。

1772年钱伯斯的《东方庭园论》(Dissertation on Oriental Gardening)问世,在这本著作中他将中国的庭园介绍到英国,同时还认为英国的风景式园林只是粗犷的田园风光,因此提议在风景式造园中应吸收中国庭园的风格。当时的英国正处于布朗式造园的全盛时期,由于这种庭园与建有大量建筑物的中国庭园大相径庭,所以钱伯斯著作的出版,不仅迎合了那个时代的浪漫主义潮流,而且激起人们对风景式造园的极大反响。进而引发了后来对模仿自然持不同态度的布朗派(Brownist)和绘画派(Picturesque School)两大派别之间的一场论战。坚持布朗式造园的造园家有雷普顿和马歇尔。绘画派则以绘画评论家普赖斯、奈特及森林美学家吉尔平为代表。奈特在1794年首先公开发表了题为《风景》(The Landscape)的诗作,点燃了向布朗派进攻的烽火。他提倡在绘画前景中,描绘出仪态万千的各种树群,来代替布朗派所酷爱的独立树木。普赖斯也在同年起草了《论绘画》(Essays on the Picturesque)的著名论文,阐述了"美的"(beautiful)与"绘画的"(picturesque)两者间的不同,批评布朗派将此二者混为一谈而不加以深刻的理解。当时已活跃于造园界的雷普顿立即对这些攻击奋起应战,1795年他出版了著名的《造园绘画入门》(Sketches and Hins on Landscape Gardening);摆脱了强调绘画与造园类似的普赖斯等的思想的束缚,冷静考察了绘画与造园间存在的不同之处:例如,一是自然风景比绘画的视野更为开阔;二是从高处俯瞰险峻的山峦景色往往是大自然中最理想的风景,但绘画却难于将它们表现出来;三是在构成风景之际,对画家而言必不可少的前景在大自然中却总是不尽人意的,且为描绘风景而可供画家刻意挑选的前景也很少见。与雷普顿的这种观察相反,普赖斯认为,在构成、配置、色彩的谐调、形态的统一、明暗的效果等各方面,造园与绘画的基本原则是完全一致的,并对造园与绘画作品进行了认真的对比。

雷普顿在《造园绘画入门》中还提出了以下关于造园的法则:一是庭园在展示自然美的同时还要掩盖自然的缺陷;二是将境界伪装或隐蔽起来,赋予庭园广阔和自由的外观;三是除了能改善风景,并为整体造成自然外观的东西之外,一切有碍艺术之物,无论它们多昂贵,都必须尽力隐蔽起来;四是凡不具有装饰作用或不能构成整个风景的一部分的东西,不论其多么舒适宜人,都应将它们隐蔽起来。从上述法则中可见,雷普顿是将自然美作为造园的基本准则,一方面重视这样的自然美,另一方面又注重实用。

关于美与实用这一问题,布朗派与绘画派之间也达不成相互一致的意见。普赖斯说:"在住宅附近,绘画的美在大部分场合下要付出代价。不过,即使以此来满足要求,也不可过分地削弱绘画美。"雷普顿则针锋相对地主张:"实用往往比美更应受到重视;在人们的住宅附近,需要的不是绘画效果而是方便"。他反对不适应于人类生活需要的设计,他的全部努力就是为了在满足业主使用要求的同时,使他们仍能享受到自然的静谧。无论如何,两派之间所进行的论战无疑促进了英国造园长足的进步与走向成熟。

(二)经典园林

1. 汉普顿宫庭园(Hampton Court Palace)

这是都铎王朝最著名的一座规则式园林。它位于伦敦以北12英里的泰晤士河畔,是枢机官沃尔西1515年建造的,面积约2 000英亩。园内有庭园和果园。1529年枢机官下台,此园归亨利八世所有,并作了扩建。1533年,国王造了新庭园,原来的林苑即在今天人们所知的"秘园"(Privy Garden)那个地方。该庭园的规划图保存在牛津大学的博德莱安图书馆里。这张图如实表现了小花结花坛、砾石分区园路、林阴树、园亭、宴会厅等。色彩斑斓的台座上的动物雕像分布在庭园及果园的四周,或安放在围着花坛的柱子上,露台的边缘石上等处。庭园中还有带皇室徽章的风向标及黄铜制的钟。与"秘园"相连的是"池园"(Pond Garden),这是庭园中最古老的部分,它是一片长方形区域,在砖围墙中筑有带低矮的挡土墙和边缘石的三级露台。挡土墙的一角上有亨利七世所建的宴会厅。露台中心有圆形喷泉,铺砌的园路垂直相交,整个庭园包围在树篱之中。

都铎王朝后半期的伊丽莎白时代（1558～1603年）的庭园,多数是模仿了意大利、法国,荷兰等国家的造园样式。主要不同之处在于英国人更热衷于花卉栽培。由于英国气候阴郁,英国造园家们更乐于用明丽的花坛以造出欢快的气氛。此外,在庭园的细部处理方面也有很大变化,宅邸前设有用墙围着的前庭。与欧洲大陆的城堡不同的是英国的宅邸极少用濠沟包围,宅内有时用石铺地,大多数则是设有喷水池的草坪,一侧造有装饰性庭园及花坛,露台常常与府邸相连,从露台上可眺望庭园或纵览附近的田园风光。

关于都铎王朝和伊丽莎白王朝的造园情况,我们既无残留下来的实例可考,也无文献可查,故难免有失偏颇之处。

2. 邱园（Royal Botanic Gardens, Kew）

邱园为英国皇家植物园,两个世纪以来,一直是世界瞩目的植物园之一,其园林景观体现了英国园林发展史上几个不同阶段的特色。作为植物园,无论在科学性或艺术性上,邱园都是十分杰出的,是各国植物学家、园艺学家和园林学家的向往之地,也是一处美丽的游览胜地（图8-20）。

1731年自威尔士亲王弗莱德雷克（Freaderick）开始在此居住起,邱宫（Kew House）及其周围的园林便得到了陆续的修建。1763年,乔治三世用宫内经费出版了《邱园的庭园和建筑平面、立面、局部及透视图》一书,使更多的人对邱园有所了解。而负责此书出版的正是威廉·钱伯斯。并且他在邱园工作期间还建造了一些当时十分流行的中国式样的建筑,如中国塔,还有孔庙、清真寺、岩洞、废墟等,以后毁掉了一些,而塔和废墟保留至今。这些建筑标志着东方园林趣味对英国园林的影响。不过,按照中国的传统,宝塔层数一般为奇数,而邱园的塔却是10层,这也说明当时在英国园林中只不过是模仿了中国园林一些零星的建筑物,如亭、桥、塔以及假山、山洞等,满足了一些人的猎奇心理而已（图8-21）。

邱园的建造时期正是英国风景园盛行之际,而且,又处于欧洲园林追求东方趣味的热潮之中,加上十分崇拜中国园林的造园家威廉·钱伯斯的多年经营,使邱园成为这一时期很有代表性的作品之一。

邱园的建设首先以建筑邱宫为中心,以后在其周围建园,又逐渐扩大面积,增加不同的局部,客观上形成了多个中心,其主要性能又是植物园,因此,其规划又不同于一般完全以景观效果为主的花园。邱园以邱宫、棕榈温室等为中心形成的局部环境、自然的水面、草地、姿态优美的孤植树、树丛、内容丰富又绚丽多彩的月季园、岩石园等种种景色,使邱园不仅在植物学方面在国际上具有权威地位,而且在园林艺术方面也有很高的水平,至今邱园仍是国际上享有盛誉的园林之一。

棕榈温室不仅室内植物是吸引人们参观的重点,室外园林也很有特色。温室东面为水池,靠近温室一侧的池岸为规则式驳岸。为了与温室建筑一致,岸边的花坛、雕塑、道路均为规则式规划。而另外三边的池岸则处理成自然式,环池道路也随池岸曲折,路与水面之间的草地形成缓坡,逐渐伸入水中,或有成丛的湿生、沼生植物,由路边延伸至水中,在这些

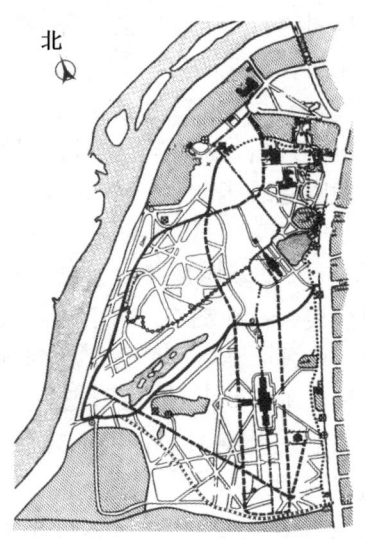

图 8-20　邱园平面图

图 8-21　邱园中国塔

地方已很难觉察出池与岸的明显界限了。池中有雕塑、喷泉。池南岸有一对中国石狮子，为中国"万园之园"圆明园的原物。从水池的岸边处理上可以看出设计者力求使温室建筑与自然式园林相协调和由规则式向自然式过渡的匠心。温室的另一侧为整形的月季园，园的南端延伸至远处的透视线终点就是中国宝塔。

邱宫建筑的一侧，近年来新建了一处规则式的局部。整齐的长方形水池、修剪的绿篱和成排的雕塑，形成一个独立的空间，体现了伊丽莎白时代的风格。

邱园内有许多古树，如欧洲七叶树、椴树、山毛榉、雪松、冷杉等，难得的是它们都占有非常开阔的空间，因此随着岁月流逝，并无局促之感，不仅树高增长，树冠也日益展开而丰满，给人一种既古老又健壮的印象。当然，丰富的国外引种植物品种，也是形成邱园特色的重要因素。管理良好的草坪地被也是邱园引以为豪的内容之一，园中的开花灌木及针叶树的基部都与草地直接相连，乔木的树阴下也是草地，绿色地被成为乔、灌木及花卉的背景，在绿色的衬托下，花卉的色彩显得更加鲜艳。不仅在邱园，英国许多园林都具有这一优势，甚至有的地方以绿毯般的草坪铺成路面，人们可以悠闲地在上面漫步。当然这与英国特殊的气候条件是分不开的。

邱园的西南部还有一连串长长的湖泊水面，虽不很辽阔深远，但水中的小岛、嬉戏的水禽，也使这里显得十分幽静。

九、俄国园林

（一）园林史略

俄国在彼得大帝诞生之前，独特的园林文化几乎没有，从彼得大帝建成彼得堡以后才真正开始有了园林文化。

彼得大帝在即位之前，曾到过荷兰、英国、法国、德国等国家旅行，接触了不少国外的园林文化，很是欣赏，从此开始学习并很投入地研究它们。1714年彼得大帝在阿莫勒尔蒂岛上，涅瓦河畔建起了避暑宫殿和其中的大庭园。据说其构思也是来自法国巴黎的凡尔赛，现已荡然无存。但从此便开始了园林工程的营造，造出了不少经典之作。

(二) 经典园林

1. 彼得霍夫宫殿

1715年为了纪念1700—1721年战胜瑞典,并取得波罗的海出海口的胜利,彼得大帝高薪从法国请来了巴黎造园家——勒布隆,在彼得堡以西30千米处,营造了彼得霍夫宫殿。其后规模不断扩大,总面积达120余公顷。宫殿建在12米高的天然平台上,从此处可远眺芬兰湾。

这座宫殿所处的地形之周围是一片沼泽地。在建殿之前,从国内移植来4万株榆、枫、七叶树,又从西欧引进来山毛榉、级木、果树等树木,栽在了高高低低的平台上。结果,栽后全部成活,并生长得很好,可以说是生机勃勃,并安全地度过了漫长的冬天,很快形成了一片浓密丛林。在庭园内主要林阴道十字交叉路口上,设置了千姿百态的喷泉。喷泉岸上建有蒙·布勒尔小屋,彼得大帝为其建了3个荷兰式的小庭园,小屋直通向第二个小建筑物,彼得出于对法国的怀念,为其命名为"玛丽"。在"玛丽"后面,一条阶梯式瀑布逐级流下。在丛林之中,还设置了好多水景装置,风吹枝柳,水中倒映,令人陶醉。

在宫殿的林苑中,城堡的中心轴是一条大水渠,两条用彩色大理石营造成七组台阶式的瀑布,从城堡的平台上缓缓流向宽阔的水池(图8-22)。在水池中的岩石上耸立着大力士雕像。瀑布的两侧,有开凿的洞窟。瀑布上端设置了一组镀金狮子等雕刻品,巨大的水柱从狮口中喷出。静静的渠水从水渠中流向大海。水渠两侧建有带喷泉的园路。喷泉将银白色的水花飘洒向高大而浓密的枞树上,各种形状的喷头将水喷向水渠(图8-23)。

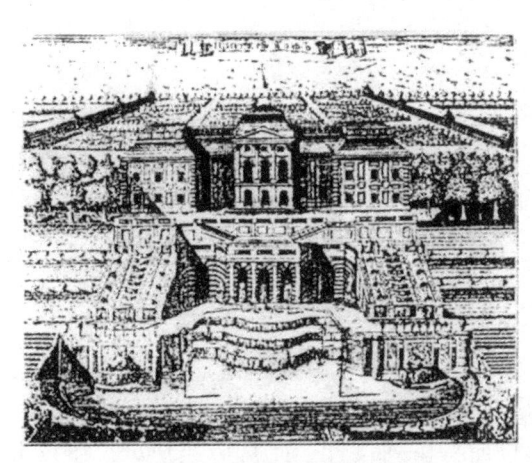

图8-22 彼得霍夫的阶式瀑布
和上部庭园(戈塞因)

图8-23 彼得霍夫的水渠和喷泉
(贝拉尔)

在阶式瀑布旁,有宽阔的庭园,两侧平台的台阶侧端装饰着灌木,在平坦之处还设置了带花园的水池。城堡前面景致极其优美;城堡后面的上部庭园中央也设置了喷泉,还建有尼普顿塑像。看到了从彼得霍夫山岗上喷出的无数条清澈溪流,令人心旷神怡,赞叹不止。

星形林阴大道,穿过上部的林苑,汇集于山岗之上。可见法国的造园家们对天然地形的利用是多么的得心应手,巧夺天工。

彼得霍夫宫殿的营造是彼得堡文化的象征。

2. 夏宫（彼得宫）

夏宫始建于1710—1714年，最早为俄罗斯建筑师所设计。1716年彼得大帝特邀法国建筑师仿巴黎凡尔赛宫进行整建，又从法国招募多位艺术家和工程师参与整建。凯萨琳大帝即位后，又请意大利建筑师扩建成古典建筑风格，以取替许多巴洛克式的大厅。

图8-24　夏宫

夏宫分三大部分，即下花园、宫殿和上花园。上花园占地15公顷。下花园占地为102.5公顷，由草坪、树木、花和许多喷泉及镀金雕像所构成。草坪广阔，其上有150个喷泉和2 000个喷柱，昼夜喷射不停，喷成瀑布和千姿百态的造型，令人目不暇接，使人流连忘返（图8-24）。

宫殿是一座金黄色两层石楼，建在夏季花园中的小山丘上。窗框花雕、楼角石饰，层间有29块陶砖浮雕等，内部简单方便，很有特色。夏宫曾是彼得大帝的避暑行宫，与夫人叶卡捷琳娜一世各为一层。

夏季花园是彼得堡的第一座花园，占地11公顷。其园景的第一个方案为彼得大帝自己提出的，其设计布局独具一格，有笔直的林阴大道和修剪整齐的灌木丛，有喷泉50余处，大理石雕像250座，还有许多浮雕和怪作。夏宫由于宫殿建筑得非常豪华和壮丽，被人誉为俄罗斯的凡尔赛。

现在的夏宫已成为俄罗斯的博物馆。

另距夏宫不远之处有一著名的普希金城，也称皇村。原是设施比较完备的庄园，后经历代沙皇扩建、完善，规模很大，已成为皇家园林。普希金城环境优美宁静，文化氛围很浓，这是俄罗斯著名文学家、诗人普希金少年时代在皇村中学读书的地方。内有普希金的半身雕像，展厅内陈列着他读书时的成绩单，还有他的宅室和教室以及为维护自己妻子的名誉与人决斗时所用的武器和头盔。

1708—1724年普希金城，曾是彼得一世的夫人叶卡捷琳娜·阿列克谢耶夫娜的官邸。

3. 冬宫

这是俄罗斯著名的皇宫，也是世界上最大、最古老的博物馆之一。

冬宫于1754—1762年建成，由著名的建筑师拉斯特雷列设计。此宫历经劫难，1837年被大火焚毁，1838—1839年重建。第二次大战再次被毁坏，战后修复。

宫殿长230米，宽140米，面积为9万平方米，合9公顷。宫殿3层，高22米，建筑面积为4.6万平方米，约合4.6公顷，呈长方型封闭式。四面各具特点，内部风格严整统一。在4个面中，有3个面分别朝向皇宫广场、海军指挥部、涅瓦河。一个面连接小艾尔米塔日宫殿。在面向冬宫广场的一面，中部稍突出，有3个拱形大铁门，其入口处有阿特拉斯巨神群像。宫殿四周围有两排廊柱，雄伟壮观。内部装饰华丽。大厅多用俄国孔雀宝石、碧玉和玛瑙制品进行装饰，仅孔雀大厅就用了2吨孔雀石，拼花地面用了9种名贵木材。艾尔米塔日宫殿为彼得堡最大最具特色的巴洛克式建筑物。浮雕给人以力量，圆柱排列整齐给人以壮观之感，墙面白绿相间，给人以生动之感。

1917年2月之前，冬宫一直是沙皇的宫邸，后为资产阶级临时政府占据。1917年11月7日起义队伍攻下了冬宫。十月革命后拨给艾尔米塔什，1922年变为博物馆，1946年冬宫表面涂成蓝宝石色。

冬宫博物馆为世界四大博物馆之一，与法国巴黎的罗浮宫、英国伦敦的大英博物馆、美国纽约的大都会艺术馆齐名。1764年，叶卡捷琳娜购入的伦勃朗、鲁本斯等名人绘画250幅，也存入此宫。

现在的冬宫博物馆，包括5个建筑物，即：冬宫、艾尔米塔什、旧艾尔米塔什、艾尔米塔什剧院、新艾尔米塔什。博物馆共分8个部分，即原始文化部、古希腊罗马部、东方民族文化部、俄罗斯文化史部、古钱币部、西欧艺术部和从事导游工作的科学教育部及作品修复部。有350多个展厅，收藏270余万件物品，包括史前文化和埃及以及大量意大利、西班牙、德国、英国、比利时、法国、荷兰、俄国等的名画和雕刻。其中有1.5万幅绘画，1.2万件雕塑，60万幅线条画作品，有100万块硬币和证章，有22.4万件古代家具、瓷器、金银制品、宝石、象牙工艺品。这里有毕加索立体画展厅，有意大利、法国画家展厅和俄国历代服装展厅。这里最引人注目的是彼得大帝展厅，在展厅的一个大玻璃柜中存放着彼得大帝的真发和他2米多高的原人蜡坐像及生前用品等（图8-25）。

图8-25　冬宫

十、日本园林

（一）园林史略

日本列岛在历史上有一个相当长的氏族社会。神道精神是日本民族自然观的起源，认为任何大自然中的物体共同特征是都有它自己的神性，应受到尊重。这种思想进而影响了日本的园林设计。

奈良时期（公元645—780年），日本开始受到中国（当时正处于盛唐时期）文化发展的影响，出现了文化革新，促进了日本的社会发展。据日本史学家田中义成博士说："日本史上的重大事件，都是受中国的影响。在中日两国的文化历史中，中国一方更多地带有母本的色彩"。在这样的背景下，我们不难理解，作为文化一部分的园，自然会存有很大程度上的相似性与继承性。但日本园林在艺术旨趣、造型风格、景物配置、花木修剪、布山理水等诸多方面所独具的无穷魅力。日本造庭史中还出现了许多造园专著,其中最重要的有:日本庭园形态论以及意匠论——平安时代中期的《前栽秘抄》(作庭记),造园技术论——《山水并野形图》及江户中期的《筑山山水庭秘传·前编》。

日本园林发展历史,大致可分为4个阶段。

1. 古代宫苑阶段

公元6世纪中叶之前,神道精神是日本民族自然观的起源,它引导人们旁观自然。虽然也强调人与自然,包括石头、植物、动物的和谐,认为任何大自然中的物体及其特征,都有它自己的神性,应受到尊重。但却是冷静地赞美和欣赏,而从不企图介入、适应或影响自然的进程。这使得用以观察、感悟大自然的本质精神"精神圣地"在日本生活中显得如此重要,以至于几个世纪以来,一直是日本庭院设计的重要影响要素。由神道精神也产生了许多始终影响日本庭园设计的因素,如对岩石美的欣赏与评价,广泛使用的卵石池岸或卵石铺装区等。

公元645年,佛教由中国传入日本,这给日本整个社会生活带来的改变是巨大而深刻的。这其中也包括园林。钦明天皇时期,宫苑中开始起筑须弥山④以应佛国仙境。6世纪末,佛教的影响更广泛。在宫苑的湖边池畔或寺院之中,除了起筑须弥山之外,还广布石造。

此时,日本的宫苑庭园全面地接受了中国汉晋以来的宫苑风格,加之日本国土气候温湿、山水明秀的自然条件以及日本民族崇尚自然、喜好户外活动的传统,中国汉代以来"一池三山"的作法,很快便遍及了皇家宫苑及贵族私宅庭园。这时的日本园林多在水上做文章,掘池以象征海洋、起岛以象征仙境、布石植篱瀑布细流以点化自然,并将亭阁、滨台(钓殿)置于湖畔绿荫之下以享人间美景。这个特点从奈良时代的后期即天平时代圣武天皇的平城宫苑园内之南苑、西池宫、松林苑、鸟池塘等许多苑园可以得到佐证。另外,公元8世纪,日本人写的《古事记》和《日本书记》也记述一些关于宫苑园庭的情况。

公元8世纪末的794年,恒武天皇迁都平安京,开始了日本的平安时期。在平安时代近400年期间,日本把"一池三山"的格局进一步发展成为具有自己特点的"水石庭",并形成了池和岛的基本布局形式。而且总结了前代造园经验写出日本第一部造庭法秘传书,取名为《前庭秘抄》(作庭记),较全面地论述了庭园形态类型、立石方法、缩景表现、水景题材、山水意匠,以及石事、树事、泉事、杂事和寝殿建造等。这个时期的造园还是尽量表现自然,建筑布局也不要求左右对称,寝殿之前都有南池,殿池设有礼拜广庭,池中设数岛。其中最大的岛称为中岛,庭前近水处架设石桥或平桥。"南池"即多是举行政治和宗教仪式的地方,庭园以白沙铺地。这是日本宫庭庭园主要部分。另一部分在性质上与"南池"刚好相反,它是一个小巧而亲密的内部庭院,经常只集中地种植一种植物,供女眷们使用。

平安时期的贵族们,如皇帝一样,多以中国庭园为造园模式。但是,贵族的府邸在南池要比皇宫的完全由沙质铺设表面的南池要精巧许多。他们的住宅通过游廊连接着,游廊环绕着水池,水池中有小岛并由拱桥相连。

日本庭院对中国的重要的兴造理论"风水"也十分重视,并把它看成是日本宫殿和庭院的设计中不可缺少的。如为了带来好运,水必须从东方流入园内,在房下流过,最后从西南流出。在平安晚期,对称的原则不再使用,代之以建筑物的非对称布局。建筑也不再是孤立的,而是互相有联系的。

2. 寺园、枯山水园⑤阶段

12世纪以后,日本经历了从武士政权、幕府政权到群藩割据数百年历史变迁。此间中国文化又一次对日本产生了巨大的影响。最重要的表现是禅宗⑥的兴起和中国宋朝和元朝山水绘画的影响。日本人以极其隆重、顶礼膜拜的方式接受了佛教和寺庙园林。佛教势力在日本突然形成和壮大，其影响已遍及到了社会生活的每一个角落，使日本园林从此走向宗教园林。由此便产生了一种新的庭院类型"枯山水园"。枯山水园的目的不是为了娱乐，而是为了使人能从几个最佳的视点像欣赏绘画一样对其冥想、沉思。枯山水庭园不仅仅是使禅宗弟子完成顿悟，而且它就是顿悟后的思想结晶，以及通过庭园设计而对于顿悟经历的表达。日本最著名的庭院学者之一（Shigemori）将枯山水庭园的发展分为4个阶段：第一阶段，史前阶段，神道信徒对于巨大的岩石和巨跞的崇拜，他们相信这些是神灵的家园；第二阶段，平安时期，该词第一次出现于《Sakutei-ki》（最早的一部造园书籍，写于公元11世纪），当时置石在池岛庭院中偶有出现，且只作为有机的一个小的组成部分，而不具任何独立的自身的意义；第三阶段，镰仓时期，枯山水仍与池岛园相伴而生，但不再作为与之相连的附属部分；第四阶段，从镰仓时代的结束直到今天，枯山水庭园称为一种独立的庭园类型，一些庭院几乎完全按着它的风格规划设计。

随着日本造园艺术的发展，造法越来越多，终至每一石组都有一定规律可循，有一定条例可依，沿池一周的每一曲折、延伸都由一个程式化的构图原则束缚着。经历了禅宗文化的冲击后，日本民族又赋予旁观自然的态度以更深一层的意义：通过心灵与自然沟通而进入个人的反省。因而有人说，中国人用人为的力量再现了自然的美，而日本人则通过对自然美的塑造发现了人自己。

3. 茶庭阶段

室町末期至桃山初期，日本造园中主题虽仍以蓬莱山水或枯山水为主流。但池岛庭园在总体设计要更复杂。凸出半岛和多岩石的水湾使得池岸曲折、蜿蜒。岩石已经成为力和个性的象征。石组多用大块石料，借以形成宏大凝重的气派。树木多为整形修剪。还把成片的植物修剪成自由起伏的不规则状态，成为日本庭园突出特征之一，留给人深刻的印象。同时室町以后，尽管日本庭园以及其他艺术仍与中国文化传统有着种种关联，但日本民族善于学习而又不盲目学习的特性也开始显露无疑，因此终于使日本园林达到了"前无古人，后无来者"的最高水准。

早在中国宋代禅宗传入日本的同时，饮茶风气也在日本流传开来，并在日本形成茶道。认为茶道能够规范日常行为，从而提高人们自身的觉悟。到桃山时代，茶道仪式已从上层社会普及到民间，成为社会生活中的流行风尚。住宅不论大小都将有独立的居室和茶室，而根据茶道净土的环境要求，与茶室相对的庭园，即茶庭也在庭院中出现了。

茶庭并不是为观赏而设计的，其实它就是一条通往茶亭的小路，甚至是茶道仪式中必需的部分。但茶庭的构园要素绝不仅仅是功能上，而且也有美和象征意义。例如，入口中间的窄门，因其窄小而迫使来访者不得不蜷缩着才能进入，这不仅提高了一个人对自己身体的意识，而且通过参加茶道，也强调了谦虚是人必要的品格，而且在这一段时间内是不分社会等级的。

茶庭的主要的特征之一是引导游人到茶室去的踏石头。它一方面可以防止人们踩在漂亮的苔藓上，并引导人们的视线，同时，也能够让人减缓行进速度，并为将要开始的茶道仪式作好精神和思想准备。另外还有晚上起到了照明作用的石灯笼，简洁但寓意洗涤精神与肉体的石头洗手盆等。茶道中洗练精巧、简单朴素的美学原则也反映在庭院的设计中，茶庭一般没有大的、夸张的置石或开花艳丽的树和灌木。相反，却通过淡雅的色彩、大量苔藓、潮湿路和步石表现出一种与世隔绝般的清幽和宁静，一种有如禅宗净土中的绝尘妙境。

4. 离宫书院阶段

江户时期是一个封闭而稳定且繁荣昌盛的时代。此期许多庭院都是对早期池岛庭院和枯山水庭院的模仿，同时借景在造园中得到了广泛的应用。

江户时代产生了一种具有民族特征的庭园类型——回游式庭园。尽管它不是一种全新的形式，但却是以一种全新的方式加以处理，诸如水池、岛、弯弯曲曲的溪流、瀑布和岩石的造园要素。这类庭院通常有蜿蜒回游式作为游览路线，并在全园设计出许多景点，使游人在游览中达到步移景异的效果。

回游式庭园的主要的组成部分是人工小山（用于鸟瞰全园）、人工水池、弯弯曲曲的溪流和瀑布，岛山、置石（数量多了，但在构成方式上趋于灵活）强调阴、阳、石的关系。在植物使用上更注重修剪，有李子或樱桃的果树园，甚至还有一小块稻田来增添田园情趣。大型的回游式庭园还有茶亭。

江户时期另一种独具特色的庭院即离宫书院庭园。它是由回游式庭园、茶庭、枯山水庭院和借景庭园的要素结合起来的大型庭园，其代表是桂离宫庭园。

明治维新以后，日本开始接受西洋的文明和开化的政策，完全彻底的古典造园走向末路，造园开始转向接受西式思想的新阶段。

(二) 经典园林

1. 龙安寺方丈南庭及大仙院方丈北东庭

此园是平庭枯山水式庭园最为著名的代表。它借鉴中国水墨山水画的表现技法，以岩石、白沙、青苔等作素材，运用象征主义、抽象主义的表现手法将此三者巧妙组合起来（图8-26）。不着一草一木却能摹写、容纳大千世界的自然万物。依赖于造型又不拘囿于造型，不以形式取胜，而以意境见长，这便是它的彻底性。它的素材越单纯，旨趣越彻底，它所能表现的内涵也就越丰富。

龙安寺方丈庭园全用白沙敷设，其掇石5处共15块（分为五、二、三、二、三）将白沙绕石耙出波纹状，以此想象海中山岛。大仙院方丈前庭以一组石造为主体，山石作有"瀑布"状态，以此象征峰峦起伏的山景。山下还有"溪流"也是用白沙铺成溪水，并耙出流淌的波纹，借以高度概括出无水似有水，无声寓有声的山水意境。这两处枯山水代表作充分表现了含蓄而洗练的性格（图8-26）。

图 8-26 龙安寺方丈南庭

2. 桂离宫

这是江户时代的离宫书院式庭园。桂离宫庭园的中心有广大的水池，池心有三岛，并且有桥相连。园中道路曲折徊环。池岸崎岖，山岛有亭，水边有桥，轩阁庭院有树木掩映。石灯笼、蹲配石组布置其间，花草树木极其丰富多彩。桂离宫庭园内的主要建筑是古书院、中书院和新书院等三大组建筑，排列自然，错落有致。桂离宫以借景见长，规划较少程式，与同时期其他书院相比更自由、更自然，并且与周围环境取得了极好的协调。

十一、美国园林

(一) 园林史略

1. 自然风景时期

自17世纪开始，大批欧洲移民涌向美洲大陆，然而当时他们的生活中心只是砍伐森林、开垦土地、维持生存。随后他们将自己祖国的文化传统与当地自然状况相结合，创造出了非常具有本民族特征的建筑及居住环境，但通常只是一些简单的住宅庭园。为了生存，他们很快掌握了栽培所有实用植物的技术，并在住房的四周造起了实用的庭园，接着在更高的精神需求的支配下，花卉也在庭园中出现了。但在最初的一百年中，并没有出现规模壮观的大庭园。就连"开国之父"乔治·华盛顿的故居维尔农山庄，也不过是一处极朴素的住宅而已。因此我们通常认为早期殖民式庭园的构成是十分简单的，它们大部分由果树园、蔬菜园及药草园组成，园内各处点缀着花草，在靠近房屋的地方和前院中种满了鲜花和装饰性灌木。

从独立战争到南北战争（1756—1781年）期间，建筑和造园虽然仍以殖民式为样板，但却并非一成不变。战争结束后，一个新时代开始了，然而不幸的是它仍然是个艺术的低潮。不过就在这芸芸众生中间，美国的造园巨匠道宁（Andrew Jackson Downing, 1815—1852）却如一颗光芒四射的彗星滑过夜空。

道宁生于纽约州，是个树苗商的儿子，23岁（1838年）时，道宁开始独立经营树苗生意并成为一名权威的园艺师。1841年，26岁的道宁因写出造园界的不朽名著《造园论》（Landscape Gardening）而一跃成为造园界的权威。

1850年道宁东渡英国，那时恰值英国自然式造园的全盛时期，他从继承布朗思想的雷普顿的作品中得到启迪，回国后，作为自然风景的欣赏家和美的崇拜者，道宁对美国的乡土风光做出了高度的评价。并提倡从每一个家庭的庭园开始，人人都有美化周围环境的义务。他还鼓励人们在庭园中利用树木、果树进行栽植。

不幸的是，1852年道宁在乘船准备参加在友人家中举办的聚会途中，因轮船失火而溺水身亡，年仅36岁。诺曼·牛顿评价说：重要的不在于他写了什么或做了什么，而在于他确实写了也做了，并通过此种方式鼓励人们关注他们的环境。

道宁在美国园林史中的地位还在于，他发现了英国年轻的建筑师卡尔福特·沃克斯（Calvert Vaux），并将他带到美国。7年后沃克斯与奥姆斯特德合作，一同获得了中央公园设计竞赛的成功。更值得一提的是，他为纽约公共园林而撰写的文稿，对于1851年纽约第一部公园法的通过，起到了关键性的作用。

2. 城市公园时期

19世纪，美国城市公园的发展取得了惊人的成就。一大批城市公园出现在美国各大城市中，他们提供给人们一个感受民主、接受教育、进行室外体育活动，欣赏和谐宁静的田园风景的都市自然空间。这其中，1851年第一部公园法的通过起了十分关键的作用，它使

"公园"具有了真正的含义——利用公共土地为所有普通民众创建娱乐、休闲场所。而奥姆斯特德则是使这一理想变成了一个又一个现实的巨匠,美国景观园林行业的创始人。

1822年奥姆斯特德出生在康涅狄格州,虽然未接受过完整的教育,但他对于美国景观园林的贡献却是巨大的。他率先在美国采用"Landscape architect"和"Landscape architecture"来分别代替了过去一直沿用的英国术语"Landscape gardener"和"Landscape gardening",还在美国创办了第一个大型的造园家职业组织。尽管他极少著书立说,但其影响却通过他的学生和作品而广为传播。这些作品遍布美国和加拿大各地及更大的范围,代表了这个时代造园发展的主流。所以,即使将这个时代称为城市公园时代也是不无道理的。

事实上,公园并不是美国人的发明。早在1830—1840年,英国就开始出现了向公众开放的园林,后来又逐步演变成为公众所有。但是数年之后,美国不仅建立了相关的法律,更为重要的是用精湛的造园技术在城市中创造出了所谓的"乡村公园",来激发和满足那些居住在城市中的人们对乡村田园的憧憬和回忆,这便是纽约中央公园。奥姆斯特德非常推崇英国式或称风景式造园,事实上他的设计也受到英国风景式园林的极大影响。奥姆斯特德派的观点有如下几条:①保护自然风景;②除非建筑周围的环境十分有限,否则要力戒一切规则呆板的设计;③开阔的草坪区要设在公园的中央地带;④采用当地的乔灌木来造成特别浓郁的边界栽植;⑤穿越较大区域的园路及其他道路要设计成曲线形的回游路;⑥所设计的主要园路要基本上能穿越整个庭园。因此我们说以中央公园为代表的19世纪美国大型城市公园,正是起源于欧洲甚至就是英国具有田园风光的公园。

图8-27 黄石国家公园

奥姆斯特德与他的合作者们设计过许多公园。其中被认为最优秀的作品有:纽约中央公园、纽约州的布鲁克林公园、蒙特利尔的芒特罗亚尔公园、波士顿的公园系统、芝加哥公园系统等等。

3. 国家公园时期

"美国国家公园"被称为是将原本属于人民的土地,归还给人民的"天才"的创造。但同时也显现出保护生他养他的这片财富免遭他们自己的蚕食是何等艰巨。

1872年美国建起了世界上第一个国家公园——黄石国家公园(图8-27),尽管当时没有任何评价标准及具体的管理措施,甚至没有可利用的资金,但毫无疑问,它是一个里程碑。随后的1890年,红杉树、优胜美地等国家公园也相继建成。1916年议会通过了建立国家公园法草案,提出在内政部成立国家公园管理局。草案中还指出成立公园管理局的宗旨:推进和规范联邦政府范围内国家公园、山脉、保护地等此类用地的使用,而这些地区的基本目的即保护景观、自然或历史遗迹及其中的野生动植物,以满足人们的娱乐要求,并使之尽量完整地传给下一代。国家公园的其他管理功能还包括:开发游客食宿设施,建设游览道路或林间小路,驱逐非法进入者,保护资源免遭无规划的渔业或娱乐业的破坏。美国建立公园最初的基本思想即国家公园不能被少数盈利者掌管,而应由代表全体人民的政府控制。而这期间，芝加哥的工业家斯蒂芬·T·麦瑟（Stephen T Mather）做出了巨大的贡献。为此他的纪念碑被安放在每一个国家公园中。纪念碑上这样写道：他奠定了国家公园管理机构的基础，制定建立了基本政策原则——合理地开发和保护这些地区并使之尽量完整地传给下一代。他的功绩是永久的。1935年历史遗迹法案又将国家文化资源和自然资源统一交由国家公园管理局管理，事实上今天的美国国家公园管理局已是一个管理范围相当广泛的机构，它包括国家公园、国家遗迹、国家公园路、休闲娱乐区等广大的区域。截至1995年，美国国家公园系统覆盖面积已达到13万平方公里。

（二）经典园林——纽约中央公园

纽约中央公园（图8-28）的成功是奥姆斯特德造园生涯真正开始的标志。由于移民蜂拥而入，人口剧增，加之纽约公园法的颁布，政府不得不对当时的纽约市进行整顿，于是一个占地850英亩大型公园的规划项目开始筹建。1857年奥姆斯特德被任命为当时建造中的纽约新中央公园的负责人，进行公园的场地平整工作。此后他应邀参加了与沃克斯的合作，一同完成了题为"绿色草坪"的中央公园方案设计，并取得了竞赛的胜利。值得庆幸的是这一方案稍加改动后便付诸实施。但不久他们的工作就因南北战争而受到影响，战争结束后，中央公园的建造计划在他的指导下重新继续。与大城市的恶劣环境形成强烈对比，优美的充满田园意趣的中央公园使市民们从原来令人疲惫不堪的大城市生活中解脱出来，满足了他们寻求慰藉与欢乐的愿望，它对促进人们投身于不断高涨的重返大自然怀抱的潮流有着极其深远的意义。纽约中央公园的筑造传播了城市公园的观念，也使造园家一举成名（图8-28、图8-29）。

图8-28　纽约中央公园

图8-29　纽约中央公园

注释：

①红城：墙堡用红土夯实，外观上呈红色。

②圣林：一种早在埃及就流行的并依附于神庙的茂密森林。其树木种类多用绿阴植物，如棕榈、槲树、悬铃木等，不用果树。

③阿波罗（Apolloa）：希腊神话中的太阳神，主神宙斯的儿子，权力无上，主管光明、青春、医药、畜牧、音乐和诗歌。

④须弥山：梵文的音译。意为妙高山，是印度神话中的一座名山，佛教说是一小千世界的中心。它位

于大海中，周围有七海、七金山、外有咸海和铁目山，故称九山八海，正中的须弥山为释迦牟尼所居，为极乐世界。

⑤枯山水园：日本古代用沙石制成的山水园林。多用白沙模拟山水而造。

⑥禅宗：禅宗认为灵魂的超脱来自内部力量，避开烦恼和思虑而进入一种"空态"，而冥想是人们获得顿悟的一种途径。

第九章　世界近代、现代园林概说

　　我国著名的美学家李泽厚先生称"园林是人化的自然，自然的人化"。园林是一个生活境地，是一个艺术化的生活境地，也是一个生活化的艺术境地。园林必然是当时社会、经济、政治和思想文化的反映。时代变了，社会、经济、政治和思想文化都变了，园林思想、园林艺术、造园手法也必然发生变化，正如英国自然风景园林随着资产阶级革命的兴起和资产阶级浪漫主义的传播而发展，并最终彻底取代了法国古典主义的几何规则园而成为造园的主流。现代园林正是随着工业文明和后工业文明的发展而不断发展的，虽然现代园林的主流形式亦然是自然风景园，但与传统园林相比较，无论从深度上或广度上都远远超出其范畴。现代的园林，一方面是以城市公园、城市绿地为其重要特征；另一方面由于其自净功能而成为生态系统中极为重要的人化自然。园林的功能大大改变，服务对象不再局限于为少数人服务，而为公众服务成为其核心内容。造园思想由园林只是公众文化娱乐场所到如何充分发挥其生态效益，如何使造园朝科学化的方向发展，合理设计群落结构，选配植物，并进行绿化效益的估算，成为现代园林生态规划的重要目标，植物造园从而成为主流。造园艺术和手法上由继承各国传统到艺术交流融合，抽象艺术、构成艺术、结构艺术等手法在现代园林中广泛运用，成为现代园林的重要风格。造园范畴由微观的私园、公园发展到宏观的城市绿化系统、人类聚居环境与大地景观。

一、外国近代、现代园林

（一）近代、现代园林的产生

　　18世纪时，工业革命和早期城市化造成了城市中人口密集，与自然完全隔绝的单一环境，引起了一些社会学家的关注。受新兴资产阶级浪漫主义思潮的浸透，同时受中国自然山水园的影响，英国自然风景园开始形成并很快盛行，规则几何园不再成为时尚。西方古典园林史在骤变中发展，但自然风景园只是改变了人们对园林形式的审美品味。园林不过将庄园园林化、图画化，仍然以追求视觉景观美为主要目的，仍然以"园"为主要类型，为贵族服务，为其所私有，并没有改变园林设计的艺术本位观。正如美国近代第一个园林学家道宁（Andrew Jackson Downing）所述，自然风景园依然只是"在自然中选择最美的景观片段加以取舍，去除所有不美的因素"。

　　大工业生产使社会发生了巨变，一方面，城市人口密集，大城市不断膨胀，居住环境恶化；另一方面，工业化使人们对大自然的改变力度极为增强，"人定胜天"思想对自然形成掠夺式开发，造成植被减少，水土流失，环境污染，生态失调的情况日益严重，对人们的生活和生产造成极大的危害。如何改善人们的生活环境？如何将自然引入城市？如何提高城市的环境质量？如何保证人们的身心健康？这对风景园林提出了新的需求，现代园林理念应运而生。现代园林不仅为美而创造，更重要的是为城市居民的身心再生而创造。用奥姆斯特德的话来说"文明人在不断发展医药战胜种种疾病的同时，他们的健康和幸福却日益受到某种更为严重的病魔的损害，对此，医药无能为力，只有通过阳光和温和的锻炼来平衡血液循环和放松大脑，使人再生和获得健康和欢乐。"因此，设计为公众、为集体大众共享的公共性风景园林，将自然引入城市，改善人类聚居的环境遂成为现代园林的内涵。

现代园林的诞生离不开奥姆斯特德（Frederick Law Olmsted，1822—1903）和 E. 霍华德（E. Howard）的开拓和实践。

19 世纪，各发达国家相继推出城市公园绿地，使园林得以面向广大平民，满足公众游览、娱乐的需求，公园遂成为一种普遍的园林形式。早期的公园是将贵族的私园直接开放而成，如伦敦的海德公园、摄政公园，巴黎的 Jardin des Tuileries、Jardindu Luxembrug，日本的浅草公园、芝公园等。19 世纪中叶，纽约中央公园的构想和建设开创了园林建设的新理念，园林不仅为美而创造，更重要的是为城市居民的身心再生而创造，这标志着现代公园开始产生。

1. 纽约中央公园

1851 年美国近代第一个园林学家唐宁对建设美国城市大型综合性公园——纽约中央公园提出自己的见解。他认为，"公园属于人民，公园应当是市民锻炼身体和保持健康的场所，公园应当是无噪音而又美丽的场所"。1853 年，在参赛的 35 个方案中，奥姆斯特德和他的助手沃克斯（Calvert Vaux）以"绿草地"为题的方案获得头奖，并于 1857 年，纽约中央公园破土动工，这标志着现代园林理论得以实践。纽约中央公园提供了众多的体育活动场所，文化娱乐活动更是丰富多彩，设有儿童游戏场、骑马道、拥有巨大的湖面和牧场式的草地，公园面积大约 348 公顷，有足够大的面积满足不同人的活动要求。纽约中央公园的建立获得了极大成功，它不仅成为纽约市民游憩娱乐的场所，同时公园的建造改善了城市环境，使周边地价上升，从而进一步促使了公园的发展。以后世界各国纷纷效仿，开创了现代园林的新纪元（图 9-1）。

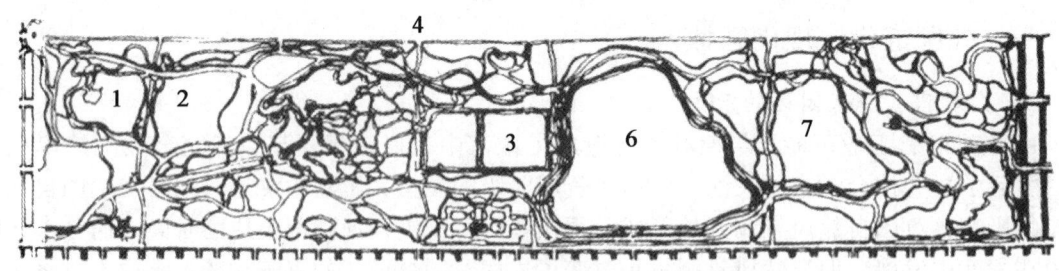

图 9-1　纽约中央公园平面图
1. 球场　2. 草地　3. 贮水池　4、5. 博物馆　6. 新贮水池塘　7. 北部草地

奥姆斯特德对自然风景园极为推崇，纽约中央公园及后来由他主持陆续设计建成费城的"斐蒙公园"、布鲁克林的前景公园等都以自然风景园林为形式，后人对其造园原则得以总结，成为著名的奥姆斯特德原则，即：①保护自然景观，有些情况下，自然景观需要加以恢复或进一步强调；②除了在非常有限的范围内，尽可能避免使用规则形式；③保持公园中心区的草坪和草地；④选用当地的乔木和灌木，特别是用于公园边缘的稠密的栽植地带；⑤大路和小路的规划应成流畅的弯曲线，所有的道路成循环系统；⑥全园靠主要道路划分不同的区域。

2. "绿色宝石项链"与城市园林绿地系统

宝石是蓝色的水，项链是绿色的树。1881 年开始，奥姆斯特德又进行了波士顿公园系统设计，在城市滨河地带形成 2 000 多公顷的一连串绿色空间。从富兰克林公园到波士顿大公园再到牙买加绿带，蜿蜒的项链围绕城市连接了查尔斯河，构成了"宝石项链"之城的绿地雏形，在以后的城市绿地系统发展过程中，无价的风景重构了日渐丧失的城市自然景观系统，有效地推动了城市生态的良性发展。受其影响，从 19 世纪末开始，依附于城市的自然脉络——水系和山体，成为自然式设计的主要目标，通过开放空间系统的设计将自然引入城市。继波士顿公园系统之后，芝加哥、克利夫兰、达拉斯等地的城市开放空间系统也陆续建立起来。同时开创了自然景观分类系统作为自然式设计的形式参照系。埃里沃特（Charles Eliot）在继奥姆斯特德之后为大波士顿地区设计开放空间系统时，就首先对该地区的自然景观类型进行了分析研究，开创了生态规划之先河。城市园林绿地系统的构建使城市园林化的构想成为可能，城市中出现了各种类型的公共绿地、公园、广场、街道、滨水绿带以及公共建筑、校园、住宅区等共同构成了绿地系统中的主要部分。

3. 国家公园与自然保护

针对无计划的、掠夺性的开发自然资源以及自然资源逐渐被蚕食和破坏的情况，在奥姆斯特德的影响和努力下，美国联邦政府划定一些原生生物区和特殊地景区永久性加以保留，要求人们正确地认识它、爱护它、关怀它，并于 1872 年建立了世界上第一座国家公园——黄石国家公园。公园面积 89 万公顷，富有湖光山色、悬崖、峡谷、喷泉、瀑布等特色，满山密布森林，园内百花争艳，野生动物奔翔其间。国家公园与自然保护区以保护自然生态系统、自然原始地貌为原则，同时又具有科学研究、科普教育、公众旅游等功能，从而开辟了保护自然环境、满足公众旅游观光需要的新途径。

4. 现代园林教育的诞生

工业时代在园林发展史上的一个重要突破就是园林设计师（landscape architect）的出现。1858 年，奥姆斯特德提出"风景园林师"这一名称，并于 1865 年在美开创了职业园林设计事务，建立自己的事务所，并将自己从事的工作称为"景观规划设计"（landscape architecture），以区别于传统的景观园艺（landscape gardening），现代园林的规划设计工作就由现代性的职业造园师主持。在其倡导下，1899 年，美国风景园林师学会创立。1901 年，为纪念埃里沃特，哈佛大学开设了世界上第一个风景园林专业，从此，真正出现了为社会服务的、具有独立人格的，为生活也是为事业而且创造的职业设计师队伍，而不是少数贵族的附庸。园林真正作为一门学科，登上了世界最高学府的大雅之堂，并成为美国城市规划设计之母体和摇篮，为以后世界园林的发展打下了坚实的基础。

5. "田园城市"

1898 年，针对现代社会出现的城市问题，英国社会活动家 E. 霍华德在他写的《明日之田园城市》一书中提出了著名的"田园城市"的设想。"田园城市"规划为 32 000 人，占地 400 公顷，外围有 2 000 公顷的永久性绿地供农业生产用。城市由一系列的同心圆组成，中央是一个占地 20 公顷的公园，有 6 条主干道由中心向外辐射，把城市分为 6 个区。城市的最外圈地区建设各类工厂、仓库、市场，一面对着最外层的环形道路，另一面是环状的铁路支线，交通十分方便。当城市人口超过规定数量，便可以在它的不远处另建一个相同的城市。城市之间保留永久性的绿带是霍华德强调的原则之一。他认为：城市必须与田舍结合，互相补充，建立小型的、融于大自然中的田园城市，这种城市不仅有先进的科学技术、工业生产，也有宜人的居住和工作环境。1902 年，田园城市的理论被付诸于实践，在伦敦近郊建立了第一座田园城市——莱奇沃思（Letchworch）。霍华德的这一规划思想体系对现代城市规划思想和现代园林景观起了重要的启蒙作用。

(二) 近代、现代园林的发展

二战以后,世界园林的发展又出现了新的趋势。受格罗皮乌斯(W. Gropius)、布劳耶(M. Breuer)和唐纳德等人的现代设计思想的影响,现代园林设计也经历了现代主义的变革。唐纳德提出现代园林设计的三个方面:功能的、移情的和美学的。园林是一个大的综合性的艺术,而不是仅仅作为建筑周围的点缀,风景园林不仅要注重美学方面,同样重要的还有社会的和城市的方面。

20世纪60年代以来,随着人口增长、工业化、城市化和环境污染的日益严重,生态问题成为全球各界共同关注的焦点。19世纪末兴起的生态学已逐渐与社会科学相结合。I. L. 麦克哈格 (Ian. L. McHarg) 开创了生态规划与设计的时代,在《设计遵从自然》(Design With Nature, 1969) 一书中,他直观地揭示了园林设计与环境后果的内在联系,一反以往土地和城市规划中的功能分区的做法,强调土地利用规划应遵循自然的固有价值和自然过程,并因此完善了以因子分层分析和地图叠加技术为核心的规划方法论,I. L. 麦克哈格称之为"千层饼模式"(Layer-cake model, 1981)。其主要观点包括:一是肯定自然作用对景观的创造性,认为人类只有充分认识自然作用并参与其中才能对自然施加良性影响;二是推崇科学而非艺术的设计,强调依靠全面的生态资料解析过程获得合理的设计方案;三是强调科学家与设计人员合作的重要性。

自此现代园林勇敢地承担后工业时代重大的人类生态环境规划设计的重任,使其在 Olmsted 奠定的基础上又扩展了活动空间。生态规划或人类生态规划(McHarg, 1981)成为了本世纪规划史上最重要的一次革命。近30年来,遵从自然的设计模式在生态学和人类活动之间架起了一道桥梁,园林规划设计广泛利用生态学、环境学以及各种先进的技术如 GIS、遥感技术等而成为环境主义运动中的中坚。

20世纪90年代,可持续发展观得到广泛认同,可持续发展观〔既满足当代人的需要,又不对后代满足其需要的能力构成危害的发展,包括公平原则(fairness)、持续性原则(substainable)、共同性原则(common)〕成为现代园林规划设计的重要指导思想。园林的服务对象不再限于某一群人的身心健康和再生,而是人类作为一种物种的生存和延续,而这又依赖于其他物种的生存和延续以及文化基因的保存。维护自然过程和其他生命最终是为了维护人类自身的生存。作为园林研究的对象这时已扩展到大地综合体,是多个生态系统的镶嵌体(Land Mosaic, Forman, 1995),由人类文化圈和自然生物圈与生物圈之间的相互关系成为了现代园林所必须面对的紧迫问题。1996年在土耳其伊斯坦布尔召开的"人居"会议提出把"人类居住区的可持续性"作为主要议题。并要求"按照能够充分维持人类未来世世代代之人类生命和幸福的标准,保护空气、水、森林、植被和土壤的质量"。因此,保护环境,重新规划未来,追求生活质量成为21世纪全球发展的首要主题,回归自然、返朴归真已成为势不可挡的新潮流,同时也体现了人类对自身发展历史和发展规律的重新认识和正确把握。

J. O. 西蒙兹在其《大地景观——环境规划指南》一书中,把大地的自然景观和人文景观当作资源看待,从生态价值、社会经济和审美价值三个方面来进行评价,在开发时最大限度地保存自然景观,最合理地使用土地。在全面调查和评价区域生态、自然景观资源和人文资源的基础上,首先将最有价值的典型景观地域(如山岳、冰川、峡谷、原始森林、草原、河流、湖泊、湿地等)和生态环境最脆弱的地域(如江河源头、荒漠化地区、水土流失地区等）划分为不得触动的保全区。此外，还有一些重要的自然景观资源和人文景观资源如风景名胜区、文化和自然遗产、耕地、牧场、城市周边和江河沿岸的防护地（林）带等划作保护区。保护区的自然地形、自然特征和自然植被应受到保护，在以保护为主的前提下，进行有限度的开发利用。

1972年，日本林业厅从环境保护出发，提出了在城市建立林带网的布局模式，在城市郊区营造森林公园、环境保护林、风景林，建立自然保护区、休养疗养城等，构建了一个完善的森林生态系，将森林引入城市，形成环状放射的林带网。近年来，人们从区域规划着手，使城市园林绿地系统与大地景观相结合，在改善城市环境质量方面提出了大地景观构想，也成为城市绿地规划的一大趋势。

田园城市、园林城市的构建已在一些地区成为现实，生态城市成为新的构想。城市与自然环境、人与生存空间的和谐统一及良性循环为其目标，建设一个用地结构优化、设计合理、功能齐全，达到能流、物流畅通和系统调控自如的生态环境，使自然、社会、经济和谐统一。

思想认识上，人们对园林绿地系统的认识已从过去把园林绿化当作单纯供游览观赏和作为城市景观的装饰和点缀，向着改善人类生态环境、促进生态平衡的高度转化，向着城乡一体化、大环境绿化建设的方向转化；从过去单纯应用观赏植物，向着综合利用各类植物资源的方向转化。并制定出城市各类绿地的用地指标，选定各项绿地的用地范围，合理安排整个城市园林绿地系统的结构和布局形式，研究维持城市生态平衡的绿量（绿地覆盖率、人均绿地、人均公共绿地等），合理设计群落结构，选配植物，并进行绿化效益的估算。基于环境教育目的的生态设计表现形式也开始成为最新的研究方向，提出了生态展示性设计（Eco-Revelatory Design）的概念：既通过设计向当地民众展示其生存环境中的种种生态现象、生态作用和生态关系。

园林设计方面，现代园林是一个大的综合性的艺术，包括视觉景观形象、环境生态绿化、大众行为心理三大方面的内容。从美学观点出发，依据人类的视觉形象感受要求，根据美学规律，利用空间实体景物创造出赏心悦目的环境形象。强调环境生态，建设足够的绿地和充分绿化，根据自然界生物学原理，利用阳光、气候、动植物、土壤、水体等自然和人工材料，创造出令人舒适的良好的物理环境。满足大众行为心理的需求，根据人类在环境中的行为心理乃至精神活动的规律，利用心理、文化的引导，创造出使人赏心悦目、浮想联翩、积极上进的精神环境。造园艺术和手法上由继承各国传统到艺术交流融合，吸收姐妹艺术的灵魂，抽象艺术、构成艺术、结构艺术手法在现代园林中广泛运用，成为现代园林的重要风格。

近一个多世纪以来，风景园林学已经发展成为与建筑学、城市规划学三足鼎立的学科专业。在一个很大的活动范围内，包括城市公园和绿地系统、城乡风景道路系统（Rarkway）、居住区、校园、地产开发和农场以及国家公园等的规划设计和管理，并进一步扩展到主题园及高速公路系统的景观设计。1948年成立的国际风景园林师联合会已拥有50多个会员国，成为国际风景园林交流的重要组织之一。

下面结合一定的园林实例对现代园林加以说明。

1. 公园

公园作为与生产、生活场所相分离的综合性休闲娱乐场所，在发展的过程中，其综合性功能开始分化，成为主题娱乐园、体育公园、植物园、动物园、儿童游乐园等，同时，公园的功能性景观与园林艺术创作相结合,推动现代园林的发展。

(1) 游憩公园:"新艺术运动"与居尔公园:"新艺术运动"(Art Nouveau) 是 19 世纪末,20 世纪初在欧洲发生的一次大众化的艺术实践活动,受英国"工艺美术运动"(Art and Crafts Movement) 的影响,反对传统的模式,在设计中强调装饰效果,希望通过装饰来改变由于大工业生产造成的产品粗糙、刻板的面貌。新艺术运动在园林中最极端地表现于西班牙天才建筑师高迪(A. Caudi, 1852—1926)的作品中。高迪在新艺术运动中独树一帜,他的作品是一系列复杂的、丰富的文化现象的产物,他利用装饰线条的流动表达对自由和自然的向往。1900 年,高迪受朋友、实业家居乐的委托,在巴塞罗那郊区建成了一个梦幻般的居尔公园(Parque Guell),在公园中高迪以超凡的想象力,将建筑、雕塑和大自然融为一体。整个设计以曲线为风格,充满了波动的、有韵律的、动荡不安的线条和色彩、光影、空间的丰富变化。围墙、长凳、柱廊和绚丽的马塞克镶嵌装饰表现出鲜明的个性,其风格融合了西班牙传统中的摩尔式和哥特式文化的特点。高迪的设计风格更是在 20 世纪60—70 年代的"后现代主义"设计中为人们所推崇。

环境景观规划与苏塞公园:苏塞公园坐落在巴黎近郊的法兰西平原上,周边是以大片耕地和水面为主的自然景观。设计师高哈汝夫妇在作品中表达了他们最基本的设计理念。这就是在风景园林的设计中,尤其是种植工程中充分考虑到时间因素,强调设计作品的延续性和景观的发展和变化;在公园规划布局中对游乐设施作到留有余地,逐渐设置,而不是马上一步设计到位,因为随着时代的发展和人们兴趣的变化,对游乐设施会有不同的要求;将环境中的各种景观要素综合在设计之中,包括高速公路、高压电缆、铁路、市政设施和建筑景观等;设计范围一直延伸到远处的地平线上,尽可能创造出广袤的空间效果。米歇尔·高哈汝在场所与周边环境之间的关系上,超越并摆脱了自我封闭的环境景观,使园林艺术向环境艺术转化,不再局限于单一的场所与空间。

抽象艺术与拉-维莱特公园:将抽象艺术转换成景观艺术的工作由罗伯托·布尔·马克思(Roberto Burle Marx)之手而发源于巴西。他设计的里约热内卢塞内斯波里的克劳斯花园诠释了巴西的森林和河流,反映了他的设计精神:细心地描画自然、丰富的想象力、抽象的热带植物,传达一种超越自然的力量。像画家作画时使用颜色调料那样,布尔·马克思利用植物既表达了它们的个性,表达了它们的重复韵律,也表达了他的设计精神。1984 年在以布尔·马克思为评委会主席的竞赛中,取胜的巴黎的 21 世纪的公园拉-维莱特公园〔设计者:建筑师屈米和马林尼(Tschumi 和 Merlini)〕就是一个面向未来的大胆飞跃,在设计中有其复杂的图解,运用了抽象几何图形,以试图创造出前所未有的景象,抽象艺术运用于园林中而成为现代园林时尚的风格。

(2) 自然生态园:70 年代以来,欧洲、美国、日本等国家,模仿自然景观、自然植被及自然环境构建自然生态公园或"园中园"。这种类型的自然生态观察园以自然观察、自然教育为主,目的是提高国民的自然环境保护意识,在保护生态环境,强调生物多样性的同时,满足人们接近自然、回归自然的心理。

1982 年,在荷兰阿姆斯特丹郊外召开的"国际庭园博览会"上,与大规模人工栽培的园艺花卉装点的华丽而鲜艳的花坛相反衬,会场水边的"自然生态园",再现了荷兰代表性的湿地、沙丘、森林等。那种沉静祥和的田园风景给人留下了深刻的印象,令人难以忘怀。

在日本,中小学都设有"自然观察"的课程,市民中也有很多自然观察的团体。在公园中设有模仿自然环境和保护原有自然环境的自然观察路、自然观察角、鸟类观察园、昆虫观察园等，并已形成制度化。1993 年初，日本全国就已达到 30 个。如：日本神奈川县的"谷户山公园"，利用都市内残存的自然环境资源建造了"水鸟的池"，进行野生生物的生息、繁殖及水生、湿生植物的观察，使游人在自然空间中游玩学习。福井县著名的"中池见湿地"，更是日本生态学会及很多大学的研究热点之一。面积仅有 25 公顷的湿地，约有 1 500 种动植物生息、繁育，生物多样性非常丰富。

（3）专题公园：通过园林博览会新建公园是德国现代公园创建的模式之一，自 1951 年起，德国每两年举办一次大规模的综合性园林展览，从 1953 开始，每 10 年举办一次国际园林展。以 1993 年于斯图加特举办的第五届国际园林展为例，在 100 公顷的自然风景式展览园中，分布着种类繁多的有关自然与园林的展品，其中包括小花园、主题花园、小农庄、药用植物园、菌类植物园、墓园。在为期半年的展览中，举办了 23 次不同主题的大型室内国际花展。展园中有来自亚、非、欧三大洲 22 个国家的园林（包括中国的清音园），有世界各国建筑师设计的 2000 年生态型住宅。此外，公园中还有各类休息地、娱乐设施、露天音乐台，并举办了数十次节庆活动。中国园林界通过博览会，将中国的芳华园和清音园永久地留在了慕尼黑和斯图加特。

（4）国家公园：自 1872 年，美国诞生了世界上第一座国家公园——黄石国家公园，100 多年来已有 120 多个国家先后建立了 2 600 多个国家公园，平均约占其国土面积的 2.6%，国家公园的保护与利用目前正向深广发展，并已成为现代文明社会生活的重要组成部分。1974 年国际自然及自然资源保护联盟制定了国家公园四项标准，并已广泛地为世界各国所认同。其标准为：

①面积不小于 1 000 公顷，具有优美景观、特殊地形，具有国家代表性，未经人类开采、聚居或建设；

②为长期保护自然原野景观、原生动植物群、特殊生态体系而设置的保护区；

③应由国家最高权力机构采取措施，限制工商业及聚居开发，禁止伐木、采矿、设厂、农耕、放牧及狩猎等行为，以有效地维护自然景观及生态平衡；

④保护现有的自然状态，准许游人在一定条件下进入，可作现代及未来的科研、教育、游览与启智的场所。

2. 私园

（1）私家花园：随着自然科学技术的发展，通过引种、驯化、良种培育，园林植物范畴越来越广，19 世纪末的英国以花卉、植物为主的私家花园得以迅速发展。各种专类园如月季园、芍药园、鸢尾园等及色彩园深受人们欢迎。花园注重富丽色彩的花坛建造和珍贵花木的培育，建筑物的造型、色彩也富有变化，舒适美观。

（2）"加州花园"与唐纳花园：20 世纪 40 年代，在美国西海岸，一种不同以往的私人花园的风格逐渐兴起，不仅受到渴望拥有花园的中产阶层的喜爱，也在美国风景园林行业中引起强烈的反响，成为当时现代园林的代表，这种带有露天木制平台、游泳池、不规则种植区域和动态平面的小花园为人们创造了户外生活的新方式，被称之为"加州花园"（California Garden）。加州的气候和景色是新园林产生的基本条件。这一风格的开创者为 20 世纪美国现代园林的奠基人之一的托马斯·丘奇（Thomas Church，1902—1978 年）。这一优秀的群体还包括：埃克博、罗斯坦、贝里斯、奥斯芒德森和哈普林等。加州现代园林被认为是美国"自 19 世纪后半叶奥姆斯特德的环境规划的传统以来，对风景园林设计最杰出的贡献之一。"

丘奇最著名的作品是 1948 年的唐纳花园（Donnel Garden）。庭院由入口院子、游泳池、餐饮处和大面积的平台所组成。平台的一部分是美国杉木铺装地面,另一部分是混凝土地面。庭院轮廓以锯齿线和曲线相连,肾形泳池流畅的线条以及池中雕塑的曲线,与远处海湾的"S"形线条相呼应。树冠的框景将原野、海湾和旧金山的天际线带入庭院中。他的设计平息了规则式和自然式之争,使建筑和自然环境之间有了一种新的衔接方式。丘奇的成功和声望在于他创造了与功能相适应的形式,以及他对材料和细节的关注。他娴熟地使用现代社会的各种普通材料,如木、混凝土、砖、砾石、沥青、草和地被,通过精细和丰富的铺装纹样、材料之间质感和色彩的对比,创造出极富人性的室外生活空间。加粒料、拉毛,或掺色的混凝土,美国盛产的木材以及红色的陶土砖是他最喜爱的材料。丘奇和加州学派其他设计师对材料的创造性地使用,对今天美国和其他国家的景观设计都有着深远的影响。

(3) 流水别墅与生态建筑:1936 年,F.L. 赖特在宾夕法尼亚州为个体业主埃德加·J·考夫曼建造了著名的熊跑泉瀑布别墅,赖特描述到:"在风景优美的森林中有一处坚固高耸的石林位于瀑布近旁,自然景物似乎使别墅石林飞跨于瀑布之上。"自然与建筑相融糅,室外与室内空间相互渗透,成为经典的生态建筑。

3. 城市绿地

(1) 城市园林绿地系统

①城市美化运动与芝加哥城市规划。1893 年,芝加哥哥伦比亚世博会由奥姆斯特德和美国规划师之父丹纽·佰曼(Daniel Burnham)等在该市一片未开发的湖边基地,在古典主义的基调上,结合现代的浪漫主义,建造了"永久性的梦幻之城",给现代城市景观构建带来了深远的影响。1907 年,丹纽·佰曼进行了芝加哥城市规划,这一规划由五个重要部分组成:一是发展区域高速干道、铁路和水上运输,加强城市间的联系;二是发展与市中心相联的滨湖文化中心;三是在两岸建设市政中心;四是建设湖滨及沿河风景休闲区;五是建立公路道路,并与周围林地形成完整的系统。

芝加哥城市规划成为现代城市规划的经典,也影响着世界各国的城市景观,在与城市自然景观相结合上运用城市富有特色的自然景观,创造现代城市公共空间,成为当前园林景观设计、城市设计的趋势和有效手段。

②花园城市运动的高潮与米尔顿·凯因斯城。二战后,欧洲不少城市在进行重新规划时,在大城市的郊区普遍兴建了一些卫星城,以疏散大城市的人口,使居住郊区化。其中以英国的新城建设最为突出。完全独立的卫星城的规模由小到大,城市职能由单一到多样,尽量使工作和生活就地平衡,减少对母城的依赖,同时采用先进的交通体系与母城取得便捷的联系,这也是近年来卫星城镇规划建设的趋向。1967 年由官方指定设计的 25 万人口规模(其后缩减了)的米尔顿·凯因斯城(Milton Keynes)是英国开创的花园城市运动的高潮,其规划结构以一个波浪形格网分布式的道路为模式,种植树木并由堤坝相围护以保护富有生机的都市村庄。

③花园城市新加坡。新加坡历史上原是一些蛇和大蜥蜴出没的热带丛林,1810 年开埠,1965 年 8 月 9 日脱离马来西亚宣布独立,成为一个民主和独立的国家。新加坡由 55 个大小岛屿组成,土地面积 648 平方千米,人口 386 万,人口密度 5 965 人/平方千米。新加坡现有绿地7 500公顷,且均为公共绿地,人均 25 平方米,名列世界城市公共绿地指标前茅。为了建设卓越的热带城市及环境的可持续发展,他们在有限的土地资源条件下进行了大面积绿化,保留足够的发展用地和自然保护区,城市绿地系统以海岸线成片绿地和风景区、中央水源森林保护区为主,以市区公园、植物园、街头绿地和快速公路两旁的绿带为辅,以楼前屋

后的绿地及建筑的窗口、阳台、屋顶及人行天桥上花卉为点缀,扩大水域空间,形成了良好的生态环境。公园绿地由沿岸公园、自然公园、水库公园、城市公园、新镇公园、邻里绿地和组群绿地组成。其中,城市公园经常举行休闲、游乐、节日庆典等活动。如今新加坡已经以"清洁而碧绿"的花园城市闻名全球,被称为世界旅游胜地。

④斯德哥尔摩。瑞典的斯德哥尔摩把城市作为一个景观整体加以规划设计。该规划借助于自然地形伸展进入城市中的"绿色手指"的想法,引导绿色景观进入街道。花园亭、可移动花坛、音乐台、儿童攀援游戏原形雕塑、沿着路旁生长的野花,以及花丛中安排的座位成为城市典型的景色。

(2) 城市广场

城市广场作为城市外部公共空间体系的一种重要组成形态,具有悠久的发展历史,它和城市街道、绿地、公园、开放的城市自然风貌(山、川、湖、海等)共同构成了城市富有特色的外部空间环境。城市广场作为西方古代城市的一种人本主义象征的广场文化,始终贯穿于城市建设艺术之中。早在古罗马时代,就有著名的恺撒广场、奥古都斯广场等,继古罗马之后,西方各个历史发展时期又产生了一些著名的城市广场,如威尼斯圣马可广场、圣彼得大广场、巴黎协和广场,这些广场都具有极高的艺术成就,成为城市政治、经济、文化的中心。在当代城市建设中,城市广场在城市规划设计中占有十分重要的地位,其景观设计艺术水平也体现了时代的精神和文化的脉络,功能类型更为多样化,包括市内文化广场、商业中心广场、交通广场、园林集散广场等。

①达拉斯广场。达拉斯广场由美国现代景观大师丹·克雷(Dan Kiley)设计,他在几何结构中探索景观与建筑之间的联系。克雷经常从建筑出发,将建筑的空间延伸到周围环境中,与贝聿铭事务所设计的60层高的玻璃塔楼达拉斯联合银行大厦相统一协调,克雷在基地上建立了两个重叠的5m×5m的网格,一个网格的交叉点上布置了圆形的落羽杉的树池,另一个网格的交叉点上是加气喷泉。除了特定区域,如通行路和中心广场,基地的70%被水覆盖,在有高差的地方形成一系列跌落的水池。广场中心硬质铺装下有喷头,由电脑控制喷出不同形状的水造型。在广场中行走,如同穿行于森林沼泽地。尤其是夜晚,当广场的有的加气喷泉和跌水被水下的灯光照亮时,具有一种梦幻般的效果。在极端商业化的市中心,这是一个令人意想不到的地方,可以躲避交通的嘈杂和夏季的炎热。克雷的设计从基地和功能出发,确定空间的类型,用轴线、绿篱、整齐的树列和树阵、方形的水池、树池和平台等古典语言来塑造空间,注重结构的清晰性和空间的连续性。材料的运用简洁而直接,没有装饰性的细节。空间的微妙变化主要体现在材料的质感色彩、植物的季相变化和水的灵活运用。在吸收古典主义精华的基础上,结合构成艺术,体现现代精神,给公众以极高的感染力。

②爱悦广场(Lovejoy Plaza)。爱悦广场是1966年劳伦斯·哈普林(Lawrerce Halprin)为波特兰市设计的一组广场和绿地中的一个。哈普林依据对自然的体验来进行设计,将人工化了的自然要素插入环境,他运用了代表自然岩石的有水平或垂直条纹的混凝土块,和模拟自然界水的运动的喷泉、跌水和瀑布。广场的喷泉吸引人们将自己淋湿,并进入其中而发掘到瀑布的感觉。喷泉周围是不规则的折线的台地。哈普林曾写到:"我主张不仅做得要与自然进程中的一样,而且我们还应从自然那里提炼出我们的美感。"爱悦广场正是在加利福尼亚高高的山脉的激发之下的一种抽象概括,并且是哈普林为公众参与而设计的令人振奋的城市中心。"公众参与"设计成为现代园林设计中重要的指导思想之一。

(3) 生态设计与大地景观

生态设计得以形成生态系统合理的结构，高效的功能和协调的关系，1962年哈普林等开始规划设计的位于旧金山北部的海滨农庄住宅区（Sea Ranch）引用了生态环境的土地利用模式。在深入研究了土地、地形、风向、自然植物等一系列问题之后，哈普林提出基本的构想草图和纲要计划，包括建筑簇状安排的模式，屋面与风向的关系等等，建成后的社区是一个非常理想的居住地，土地资源受到良好的保护，建筑设计也切合自然的环境与地形，不仅提供了住宅，而且居民和其他人仍然能享受野外粗犷的风景和自然悬崖的地形，土地不受破坏，野生资源能够获得保护。

1970年R.史密森（Robert Smithson）在大盐湖中因石油钻探而遭污染的水面上设计建造了尺度巨大的"螺旋形防波堤"（Spiral Jetty），利用水流拦截回收油污，提醒人们反思人类对自然的破坏，同时也是大地景观的杰作。1990年陈貌仁（Mel Chin）与美国农业部专家查尼（Rufus L. Chaney）合作进行了"再生之地一号"实验，在经简单艺术设计的区域内种植特定动植物吸收土壤中有毒的重金属，以引起人们关注污染问题并帮助其了解科学的解决办法。而K.希尔（Kristina Hill）针对德国圣福特堡地区长期煤矿开采所造成的整体环境酸化问题，她在占地18平方英里的主污染区设计了纵横交错的步行林荫道网络，沿途设置机井并开挖水渠，利用机井抽水促使周边地区清洁的地下水向该区域流动，抽出的污水经透明的净水装置处理后用于绿化灌溉，而行人目睹净水过程，通过水渠日清、大地日绿的鲜明变化得以感受环境质量的提高。

二、我国近代、现代园林

（一）概况

1. 公园与绿地

中国近代、现代园林从古典园林的开放和公共园林的建造开始。在清末上海的租借地里，由外商于1868年建造了中国境内第一家所谓的公园——上海外滩公园，但仅对外侨开放。1897年，由中国政府在齐齐哈尔市首建龙沙公园。以后，北京的先农坛、社稷坛先后于1912年、1914年开放，著名的皇家古典园林颐和园、北海于1924年、1925年相继开放。这一时期由于军阀连年混战及帝国主义的侵略，国家积弱积贫，园林事业惨淡经营。以广州市为例，解放前，仅有面积33公顷的越秀山公园，面积2.4公顷的永汉公园，16公顷的黄花岗墓园，1.7公顷的海幢公园，4.7公顷的中央公园等共5个公园，占地面积总和57.8公顷。但中国园林受同期西方园林影响，终于由古典园林向现代园林转化，而成为园林史中重要的转折期。

新中国成立后，中国的园林有了新的发展，公共园林成为主流。20世纪50年代，国家提出"普遍绿化、重点美化"的方针，1958年，又提出"园林大地化"的口号，园林事业发展很快，截至1959年，全国园林绿地面积已达12.8万公顷，其中公园509个，总面积为1.7万公顷，苗圃面积达9000公顷。进入20世纪60年代，全国各城市结合爱国卫生运动清理了藏污纳垢的荒山、空地，开辟了许多公园、街心花园和小游园。以广州市为例，开辟了广州动物园、广州起义烈士陵园、兰圃、西苑、海珠花园、花鸟乐园和文化公园等。开辟市内三大人工湖，即流花湖、东山湖和荔湾湖。白云山风景区内大小山塘水库和麓湖等共11处，初步形成3个游览区，即麓湖公园、山顶公园、山北公园，以前苏联的文化休息园为模式充实和扩展了越秀公园，增辟了园道，建设越秀山体育场、越秀游泳场，开挖公园内的北秀湖、南秀湖和东秀湖等工程。公园面积从原来 33 公顷，扩展到 92.8 公顷，初具综合性大型公园规模。文革期间，受"封、资、修"思想的影响，"小桥流水"的古典园林及一些自然保护区受到相当的破坏。1973 年以后，开始重视城市绿地对环境保护的作用，在城市建设中运用绿地定额定量的对城市绿地进行评价。

改革开放以来，中国的政治、经济、社会、文化得到了全面的发展，园林作为时代人的理想表现，也得到长足发展。

到 1998 年，全国城市绿化覆盖率达 26.56%，人均公共绿地面积为 6.1 平方米。到 2005 年全国城市绿化覆盖率达 31.660%，人均公共绿地面积为 7.0 平方米。

2. 开发风景名胜区

1984 年国务院公布了八达岭、十三陵、承德避暑山庄、外八庙、秦皇岛、北戴河等 44 处第一批风景名胜区，1993 年、1994 年又公布了第二、第三批风景名胜区。2005 年我国风景名胜区发展到 710 处，其中国家重点风景名胜区 187 处，省级 523 处，风景名胜区总面积约 9.6 万平方千米，约占国土面积的 1%。1996 年建设部研究制定了《城市生物多样性保护计划》，把保护生物多样性列为风景园林行业重点工作之一。自 1985 年经全国人大批准签署《保护世界文化和自然遗产公约》后，到 2005 年我国已有黄山、泰山、武陵源、小介沟、黄龙、峨眉山、乐山大佛、庐山、八达岭长城、承德避暑山庄、外八庙、武夷山建筑群、敦煌石窟、秦始皇兵马俑等 29 处景观被联合国科教文组织列入世界文化与自然遗产名录。

为了促进园林发展和旅游开发，1993 年定为中国山水风光游，1994 年定为中国文物古迹游，1995 年定为中国民俗风景游，1996 年定为中国度假休闲游，1997 年定为中国旅游年，1998 年定为中国城乡游，2000 年开始放旅游假。1992 年以来，建设部开展的"园林城市"的创建活动，极大地激发了各城市绿化建设的积极性。至 2005 年，北京、合肥、珠海、杭州、深圳、马鞍山、威海、中山、大连、厦门、南宁、青岛、濮阳、十堰、佛山、三亚、秦皇岛、烟台等 87 个城市先后被评为"国家园林城市"，上海浦东区被评为"国家园林城区"。在 1992 年颁布的《城市园林绿化当前产业政策实施办法》中，明确风景园林在我国社会经济建设中的地位和作用：风景园林属于社会公益事业，是国家重点扶持发展的行业。

3. 居住区绿化

我国居住区建设始于 1957 年，采用原苏联居住区小园模式，园林建设仅仅是居住区绿化。20 世纪 80 年代，建设部开展居住小区试点工程，出现了一批优秀的居住小区。住房制度改革以后，良好的社区内外环境已成为房地产市场中的有利因素，经济杠杆使人们切身体会到居住园林环境的潜在价值。2000 年，为适应联合国人居委员会所设立的"联合国人类居住环境"和"迪拜国际改善居住环境最佳范例奖"，建设部设立了中国人居环境奖，居住区绿地得到长足发展。

（二）现代园林范例

1. 云台花园

云台花园坐落在广州市白云风景区南麓的云台，花园面积约 12 万平方米，绿化面积达 85%以上，大草坪、疏林草地、林缘花境、喷泉雕塑等，营造了一个繁花似锦、舒朗大方、美丽宜人的自然环境。花园格调高雅、趣味盎然，园内建有新颖雅致，各具特色的景区（点）共 14 处，大型跌级喷水池、水森林、荧光湖以及大面积的铺装平台、大草坪等项设计，使花园的个性突出，符合现代人的生活节奏和审美要求。人文景观的设置赋予花园丰富的内涵。"谊园"景区集中了一批象征各国人民友谊的雕塑作品，"岩石园"中诸多的图腾柱及巨石上的浮雕等景物的设置，不仅充实了花园的文化内容，亦使花园格调更为高雅、景色更为动人（图9-2）。

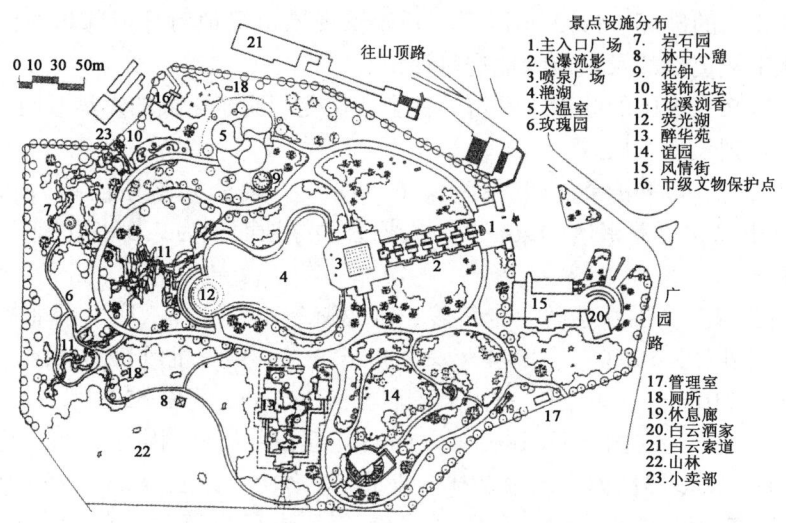

图9-2　白云山云台花园平面图

2. 世博园

中国'99昆明世界园艺博览会的主题是"人与自然——迈向21世纪"。展区的设计为游人提供了一个回归自然、观赏植物、领略中国和世界园林园艺精品风采、了解生物和环保科技、兼得怡情、修身、养性的旅游胜地（图9-3）。世博园内的主要展览布局有五大场馆：国际馆、中国馆、人与自然馆、科技馆、大温室。六大专题展园：树木园、竹园、盆景园、药草园、茶园和蔬菜瓜果园。三大室外展区，即国际室外展区，有

图9-3　世博园一角

35个国家和国际组织建了34个室外展园；中国室外展区，全国31个省区市、香港特别行政区、澳门地区、台湾民间组织建了34个室外展园；企业室外展园，建了9个室外展园。这些不同文化背景，不同艺术风格的园林园艺精品千姿百态，为世博园锦上添花。园内汇集了2 000多种植物、花卉供游人观赏（图9-3）。

3. 合肥环城公园群

合肥环城公园总面积达173.6公顷，环老城区段长达8.7 ha，由一系列开敞式公园连缀而成。该公园的规划建设充分利用有利的自然因素和历史形成的特有条件，在已有的逍遥津公园、大片林带和水面的基础上，结合城市道路绿化和块状绿地建设，构成点、线、面结合的系统公园绿地。

4. 城市景观大道

在"园林城市"的运动中，城市规划重视景观大道的建设，如深圳的深南大道、中山的兴中大道等，上海浦东新区的世纪大道，规划从陆家嘴一直延伸到中央公园，全长4.2公里，红线范围100米，其规模超过了美国华盛顿林阴景观大道和巴黎香榭里舍景观大道。自20世纪80年代以来，滨水绿带也成为热点，珠海的滨海路、湛江的观海长廊、上海的外滩

等，这些带状空间的景观设计有力地美化了城市外貌、改善了城市环境。

三、世界园林发展趋势

园林是人类理想的生活场所，是社会政治、经济、思想文化的现实物质和精神的反映。随着科学技术的迅猛发展，文化艺术的不断进步，国际交流及旅游的日益方便、频繁，人们的审美观念也将发生很大变化，人们的理想也将发生变化，未来的园林必将反映未来人们的理想、情感和憧憬。纵观世界未来园林绿化发展的总趋势，大体有以下3个方面：

（一）继承与创新相结合

一百多年的近代、现代园林史表明，世界各国的造园艺术在不断地交流与融合。意大利的、法国的、英国的、中国的，不但互相建造，而且相互变通，形成新的园林风格。在继承各自优秀传统的园林艺术、保持相对特色之上，又相互借鉴、融合他国之长及新创造。由于综合运用各种新技术、新材料、新艺术手段，对园林进行科学规划、科学施工，将创造出丰富多样的新型园林；园林的生态设计思想也促使各地园林更为个性化，园林设计具有更大的灵活性。世界美学规律表明，越是民族的，就越是世界的。未来园林的发展也将体现这一规律。

（二）科学与艺术相辉映

20世纪60年代以来，由于片面强调科学性，园林设计的艺术感染力日渐下降，同时由于人类认识的局限性，设计的科学性并不能得到切实保证。近些年来，人们开始注意到科学设计的负面效应，生态设计向艺术回归的呼声日益高涨。科学设计与艺术设计定将趋于结合，园林的科学研究与理论建设，将综合生态学、美学、建筑学、心理学、社会学、行为科学、电子学等多种学科而有新的突破与发展。园林的生态效益、社会效益和经济效益的相互结合、相互作用将更为紧密，向更高程度、更深层次上发展。在经济发展、物质与精神文明建设中发挥更大、更广的作用。

（三）宏观与微观相补充

传统园林以封闭性的园为其主要形式，而现代园林以开敞的公共园林、城市绿化为主要特征。园林的范畴随着人类对自然认识的加深而不断扩大。未来园林的发展趋势不仅包括微观的园林设计，如街头小游园、街头绿地、花园、庭园、园林小品等；中观的场地规划，如旅游度假区、城市公园、主题园、城市带状空间、广场设计等，而且包括宏观的大地景观、大尺度的景观工程、风景名胜区、旅游区的规划。

参考书目

1. 王菊渊．中国古代园林史纲要．北京林业大学园艺系（内部教材）1990
2. 宋守信．中国园林艺术发展史．沈阳农业大学园林系（内部教材）1990
3. 周维权．中国古典园林史．北京：清华大学出版社，1999
4. 胡长龙．园林规划设计．北京：中国农业出版社，1995
5. 童寯．造园史纲．北京：中国建筑工业出版社，1983
6. 吴靖宇．拙政园．南京工学院出版社，1988
7. 施放．留园．南京工学院出版社，1988
8. 陈珍棣．网狮园．南京工学院出版社，1988
9. 第三编辑室编制．承德旅游图．地质出版社，1999
10. 袁学汉，龚建毅．苏州名园名胜．江苏科学技术出版社，1993
11. 陈登亿，段会杰．避暑山庄寺庙楹联祥解．紫禁城出版社，1998
12. 张建生．外八庙楹联注解．地质出版社，1988
13. 朱绍侯等．中国古代史．福建人民出版社，2000
14. 邹明芬等．世界历史地图册．中国地图出版社，1989
15. 辞海编辑委员会．辞海．上海辞海出版社，1980
16. 郭凤平等．中国园林史．西北农林科技大学校内教材，2000
17. 陈植校正．三辅黄图校正．陕西人民出版社，1980
18. 张家骥．中国园林艺术大辞典．山西教育出版社
19. 张承安．中国园林艺术辞典．湖北人民出版社
20. 魏宏运．中国通史简明教程．上册．高等教育出版社，1992年10月第1版
21. 安作璋主编．中国史简编．山东教育出版社，1998年9月第3版
22. 中国古代建筑史．中国建筑工业出版社，1984年6月第2版
23. 宋昌斌．千秋兴亡唐．长春出版社，1996
24. 李军，李晓萍．世界名水．长春出版社，2001
25. 柏杨．中国人史纲．时代文艺出版社，1987
26. 安怀起．中国园林史．同济大学出版社，1991
27. ［日］冈大路著．常瀛生译．中国宫苑园林史考．北京：农业出版社，1988
28. 张家骥．中国造园论．山西人民出版社，1991
29. 中国大百科全书·建筑、园林、城市规划．中国大百科全书出版社，1998
30. 周宝珠，陈振主编．简明宋史．人民出版社，1985
31. 周谷诚．中国通史．上海人民出版社，2001
32. 童寯．江南园林志．中国工业出版社，1963
33. 刘敦桢．苏州古典园林．中国建筑工业出版社，1979
34. 刘敦桢等．中国古代建筑史．中国建筑工业出版社，1984

35. 安怀起．中国园林艺术．上海科学技术出版社，1986
36. 刘乾先．园林说译注．吉林文史出版社，1998
37. 郭湖生．中国古代都城建设小史——北宋东京．建筑师，1996（71）
38. 郭湖生．中国古代都城建设小史——南宋临安．建筑师，1997（74）
39. 董鉴泓主编．中国古代建筑知识丛书——中国古代城市建设．中国建筑工业出版社，1988
40. 苏州园林管理局编著．苏洲园林．同济大学出版社，1991 年 4 月第 1 版
41. 张传玺编．中国古代史教学参考地图集．北京大学出版社，1984 年 3 月第 1 版
42. 张家骥著．中国造园史．黑龙江人民出版社，1986
43. 陈文亮等．北京名园趣谈．中国建筑工业出版社，1983
44. 郦芷若，朱建宁．西方园林．河南科学技术出版社
45. 刘庭风．日本小庭园．同济大学出版社
46. 柳尚华．中国园林．美国的国家公园系统及其管理．1999 1 P48 No. 61
47. 毛巧丽．中国园林．中日园林的历史关系．2000 5 P90 No. 71
48. 刘滨谊．现代景观规划设计．东南大学出版社，1999
49. 唐学山等．园林设计．中国林业出版社，1997
50. 陈志华．外国造园艺术．河南科学技术出版社，2001
51. 林箐．欧美现代园林发展概述．建筑师，82、84 期
52. 俞孔坚，吉庆萍．国际"城市美化运动"之与中国的教训．中国园林，2000 年第 1、2 期
53. 俞孔坚．从世界园林专业发展的三个阶段看中国园林专业所面临的挑战和机遇．中国园林 1998 年第 1 期
54. 骆天庆．近现代西方景园生态设计思想的发展．中国园林．2000 年第 3 期
55. 朱建宁．法国风景园林大师米歇尔．高哈汝及其苏塞公园．中国园林，2000 年第 6 期
56. 吴人韦．国外城市绿地的发展历程．城市规划．1998 年第 6 期
57. 人民教育出版社历史室编．历史及题解．人民教育出版社出版，1998 年
58. 吴树平主编．白话二十五史精选．国际文化出版公司，1991 年
59. 柳尚华．中国园林．美国的国家公园系统及其管理．1999 年 1P48NO. 61
60. Anne Whiston Srirn. "Urban Parks" in American Landscape Architecture：Designers and Places. (William H. Tishler, ed.) Washington, D.C.：The Preservation Press, 1989.
61. Calen Cranz. "Four Models of Municipal Park Design in the United States" in Denatured Visions：Landscape and Culture in the Twentieth Century. New York：The Museum of Modern Art, 1991
62. Catharine Ward Thompson. "Historic American Parks and Contemporary Needs." Landscape Journal 17 (1) (1998)：1~25. 25
63. Charles E. Beveridge. "Frederick Law Olmsted's Theory of Landscape Design" Nineteenth Century (Summer 1977)：38~43
64. Geoffrey and Susan Jellicoe. "Japan" in The Landscape of Man, Third Edition. New York：Thames and Hudson, 1995
65. Marc Trib. "Modes of Formality：The Distilled Complexity of Japanese Design." Land-

scape Journal 12 (1) (Spring 1993): 2~16

66. Norman T. Newton. Design on the Land, The Development of Landscape Architecture. The Belknap Press of Harvard University Press Cambridge, Massachusetts, and London, England

67. Roger Phillips, Nicky Foy. A Photographic Garden History Random House New York Stephanie Ross. "The Picturesque: An Eighteenth-Century Debate." Journallf Aesthetics and Art Criticism 46 (2) (1987): 271~279

68. Anne Whiston Srirn. "Urban Parks" in American Landscape Architecture: Designers and Places. (William H. Tishler, ed.) Washington, D. C.: The Preservation Press, 1989

苏州网师园射鸭轩、竹外一枝轩

苏州留园冠云峰

北京北海公园五龙亭

河北易县清西陵

北京颐和园佛香阁

苏州留园曲溪楼

苏州狮子林湖心亭

江苏南京煦园夕佳楼

承德避暑山庄金山

云南大理城

河北邯郸赵武灵丛台（传战国—明）

99'昆明世博园荷兰园

苏州拙政园梧竹幽居亭

苏州拙政园三十六鸳鸯馆

苏州西园寺重檐六角亭

颐和园十七孔桥、廊如亭

扬州瘦西湖公园五亭桥

陕西西安兴庆宫遗址沉香亭

苏州拙政园小飞虹

北京故宫万春亭

苏州网师园月到风来亭

河北职业技术师范学院砺慧园

99'昆明世博园澳门妈祖阁

河北临漳邺城遗址（曹魏）

苏州沧浪亭

苏州环秀山庄假山

广州番禺余荫山房拱形亭桥

北京颐和园西提荇桥

北京北海公园白塔

杭州三潭印月小瀛洲三角亭

北京颐和园长廊

北京天坛公园祈年殿

新疆喀什徕宁城遗址

苏州沧浪亭临水复廊

山东曲阜孔庙、孔府（春秋—金）

河南洛阳周王城遗址

河北秦皇岛山海关天下第一关

明长城

河南隋唐洛阳城遗址

西藏拉萨布达拉宫（唐）

北京故宫乾清宫

古罗马维提府邸庭园

俄国夏宫

俄国冬宫

法国沃-勒-维贡特花园

法国罗浮宫

法国凡尔赛宫苑

美国黄石国家公园